U0315980

中国矿业大学（北京）本科教育专项资金

中国矿业大学（北京）研究生教材及学术专著出版基金

煤炭资源与安全开采国家重点实验室开放基金（SKLCRSM16KFA04）

新世纪优秀人才支持计划（NCET120967）

北京市优秀人才培养（2012ZG81）

中央高校基本科研业务专项基金（2009QH03）

 普通高等教育"十三五"规划教材

矿山固体废物处理与处置工程

主　编　竹　涛

副主编　秦　强

北京

冶金工业出版社

2016

内 容 提 要

本书系统、全面地介绍了矿山固体废物的产生、分类及其特点,分析了它所引发的各类环境生态问题,提出了矿山固体废物预处理、物理化学及生物法深度处理与处置,以及资源化合理利用的相关技术。在资源化利用技术部分,着重介绍了煤矸石、粉煤灰、尾矿及尾矿库(坝)综合利用的技术方法及其相应的工程实例。

本书主要供环境工程专业师生教学和学习使用,同时也可供从事煤炭、电力、环境保护、建筑、建材领域工程技术人员和管理人员参考使用。

图书在版编目(CIP)数据

矿山固体废物处理与处置工程/竹涛主编. —北京:
冶金工业出版社,2016.6
普通高等教育"十三五"规划教材
ISBN 978-7-5024-7277-1

Ⅰ.①矿… Ⅱ.①竹… Ⅲ.①矿山—固体废物—废物
处理—高等学校—教材 Ⅳ.①X751

中国版本图书馆 CIP 数据核字(2016)第 130481 号

出 版 人 谭学余
地址 北京市东城区嵩祝院北巷 39 号 邮编 100009 电话 (010)64027926
网址 www.cnmip.com.cn 电子信箱 yjcbs@cnmip.com.cn
责任编辑 常国平 美术编辑 吕欣童 版式设计 彭子赫
责任校对 卿文春 责任印制 牛晓波
ISBN 978-7-5024-7277-1
冶金工业出版社出版发行;各地新华书店经销;三河市双峰印刷装订有限公司印刷
2016 年 6 月第 1 版,2016 年 6 月第 1 次印刷
787mm×1092mm 1/16;19.25 印张;464 千字;294 页
43.00 元

冶金工业出版社 投稿电话 (010)64027932 投稿信箱 tougao@cnmip.com.cn
冶金工业出版社营销中心 电话 (010)64044283 传真 (010)64027893
冶金书店 地址 北京市东四西大街 46 号(100010) 电话 (010)65289081(兼传真)
冶金工业出版社天猫旗舰店 yjgycbs.tmall.com
(本书如有印装质量问题,本社营销中心负责退换)

前　言

　　矿产资源是人类赖以生存和发展的基本条件，矿业开发是人类社会发展活动中的一个重要组成部分，是我们建设现代化强国的物质保障。矿产资源的开发，一方面促进了经济的发展和社会的进步；另一方面其产生的大量固体废物也给环境造成了严重的污染和危害，并同时带来了占用土地、资源浪费等诸多问题。在当今世界经济、社会发展面临的人口、资源、环境三大问题中，矿山固体废物就与其中的两项有关。因此，综合利用矿山固体废物，使之"变废为宝、化害为利"，对节约资源、改善环境、提高效益，对促进经济增长方式的转变，实现矿产资源的优化配置和矿业开发可持续发展，具有十分重要的作用和意义，也是我国矿业工作者面临的重要使命。

　　鉴于目前市场上矿山固体废物处理与处置工程相关图书数量较少，可参考、可借鉴的太少，而中国矿业大学（北京）在相关方面的研究有一定的积累，故编写此书，希望将我们十多年的科研和工程实践所积累的知识，以及国内外迄今为止较为先进的、具有推广意义的矿山固体废物资源化利用技术介绍给读者，并帮助广大从业者及科研工作者能够较为全面地了解相关概况和经验，以便有选择、有目的地借鉴。

　　本书系统、全面地介绍了矿山固体废物产生、分类及其特点，分析了它所引发的各类环境生态问题，提出了矿山固体废物预处理，物理化学、固化、稳定化及生物法深度处理与处置，以及资源化合理利用的相关技术。在资源化利用技术部分，着重介绍了煤矸石、粉煤灰及尾矿综合利用的技术方法及其相关应用情况。本书主要供环境工程专业师生教学和学习之用，同时也可供煤炭、电力、环境保护、建筑、建材、科研和设计部门的工程技术人员和管理人员参考使用。

　　参与本书编写的还有陈锐、和娴娴、李祥、李笑阳、李冉冉、刘恩彤、王晓佳、王艳霞、吴世琪、夏妮、赵文娟等同志，在此表示衷心的感谢。

本书的编写和出版得到"中国矿业大学（北京）本科教育专项资金"、"中国矿业大学（北京）研究生教材及学术专著出版基金"、"煤炭资源与安全开采国家重点实验室开放基金（SKLCRSM16KFA04）"、"新世纪优秀人才支持计划（NCET120967）"、"北京市优秀人才培养（2012ZG81）"、"中央高校基本科研业务专项基金（2009QH03）"的部分资助。

由于著者学术水平所限，加之时间仓促，错误之处在所难免，希望读者不吝指正。

竹　涛

2016 年 2 月于北京

目　录

第一章　绪　论

众所周知，矿产资源是人类赖以生存和发展的基本条件，矿业开发是人类社会发展活动中的一个重要组成部分，是我们建设现代化强国的物质保障。充分、有效、合理地利用矿产资源是关系到国计民生、长期的战略问题。矿产资源的开发，一方面促进了经济的发展和社会的进步；另一方面其产生的大量固体废物也给环境造成了严重的污染和危害，并同时带来了占用土地、资源浪费等诸多问题。在当今世界经济、社会发展面临的人口、资源、环境三大问题中，矿山固体废物就与其中的两项有关。因此，综合利用矿山固体废物，使之"变废为宝、变害为利"，对于节约资源、改善环境、提高效益，对于促进经济增长方式的转变，实现矿产资源的优化配置和矿业开发可持续发展，具有十分重要的作用，也是我国矿业工作者面临的重要使命。

近年来，随着国民经济的发展、工业产值的增加，我国固体废物产生量也逐年增大。2008 年工业固体废物产生量达到 19 亿吨，其中矿山直接产生固体废物近 6.7 亿吨；2011 年，工业固体废物产生量达到 32 亿吨，尾矿产生量达 22 亿吨；2013 年，工业固体废物产生量为 33 亿吨，其中尾矿产生固体废物近 16.9 亿吨。2008 年我国矿山固体废物产生、排放和综合利用情况见表 1-1，2000~2008 年我国历年工业固体废物产生、排放和综合利用情况见表 1-2。

表 1-1　我国矿山固体废物产生、排放和综合利用情况（2008 年）

年份	矿山固体废物产生量/万吨	矿山固体废物排放量/万吨	矿山固体废物综合利用量/万吨	矿山固体废物处置量/万吨	矿山固体废物综合利用率/%	"三废"综合利用产品产值/亿元
2008	67018	385	27530	29338	47.36	41

表 1-2　我国工业固体废物产生、排放和综合利用情况（2000~2013 年）

年份	工业固体废物产生量/万吨	工业固体废物排放量/万吨	工业固体废物综合利用量/万吨	工业固体废物贮存量/万吨	工业固体废物处置量/万吨	工业固体废物综合利用率/%	"三废"综合利用产品产值/亿元
2000	81608	3186.2	37451	28921	9152	45.9	310.5
2001	88840	2893.8	47290	30183	14491	52.1	344.6
2002	94509	2635.2	50061	30040	16618	51.9	385.6
2003	100428	1940.9	56040	27667	17751	54.8	441.0
2004	120030	1762.0	67796	26012	26635	55.7	573.3

年份	工业固体废物产生量/万吨	工业固体废物排放量/万吨	工业固体废物综合利用量/万吨	工业固体废物贮存量/万吨	工业固体废物处置量/万吨	工业固体废物综合利用率/%	"三废"综合利用产品产值/亿元
2005	134449	1654.7	76993	27876	31259	56.1	755.5
2006	151541	1302.1	92601	22399	42883	60.2	1026.8
2007	175632	1196.7	110311	24119	41350	62.1	1351.3
2008	190127	781.8	123482	21883	48291	64.3	1621.4
2009	203943	710.5	138186	20929	47488	67.0	1608.2
2010	240944	498.2	161772	23918	57264	66.7	1779
2011	326204	433.3	196988	61248	71382	59.8	—
2012	332509	144.2	204467	60633	71443	60.9	—
2013	330859	129.3	207616	43445	83671	62.2	

由表 1 - 2 可知，以 2008 年为基准年，固体废物产生量为 190127 万吨、处置量为 48291 万吨、贮存量为 21883 万吨，对比 2013 年固体废物产生量为 330859 万吨、处置量为 83671 万吨、贮存量为 43445 万吨。显然，工业固体废物产生量、处置量、贮存量呈逐年增加的态势，2008~2013 年，产生量、处置量、贮存量分别提高了 74%、73%、68%。从资源化利用情况来看，2008 年工业固体废物排放量为 781.8 万吨、综合利用量为 123482 万吨、综合利用率为 64.3%，对比 2013 年固体废物排放量控制为 129.3 万吨、综合利用量提高至 207616 万吨、综合利用率为 62.2%。2000 年"三废"综合利用产品产值为 310.5 亿元，至 2010 年"三废"综合利用产品产值增加到 1779 亿元，较 2000 年提高了 1468.5 亿元，年增长率达 133.5 亿元。

总体上，矿山固体废物与工业固体废物相比较，产生总量占 90% 以上（含使用矿产品间接产生的固体废物）。而矿山直接产生的固体废物（主要为尾矿、废石及煤矸石）综合利用价值较低，综合利用量不到整个工业固体废物的 35%，综合利用效益占整体工业固体废物产生效益的 35% 左右；处置率占 60% 以上；排放量占 40%~50%；"三废"综合利用产品产值则占到 2.5% 左右。污染控制需投入的财力、物力、人力较大，污染控制费用占整个工业固体废物控制总额的 45% 以上，特别是用于矿山尾矿、废石治理的费用比例更大。

从总的发展趋势看，矿山所产生的固体废物逐年增加，其所造成的环境污染也尤为严峻。国家在治理矿山固体废物投入的资金逐年递增，由"八五"的 20 亿增加到"九五"近 30 亿，"十五"期间更是增加到近 36 亿元，"十一五"到"十二五"期间，整个矿山环境治理投入资金更是快速增长，2010 年投入矿山环境治理资金 92.17 亿元，到 2014 年达到 142.90 亿元。而矿山固体废物综合利用率则由最初"八五"期间的 20% 提高到 2008 年的 47.36%。

第一节　矿山固体废物的产生、分类与特点

一、矿山固体废物的产生与现状

矿山一般指采矿、选矿及其对所生产矿石进行破碎、切割等粗加工的生产单位，即进行采矿作业的场所，包括开采形成的开挖体、运输通道和辅助设备等。矿山固体废物则是指包括矿山开采过程中所产生的废石及矿石经选冶生产后所产生的尾矿或废渣，其以量大、处理工艺复杂而成为环境保护的一大难题。

基于矿山固体废物所含的种类与产生环节，基本上，在矿山各种生产活动包括矿产资源开采、运输、加工，以及矿山辅助设施开挖、使用、维修等过程中均会产生大量的固体废物，主要包括采矿后产生的废石和矿山选矿产生的尾矿。据统计，全球采掘工业每年排放的工业固体废物总量达数百亿吨。在我国，黑色金属矿山每年排放的废石尾矿约6.2亿吨，有色金属矿山每年排出的废石尾矿达1.15亿吨，煤矸石约1.3亿吨。矿山废石的堆积和尾矿坝的构筑，一方面侵占大量土地和农田，同时破坏自然景观；另一方面，这些废石、尾矿的大量排放，严重破坏了土地资源的自然生态环境，而且其成分十分复杂，含有多种有害成分甚至放射性物质，可污染矿区和周围环境，构成严重的社会公害。目前，我国对矿山固体废物的利用率较低。鉴于此，如何针对各类型矿山固体废物的特点，对其进行合理的处理与处置，同时实现高效资源化与综合利用，既可起到改善矿山生态环境的作用，又可充分利用矿山固体废物中的有用成分，变废为宝，从而缓解我国矿产资源供需相对紧张的矛盾，已成为资源、环境、生态等多学科、多领域共同面临的重要课题。

二、矿山固体废物的特点

由于采矿废石和选矿尾矿堆积占用土地并存在一定的危害，故需要对其进行针对性的处理，同时矿山固体废物中含有和原矿一致的组分并未完全提取，很多金属矿及煤矿等的废石和尾矿也含有许多具有经济价值的伴生组分或其他组成成分，因此对其回收利用又具有一定的经济意义。总体上，矿山固体废物具有以下几个特点：

（1）排放量大，组成复杂。世界各国每年采出的金属矿、非金属矿、煤、黏土等达100亿吨以上，其中产生的固体废物约50亿吨。以有色矿山堆存的固体废物为例，美国达80亿吨、前苏联为41亿吨。我国金属矿山堆存的固体废物则达到50亿吨以上。

（2）对生态环境具有破坏和污染。

（3）处理处置方式多元。

（4）处理花费较大，见效则相对较慢。

（5）固体废物综合利用率低，资源浪费明显。

目前我国矿山固体废物的综合利用率仅为7%左右，大量的废物长期堆放在尾矿库或矿山周围的排土场，有些边远地区的乡镇矿山甚至直接将固体废物排放到山谷等自然场地。如山西省的几十座矿山，仅1/10建有尾矿库，其他均排入沟河，堆积成灾。即使排

放到尾矿库的尾矿，也对矿区周围环境造成了严重的污染。

三、矿山固体废物的分类

矿山固体废物较一般的固体废物组成相对固定，一般依其来源和产生环节的不同，可分为两大类：

（1）采矿废石（包括煤矸石）。采矿废石为在开采矿石过程中剥离出的岩土物料，堆放废石场地则称为排土（石）场。

在矿山开采过程中，无论是露天开采剥离地表土层和覆盖岩层，还是地下开采开掘大量的井巷，必然产生大量废石。如在我国露天开采矿山中，冶金矿山的采剥比为 1:2 ~ 1:4；有色矿山采剥比大多在 1:2 ~ 1:8，最高达 1:14；黄金矿山的采剥比最高达 1:10 ~ 1:14。矿山每年废石排放总量超过 6 亿吨，仅我国露天铁矿山每年剥离废石就达 4 亿吨。目前我国剥离废石的堆存总量已达数百亿吨，是名副其实的废石排放量第一大国。另外，矿山采出的矿石中也夹有大量的废石，如金属和非金属矿每采 1t 矿石将产出 0.2 ~ 0.3t 废石，煤矿采掘和洗煤等过程中产生的煤矸石可达原煤产量的 70%。每年我国煤矿排矸量达 1 亿 ~ 2 亿吨，历年煤矸石堆积量已达 40 亿 ~ 50 亿吨。

（2）选矿尾矿。选矿尾矿指的是在选矿加工过程中排放的固体废物，其堆放场地则称为尾矿库（坝）。

大多数金属和非金属矿石经选矿后才能被工业利用，选矿也会排出大量的尾矿，如每选 1t 铁约排出 0.3t 尾矿。据统计，我国目前年采矿量已超过 50 亿吨，尾矿排放量 2000年达 6 亿多吨，仅金属矿山堆存的尾矿就达 50 余亿吨，并以每年 4 亿 ~ 5 亿吨的量递增。大量的尾矿堆积大面积占用土地，且治理较困难，引发诸多的环境与生态问题，故其治理及再回收利用受到越来越多的关注。

四、矿山固体废物的组成

矿山固体废物源自矿山开采、加工、运输等各个环节，所以其矿物组成与原矿大体相同。而各种类型的矿山原矿通常由多种矿物组成，主要包括自然元素矿物、硫化物及其类似化合物矿物、含氧盐矿物、氧化物和氢氧化物矿物、卤化物矿物等。而矿山固体废物中的主体矿物种类则以含氧盐矿物、氧化物和氢氧化物矿物为主。掌握各种类型矿山固体废物的矿物组成及其基本特性，对其合理的处理、处置措施的选取及资源化利用的途径、工艺等具有重要的指导意义。

（1）硅酸盐矿物。硅酸盐矿物作为岩石最为主要的成分之一，是原矿和矿山固体废物的重要组成部分。已知硅酸盐矿物约 800 种，占矿物种类的 1/4 左右，占地壳总质量的 80% 左右。硅酸盐矿物是许多非金属矿产和稀有金属矿产的来源，如云母、长石、高岭石、滑石等。硅酸盐矿物的性质常随其结构不同发生较大变化。

（2）碳酸盐矿物。碳酸盐矿物有 80 多种，在自然界中分布较为广泛，占地壳总质量的 1.7%。碳酸盐矿物是金属阳离子与碳酸根相结合的化合物。金属阳离子主要有钠、钙、镁、钡、稀土元素、铁、铜、铅、锌、锰等，与配位阴离子碳酸根以离子键结合，形成岛状、链状和层状三种结构类型，以岛状结构碳酸盐为主。碳酸盐矿物组成的矿藏种类较多，如白云石、菱镁矿等为非金属矿产的重要原料，而在金属矿产中，碳酸盐矿物常为脉石矿物。矿物颜色多呈无色、白色，若含过渡型离子则呈现彩色；以玻璃光泽为主；一般硬度、密度都不大，其中三方晶系者具有菱面体解离；一般无磁性，是电和热的不良导体；矿物表面亲水，化学稳定性较差，在水中溶解度较大。

（3）硫酸盐矿物。此类矿物分布不广，约占地壳质量的 0.1%，是金属阳离子与硫酸根相结合的化合物，常有附加阴离子。矿物中呈阳离子的主要有铁、钙、镁、钾、钠、钡、锶、铅、铝、铜等。阳离子以离子键与硫氧四面体结合，形成岛状、环状、链状与层状四种结构类型，其中主要是岛状结构硫酸盐矿物，矿物形态以粒状、板状为主。矿物颜色多呈灰白色、无色，含铜、铁者呈蓝色或绿色；有玻璃光泽，少数金刚光泽；透明至半透明；硬度低，含结晶水者更低；密度除含铅、钡和汞者较大外，一般属中等。

（4）其他含氧盐矿物。其他含氧盐矿物主要包括磷酸盐矿物、钨酸盐矿物、钼酸盐矿物等，另有硼酸盐、砷酸盐、矾酸盐、硝酸盐矿物等，这些含氧盐矿物对一般的矿产形成作用不大。

（5）氧化物矿物和氢氧化物矿物。氧化物矿物和氢氧化物矿物是一系列金属阳离子和某些非金属阳离子与 O^{2-} 或 OH^- 化合而成的矿物。此两类矿物种类繁多，占地壳总质量的17% 左右，其中石英族矿物就占到了 12.6%，Fe 的氧化物和氢氧化物占 3.9%。石英为重要的造岩矿物，而其他氧化物矿物则常为提取金属元素和放射性元素的重要矿物，有的为宝石（如玛瑙）的矿物来源。氧化物矿物一般摩氏硬度大于 5.5，熔点高、溶解度低，物理化学性质较稳定。氧化物中普遍存在的同类混合物，若是有益元素则有利于综合利用；若为有害元素则会造成某些精矿中有害杂质增高，以及所含金属之间不能分选而造成的金属损失。氢氧化物的晶体结构主要是层状或链状，由于分子键或氢键的存在，以及 OH^- 的电价较低而导致阳离子与阴离子间键力的减弱，与相应的氧化物比较，其密度和硬度都减小。

（6）硫化物及其类似化合物。硫化物及其类似化合物包括一系列金属、半金属元素与S、Se、Te、As、Sb、Bi 结合而成的矿物。此类矿物种数有 350 种左右，其中硫化物就占了 2/3 以上，其他为硒化物、碲化物、砷化物，个别为锑化物和铋化物。本大类矿物只占地壳总质量的 0.15%，其中绝大部分为铁的硫化物，其他元素的硫化物及其类似化合物只相当于地壳总质量的 0.001%。尽管其分布量有限，但却可以富集成具有工业意义的矿床，主要为有色金属，如 Cu、Pb、Zn、Hg、Sb、Bi、Mo、Ni、Co 等均以本大类矿物为主要来源，故本大类矿物在国民经济中具有重大意义。

（7）其他矿物。矿山固体废物除以上常见矿物外，还包括卤化物和单质矿物，但是数量较少。自然界中最常见和重要的卤化物矿物包括萤石、石盐和钾盐等，常见的自然元素矿物则包括自然金、铂族矿物、金刚石和石墨等。

五、矿山固体废物的性质

矿山固体废物的组成和物理、化学等性质是其进行处理和资源化的重要参考依据，其密度、粒度、化学组成等方面与原矿组成的相似性及差异性均可指导矿山固体废物处理和资源化工艺的选择。

矿山固体废物的性质主要分为物理性质和化学性质。其中物理性质主要包括矿山固体废物的光学性质、力学性质、电学性质、磁性和润湿性等，而化学性质则包括可溶性、氧化性等。

（1）光学性质。矿物在光波作用下表现出的性质，一般指矿物对可见光的吸收、折射和反射等。它是鉴定矿物的重要依据之一，也是评价宝石和某些特殊矿物原料的重要内容。矿物颜色与色调的浓淡，决定着这些矿物的价值，提取矿山固体废物中的有用矿物，可借助于其与脉石矿物在光泽、颜色上的差异而进行光电分选；而透明度则是鉴定矿山固体废物能否作为光学材料使用的特征之一，也是能否作为填料使用的特征之一，如石英、$CaCO_3$ 就常作为无色透明的填料使用。

（2）力学性质。矿山固体废物的力学性质是指受外力作用（刻画、敲打等）后所呈现的性质，如硬度、解离和断口等，也包括固体废物的相对密度及韧性等。硬度不同的废物，其应用价值不同，硬度大的可作磨料使用，硬度小的则可作为填料；另外，矿山废物的硬度也关系到废物粉碎时流程的选择和粉碎设备的选用。相对密度则在选择矿山废物资源化方法时具有重要的指导意义，如依相对密度高低的浮选方法使用等。

（3）电学性质。矿物的电学性质包括其导电性和荷电性，是指矿物导电的能力及其在外界能量作用下带电荷的性质。根据矿物导电性的差异，在矿山固体废物处理中可利用静电分离法提纯有用矿物；根据荷电性差异，则可将不同矿物废料用作不同的材料。

（4）磁性和润湿性。矿物的磁性是指矿物能被永久磁铁或电磁铁吸引，或矿物本身能吸引铁质物件的性质。自然界具有磁性的矿物极为普遍，但磁性显著的矿物则不多。依矿物磁性的差异，可利用磁分离来筛选和分离各种有用的矿物组分，这对矿山固体废物的处置尤其是资源化具有重要的意义。矿物表面被液滴润湿的程度的大小称为矿物的润湿性，是对矿山固体废物进行浮选的理论基础。

（5）可溶性。矿物及其成分的可溶性是矿物中有价成分浸出和回收的重要依据，其度量指标为矿物的溶解度。决定矿物溶解度的因素包括内在的晶格类型及化学键、电价和离子半径大小，阴、阳离子半径之比等，外部环境包括 pH 值、温度及共存离子的影响等。

（6）氧化性。原生矿物在氧、二氧化碳和水的作用下，遭到破坏而形成一些新的氧化物、氢氧化物和含氧盐的性质。矿物的氧化与其化学成分和环境中的氧和二氧化碳的含量、水溶液的性质以及矿物的共生组合有关。矿物受氧化后，其成分、结构及表面性质等都发生不同程度的变化，给选矿带来一定的影响。但又能使某些金属进一步富集或使新的次生矿物富集，而成为可利用的对象，对矿山废物的处理、处置及其资源化可提供重要的依据。

第二节 矿山固体废物引发的环境与生态问题

矿山固体废物作为我国固体废物的重要来源，是周边区域环境污染的重要贡献者。矿山固体废物其含有多种化学成分及有机物等可能引发环境污染及危害的物质，若处理不当则可能引发各类环境污染与生态问题，从而造成对生态环境或人体健康的危害，其危害途径如图 1 - 1 所示。

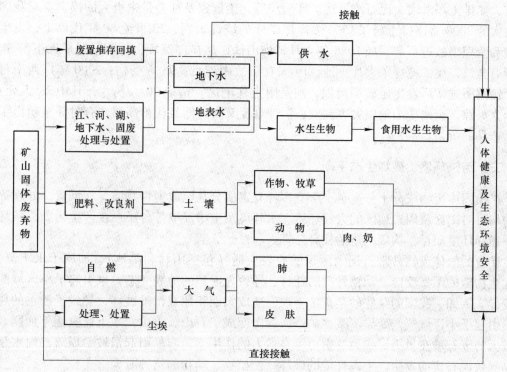

图 1 – 1　矿山固体废物对人体健康及生态环境的危害途径

一、侵占土地

由于大量采矿废石和选矿尾矿的排放与堆置，致使侵占土地问题成为矿山固体废物的首要和突出危害。另外，由此带来的对地表的损伤和对土壤、水体及大气等一系列的危害也越来越严重。

据统计，全球采掘工业每年排放的工业固体废物总量达数百亿吨，如美国露天开采所破坏的土地面积每年以约 600km² 的速度递增。有色金属矿山尾矿堆积量累计约 11 亿吨，占地约 80km²。尾矿在受到腐蚀时，以及某些进入尾矿的可迁移元素发生化学迁移时，将会对大气和水土造成严重污染，并导致土地退化、植被破坏，甚至威胁到人畜的安全。尾矿库表面产生的粉尘可飞扬很远的距离，从而恶化周边的卫生条件；固体废物中的有害成分以及残存的选矿药剂，也会对生态环境造成严重的危害。这些废石、尾矿的大量排放，严重破坏了土地资源的自然生态环境，固体污染物占据如此多的地表面积，其后果是不仅大量侵占了农业耕地，直接影响农业生产，而且覆盖大片森林，大批植被被掩埋，造成植物、动物物种减少。

二、引发地质与工程灾害

规模较大的废石堆在风力、水力、重力等自然力的作用下，容易引起滑坡、塌落，雨水量大时易导致泥石流的发生。可见，矿山固体废物的危害之一就是对生态环境造成难以恢复的破坏。

矿山固体废物长期堆放，不仅在经济上造成巨大的损失，还会诱发重大的地质与工程灾害，如排土场滑坡、泥石流、尾矿库溃坝等，给国家及社会带来极大的损害。对我国规模较大的2000多座排土场和1500多座尾矿库的统计表明，20世纪80年代以来，发生泥石流和溃坝事故近百起。如1986年4月黄梅山铁矿尾矿库溃坝，冲倒了尾矿库下游3km^{2}的所有建筑，尾矿掩埋了大片土地，19人在事故中死亡，95人受伤；2000年广西南丹县大厂镇鸿图选矿厂发生尾矿坝溃坝，殃及附近住宅区，造成70人伤亡，其中28人死亡，几十人失踪。金属矿山地质灾害频发，治理难度又大，而且代价高昂，有时甚至超出了开采矿产品的价值。

三、污染环境、破坏生态平衡

矿山固体废物成分十分复杂，含有多种有害成分甚至放射性物质，在堆置、处理等过程中均可对矿区及周边地区的大气环境、水环境及土壤环境等各子系统产生污染，破坏生态平衡和环境质量，构成严重的社会公害。

矿业的固体废物常常占据大面积的地表土地（包括山林和耕地），加剧了水土流失，引起生物链的不良反应、动物种群的迁移，导致大面积的地表变态，也引起了小区域的气候变异。例如：我国的某些砂金矿区，现已造成大面积地表植被破坏，导致了严重的风沙化，引起了小区域气候变异。某些矿产区绿山变成了石山、秃山，水土流失逐年加剧。规模较大的废石堆在风力、水力、重力等自然力的作用下，容易引起滑坡、塌落，雨水量大时易导致泥石流的发生。生态环境的破坏，使植物、动物的物种减少。

在煤矸石等矿山固体废物堆置及处理过程中，由于自燃等现象的时有发生，不停排放出飘尘、污染气体等，对大气环境产生严重污染。废石中硫化物的分解会释放二氧化硫等有害气体。特别是选矿厂的尾矿库，服务期满的库区是大气中TSP指标的主要污染源。在我国北方的金矿，干旱少雨，季风的起动速度大，粒度特别细的尾矿易扬尘，其尾矿库周围数平方公里是尾矿砂污染严重的区域。金矿等选矿药剂分解产生的气体和氰化尾矿释放的氰化物在空气中的含量也较高。有些个体小型金矿因使用金属汞，其尾矿库局部汞蒸气超标。而煤矿的煤矸石堆放则由于未压实等原因引起一定的透气、透水性，含一定的黄铁矿等，致使煤矸石的自燃在我国已成为频发的矿山环境与生态问题，其释放的CO_2会加剧温室效应，CO则可能危害人体健康；另外煤矸石自燃时还会释放NO_x、SO_x和挥发性与半挥发性有机物如PAHs等其他有害气体。综上，矿山固体废物的堆放会导致空气污染。

通过对尾矿库周围土壤研究，表明尾矿库周围土壤中Cu、Pb、Zn、Cd等重金属元素含量都显著高于对照样品，土壤已经受到重金属元素的严重污染。生长在尾矿污染区土壤中的微生物数量和生物类群均显著降低，另外矿区土壤Pb、Cr、Zn污染与小麦种子发芽率降低有关。

四、造成严重资源浪费与经济损失

金属矿山固体废物的排放给环境增加了严重的压力，打破了原始的生态平衡，对地球环境、生态平衡、人类健康及生命财产安全造成了极大危害和潜在威胁，给国民经济带来的直接和间接损失十分巨大。这些固体废物中常含有多种金属元素，有价金属数量还不少，若不加以利用，对于国家金属矿产资源也是一种极大的浪费。目前，我国金属矿产资源利用率很低，铁、锰等黑色金属矿山采选平均回收率仅为65%，国有有色金属矿山采选综合回收率只有 60% ~70% , 而有色金属矿山尾矿的利用率仅为 6% 。以铁矿为例, 我国铁矿资源共伴生组分很丰富, 有 30 余种, 但目前能够回收的仅有 20 余种。大量有价金属元素及可利用的非金属矿物遗留在固体废物中, 造成每年矿产资源开发损失约 1000 亿元。

第三节　矿山固体废物综合利用的意义

　　鉴于矿产资源在人类生存和社会发展中的重要作用, 加上随着社会发展对矿产资源需求的与日俱增, 矿产资源日趋减少甚至枯竭, 致使原材料紧张, 资源供需矛盾加剧。同时随着矿山开发力度的增大, 矿山产生的废石、尾矿等固体废物将大量增加, 对生态环境造成的影响日趋严重。因此, 如何综合利用矿山固体废物, 在改善矿山生态环境的同时, 又达到变废为宝的目的, 即充分利用矿山固体废物中的有用成分, 缓解矿产资源供需紧张矛盾, 是人类社会面临的重要课题。

　　随着人们环保意识的提高, 矿山固体废物综合治理及应用研究成为矿山发展中的一个重要问题。几十年来我国矿山出现了许多有借鉴意义的治理废石、尾矿的经验和做法, 特别是 21 世纪以来, 一些矿山企业从提高经济效益考虑开始从尾矿中回收有价金属元素, 并取得明显效果。但是, 我国矿产资源的总回收率仅为 30% ~50% , 比发达国家低 10% ~30% 。这说明我国矿产资源综合利用的整体水平还比较低, 矿山固体废物处置面临问题仍然十分严峻, 国家应制定一些相关法规和固体废物排放标准, 矿山企业要进一步解放思想, 建立与市场经济接轨的固体废物管理与运行机制, 多方筹集资金, 实现企业化经营, 走产业化道路, 全面改善矿山环境。

习　题

1-1　固体废物的种类有哪些? 如何划分?

1-2　简述矿山固体废物的种类和组成。

1-3　矿山固体废物的特点是什么?

1-4　矿山固体废物的性质有哪些? 这些性质对固体废物的处理技术有何影响?

1-5　简述矿山固体废物引起的环境问题。

1-6　矿山固体废物综合利用的意义是什么?

1-7　简述矿山固体废物与环境及人体作用的途径。

第二章　矿山固体废物的管理、监测与评价

第一节　固体废物管理概念

固体废物管理主要探讨固体废物从生产到最终处置对环境的影响及其对策。对固体废物实行环境管理，就是运用环境管理的理论和方法，结合我国实际情况，通过法律、经济、教育和行政等手段，在相关政策指导下，实施具体可行的行动计划，采用行之有效的技术措施和适当的管理办法（如奖励综合利用、提倡废物资源化等），多方位地控制固体废物的环境污染，促进经济与环境的协调发展，保证可持续发展战略的实施。

一、固体废物管理的特点

固体废物与水污染、大气污染相比，在管理方面有自己的特点，主要表现在以下几方面。

（一）要做妥善的途径管理

从废物的产生到处理处置需要经历多种渠道、许多环节。在每一环节上，既可能造成土壤、水体和大气的污染，也可能直接危害人体和其他物种。所以，必须对固体废物实行全过程的污染控制管理，这就是途径管理。

需要从污染源头起始，改进或采用更新的清洁生产工艺，尽量少排或不排废物，这是根本的控制工业固体废物污染的主要措施。如在工业生产中采用精料工艺，减少废渣排量和所含杂质成分；在能源需求中，改变供求方式，提高燃烧热能利用率。

在企业生产过程中，用前一种产品的废物作为后一种产品的原料，并以后者的废物再生产第三种产品，如此循环和回收利用，既可使固体废物的排出量大为减少，还能使有限的资源得到充分的利用，满足可持续发展的要求，如此达到的污染控制才是最有效的。

（二）要做最终处置

许多固体废物，特别是废水、废气处理过程所产生的残渣物质，往往最大限度地浓集了污染成分。在无法或暂时无法加以综合利用的情况下，为了避免和减少二次污染，必须进行妥善的管理，使其最大限度地与生物圈隔离，这就是安全处置。要实现固体废物的安全处置，就要求有合适的水文、地质和气候等条件，要求合理的设计、建造、操作和长期监测。因此，需要将固体废物，特别是有害废物从不同的产生地加以收集、包装，集中送到中间转运站，集中送到某一场地，预处理后加以处置。安全处置主要解决废物的最终归宿问题，它是控制固体废物污染环境的最后关键环节。

（三）要注意潜在危害

固态的有害废物有长期的滞留性和不可实施性，一旦造成环境污染，往往很难补救恢

复。其中，污染成分的迁移转化，如浸出液在土壤中迁移是一个缓慢的过程，其危害可能在数年至数十年后才能发现。需要强化对危险废物污染的控制，实行从产生到最终无害化处置全过程的严格管理，这是目前国际上普遍采用的经验。因此，实行对废物的产生、收集、运输、存储、处理、处置或综合利用者的申报许可制度；废除危险废物在地表长期存放，发展安全填埋技术；控制发展焚烧技术；严禁液态废物排入下水道；建设危险废物泄漏事故应急设施等，都是控制废物污染的措施。

（四）提高公众意识

需要提高全民对固体废物污染环境的意识，做好科学研究和宣传教育，当前这方面尤显重要，因而也成为有效控制其污染的特点之一。

二、固体废物管理的原则

固体废物是污染环境的要素，减少其对环境的污染，必须进行综合防治，既要治理已产生的污染，更要特别注意污染的预防，实行"防治结合，以防为主"的方针。根据这一指导思想，《中华人民共和国固体废物污染环境防治法》（以下简称《固体法》）中确立了以下原则。

（一）实行"三化原则"

"三化"是指固体废物的减量化、资源化和无害化。减量化是指减少固体废物的产生量和排放量。目前固体废物的排放量十分巨大，如我国工业固体废物年产 6×10^8 t 以上，城市垃圾年产近 10^8 t，如果能够采取措施，最小限度地产生和排放固体废物，就可以从"源头"上直接减少或减轻固体废物对环境和人体健康的危害，可以最大限度地合理开发利用资源和能源。减量化的要求，不只是减少固体废物的数量和减少其体积，还包括尽可能地减少其种类、降低危险废物的有害成分浓度、减轻或清除其危险特性等。减量化是对固体废物的数量、体积、种类、有害性质的全面管理，是防止固体废物污染环境的优先措施。就国家而言，应当改变粗放经营的发展模式，鼓励和支持开发清洁生产，开发和推广先进的生产技术和设备，充分合理地利用原材料、能源和其他资源。

资源化是指采取管理和工艺措施从固体废物中回收物质和能源，加速物质和能量的循环，创造经济价值的技术方法。从便于固体废物管理的观点来讲，资源化的定义包括以下三个范畴：（1）物质回收，即处理废物并从中回收指定的二次物质，如纸张、玻璃、金属等物质；（2）物质转换，即利用废物制取新形态的物质，如利用废玻璃和废橡胶生产铺路材料，利用炉渣生产水泥和其他建筑材料，利用有机垃圾生产堆肥等；（3）能量转换，即从废物处理过程中回收能量，作为热能或电能，例如通过有机废物的焚烧处理回收能量，进一步发电，利用垃圾厌氧消化产生沼气，作为能源向居民和企业供热或发电。

无害化是指对已产生又无法或暂时还不能综合利用的固体废物，经过物理、化学或生物方法，进行对环境无害或低危害的安全处理、处置，达到废物的消毒、解毒或稳定化，以防止进而减少固体废物的污染危害。

（二）实行全过程管理原则

所谓全过程管理是指对固体废物的产生、收集、运输、利用、贮存、处理和处置的全过程及各个环节都实行控制管理和开展污染防治。由于这一原则包括了从固体废物的产生到最终处理的全过程，故也称为"从摇篮到坟墓"的管理原则。实施这一原则，是基于固体废物从其产生到最终处置的全过程中的各个环节都有产生污染危害的可能性，如固体废物焚烧过程中产生的空气污染，固体废物土地填埋过程中产生的浸出液对地下水体的污染，因而有必要对整个过程及其每一个环节都实施控制和监督。

（三）实行集中和分散相结合的处置原则

由于固体废物特别是危险废物的产生源分布较为分散，而所产生的废物种类繁多，但数量不是很大，若分别建厂治理，不仅所需投资过大、易造成浪费，而且管理繁杂、效果欠佳，因此以集中处理和处置为宜。但对单一或少数废物品种产量较多的单位或企业，则可依据个别情况分散治理。

（四）实行分类管理的原则

由于固体废物类型复杂，对环境危害程度各不相同，危险废物较工业固体废物和城市生活垃圾而言，产生量虽然较少，但是危害性严重，则应根据不同的危险特性与危害程度，采取区别对待、分类管理的原则：即对具有特别严重危害性质的危险废物，要实行严格控制和重点管理。因此，《固体法》中提出了危险废物的重点控制原则，并提出较一般废物更严格的标准和更高的技术要求。

根据这些基本原则，确立了我国固体废物管理体系的基本框架。

第二节　固体废物管理体系和管理制度

一、固体废物管理体系

防治固体废物环境污染是环境保护的一项重要内容。但由于固体废物污染环境的滞后性和复杂性，人们对固体废物污染防治的重视程度还不及对废水和废气那样深刻，长期以来还未形成一个完整的、有效的固体废物管理体系。随着固体废物对环境污染程度的加重，以及人们环境意识的不断加强，社会对固体废物污染环境的问题越来越关注，如媒体对"洋垃圾入境"、"城市垃圾分类"、"白色污染"的讨论以及相应的市场反映就说明了这一点。因此，建立完整有效的固体废物管理体系就显得日益迫切。

1995 年 10 月 30 日，经过十余年的讨论修改，《固体法》在第八届全国人大常委会第十六次会议上获得通过，于 1996 年 4 月 1 日起施行。《固体法》的实施为固体废物管理体系的建立和完善奠定了法律基础。

2004 年 12 月 29 日，十届全国人大常委会第十三次会议对《固体法》做了进一步的修订，中华人民共和国主席令第三十一号公布，自 2005 年 4 月 1 日起施行修订后的《固体法》。

我国目前固体废物管理体系是：以环境保护主管部门为主，结合有关的工业主管部门以及城市建设主管部门，共同对固体废物实行全过程管理。为实现固体废物的"三化"，各主管部门在所辖的职权范围内，建立相应的管理体系和管理制度。《固体法》对各个主管部门的分工有着明确的规定。

（一）各级环境保护主管部门对固体废物污染环境的防治工作实施统一监督管理

主要工作包括：（1）指定有关固体废物管理的规定、规则和标准；（2）建立固体废物污染环境的监测制度；（3）审批产生固体废物的项目以及建设贮存、处置固体废物项目的环境影响评价；（4）验收、监督和审批固体废物污染环境防治设施的"三同时"及其关闭、拆除；（5）对与固体废物污染环境防治有关的单位进行现场检查；（6）对固体废物的转移、处置进行审批、监督；（7）进口可用作原料的废物的审批；（8）制定防治工业固体废物污染环境的技术政策，组织推广先进的防治工业固体废物污染环境的生产工艺和设备；（9）制定工业固体废物污染环境防治工作规划；（10）组织工业固体废物和危险废物的申报登记；（11）对所产生的危险废物不处置或处置不符合国家有关规定的单位实行行政代执行审批、颁发危险废物经营许可证；（12）对固体废物污染事故进行监督、调查和处理。

（二）国务院有关部门、地方人民政府有关部门在各自的职责范围内负责固体废物污染环境防治的监督管理工作

主要工作包括：（1）对所管辖范围内的有关单位的固体废物污染环境防治工作进行监督管理；（2）对造成固体废物严重污染环境的企事业单位进行限期治理；（3）制定防治工业固体废物污染环境的技术政策，组织推广先进的防治工业固体废物污染环境的生产工艺和设备。

（三）各级人民政府环境卫生行政主管部门负责城市生活垃圾的清扫、贮存、运输和处置的监督管理工作

主要工作包括：（1）组织制定有关城市生活垃圾管理的规定和环境卫生标准；（2）组织建设城市生活垃圾的清扫、贮存、运输和处置设施，并对其运转进行监督管理；（3）对城市生活垃圾的清扫、贮存、运输和处置经营单位进行统一管理；（4）组织、研究、开发和推广减少工业固体废物产生量的生产工艺和设备，限期淘汰产生严重污染环境的工业固体废物的落后生产工艺、落后设备；（5）制定工业固体废物污染环境防治工作规划；（6）组织建设工业固体废物和危险废物贮存、设置设施。

二、固体废物管理制度

根据我国国情并借鉴国外经验和教训，《固体法》制定了一些行之有效的管理制度。

（一）分类管理制度

固体废物具有量大面广、成分复杂的特点，因此《固体法》确立了对城市生活垃圾、工业固体废物和危险废物分别管理的原则，明确规定了主管部门和处置原则；在《固体法》第50条中明确规定"禁止混合收集、贮存、运输、处置性质不相容的未经安全性处理的危险废物，禁止将危险废物混入非危险废物中贮存。"

（二）工业固体废物申报登记制度

为了使环境保护主管部门掌握工业固体废物和危险废物的种类、产生量、流向以及对环境的影响等情况，进而有效地防治工业固体废物和危险废物对环境的污染，《固体法》要求实施工业固体废物和危险废物申报登记制度。

（三）固体废物污染环境影响评价制度及其防治设施的"三同时"制度

环境影响评价和"三同时"制度是我国环境保护的基本制度，《固体法》进一步重申

了这一制度。

（四）排污收费制度

排污收费制度也是我国环境保护的基本制度。但是，固体废物的排放与废水、废气的排放有着本质的不同。废水、废气排放进入环境后，可以在自然中通过物理、化学、生物等多种途径进行稀释、降解，并且有着明确的环境容量。而固体废物进入环境后，并没有与其形态相同的环境体接纳。固体废物对环境的污染是通过释放出水和大气污染物进行的，而这一过程是长期的和复杂的，并且难以控制。因此，从严格意义上讲，固体废物是严禁不经任何处置排入环境中的。《固体法》规定："企事业单位对其产生的不能利用或者暂时不利用的工业固体废物，必须按照国务院环境保护主管部门的规定建设贮存或者处置的设施、场所"，这样，任何单位都被禁止向环境排放固体废物。而固体废物排污费的交纳，则是针对那些在按照规定和环境保护标准建成工业固体废物贮存或者处置的设施、场所，或者经改造这些设施、场所达到环境保护标准之前产生的工业固体废物而言的。

（五）限期治理制度

《固体法》规定，没有建设工业固体废物贮存或处置设施、场所，或已建设但不符合环境保护规定的单位，必须限期建成或改造。实行限期治理制度是为了解决重点污染源污染环境问题。对于排放或处理不当的固体废物造成环境污染的企业和责任者，实行限期治理，是有效的防治固体废物污染环境的措施。限期治理就是抓住重点污染源，集中有限的人力、物力和财力，解决最突出的问题。如果限期内不能达到标准，就要采取经济手段以至停产。

（六）进口废物审批制度

《固体法》明确规定："禁止中国境外的固体废物进境倾倒、堆放、处置"；"禁止经中华人民共和国过境转移危险废物"；"国家禁止进口不能用作原料的固体废物；限制进口可以用作原料的固体废物"。为贯彻《固体法》的这些规定，国家环境保护总局与外经贸部、国家工商局、海关总署、国家商检局于1996年4月1日联合颁布了《废物进口环境保护管理暂行规定》（以下简称《暂行规定》）以及《国家限制进口的可用作原料的废物名录》。在《暂行规定》中，规定了废物进口的三级审批制度、风险评价制度和加工利用单位定点制度；在这一规定的补充规定中，又规定了废物进口的装运前检验制度。通过这些制度的实施，有效地遏制了曾受到国内外瞩目的"洋垃圾入境"的势头，维护了国家尊严和国家主权，防止了境外固体废物对我国的环境污染。

（七）危险废物行政代执行制度

由于危险废物的有害特性，其产生后如不进行适当的处置而任由产生者向环境排放，则可能造成严重危害，因此必须采取一切措施保证危险废物得到妥善的处理处置。《固体法》规定："产生危险废物的单位，必须按照国家有关规定处置；不处置的，由所在地县以上地方人民政府环境保护行政主管部门责令限期改正；逾期不处置或处置不符合国家有关规定的，由所在地县以上地方人民政府环境保护行政主管部门指定单位按照国家有关规定代为处置，处置费由产生危险废物的单位承担"。行政代执行制度是一种行政强执行措施，这一措施保证了危险废物能得到妥善、适当的处置。而处置费用由危险废物产生者承担，也符合我国"谁污染谁付费"的原则。

（八）危险废物经营单位许可制度

危险废物的危险特性决定了并非任何单位和个人都能从事危险废物的收集、贮存、处理、处置等经营活动。从事危险废物的收集、贮存、处理、处置活动，必须既具备达到一定要求的设施、设备，又要有相应的专业技术能力等条件。必须对从事这方面工作的企业和个人进行审批和技术培训，建立专门的管理机制和配套的管理程序。因此，对从事这一行业的单位的资质进行审查是非常必要的。《固体法》规定，"从事收集、贮存、处置危险废物经营活动的单位，必须向县级以上人民政府环境保护行政主管部门申请领取经营许可证"。许可制度将有助于我国危险废物管理和技术水平的提高，保证危险废物的严格控制，防止危险废物污染环境的事故发生。

（九）危险废物转移报告单制度

危险废物转移报告单制度的建立，是为了保证危险废物的运输安全，以及防止危险废物的非法转移和非法处置，保证危险废物的安全监控，防止危险废物污染事故的发生。

第三节　固体废物管理的新进展

我国固体废物管理工作从 1982 年制定第一个专门性固体废物管理标准《农用污泥中污染物控制标准》算起，至今也只有 20 多年的时间。我国《固体法》于 1995 年 10 月 30 日正式公布，各项行之有效的配套措施有待完善，各工矿企业部门对固废处理还需一个适应过程；特别是危险废物任意丢弃，缺少专门堆场和严格的防渗措施，尤其缺少符合标准的危险废物处置场。因此，根据我国多年来的管理实践，并借鉴国外的经验，还应从以下方面来改进我国的固体废物管理工作。

一、加强监管力度，建立、健全相关法规和标准体系

管理机构监督管理职能实施的有效程度与法治的开展、普及和深入密不可分。立法管理作为环境管理中的强制性手段，是世界各国普遍采用的一项行之有效的措施。有法可依是实现法治管理的前提条件，尽快建立健全固体废物法规和标准既是当务之急又是长远所需。全国人大、国务院、建设部和国家环境保护总局均对城市固体废物污染环境的防治制定了相关的法规、条例与标准，但是由于缺少相应的"子法"与实施细则，依法管理有一定困难。应尽快制定一些法规和标准，如固体废物污染防治法实施细则固体废物经营许可制度，固体废物处理处置产业化管理办法，城市生活垃圾焚烧、堆肥、回收利用的技术标准和污染控制标准，危险废物焚烧、填埋、贮存的污染控制标准，工业固体废物贮存设施场所污染控制标准等。

二、管理方式的转变

固体废物的管理应采取三角式的环境管理模式，传统的以指令性控制手段和经济手段相结合的两点式的环境管理模式正在向三角式的环境管理模式逐步过渡。所谓环境管理三角模式即由政府、市场和社区组成环境管理的三方面，政府主要负责制定有关的管理规定

和环境标准，确定经济手段和加强立法等；市场在环境管理方面的作用主要体现在污染者的环境行为和建设项目的环境影响对生产、消费投资行为的影响；而社区的作用主要体现在公众和社会团体参与管理、监督污染者和项目决策的环境行为。

（一）注重固体废物综合管理的实现

为了最大限度地控制固体废物污染，实现废物资源的循环利用，在循环经济思想的指导下，固体废物管理的重点不再单纯地局限于如何实现固体废物的安全、卫生处置，而是遵循全面化和层次化的原则，从固体废物的产生、排放、运输、处理、利用到最终处置各个环节进行全过程的管理，从管理机构建设、源头削减的实现、循环利用的优化、最终处置的无害化等方面加强研究。所谓全面化即"从摇篮到坟墓"，固体废物的利用应覆盖从产生源，收集与产生地贮存、加工、运输与转运，中间加工与处理直到最终处置的全过程；层次化即管理的优先次序，固体废物利用的最优先层次应是产生源减量，其次是收集过程中分类、直接利用，然后是加工综合利用与能量回收；最后才是最终的环境相容（不产生或仅产生对环境无显著危害的影响）的处置。

（二）更加重视源头削减

由于所处的社会经济阶段不同，面临的环境与可持续发展问题不同，我国与德国、日本等国对循环经济的认识与实践方面，有较大的差异，形成了中国特色的循环经济概念及实践。从目前的实践看，中国特色循环经济的内涵可以概括为对生产和消费活动中物质与能量流动方式的管理经济。具体讲，是通过实施减量化、再利用和再循环原则，依靠技术和政策手段调控生产和消费过程中的资源能源流程，提高资源能源效率，拉长资源能源利用链条，减少废物排放。与日本、德国等国以废物循环利用为重点相比，我国固体废物综合管理和推进更加注重从发展的源头入手，推广符合可持续发展的清洁生产技术、工艺和生活消费方式，用清洁生产的观念将人们引导到遵循适度生产、适度消费和健康生活的方式，最终实现垃圾产生与处理的动态平衡。

（三）延伸固体废物管理权限

可持续发展战略要求从人类生存最根本的层面进行变革以达到人与自然的协调，以最根本的方式进行环境生态保护，它的实施措施必然具有影响的广泛性和全面性。固体废物管理同样具有这样的特征，由于管理要求的延伸，废物资源管理的权限也必须延伸，这样才能避免因管理权限的条块分割而使管理策略的实施受到阻碍。

就固体废物源头控制而言，管理的实施必然包括对工业与商业机构的管理；固体废物资源化产品进入市场，则涉及对市场价格体系的税收干预等综合经济部门的权限；城市固体废物分类收集的实施有赖于社区管理部门的配合；公众环境意识的提高，也有赖于各类传媒积极有效地参与。由此可见固体废物管理持续化目标的达成与管理权限延伸两者之间的必然关系。

当然管理权限的延伸，并不意味着固体废物管理部门行政管理权限的扩张。跨部门、跨区域的社会经济行为管理需要的是法制化管理，这也是可持续发展战略实施管理的共同特征。但要使固体废物管理的要求能在相关法规体系中有效和全面的体现，同时在法规和实施过程中能够进行有效的考核与监督，废物管理部门必须拥有在相关法规制定过程中充分的决策参与权与实施过程中的跨部门检查权。

（四）全社会应公平的参与

从 20 世纪 60 年代的环境运动到 90 年代的循环经济，世界上的环境与发展政策已经演变了三代。第一代是基于政府主导的命令与控制方法，通过行政手段实现污染控制；第二代是基于市场的经济刺激手段，强调企业在废物产生方面的源头削减作用；第三代是在进一步完善政府和企业作用的基础上要求实行信息公开，其实质是实现公众监督和倡导下的生态文明。因此，发展循环经济不仅需要政府的倡导和企业的自律，更需要提高广大社会公众的参与意识和参与能力。

公众事实上是所有城市固体废物处理处置费用的最终支付者，当然也是固体废物综合管理所引起的环境生态改善的享有者。社会成员公平地参与固体废物管理，包含对管理决策的知情权和发言权，也包含社会成员公平地承担责任和义务。例如：饮料容器的回用是源头减量的措施，它需要公众参与相关的抵押回收或志愿回收活动；群众性的废品交换同样会产生源头减量的效果；作为城市固体废物减量化和处理处置优化的前端措施的垃圾分类收集，要求公众付出额外的劳动，在家庭或工作场所对废物进行分类投弃或贮存；为使城市废物减量化能融入市场经济体系之中，社会成员应优先购买和使用含再生资源多的商品，同时可能承担其中包含的资源化过程成本；公众应积极地改变他们的消费习惯，抵制使用产废率高的一次性商品。

三、制定近远期的规划，推进固体废物综合管理的发展

固体废物的收集、运输、处理是一个大的系统工程，涉及技术、经济、自然环境、管理等各个方面，并需较大的经济投入，所以需要制定切实可行的规划，科学制定"十三五"规划，确定年度计划和具体项目安排，推动我国固体废物管理工作不断向前推进。

从固体废物产生的情况来看，工业固废产生量远大于生活垃圾废物。2013 年，我国一般工业固体废物产生量和生活垃圾清运量分别为 32.77 亿吨和 1.72 亿吨。值得注意的是，2013 年一般工业固废产生量首次出现下降，较 2012 年降低 1342 万吨，这表明随着工业发展水平的提高，工业精细化发展趋势逐渐显现，固废产生量可不再随着工业化程度的提高而持续增长。工业固废产生量较大，危害明显，因此受重视程度相对较高；但工业固废产生单位均为企业，监管相对简单。我国对工业固废实行申报登记制度，产生工业固废的单位必须按照国务院环境保护行政主管部门的规定，向所在地县级以上地方政府环境保护行政主管部门提供工业固废的种类、产生量、流向、贮存、处置等有关资料。理论上工业固体废物应不存在未经处理就倾倒、丢弃的情况，而实际上处理情况更多取决于各地政府的监管及执法力度。

近年来一般工业固废的处理情况逐年改善，综合利用量和处置量不断提升，贮存量和倾倒、丢弃量则逐年下降，特别是倾倒、丢弃量占产生量的比例已低至 0.04%。然而，每年仍有相当比例的工业固废得不到综合利用而选择贮存，表明工业固废的处理技术与能力仍无法满足目前需求。根据《大宗工业固体废物综合利用"十二五"规划》，"十二五"期间，大宗工业固体废物综合利用重点工程总投资 1000 亿元，大规模投资将逐渐推动工业固废处理产业的进步发展。

生活垃圾处理方面，垃圾清运作为生活垃圾处理的前端主要由地方政府承担。随着

城市化进程的加快，近年来生活垃圾清运量不断增长。无害化处理作为生活垃圾处理的末端主要采取填埋和焚烧两大方式。过去我国主要通过填埋的方式对生活垃圾进行处理，但填埋不利于垃圾的减量化，造成各地垃圾围城的现象逐渐增多。焚烧作为可同时实现无害化、减量化和资源化的处理方式，近年来在政策的鼓励下开始快速发展。特别是 2004 年住建部发布《市政公用事业特许经营管理办法》以来，垃圾焚烧发电领域市场化进程加快，焚烧处理在无害化处理量中所占比例已由 2007 年的 15.2% 增加至 2013 年的 30.1%。

目前我国垃圾焚烧发电行业仍处于发展初期，焚烧处理占无害化处理的比例远低于发达国家水平。根据《"十二五"全国城镇生活垃圾无害化处理设施建设规划》，"十二五"期间全国城镇生活垃圾无害化处理设施建设总投资约 2636 亿元，到 2015 年生活垃圾无害化处理能力中选用焚烧技术的达到 35%，东部地区达到 48%。同时，国家为鼓励焚烧发电行业的发展，在上网电价方面给予了较大的支持力度。根据国家发改委《关于完善垃圾焚烧发电价格政策的通知》，以生活垃圾为原料的垃圾焚烧发电项目，均先按其入厂垃圾处理量折算成上网电量进行结算，每吨生活垃圾折算上网电量暂定为 280kW·h，并执行全国统一垃圾发电标杆电价 0.65 元/kW·h，其余上网电量执行当地同类燃煤发电机组上网电价。垃圾焚烧发电价格显著高于火电、水电、风电和核电，仅低于光电；且在垃圾焚烧发电过程中，发电企业基本无法达到每吨生活垃圾产生 280kW·h 电量的效率，因此以 280kW·h 折算可视为国家对垃圾焚烧发电的变相补贴。除发电收入外，焚烧发电企业每处理 1t 垃圾还可获得来自于地方政府的垃圾处理补贴，进一步保障了垃圾焚烧发电企业的利润。

总体来看，工业固废相对易于监管，倾倒、丢弃占比很低，但受技术水平制约，综合利用率仍有较大提升空间；生活垃圾无害化处理占比近年来快速增长，但与清运量仍有一定差距，处理能力有待进一步提升；垃圾焚烧发电发展前景十分广阔。

第四节　矿山固体废物环境监测

一、矿山固体废物环境监测的目的和任务

为了控制环境污染和生态破坏，必须要寻求导致环境恶化的原因和规律，环境监测就是为解决人类面临的环境问题的重要认识工具之一。环境监测是环境保护工作的重要技术支持，其通过一系列技术活动，测定表征环境因素质量的代表值，为环境管理和环境污染与生态破坏的治理提供科学依据。

环境监测为环境管理服务的原则同样适用于矿山环境保护，矿山环境监测就是紧密围绕矿山环保中心工作，为矿山环境保护服务的一种行业环境监测。由于矿产资源分布和矿业生产方式的特点，矿山项目有自己特有的环境问题和环境影响，同时大多数矿山远离城市，远离城市所具有的环境监测网络，更需要运用自己的环境监测手段为项目环境管理服务。因此，矿山项目建设企业环境管理中的一项必要的基础工作，是矿山环境保护事业的重要组成部分。

作为矿山环境监测的一个重要组成部分，矿山固体废物环境监测的根本目的和任务是

为了有针对性地采取预防和治理措施，有效地控制固体废物污染源对环境可能造成的不利影响，同时也是矿山企业检查自身是否符合国家和地方环保法规与标准，明确环境保护措施和清洁生产运行情况，以及改进环境保护的直接手段。

二、矿山固体废物环境监测的对象和项目

矿山固体废物对环境的影响主要表现在诱发地质灾害、侵占土地、植被破坏、土地退化、沙漠化以及粉尘污染、水体污染等。因此矿山固体废物的环境监测对象和项目主要分为以下几点。

（一）矿山固体废物污染源监测

（1）矿山固体废物中的有用价值元素和资源。对尾矿、沸石等矿山固体废物中的有用价值元素和资源进行分析监测，以便结合经济技术的发展进行综合回收利用。

（2）矿山固体废物有害特性。根据《危险废物鉴别标准》（GB 5085—1996），对矿山固体废物的腐蚀性、急性毒性初筛和浸出毒性的鉴别监测。

（3）矿山固体废物处置场粉尘监测。

（4）矿山固体废物处置场地下、地表水监测。

监测项目包括水温、pH 值、溶解氧、COD、BOD、氨氮、总磷、总氮、铜、锌、氟化物、砷、汞、镉、总氰化物、挥发分、石油类等。

（二）矿山附体废物水土保持和植被监测

按照有关建设项目水土保持法规及技术规范，需对矿山固体废物处置场等项目水土流失防止责任区进行水土保持监测。

水土保持监测内容由水土流失因子监测、水土流失量监测、水土保持设施效益监测。主要项目有：溅蚀、雨蚀、沟蚀、重力侵蚀、防治区林草覆盖度、土地溅蚀模数以及水土保持工程措施的运行状况、损坏程度等。

（三）矿山固体废物处置场地质安全监测

对矿山固体废物处置场的地面沉降、地下水水位进行长期观测，随时掌握地面沉降情况，建立矿山地质监测档案和预警、预报机制，为矿山的安全生产积累资料。

三、环境监测方法标准及质量管理

（一）环境监测方法标准

环境监测的基本要求之一是可比性，为满足这一要求就需要各个监测单位执行同样的技术规范，使用同样的监测方法，达到同样的技术水平。环境监测方法标准就是为满足这一要求而制定的，矿山环境监测站从建站设计、仪器设备计划到日常工作规范都必须遵循环境监测标准。由于环境监测项目多，都要制定相应的标准监测方法，有时同一项目还有多种方法供选择，因此环境监测方法标准是我国环境标准中数量最多的一个分支，在已颁布的环境标准中占 60% 以上。由于环境监测方法具有普及性，为使各个服务单位都能采用具有权威性、可比性的统一环境监测方法，标准规定的监测方法并不追求高、新、难，而是强调方法的可行性要强，稳定性和可靠性要高，易于普及推广。

环境监测方法标准属于推荐性标准，但是由于某些原因采用非标准监测方法时，必须

与标准方法进行对比、验证，证明所用非标准方法的可比性和准确性。

（二）环境监测质量管理

环境监测质量管理是对环境监测全过程的质量管理。环境监测是一项科学性较强的工作，其直接产品是监测数据，环境监测质量的好坏集中反映在数据上。环境监测质量的准确与否关系到判断企业的切身利益和形象，因此环境监测工作的质量就是环境监测的关键。

环境监测质量管理是提高监测质量、保证监测数据和成果具有代表性、准确性、精密性、可比性和完善性的有效措施，是环境监测全过程的全面质量管理。要在保证监测数据有效性的各个方面，采取一系列有效措施，把监测误差控制在一定的允许误差之内。

环境监测是一项系统工作，在监测工作全过程中影响监测质量的因素很多，质量管理也要求针对每一个环节进行全面的系统管理。在每个监测环节应考虑的质量管理因素很多，按监测活动程序排列主要有以下几个阶段：

（1）设计监测布点阶段。拟采取技术路线是否合理，监测方案是否可行；监测方案是否经过了优化设计；监测布点的控制范围多大，能否反映总体情况。

（2）样品采集阶段。采样频率是否有足够的时间代表性；采样工具是否符合技术规范要求；采样量能否满足分析和质量控制（平行双样）的要求；采样地点是否准确，是否有足够的代表性。

（3）样品运输保存阶段。样品的保存工具和保存条件是否符合规定要求；样品的运输是否符合操作规程；样品的加工预处理是否合格；样品的尺寸是否超过原来规定的时间期限。

（4）分析测试阶段。实验室基本条件是否符合要求；监测方法是否为标准方法，是否经过考核验证；仪器设备是否经过校验，玻璃器皿等是否合乎要求；实际纯度等级是否符合标准；实验室有无分析质量控制措施。

（5）数据处理阶段。试验记录是否侵袭、完整；数据的纪录、整理是否执行了监测技术规范；数据处理统计检验方法是否合理；数据的管理、上报是否符合规范规定。

监测质量是监测站综合素质和管理水平的体现，只有严格执行监测质量管理的程序，认真检查并解决好上述各个问题，得到的监测质量才是有保证的。

四、矿山固体废物环境监测的方法

（一）矿山固体废物污染监测方法

矿山固体废物处理场地下、地表水监测的监测方法按照《地表水和污水监测技术规范（HJ/T 91—2002）》执行；矿山固体废物有害特性监测方法按照《危险废物鉴别标准（GB 5085—1996）》执行，对矿山固体废物的腐蚀性、急性毒性初筛和浸出毒性的鉴别监测；矿山固体废物处置场粉尘监测可根据《环境空气质量监测规范（试行）》或《环境空气质量监测技术规范（HJ/T 194—2005）》执行。

（二）矿山固体废物水土保持监测方法

根据矿山项目区水土流失特点，采用四种监测方法，相关的监测内容包括监测点布设方式、监测频率、监测时间、步骤、所需要设备等，监测单位应依据《水土保持监测技术规范》，在编制监测细则中确定并实施。

（1）实地调查法。在工程施工期间，在一次大暴雨或梅雨季结束后，对施工场地产生的水土流失量和塌滑的方量进行实地量测计算，用以分析工程水土保持措施和临时水土流失防治措施的实施效果。

（2）定点监测。利用地理坐标或标志物定位，在同一地点，进行一定时间跨度的连续观测，记录水土流失因子，作为水土流失分析的基础资料。

（3）宏观考察方法。在整个水土保持监测范围内，通过定期巡查，抽样调查或通过调查组向地方政府、水库、移民管理部门和当地群众了解情况，以及根据线索进行实地踏勘等形式，调查了解水土保持措施（工程措施、生物措施）的运行状况；跟踪调查新增水土流失发生地点、地段、原因，即时发现水土保持方案的不足之处，采取补救措施。

（4）综合分析法。在对各项水土保持监测结果进行分析的基础上，综合分析、评定水土防治措施对控制水土流失、改善生态环境的作用。

（三）矿山固体废物植被监测方法

矿山项目固体废物处置场应对区域植被状况进行监测，主要指标包括植被种类、植被类型、林草生长量、林草植被覆盖度、郁闭度（乔木）等。采用典型样方进行调查，样方大小视其具体情况而定，每一样方重复 2 次，一般情况下草本样方为 $1m \times 1m$、灌木样方为 $5m \times 5m$、乔木样方为 $20m \times 20m$。

第五节　矿山环境影响评价

矿山环境影响评价是在矿山建设项目可行性研究阶段进行的一项工作。它通过评价拟建设矿山项目所在地区的环境质量现状，针对拟建设矿山项目的工程特性和污染特征，预测矿山开发过程中可能产生的环境影响，评估项目建成后对当地可能造成的不良影响范围和程度，提出避免或减少污染、防止破坏或改善环境的方案和对策，为矿业建设项目选址、合理布局、最终设计和决策提供科学依据，实现经济效益、社会效益和环境效益的统一，促进矿业的可持续发展。

在矿山环境影响评价中，通过明确采矿权人的意见，要求拟建单位提供必要的矿山开发信息，从开采、运营直至关闭，包括矿山复垦和生态重建计划在内的全程规划和计划；在矿山环境影响评价中，通过实施公众参与和社区磋商的生态环境意识，在计划决策者、地质工作者、工程设计者、环境管理和环境评价者之间达成一种共识，实现对于矿产资源的保护和合理开发；在矿山环境影响评价中，通过对矿山开发活动可能产生的影响进行费用与效益分析寻求避免污染、减少污染的最佳途径，为提高矿区的作业和生产效率，降低环境成本，科学地进行矿山生态重建提供决策依据。

我国的环境影响评价制度的实施始于 1979 年，但事实上，在 20 世纪 70 年代中、后期开发的有些矿山已经开始实施环境影响评价制度，并减少了矿山开发带来的环境影响。但我国多数矿山开发时间较长，由于历史原因，在其建设初期，并未开展矿山环境影响评价工作或开展内容过于简单。长期开发活动已对所在区域及其影响区产生一定程度的环境影响，有的已形成一定程度的累积性环境影响。

一、我国的环境影响评价制度

环境影响评价制度是从源头控制环境污染和生态破坏的法律手段。1998 年，中国政府颁布实施《建设项目环境保护管理条例》，明确提出环境影响评价制度，以及建设项目环境保护设施同时设计、同时施工、同时投产使用的"三同时"制度。2003 评价制度从建设项目扩展到各类开发建设规划。国家实行环境影响评价工程师职业资格制度，建立了由专业技术人员组成的评估队伍。

环境影响评价是对未来环境影响的一种预测分析，属于预测科学范畴，其主要作用有：可以明确开发建设者的环境责任及规定应采用的行动，可为建设项目的工程设计提出环保要求和建议；可为环境管理部门提供对建设项目实施管理的科学依据。《中华人民共和国环境影响评价法》规定，环境影响评价是指对规划和建设项目实施后可能造成的环境影响进行分析、预测和评估，提出预防或者减轻不良环境影响的对策和措施，进行跟踪监测的方法与制度。

环境影响评价是建设项目立项的三项依据（即国家实施的建设项目可行性研究、环境影响评价与建设投资评估）之一，具有一票否决权。《中华人民共和国环境保护法》明确规定，凡是对环境影响评价文件只有经项目主管部门预审并依照规定的程序报环境保护行政主管部门批准后，计划部门方可批准建设项目设计任务书。

《中华人民共和国环境影响评价法》第七条规定：国务院有关部门、设区的市级以上地方人民政府及其有关部门，对其组织编制的土地利用的有关规划，区域、流域、海域的建设、开发利用规划，应对在规划编制过程中，组织进行环境影响评价，编写该规划有关环境影响的篇章或者说明。规划中有关环境影响的篇章或者说明，应当对规划实施后可能造成的环境做出分析、预测和评估，并提出预防和减轻环境影响的对策和措施。

该法第八条规定：国务院有关部门、设区的市级以上地方人民政府及其有关部门对其组织编制的工业、农业、畜牧业、林业、能源、水利、交通、城市建设、旅游、自然资源开发的有关项目规划，应当在该专项规划草案上报审批前组织进行环境影响评价。

该法第十二条规定：国家根据建设项目对环境影响程度，对建设项目环境影响评价实施分类管理，建设单位应当按照下列规定组织编制环境影响报告书、环境影响报告表或填报环境影响登记表。

二、矿山环境影响评价的工作程序

矿山项目环境影响评价工作程序如图 2 - 1 所示。环境影响评价工作大体分为三个阶段。第一阶段为准备阶段，主要为研究有关文件，进行初步的工程分析和环境现状调查，筛选重点评价项目，确定各单项环境影响评价的工作等级，编制评价大纲；第二阶段为正式工作阶段，其主要工作为进一步做工程分析和环境现状调查，并进行环境影响预测和评价环境影响；第三阶段为报告书编制阶段，其主要工作为汇总，分析第二阶段工作所得的各种资料、数据，给出结论，完成环境影响报告书的编制。

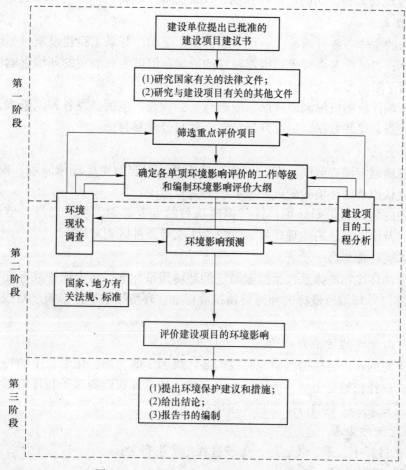

图 2 - 1 矿山项目环境影响评价工作程序

三、矿山环境影响评价的方法

（一）环境信息资料的收集

矿山环境信息资料的收集需要矿业开发建设单位、环评单位共同协作完成。

1. 建设单位的协作

矿山建设项目的建设单位需要提供建设项目相应基本资料，如建设位置、规模、拟建工艺、主要设备、辅助工程、公用工程、三废产生及处置工程等，如果是技术改造项目，还需收集项目工程上述概况及运行数据。同时，还需协助收集项目建设区基本背景资料，包括自然、社会、环境以及生态数据和资料，并注意收集矿山在勘探阶段获得的基础数据以及早期资料。

2. 其他收集途径

除矿业开发建设单位提供的基本资料外，矿山环境信息的收集途径还包括：

（1）从资源管理部门或专业研究机构及环保部门收集生态资源及污染状况资料、数据；

（2）通过现场调查、访问、采样和测试及遥感等，取得实际的资料和数据。

3. 公众参与

公众参与的主体一般有两种：一是一般公众，受矿产开采工程建设项目影响的公众个人或社会团体；二是没有直接受到拟建项目的影响，但可能对潜在的环境影响的性质、范围、特点有所了解的专家或专业人员。

在环境影响评价的资源调研阶段，应进行社会调查，包括研发各种调查表，召开各种类型座谈会收集意见和数据，广泛开展社区磋商与公众参与。

（二）调查范围

科学合理地划定调查范围，有助于分析矿山开发引起的主要环境问题、确定工作量、帮助矿山企业认识矿区环境脆弱或环境影响的大致范围。

调查范围的划分将根据导则，针对拟建项目的专业类别、生产规模、排污种类、数量、方式，以及所处地区的地理环境、气象、水文等条件区别对待。

（三）环境评价标准

我国现行的环境标准体系包括国家制定的环境质量标准、污染物排放标准等；还包括地方性（含部门）环境质量标准和污染物排放标准。环境影响评价必须严格按照有关环境标准进行。

（四）矿山开发的污染源评价

进行污染源的评价要根据污染源释放的各污染因子的物理、化学及生物特性及对环境的影响程度，选择和确定主要污染源，为确定矿山环境现状监测因子和环境影响评价因子提供依据。需要重点考察的污染源主要包括：

1. 矿山大气污染源

（1）采矿过程中，采、装、运、爆破过程中产生粉尘；

（2）选矿的破碎过程。

2. 矿山废水污染源

（1）采矿过程中的井下排水、涌水、渗透水；

（2）选矿工艺废水。

3. 矿山噪声污染源

（1）爆破产生噪声和振动；

（2）高噪声矿山机械设备；

（3）运输过程中产生的噪声。

4. 矿山固体废弃物

矿山固体废弃物是矿山大气污染、水污染和土壤污染的主要来源之一，主要包括矿山开采期间运出的废石及矿石经选冶生产后产生的尾矿或废渣。

5. 矿山环境影响评价

矿山环境影响评价包括污染性环境影响评价和非污染性的生态影响评价，按照《环境影响评价技术导则》要求开展工作。

（1）污染性环境影响评价。矿山污染性环境影响评价要求综合考虑大气、地面水、地下水、土壤和噪声环境影响评价。

（2）非污染性生态影响评价。生态环境影响评价应按照《环境影响评价技术导则非污染生态影响》（HJ/T 19—1997）进行。对于固定矿产，露采方式的评价重点应为区域地表植被破坏、地表水和地下水影响、土地占用、地形地貌改变、水土流失、灾害风险滑坡和泥石流等；坑采方式的重点应为地表塌陷、地形地貌、灾害诱发地震因素等方面。

6. 矿山环境经济损益分析

矿山环境经济损益分析就是对矿山建设项目可预见的生态环境问题，通过补偿原则，提出防止、恢复的若干方案，并对各方案的费用与效益进行评价，通过比较，从中选出净效益最大的方案以提供决策。

（1）矿山环境经济损益分析的作用。进行矿山环境经济损益分析，以选择保护矿山环境的最优工程方案和对策，可以减少建设单位在项目开发期和运行期为保护环境所带来的额外费用支付，从而取得最佳的经济效益和环境效益。

（2）矿山环境经济损益分析的内容。

1）环境费用。矿山开发的环境费用包括外部费用和内部费用。外部费用是指矿山开发和加工过程对自然资源和环境质量的损害费用。主要包括：矿山开发过程中土地和因塌陷损失费用；污染损害费用；因污染所造成的人群疾病和伤亡等所需付出的费用；环境及其他资源损害费用等。内部费用是防止环境恶化和污染而付出的环境保护费用，主要包括：土建、安装、培训等基建费用；污染控制及废物处理、生态环境治理等运行费用。

2）环境效益。矿山开发环境保护项目带来的效益包括环境保护设施直接效益和间接效益。环境保护的直接经济效益主要是物料流失的减少，资源、能源利用率的提高，废物综合利用，废物资源化等的效益；间接环境效益是环境污染或破坏造成经济损失的减少。

7. 总量控制分析

总量控制是在污染严重、污染源集中的区域或重点保护的区域方位内，通过有效的措施，把排入这一区域的污染物总量控制在一定的数量之内，使其达到预定环境目标的一种控制手段。

在我国目前的矿山环境影响评价的总量控制分析中，一般采用目标总量控制，即把允许排放污染物总量控制在管理目标所规定的范围内。这里的"总量"指污染源排放的污染物不超过管理上认为规定能达到的允许限额。它是用行政干预的方法，在弄清工程建设前后污染物排放总量的前提下，提出工程应采取的污染物削减方案和建议，并分析其可行性。

四、矿山环境影响评价制度的管理程序

环境影响评价管理程序是保证环境影响评价工作顺利进行和实施的管理程序，是管理部门的监督手段，我国基本建设程序与环境管理程序的工作关系如图2-2所示。根据《中华人民共和国环境影响评价法》和《建设项目环境保护管理条例》的有关规定，矿山建设项目的环境影响评价审批程序如图2-3所示。

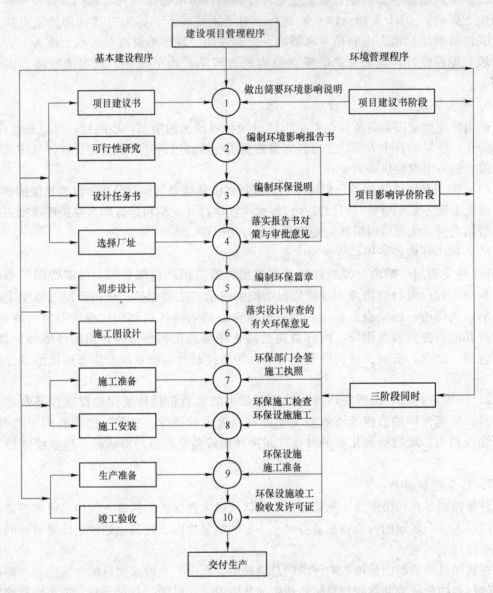

图 2-2　我国基本建设程序与环境管理程序的工作关系

五、矿山建设项目环境影响评价分级、分类管理

按《中华人民共和国环境影响评价法》的规定，凡新建、改建、扩建工程，要根据国家环境保护总局《关于建设项目环境保护分类管理名录》（14 号文件）确定应在编制的环境影响报告书、环境影响报告表或填报环境影响登记表。

（1）编制环境影响报告书的项目。新建或扩建工程对环境可能造成重大的不利影响，这些影响可能是敏感的、不可逆的、综合的或以往还未有过的，这类项目需要编写环境影响报告书。

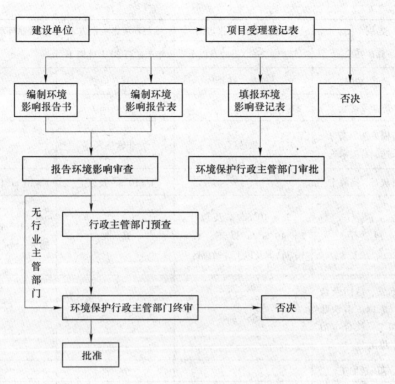

图 2-3　矿山建设项目环境影响评价审批程序示意图

（2）编制环境影响报告表的项目。新建或扩建工程对环境可能造成重大的不利影响，这些影响是较小的或是减缓影响的补救措施是很容易找到的。通过项目可直接编写环境影响报告表，对其中个别环境要素或污染因子需要进一步分析的，可附单项环境影响专题报告。

（3）填报环境影响登记表的项目。对环境不产生不利影响或影响极小的建设项目，只填报环境影响登记表。

国家环保部根据分类原则确定评价类别，如需要进行环境影响评价，编制环境影响报告书（表）则由建设单位委托有相应评价资格证书的单位来承担。

建设项目环境影响评价分类管理体现了管理的科学性，与矿山建设相关的环境保护分类管理规定见表 2-1。

表 2-1　与矿山建设相关的环境保护分类管理规定

项目类别		编制环境影响报告书	编制环境影响报告表	编制环境影响登记表
露天开采		新建，改、扩建，敏感区	其　他	
煤炭采区	新矿区	全部		
	独立矿井	敏感区	非敏感区	
	选煤厂	敏感区	非敏感区	
黑色金属矿采选、有色金属矿采选		全部		

项目类别		编制环境影响报告书	编制环境影响报告表	编制环境影响登记表
非金属矿采区	脉矿开采	年产矿石 20 万吨及以上	年产矿石 20 万吨以下	
	湖盐及井盐	钾盐，镁盐	其 他	
	海盐及矿盐		全 部	
	石棉采选、云母采选、石墨采选	敏感区	非敏感区	
	石灰石、高岭土		$1 \times 10^5 m^3$ 及以上	$1 \times 10^5 m^3$ 以下，非敏感区
	土沙石	$2 \times 10^5 m^3/a$ 及以上；$2 \times 10^5 m^3/a$ 以下，$1 \times 10^5 m^3/a$ 及以上，敏感区	其 他	$1 \times 10^5 m^3/a$ 以下，非敏感区
黑色金属冶炼及压延加工	炼铁、球团及烧结，炼钢、钢铁联合加工，铁合金冶炼、焦化	全 部		
	钢压延加工		全 部	
	轧钢 热轧	年产 100 万吨及以上	年产 100 万吨以下	
	轧钢 冷轧	年产 50 万吨及以上	年产 50 万吨以上	
有色金属冶炼及压延	有色金属冶炼、有色金属合金	全 部		
	有色金属压延加工	敏感区	非敏感区	
地质勘探	单井勘探		敏感区	非敏感区
	区域考察勘探	敏感区	非敏感区	
核设施	铀井开采、冶炼，放射性废物贮存、处理或处置，上述项目退役	全 部		
	放射性物质运输	全 部		
	铀矿地质勘探，铀矿开采试验，上述项目退役		全 部	
伴生放射性矿物资源开发利用	放射性天然铀、钍伴生矿的开采，加工和利用及废渣的处理和贮存	全 部		

六、矿山建设项目环境影响评价的监督管理

（一）评价单位资格考核与人员培训

承担矿山建设项目环境影响评价工作的单位，必须持有《建设项目环境影响评价证书》，并具有开展矿山项目的环境影响评价的资质，按照证书中规定的范围开展环境影响评价，并对评价结论负责。对持证单位实行申报和定期考核的管理程序，并对考核不合格或违反有关规定的单位执行返款乃至中止和吊销"证书"的处罚。

环境影响评价是一项具有高度综合性的工作，涉及自然环境和社会环境在内的各个方面，需要自然与社会科学专家们的共同努力才能对整个区域做出整体和综合的环境影响评价，所以评价人员的知识结构也是很重要的。因此，要注意加强对评价工作人员主要知识和技能的培训，实行评价人员持证上岗。

（二）评价大纲的审查

评价大纲是环境影响报告书的总体设计，应在开展评价工作之前编制。评价大纲由建设单位向负责审批的环境保护部门申报，并抄送行业主管部门。环境保护部门根据情况确定评审范围，提出审查意见。

（三）环境影响评价的质量管理

环境影响评价项目一经确定，承担单位要派有经验的项目负责人组织有关人员编写评价大纲，明确其目标和任务，同时还要编制其监测分析、参数测定、野外试验、室内模拟、模式验证、数据处理、仪器刻度校验等在内的质保大纲。承担单位的质量保证部门要对质保大纲进行审查，对其具体内容与执行情况进行检查，把好各环节和环境影响报告书质量关。为获得满意的环境影响报告书，按照环境影响评价管理程序和工作程序进行有组织、有计划的活动是确保环境影响评价质量的重要措施。质量保证工作应贯穿于环境影响评价的全过程。在环境影响评价工作中，请有经验的专家咨询是做好环境评价的重要条件，最后请专家审评报告是质量把关的重要环节。

（四）环境影响评价报告书的审批

建设项目环境影响报告书的审批权限是：核设施、绝密工程等特殊性质的建设项目，跨省级区域的建设项目和国务院审批的或者国务院授权有关部门审批的建设项目由国家环境保护总局审批；其他建设项目环境影响报告设的审批权限由省级人民政府规定；对环境问题有争议的项目，提交上一级环保部门审批。环境保护行政主管部门应当自收到环境影响报告表之日起 30 日内，收到环境影响登记表之日起 15 日内，分别做出审批决定并书面通知建设单位。

各级主管部门和环保部门在审批矿上项目环境报告书时应贯彻下述原则：

（1）审批该项目是否符合经济效益、社会效益和环境效益相统一的原则；

（2）审查该项目是否贯彻"预防为主"、"谁污染谁治理、谁开发谁保护、谁利用谁补偿"的原则，特别是贯彻"污染者承担"和"环境成本内部化"的原则应是审查的重中之重；

（3）审查该项目环境影响评价过程中是否贯彻了在污染控制上从单一浓度控制逐步过渡到对生产全过程的管理；

（4）应重视景观生态、产业生态、人文生态等在规划布局、结构功能、运行机制等诸多方面是否符合物能良性循环和新型工业化的原则，应着眼于实现循环经济，以促进可持续发展。

报告书的审查以技术审查为基础，审查方式是专家评审会还是其他形式，由负责审批的环境保护行政主管部门根据具体情况而定。

习　　题

2－1　我国有哪些固体废物管理制度？

2－2　我国有哪些固体废物管理标准？

2－3　简述固体废物管理的特点。

2－4　简述固体废物管理的原则。

2－5　清洁生产与固体废物污染控制有何关系？

2－6　我国当前有哪些单位或实体参与固体废物管理？试画出固体废物管理体系结构图并讨论这种管理体系结构存在的问题。

2－7　如何理解固体废物的二重性？固体废物的污染与水污染、大气污染、噪声污染的区别是什么？

2－8　固体废物管理的目标及污染控制对策是什么？在整治固体废物方面，我们应该做哪些努力？

2－9　简述矿山固体废物环境监测的目的和任务。

2－10　简述矿山固体废物环境监测的方法。

2－11　矿山固体废物环境监测环节分为几个阶段？

2－12　简述矿山固体废物环境影响评价的工作程序。

2－13　简述各级主管部门和环保部门在审批矿山项目环境报告书应贯彻的原则。

第三章　矿山固体废物预处理

矿山固体废物的种类多种多样，其形状、大小、结构及性质也各不相同。为了将其转变为适合于运输、处理、利用和最终处置的形式，必须采用预处理的方法，主要包括压实、粉碎和分选、浓缩脱水等工艺过程将固体废物单体解离或分成适当的粒级，以回收利用多种有价组分，达到充分利用固体废物的目的，或使固体废物减容或压成块体，以利于运输、贮存、焚烧或填埋处置。本章将以一般固体废物（包括矿山固体废物）为对象，介绍相关固体废物预处理的常用技术。

第一节　固体废物的压实

收集来的固体废物大多数是处于自然堆放的蓬松集合体状态，表观体积比较大，且无一定形状。为了便于后续处理工序，必须对其进行压实处理。

固体废物的压实又称压缩，是利用机械的方法对固体废物施加压力，增加其聚集程度和容重，减小其表观体积的处理方法。固体废物经压实处理后，减容增重，便于装卸运输，确保运输安全与卫生，降低运输成本，提高运输和管理效率，并可制取高密度惰性块料，便于贮存、填埋或作建筑材料使用。

一、压实原理

大多数矿山固体废物是由不同颗粒及其间的孔隙组成的集合体。一堆自然堆放的矿山固体废物的表观体积是废物颗粒的有效体积和孔隙体积之和。当对固体废物实施压实操作时，随着压力的增大，孔隙体积减小，表观体积也随之减小，而容重增大。因此，固体废物的压实可以看做是消耗一定的压力能，提高废物容重的过程。当固体废物受到外界压力时，各颗粒间相互挤压、变形或破碎，从而达到重新组合的效果。

在压实过程中，某些可塑性废物，当解除压力后不能恢复原状；而有些弹性废物在解除压力后的几秒钟内，体积膨胀 20%，几分钟后达到 50%。因此，固体废物中适合压实处理的主要是压缩性能大而复杂性小的物质，如冰箱与洗衣机、纸箱和纸袋、纤维、废金属细丝等，有些固体废物如木头、玻璃、金属、塑料块等已经很密实的固体或焦油、污泥等半固体废物不宜作压实处理。

固体废物经压实处理后体积减小的程度称为压缩比：

$$R = V_0/V_1$$

式中，V_0 为废物压缩前的原始体积；V_1 为废物压缩后的体积。

固体废物压缩比取决于废物的种类及施加的压力。一般，施加的压力可在几至几百千克力/平方厘米（$1kgf/cm^2 = 98066.5Pa$）。当固体废物为均匀松散物料时，其压缩比可达 $3 \sim 10$。

近年来日本研发出一种高压压缩技术，对垃圾进行三次压缩，最后一次的压力为 $258kgf/cm^2$，较一般压缩法高一倍。压缩后的垃圾装袋或者打捆。对于大型压缩块，往往是先将铁丝网置于压缩腔内，再装入废物，因而一次压缩后即已牢固捆好。

固体废物经压实处理，除减容增重外，还有下列生物质降解效应和其他功效：

（1）减轻环境污染。固体废物（如生活垃圾）中有机物在高压压缩过程中，由于挤压和升温，BOD_5 可以从 6000mg/L 降低到 200mg/L，COD 可以从 8000mg/L 降低到 150mg/L。高压垃圾块切片经显微镜观察，已成为一种均匀的类塑料结构，在日本东京湾自然暴露三年之后检验，它没有任何可见的降解痕迹，足见确已成为一种惰性材料，从而减轻了对环境的污染。

（2）快速安全造地。用惰性固体废物压缩块作为地基、填海造地材料，上面只需覆盖很薄土层，所填场地不必作其他处理或等待多年的沉降，即可利用。

（3）节省填埋或贮存场地。对于城市垃圾，目前国内外填埋用地日趋紧张，生活垃圾经压实后体积可减少 60%~80%，从而可大大节省填埋用地。对于废金属往往需要堆存保管，对于放射性废物要深埋于地下水泥堡或废矿坑中，压实处理后可大大节省贮存场地。

二、压实器及其选择

压实器分为固定式和移动式两种。移动式压实器一般安装在收集垃圾车上，接受废物后即进行压实，随后送往处置场地。固定式压实器一般设在工厂内部、废物转运站、高层住宅垃圾滑道的底部等场合。

这两类压实器的工作原理大体相同，主要由容器单元和压实单元两部分组成。容器单元负责接收废物；压实单元具有液压或气压操作的压头，利用高压使废物致密化。

1. 水平式压实器

图 3−1 所示为水平式压实器示意图。该装置具有一个可沿水平方向移动的压头先把废物送入供料漏斗，然后压头在手动或光电装置控制下把废物压进一个钢制容器内。该容器一般为正方形或长方形，其一端的下半部分有一孔，便于压头在压实循环中在容器内滑动。容器的装载端是铰接的，可以摆动至完全打开，使废物倒出。当容器装满时，压实器的压头完全缩回，用防水帆布把容器盖好，然后吊装在重型卡车上以待运走，再把另一个空容器连接在压实器上，再进行下次压实操作。容器的侧面和顶面稍带锥度，以便废物倒出。

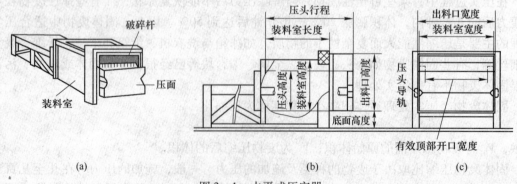

图 3−1　水平式压实器
（a）全视图；（b）侧视图；（c）主视图

2. 三向垂直式压实器

图 3 - 2 是适用于压实松散金属废物的三向垂直式压实器示意图。该装置具有三个相互垂直的压头，金属等废物被置于容器单元内，而后依次启动 1 ~ 3 三个压头，逐渐使固体废物的空间体积缩小、容积密度增大，最终将固体废物压实为一块密实的块体。压实后尺寸一般在 200 ~ 1000mm 之间。

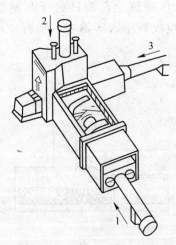

图 3 - 2　三向垂直式压实器

1 ~ 3—压头

3. 回转式压实器

图 3 - 3 所示为回转式压实器示意图。该装置的压头铰联在容器的一端，借助液压缸驱动。这种压实器适用于压实体积小、自重较轻的固体废物。

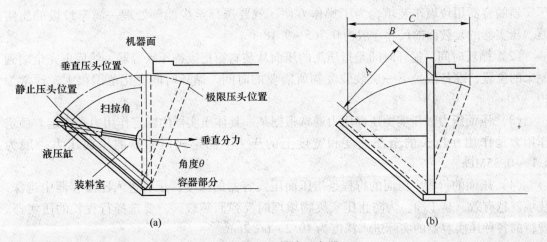

(a)　　　　　　　　　　　　　　(b)

图 3 - 3　回转式压实器

（a）压头限定位置的侧视图；（b）规定尺寸的侧视图

A—有效顶部开口长度；B—装料室长度；C—压头行程；C - B—压头进入深度

4. 袋式压实器

袋式压实器是将废物装入袋内，压实填满后立即移走，换上一个空袋。该装置适用于工厂中某些组分比较均匀的固体废物，压缩比一般为 3～7。填充密度因废物的原始成分而异，一般为 $0.29～0.96g/cm^3$。袋式压实器的优点：压实的废物轻便，单人即可搬运；压实的废物外形一致，尺寸均匀，填埋处置方便。

5. 城市垃圾压实器

图 3-4 所示为城市垃圾压实器的工作示意图。图（a）为压缩循环开始，从滑道中落下的垃圾进入料斗。图（b）为压缩臂全部缩回处于起始状态，垃圾充入压缩室内。图（c）为压缩臂全部伸展状态，垃圾被压入容器中。随着垃圾不断充入，最后在容器中压实，将压实的垃圾装入袋内。

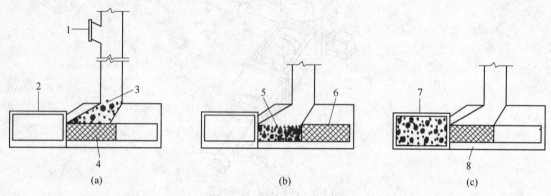

图 3-4　城市垃圾压实器

1—垃圾投入口；2—容器；3，5—垃圾；4，8—压臂；6—压臂全部缩回；7—已压实的垃圾

为了最大限度减容，获得较高的压缩比，应尽可能选择性能参数能满足实际压实要求的压实器。压实器主要有以下性能参数：

（1）截面的尺寸。装载面的尺寸应足够大，以便容纳用户所产生的最大件废物。如果压实器的容器用垃圾车装填，为了操作方便，就要选择至少能够处理一满车垃圾的压实器。压实器的装载面的尺寸一般为 $0.765～9.18m^2$。

（2）循环时间。循环时间是指压头的压面从装料箱把废物压入容器，然后再完全缩到原来的位置，准备接受下一次装载废物所需要的时间。循环时间变化范围很大，通常为 20～60s。

（3）压面压力。压实器压面压力通常根据某一具体压实器的额定作用力来确定。额定作用力是作用在压头的全部高度和宽度上的压力。固定式压实器的压面压力一般为 0.1～0.35MPa。

（4）压面的行程。压面的行程是指压面压入容器的深度，压头进入压实容器中越深，装填就越有效、越干净。为防止压实废物填埋时反弹回装载区，要选择行程长的压实器。现行的各种压实容器的实际进入深度为 10.2～66.2cm。

（5）体积排率。体积排率也即处理率，它等于压头每次压入容器的可压缩废物体积与每小时机器的循环次数之积。通常要根据废物产生率来确定。

（6）压实器与容器匹配。压实器应与容器匹配，最好是由同一厂家制造，这样才能使压实器的压力行程、循环时间、体积排率以及其他参数相互协调。如果两者不相匹配，若选择不可能承受高压的轻型容器，在压实操作的较高压力下，容器很容易发生膨胀变形。

此外，在选择压实器时，还应考虑与预计使用场所相适应，要保证轻型车辆容易进出装料区和容器装卸提升位置。

三、压实流程

固体废物是否需要压实处理以及压实程度如何，都要根据具体情况而定，选择合理的压实流程，以利于后续处理。若垃圾压实后会产生水分，不利于分离其中的纸张、破布等，则不应进行压实处理；对于要分类处理的混合垃圾一般也不过分压实。如果对垃圾只作填埋处理，则需要进行深度压实。图3-5所示为国外垃圾高度压实处理工艺流程。首先将垃圾装入四周垫有铁丝网的容器内，送入压实机压缩成块（压力16~20MPa，压缩比为5），然后将垃圾压缩块浸入熔融的沥青浸渍池内（180~200℃），涂浸沥青防漏，冷却固化后经运输皮带装入汽车运往垃圾填埋场。压实产生的污水经油水分离器进入活性污泥处理系统，处理后的水经灭菌排放。

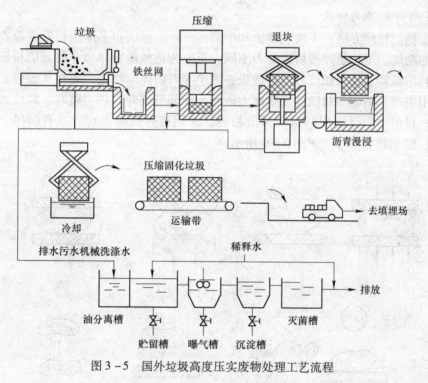

图3-5　国外垃圾高度压实废物处理工艺流程

第二节　固体废物的粉碎

固体废物大多物质组成、结构、性能复杂且不均匀，体积庞大，难以处理。在许多情况下，固体废物的处理和资源化利用对其粒度都有较严格的要求，因此，减小固体废物的颗粒尺寸对处理利用系统的可靠性极为重要。粉碎就是用外力克服固体废物物质点间的内聚力，使大块废物变成碎散细小颗粒的工艺过程。粉碎作业可分为破碎、磨碎和超细粉碎三个阶段。固体废物的粉碎处理往往只进行破碎和磨碎两个阶段。破碎是将大块废物碎裂成小块的过程，磨碎是将小块废物分裂成细粉的过程。固体废物经破碎和磨碎后，粒度变得细小而均匀，有利于后续处理和利用，主要表现在以下几方面：

（1）使固体废物的体积减小，便于压实、运输和贮存。高密度填埋处置时，压实密度高而均匀，可加快覆土还原。

（2）固体废物中连生在一起的异种物质得到单体分离，为分选提供适宜的入选粒度，以便有效回收废物中的有用组分。

（3）使固体废物粒径均一、比表面积增大，提高焚烧、热解、熔融、固化等处理的稳定性和热效率。

（4）防止粗大、锋利的固体废物损坏分选、焚烧和热解等设备或炉膛。

（5）为固体废物下一步加工和利用作准备。例如，用煤矸石制砖、生产水泥等，都要求把煤矸石粉碎到一定细度才能利用。

一、粉碎原理

（一）粉碎的施力方式

固体废物的粉碎方法有干法、湿法和半湿法三种。湿法和半湿法粉碎兼有粉碎和分级分选处理的功能。干法粉碎按所施外力不同，可分为机械能粉碎和非机械能粉碎两种。机械能粉碎利用破碎工具，如破碎机的齿板、锤子等对固体废物施力而将其破碎。非机械能粉碎是利用电能、热能等对固体废物施力破碎，如低温破碎、热力破碎、减压破碎和超声波破碎等。目前，广泛应用的是机械能粉碎，常用破碎机的破碎方式有挤压、劈裂、弯曲、冲击、磨剥和剪切等，如图3-6所示。

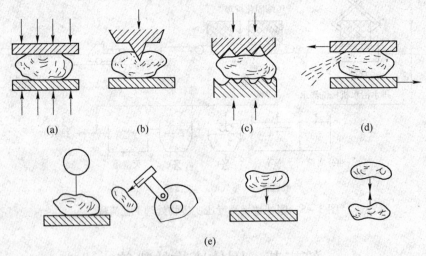

图3-6　常用破碎机的破碎方式
（a）压碎；（b）劈碎；（c）切断；（d）磨剥；（e）冲击破碎

选择破碎方法时，需视固体废物的机械强度，特别是废物的硬度而定。对于脆硬性废物，宜采用劈碎、冲击、挤压破碎。对于柔硬性废物，如废钢铁、废汽车、废器材和废塑料等，在常温下用传统的破碎机难以破碎，压力只能使其产生较大的塑性变形而不断裂，宜采用其低温变脆的性质而有效地破碎，或是采用剪切、冲击破碎。当废物体积较大，不能直接将其供入破碎机时，需先将其切割或压缩到可以装入破碎机进料口尺寸，再送入破碎机内破碎。对于含有大量废纸的城市垃圾，可采用半湿式和湿式破碎。

破碎机破碎固体废物时，往往都有两种或两种以上的破碎力同时作用于固体废物，如压碎和折断、冲击破碎和磨剥等。

（二）破碎比和破碎段

在破碎过程当中，原废物粒度与破碎产物粒度的比值称为破碎比。破碎比表示废物粒度在破碎过程中减少的倍数，也就是表征被破碎的程度。破碎机的能量消耗和处理能力都与破碎比有关。破碎比的计算方法有以下两种：

（1）在工程设计中，破碎比（i）常采用废物破碎前的最大粒度（$D_{\max}$）与破碎产物的最大粒度（$d_{\max}$）之比来计算：

$$i = \frac{D_{\max}}{d_{\max}}$$

这一破碎比也称为极限破碎比。通常，根据最大物料直径来选择破碎机给料口的宽度。

（2）在科研和理论研究中常采用废物破碎前的平均粒度（D_{cp}）与破碎产物的平均粒度（d_{cp}）之比来计算：

$$i = \frac{D_{cp}}{d_{cp}}$$

这一破碎比也称为真实破碎比，能较真实地反映废物的破碎程度。

一般破碎机的平均破碎比在 3～30 之间，磨碎破碎比可达 40～400 以上。固体废物每经过一次破碎机或磨碎机称为一个破碎段。如若要求的破碎比不大，则一段破碎即可。但对有些固体废物的分选工艺，如浮选、磁选等，由于要求入料的粒度很细，破碎比很大，因此往往根据实际需要将几台破碎或磨碎机依次串联起来组成破碎流程。对固体废物进行多次（段）破碎，其总破碎比等于各段破碎比（i_1, i_2, …, i_n）的乘积，即：

$$i = i_1 \times i_2 \times i_3 \times \cdots \times i_n$$

破碎段数是决定破碎工艺流程的基本指标，它主要决定破碎废物的原始粒度和最终粒度。破碎段数越多，破碎流程越复杂，工程投资相应增加。因此，条件允许的话，应尽量减少破碎段数。

影响固体废物破碎程度的因素，除破碎设备的性能外，主要是固体废物的物相组成和显微结构特点，表现为固体废物的强度和硬度。

（1）机械强度。固体废物的机械强度是指固体废物抗破碎的阻力，通常用静载下测定的抗压强度为标准来衡量。一般，抗压强度大于 250MPa 者称为坚硬固体废物；40～250MPa 者称为中硬固体废物；小于 40MPa 者称为软固体废物。机械强度越大的固体废物，破碎越困难。固体废物的机械强度与其颗粒粒度有关，粒度小的废物颗粒，其宏观和微观裂隙比大粒度颗粒要小，因而机械强度较高，破碎较困难。

（2）硬度。固体废物的硬度是指固体废物抵抗外力机械侵入的能力。一般硬度越大的固体废物，其破碎难度越大。固体废物的硬度有两种表示方法：一种是对照矿物硬度确定。矿物的硬度可按莫氏硬度分为 10 级，其软硬排列顺序如下：滑石、石膏、方解石、萤石、磷灰石、长石、石英、黄玉、刚玉和金刚石。各种固体废物的硬度可通过与这些矿物相比较来确定。另一种是按废物破碎时的性状确定。按废物在破碎时的性状，固体废物可分为最坚硬物料、坚硬物料、中硬物料和软质物料4种。

在需要破碎的废物中，大多数机械强度较低、硬度较小，较容易破碎。但也有些固体废物在常温下呈现较高的韧性和塑性（外力作用变形，除去外力后又恢复原状的性质），难以破碎，如橡胶、塑料等，对这部分固体废物需采用特殊的破碎方法才能有效破碎。

（三）破碎流程

根据固体废物的性质、颗粒大小、要求达到的破碎比和选用的破碎机类型，每段破碎流程可以有不同的组合方式，其基本工艺流程如图3－7所示。

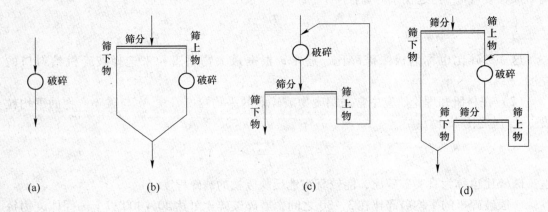

图3－7　固体废物破碎基本工艺流程

（a）单纯破碎工艺；（b）带预先筛分的破碎工艺；（c）带检查筛分
破碎工艺；（d）带预先和检查筛分破碎工艺

固体废物破碎常用的破碎机包括锤式、冲击式、剪切、颚式、辊式破碎机以及粉磨机。每种类型还包括多种不同的结构形式，各种形式的破碎机械的应用范围也不尽相同。

二、固体废物粉碎设备

（一）颚式破碎机

颚式破碎机是一种古老的挤压型破碎设备，但由于构造简单、工作可靠、制造容易、维修方便，至今仍广泛应用于冶金、建材和化工等部门。它适用于破碎坚硬和中硬、腐蚀性强的废物，既可用于粗碎，又可用于中细碎。

颚式破碎机的主要部件为固定颚板、可动颚板和连接于传动轴的偏心转动轮。固定颚板、可动颚板构成破碎腔。根据可动颚的运动特性分为简单摆动式颚式破碎机与复式摆动式颚式破碎机两种。

图3－8所示为简单摆动式颚式破碎机结构示意图。皮带轮带动偏心轴旋转时，偏心顶点牵动连杆上下运动，也就牵动前后推力板作舒张及收缩运动，从而使动颚时而靠近固定颚，时而又离开固定颚。动颚靠近固定颚时就对破碎腔内的物料进行压碎、劈碎及折断。破碎后的物料在动颚后退时靠自重从破碎腔内落下。

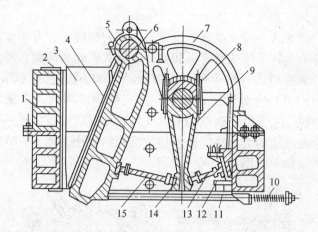

图 3 - 8　简单摆动式颚式破碎机结构示意图

1—机架；2—破碎齿板；3—侧面衬板；4—破碎齿板；5—可动颚板；
6—心轴；7—飞轮；8—偏心轴；9—连杆；10—弹簧；11—拉杆；
12—砌块；13—后推力板；14—肘板支座；15—前推力板

图 3 - 9 所示为复杂摆动型颚式破碎机结构示意图。从构造上看，复杂摆动式颚式破碎机比简单摆动式颚式破碎机少了一根动颚悬挂的心轴，动颚与连杆合为一个部件，没有垂直连杆，轴板也只有一块。可见，复杂摆动式颚式破碎机构造更简单。但动颚的运动却较简单摆动式颚式破碎机复杂，动颚在水平方向上有摆动，同时在垂直方向上也有运动，是一种复杂的运动，故称为复杂摆动式颚式破碎机。

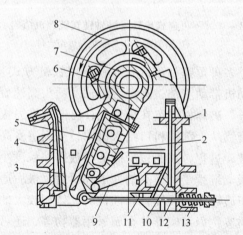

图 3 - 9　复杂摆动式颚式破碎机结构示意图

1—机架；2—可动颚板；3—固定颚板；4，5—破碎齿板；6—偏心转动轴；
7—轴孔；8—飞轮；9—肘板；10—调节楔；11—楔块；
12—水平拉杆；13—弹簧

复杂摆动式颚式破碎机的破碎产品粒度较细，破碎比大（一般可达 4 ~ 8，而简单摆动式只能达 3 ~ 6）。复杂摆动式动颚上部行程较大，可以满足废物破碎时所需要的破碎量，动颚向下运动时有促进排料的作用，因而规格相同时，复杂摆动式比简单摆动式破碎机的生产率高 20% ~ 30%。但是，复杂摆动式破碎机动颚垂直行程大，使颚板磨损加快。

（二）锤式破碎机

锤式破碎机是最普通的一种工业破碎设备，大多为旋转式，有一个电动机带动的大转子，按转子数目可分为单转子锤式破碎机和双转子锤式破碎机两类。单转子破碎机根据转子的转动方向又可分为可逆式（转子可两方向转动）和不可逆式（转子只能一个方向转动）两种。按主轴方向可分为卧轴锤式和立轴锤式破碎机两种，常见的是卧轴锤式破碎机，即水平轴式破碎机。水平轴由两端的轴承支持，原料借助重力或用输送机送入。转子下方装有箅条筛，箅条缝隙的大小决定破碎后的颗粒的大小。图3-10所示为不可逆式单转子卧轴锤式破碎机结构示意图。

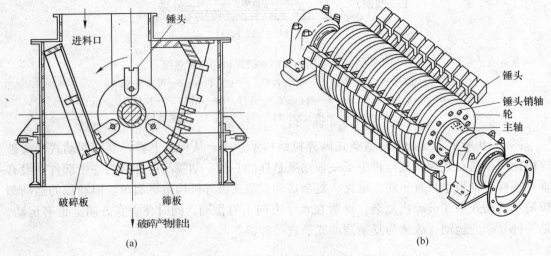

图3-10　不可逆式单转子卧轴锤式破碎机结构示意图

（a）纵剖面；（b）卧轴与锤组合件

该机主体破碎部件是多排重锤和破碎板。锤子以铰链方式装在各圆盘之间的销轴上，可以在销轴上摆动。电动机带动主轴、圆盘、销轴及锤头高速旋转。包括主轴、圆盘、销轴及锤头的部件称为转子。破碎板固定在机架上，可通过推力板调整它与转子之间的空隙大小。需要破碎的固体废物从上部进料口给入机内，立刻遭受高速旋转的重锤冲击与破碎板间的磨切作用，完成破碎过程，并通过下面的筛板排除粒度小于筛孔的破碎物料，大于筛孔的物料被阻留在筛板上继续受到锤头的冲击和研磨，最后通过筛板排出。

锤式破碎机主要用于破碎中等硬度且腐蚀性弱、体积较大的固体废物，如矿业固体废物、硬质塑料、干燥木质废物以及废弃的金属家用器物等，还可用于破碎含水分及含油质的有机物、纤维结构物质、石棉水泥废料，以及回收石棉纤维和金属切屑等。目前专门用于破碎固体废物的锤式破碎机有以下几种：

（1）Hammer Mills 型锤式破碎机。它的机体由压缩机和锤碎机两部分组成。这种锤碎机用于破碎废汽车等粗大固体废物。大型固体废物先经压缩机压缩，再给入锤式破碎机破碎。

（2）BDJ 型锤式破碎机。它有两种类型，分别用于破碎不同的固体废物。BDJ 型普通锤式破碎机转子转速为 150～450r/min，处理量为 7～55t/h。它主要用于破碎家具、电视机、电冰箱、洗衣机、厨房用具等大型废物，破碎块可达到 50mm 左右，该机设有旁路，不能破碎的废物由旁路排出。BTD 型破碎金属切屑锤式破碎机的锤子呈钩形，对金属切屑施加剪切、拉撕等作用而破碎，可使金属切屑的松散体积减小 3 ~ 8 倍，便于运输。

（3）Novorotor 型双转子锤式破碎机。这种破碎机具有两个旋转方向的转子，转子下方均装有研磨板。废物自右方给料口送入机内，经破碎后，细颗粒借风力由上部的旋风分级板排出。该机破碎比较大，可达 30。

（三）冲击式破碎机

冲击式破碎机是一种新型高效破碎设备，其破碎比大、适应性广，可以破碎中硬、软、脆、韧性、纤维性废物，且构造简单、外形尺寸小、安全方便、易于维护。

冲击式破碎机主要有 Universa 型和 Hazemag 型两种，如图 3 - 11 所示。

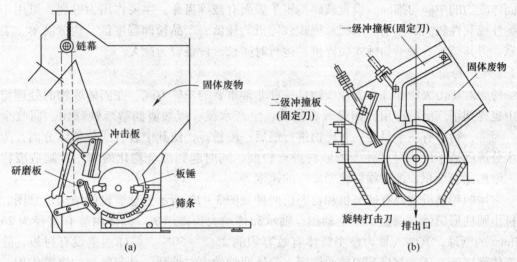

图 3 - 11　冲击式破碎机

（a）Universa 型；（b）Hazemag 型

Universa 型冲击式破碎机有两个板锤，利用一般楔块或液压装置固定在转子的槽内，冲击板用弹簧支承，由一组钢条组成（约 10 个）。冲击板下面是研磨板，后面有筛条。当要求的破碎产品粒度为 40mm 时，仅用冲击板即可，研磨板和筛条可以拆除；当要求粒度为 20mm 时，需装上研磨板。当要求粒度较小或软物料且容重较轻时，则冲击板、研磨板和筛条都应装上。由于研磨板和筛条可以装上或拆下，因而对各种固体废物的破碎适应性较强。

Hazemag 型冲击式破碎机装有两块反击板，形成两个破碎腔。转子上安有两个坚硬的板锤。机体内表面装有特殊钢衬板，用以保护机体不受损坏。这种破碎机主要用于破碎家具、电视机、杂器等生活废物。对于破布、金属丝等废物可通过月牙形、齿状打击刀和冲击板间隙进行挤压和剪切破碎。

（四）剪切破碎机

剪切破碎机是以剪切作用为主的破碎机，它是靠一组固定刀与一组（或两组）活动刀之间的剪切作用，将固体废物破碎成适宜的形状和尺寸。剪切式破碎机属于低速破碎机，转速一般为 20 ~ 60r/min。根据活动刀的运动方式，剪切式破碎机可分为往复式与回转式两种。前者适合于破碎松散的片、条状废物。后者适合于破碎家庭生活垃圾。

对于剪切式破碎机，无论需破碎的废物硬度如何、是否有弹性，破碎总是发生在切割边之间。刀片宽度或旋转剪切破碎机的齿面宽度（约为0.1mm）决定了废物尺寸减小的程度。当废物黏附于刀片上时，破碎不能充分进行。为了确保纺织品类或城市固体废物中体积庞大的废物能快速地供料，可以使用水压等方法，将其强制供向切割区域。实践证明，在剪切破碎机运行前，最好预先人工去除坚硬的大块物体，如金属块、轮胎及其他的不可破碎废物，以确保系统正常有效地运行。

（五）辊式破碎机

辊式破碎机主要靠剪切和挤压作用。根据辊子的特点，可将辊式破碎机分为光辊破碎机和齿辊破碎机。光辊破碎机的辊子表面光滑，主要作用为挤压与研磨，可用于硬度较大的固体废物的中碎与细碎。齿辊破碎机辊子表面有破碎齿牙，主要作用为劈裂，可用于破碎脆性或黏性较大的废物和堆肥。辊式破碎机能耗低、产品粉碎程度低、构造简单、工作可靠。但其破碎效果不如锤式破碎机，运行时间长，设备较为庞大。

（六）粉磨机

粉磨对矿山废物和许多工业废物是一种非常重要的粉碎方式，在固体废物的处理与利用中也得到了广泛的应用，如煤矸石制砖、生产水泥、硫酸渣制造炼铁球团、回收金属等。通常，粉磨有三个目的：对废物进行最后一段粉碎，使其中各种成分单体分离，为下一步分选创造条件；对多种废物原料进行粉磨，同时起到混合均化的作用；制造废物粉末，增加比表面积，加速物料化学反应的速度等。

常用的粉磨机主要有球磨机和自磨机两种。图3-12所示为球磨机的结构示意图。球磨机由圆柱形筒体、端盖、中空轴颈、轴承和传动大齿圈组成。筒体内装有直径为25～150mm的钢球，其装入量为整个筒体有效容积的25%～50%。筒体内壁设有衬板，除防止筒体磨损外，还兼有提升钢球的作用。筒体两端的中空轴颈一是起轴颈的支撑作用，使球磨机全部重量经中空轴颈传给轴承和机座；二是起给料和排料的漏斗作用。电动机通过联轴器和小齿轮带动大齿圈和筒体缓缓转动。当筒体转动时，在摩擦力、离心力和衬板共同作用下，钢球和废物被衬板提升。当提升到一定高度后，在钢球和废物自身重力作用下，自由泻落和抛落，从而对筒体内底角区废物产生冲击和研磨作用，使废物粉碎。废物达到磨碎细度要求后，由风机抽出。

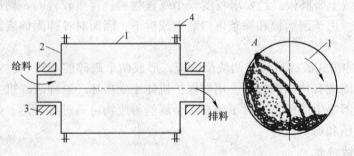

图3-12　球磨机的结构示意图

1—筒体；2—端盖；3—轴承；4—大齿轮

自磨机又称为无介质磨机，有干式和湿式两种。图3-13所示为干式自磨机的工作原理。干式自磨机由给料斗、短筒体、传动部分和排料斗等部件构成。给料粒度一般为300～400mm，一次磨细到 0.1mm 以下，粉碎比可达 3000～4000，比球磨机等有介质磨机大数十倍。

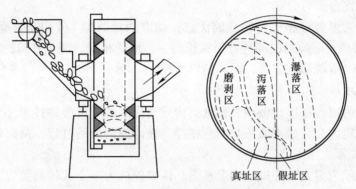

图 3-13　干式自磨机的工作原理

三、特殊破碎设备

对于一些常温下难以破碎的固体废物，如废旧橡胶、塑料、含纸垃圾等，常采用特殊设备和方法，如低温破碎和湿式破碎等方法进行破碎。

（一）低温破碎

对于在常温下难以破碎的固体废物，如汽车轮胎、包覆电线、废家用电器等，可利用其低温变脆的性能而有效地破碎，也可利用不同物质脆化温度的差异进行选择性破碎及分选，这就是所谓的低温破碎技术。例如，聚丙烯（PP）的脆化点为 0～-20℃、聚氯乙烯（PVC）的脆化点为 -5～-20℃、聚乙烯（PE）的脆化点为 -95～-135℃，对于含有这三种材料的混合物，只需控制适宜的温度，就可以将它们分别破碎，并进行分选和回收。低温破碎通常采用液氮作制冷剂，因为液氮致冷温度低、无毒、无爆炸危险。但制造液氮需消耗大量能量，故价格昂贵。

低温破碎工艺流程如图 3-14 所示。将固体废物，如钢丝胶管、汽车轮胎、塑料薄膜、家用电器等复合制品，先投入到预冷室预冷，然后再进入浸没冷却装置，使橡胶、塑

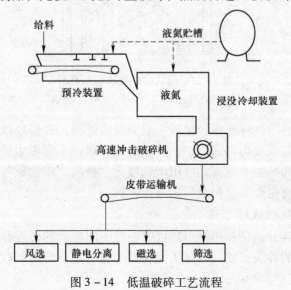

图 3-14　低温破碎工艺流程

料等易冷脆物质迅速脆化，再送入高速冲击破碎机破碎，使易脆物质脱落粉碎。破碎产物再进入各种分选设备进行分选。

低温破碎与常温破碎相比有明显的优点：动力消耗减少 1/4 以下，噪声约降低 7dB，振动减轻 1/4～1/5；破碎后的同种物质粒径均一、形状相同，便于分离；复合材料经破碎后，分离性能好，资源回收率高，回收的材质纯。

（二）湿式破碎

湿式破碎是为回收城市垃圾中大量纸类物质而研制的一种破碎技术，它是将含纸垃圾投入到特制破碎机内和大量水流一起剧烈搅拌、破碎成浆液的过程，从而可以回收垃圾中的纸纤维。

图 3-15 所示为湿式破碎机结构示意图。该破碎机为一立式转筒装置，圆形槽底设有许多筛孔，筛上叶轮装有六只破碎刀。含纸垃圾经传送带送入破碎机内，在水流和破碎刀急速旋转、搅拌下破碎成浆状，浆体由底部筛孔流出，经固液分离器把其中的残渣分出，纸浆送到纤维回收工序，进行洗涤、过筛脱水。将分离出纤维素后的有机残渣与城市下水污泥混合脱水至 50%，送到焚烧炉焚烧处理，回收热能。在破碎机内未能破碎和未通过筛孔的金属、陶瓷类物质从机器的侧口排出，通过提斗送到传送带上，在传送过程中用磁选器将铁和非铁类物质分开。

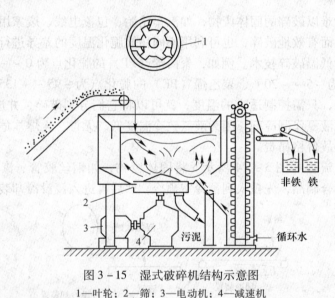

图 3-15 湿式破碎机结构示意图
1—叶轮；2—筛；3—电动机；4—减速机

为了降低湿式破碎的处理成本，垃圾一般要经前处理，提高垃圾中纸类的含量。湿式破碎有明显的优点：垃圾成均匀浆状物，可按流体处理；不会滋生蚊蝇、无恶臭、比较卫生；噪声低、无爆炸和粉尘等危害；可用于处理化学物质、矿物质等废物，可从垃圾中回收纸类、玻璃、铁、有色金属，剩余污泥可作肥料。

（三）半湿式选择性破碎分选

半湿式选择性破碎分选是利用城市垃圾中各种不同物质的强度和脆性差异，在一定湿度下破碎成不同粒度的碎块，然后通过不同孔径的筛网进行分离回收的过程。该过程兼有破碎和筛分两种功能。

图 3-16 所示为半湿式选择性破碎分选机结构示意图。半湿式选择性分选机由两段不同筛孔的外旋转圆筒筛和筛内与之反向旋转的破碎板组成。垃圾给入圆筒筛首部，并随筛壁上升，而后在重力作用下抛落，同时被反向旋转的破碎板撞击，垃圾中脆性物质如玻璃、陶瓷、瓦片等首先破碎成细小块状，通过第一段筛网分离排出。剩余垃圾进入第二段筛网，此时喷射水分，中等粒度的纸类变成浆状从第二段筛网排出，从而回收纸浆。最后剩余的纤维类、竹林类、橡胶、皮革、金属等物质从终端排出，再进入重力分选装置，按密度分为金属类，纤维、竹林、橡胶、皮革类和塑料膜三大类。这些类别的物质还可以进一步分选，如利用磁选从金属类中分出铁等。

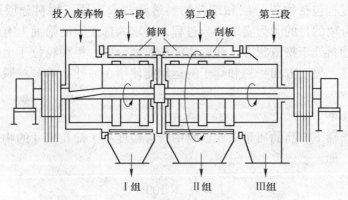

图 3-16　半湿式选择性破碎分选机结构示意图

半湿式选择性破碎分选技术有如下特点：能在同一台设备中同时进行城市垃圾的破碎和分选作业；可有效地回收有用物质；易破碎的废物首先破碎并及时排出，不会产生过粉碎现象；能耗低，处理费用低。

综观上述粉碎机械的特点可知，选择固体废物粉碎设备类型时，必须综合考虑下列因素：（1）所需要的破碎能力；（2）固体废物的性质（如物相组成、显微结构特点、强度、硬度、密度、形状、颗粒大小、含水率等）；（3）对粉碎产品粒径大小、粒度组成、形状的要求；（4）供料方式。

第三节　固体废物的分选

固体废物分选是根据固体废物中不同物相组分的物理性质和表面特性的差异采用相应的工艺措施将它们分别分离出来的过程。废物分选主要是根据不同物相组分的粒度、密度、磁性、电性、光电性、摩擦性及表面润湿性的差异而进行的。相应地，常用分选方法有筛选、重力分选、磁力分选、电力分选、光电分选、摩擦分选、弹性分选和浮选等。许多固体废物含有多种可回收利用的有价成分，如城市垃圾中含有废纸、废橡胶、废塑料、废玻璃、废钢铁和非铁等有用组分。有目的地分选出这些有用成分，可达到充分利用固体废物的目的，或者分离出不利于后续处理与处置工艺要求的组分。

分选效果的好坏通常用回收率表示。回收率是指单位时间内某一排料口中排出的某一组分的量与进入分选机的此组分量之比。但回收率并不能完全说明分选效果，还应考虑某一组分在同一排料口排出物中所占的分数，即纯度。

回收率又因分选方法的不同而有不同的含义。如对筛分来讲，回收率又称为筛分效率。

一、筛分

（一）筛分原理

筛分是利用不同筛孔尺寸的筛子将松散固体废物分成不同粒度级别的分选方法。经筛分，固体废物中大于筛孔的粗粒物料留在筛面上，小于筛孔的细粒物料透过筛面，完成粗、细物料分离的过程。

废物的筛分过程包括物料分层和细粒物料透筛两个阶段。物料分层是完成分离的条件，细粒透筛是分离的目的。为实现筛分过程，要求入选废物的筛面上有适当的运动，一方面使筛面上的物料处于松散状态，使废物能按粒度分层，粗颗粒位于上层，细颗粒位于下层，并透过筛孔。另一方面物料和筛子的运动能使堵在筛孔上的颗粒脱离筛面，有利于颗粒透过筛孔。

（二）筛分效率

筛分效率是指筛下产品的质量与原废物中所含粒度小于筛孔尺寸的物料质量之比，通常用百分数表示，即：

$$J = \frac{Q_1}{Q_0} \times 100\%$$

式中　J——筛分效率，%；

　　Q_1——筛下产品的质量，kg；

　　Q_0——固体废物原料中所含粒径小于筛孔尺寸的物料质量，kg。

影响筛分效率的因素很多，主要是固体废物的性质、筛分设备的性能及筛子的操作条件。

（1）固体废物的性质。影响筛分效率的废物性质主要有废物颗粒的形状、大小、含水量等。废物中"易筛粒"（粒度小于筛孔尺寸3/4）的颗粒含量越多，筛分效率越低。

废物颗粒形状呈多面体和球形最易筛分，片状或条状颗粒在筛子振动时易于转到物料上层，较难以透筛。废物含水率高时，使筛分效率提高；含泥量高时，易使细粒结团，难以透筛。

（2）筛分设备的性能。

1）筛孔。一般情况下，同样尺寸筛孔的方形筛孔比圆形筛孔的筛分效率要高，一般多采用方形筛孔的筛网。当筛分粒度较小且片状颗粒较多时，宜采用圆形筛孔的筛网，以避免方形孔的四角附近发生颗粒粘连；当物料的粒度较小且片状颗粒较少时，宜采用长方形筛孔，可以提高筛分效率。

2）筛子的运动方式与强度。筛子的运动方式对筛分效率有较大的影响，同一种固体废物采用不同类型的筛子进行筛分时，其筛分效率见表3-1。

表3-1　同一固体废物采用不同类型筛子的筛分效率　　　　　　　　　　（%）

筛子类型	固定筛	转筒筛	摇动筛	振动筛
筛分效率	50～60	60	70～80	90 以上

3）筛面。在生产量及物料沿筛面运动效率恒定的情况下，筛面的宽度越大，料层厚度就越薄，有利于细颗粒通过物料层到达筛面，可提高效率。如果筛面的长度太大，则筛分的时间就长。通常筛面长度与宽度之比为 2.5～3。

4）筛面倾角。为了便于筛上产品的排出，筛面倾角过小不起作用；筛面倾角过大，颗粒通过筛孔困难，致使筛分效率降低。一般筛面倾角以 15°～25°为宜。

（3）筛子操作条件。在筛分操作中应注意连续均匀给料，给料方向最好顺着物料沿筛面的运动方向，使物料沿整个筛面宽度铺成一薄层，既充分利用筛面，又便于细粒透筛，可以提高筛子的处理能力和筛分效率。

（三）筛分设备

根据筛分原理而设计的筛分设备，种类繁多。固体废物处理常用的筛分设备有固定筛、滚筒筛、振动筛等。

（1）固定筛。固定筛是由平行排列的钢条或钢棒组成，有棒条筛和格筛之分。棒条筛由平行排列的棒条组成，筛孔尺寸应为筛下粒度的 1.1～1.2 倍，一般不小于 50mm，棒条宽度应大于固体废物中最大块度的 2.5 倍，主要用于粗碎和中碎作业的前处理，安装倾斜角应大于物料对筛面的摩擦角，一般为 30°～35°，以保证物料能够沿筛面下滑。格筛由纵横平行排列的两组格条组成，一般安装在粗碎机之前，以保证入料块度适宜，通常采用水平式安装。固定筛构造简单、无运动部件、设备制作费用低、维修方便，在固体废物筛分中广泛使用。

（2）滚筒筛。滚筒筛又称为转筒筛，在城市垃圾分选中广泛使用。筛面为带孔的圆柱形筒体或截头的圆锥体（图 3－17）。在传动装置带动下，筛筒绕轴缓缓旋转（转速 10～15r/min）。为使废物在筒内沿轴线方向前进，筛筒的轴线应倾斜 3°～5°安装。固体废物由筛筒的高端给入，被旋转的筒体带起，当达到一定高度后因重力作用自行落下，如此不断地做起落运动，使小于筛孔尺寸的细粒透筛，而筛上产品则逐渐移到筛的低端排出。滚筒筛已广泛用于城市固体废物的分选。美国新奥尔良州安装的全美最大滚筒筛，长度为 13.72m、内径为 3m，最大筛孔直径为 126mm。

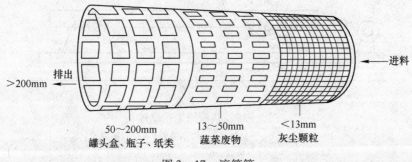

图 3－17　滚筒筛

（3）振动筛。振动筛是利用机械带动筛箱运动从而实现筛分物料的目的。振动筛的特点是振动方向与筛面垂直或近似垂直，振动次数为 600～3600 次/min，振幅 0.5～1.5mm。物料在筛面发生离析现象，密度大而粒度小的颗粒穿过密度小而粒度大的颗粒间的空隙，进入下层到达筛面，加速了筛分进程。振动筛的倾角一般为 8°～40°，由于筛面强烈振动，消除了筛孔堵塞现象，提高了筛分效率，有利于湿物料的筛分，可用于粗、中、细粒（0.1～0.15mm）废物的筛分，还可用于脱水振动和脱泥筛分。振动筛主要有惯性振动筛和共振筛两种，其构造和工作原理如图3-18所示。

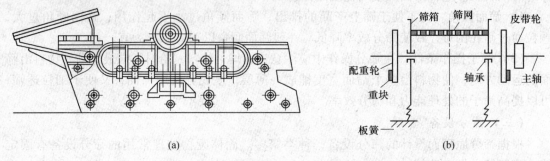

图3-18　振动筛构造（a）和工作原理（b）

惯性振动筛是通过由不平衡体的旋转所产生的离心惯性力，使筛箱产生振动的一种筛子。当电机带动皮带轮作高速旋转时，配重轮上的重块却产生离心惯性力，其水平分力使弹簧作横向变形，由于弹簧横向刚度大，因此水平分力被横向刚度所吸收。而垂直分力则垂直于筛面通过筛箱作用于弹簧，强迫弹簧作拉伸及压缩的强迫运动。因此，筛箱的运动轨迹为椭圆或近似于圆。由于该种筛子的激振力是离心惯性力，故称为惯性振动筛。

共振筛是利用连杆上装有弹簧的曲柄连杆机构驱动，使筛子在共振状态下进行筛分的。其工作原理如图3-19所示。当电动机带动装在下机体上的偏心轴转动时，轴上的偏心使连杆作往复运动。连杆通过其端的弹簧将作用力传给筛箱，与此同时下机体也受到相反的作用力，使筛箱和下机体沿倾斜方向振动，但它们的运动方向相反，所以达到动力平衡。筛箱、弹簧及下机体组成一个弹性系统。当该弹性系统固有的自振频率与传动装置的强迫振动频率接近或相同时，使筛子在共振状态下筛分，故称为共振筛。共振筛具有处理能力大、筛分效率高、耗电少以及结构紧凑等优点，所以应用很广，适于废物的中细粒的筛分，还可用于废物分选作业的脱水、脱重介质和脱泥筛分等。

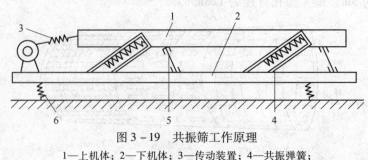

图3-19　共振筛工作原理
1—上机体；2—下机体；3—传动装置；4—共振弹簧；
5—板簧；6—支承弹簧

二、重力分选

重力分选也称重选，是根据固体废物中不同物质间的密度差异进行分选的方法。不同密度的物质颗粒在运动介质中受重力、介质动力和机械力的作用，颗粒群产生松散分层并迁移分离，从而得到不同密度的产品。

（一）重力分选原理

重选过程都是在介质中进行的，常用介质有水、空气、重液和悬浮液。重液是密度大于水的液体，悬浮液是由水及悬浮其中的固体颗粒组成的两相液体。由物理学可知，在真空中不同性质（密度、形状、体积等）的物相颗粒的运动状态（运动方向、速度、加速度等）是完全相同的，因此，不能依据重力作用使它们彼此分离，然而在介质中则完全不同，由于介质对运动的物质颗粒有浮力和阻力，不同性质的颗粒物的运动状态将出现差异，因此，可以把它们彼此分离。

重选过程中物质颗粒的基本运动形式是在介质中沉降。物粒在介质中沉降时受物粒的重力和介质的阻力作用。在一定的介质中，对一定的物质颗粒其重力是一定的，而阻力则和物粒的沉降速度有关。在物质颗粒开始沉降的最初阶段，由于介质阻力很小，物粒在其重力作用下加速沉降。随着沉降速度的增加，介质的阻力也增加。随着介质阻力的增加，物粒的沉降加速度随之减小。经一定时间后，加速度就减小到零。此时，物粒就以一定的速度沉降，这种速度称为沉降末速。沉降末速受很多因素的影响，其中最重要的是物质的密度、粒度和形状、介质的密度和黏度。在一定的介质中，物粒的粒度和密度越大，沉降末速就越大，若不同物质的粒度相同，则密度大的末速就大，优先沉降。实践表明，重选必须在运动的介质中进行。只有在运动的介质中，紧密的物料床层才能得到松散，分层才得以进行。同时借助运动的介质流将已经分选的产物及时地运搬出去，这样分选过程才能连续有效地进行。整个重选过程的基本规律可概括为：物料层松散 $\xrightarrow{沉降}$ 分层 $\xrightarrow{运搬}$ 分离。

重选中介质的运动形式有：

（1）垂直运动，包括连续上升介质流、间断上升介质流、上升与下降交替介质流。

（2）水平运动，包括倾角较小的斜面介质流。

（3）回转运动，包括不同方向的回转介质流。

根据分选介质及其运动形式，重选可分为风力分选、重介质分选、跳汰分选、摇床分选和溜槽分选等。

（二）风力分选

风力分选又称风选，或气流分选，是固体废物分选最常使用的一种方法。风选是以空气为分选介质，在气流作用下使固体废物中不同物质颗粒按密度和粒度进行分选的一种方法。风选的基本原理是气流能将较轻的物料向上带走或在水平方向带向较远的地方，而重物料则由于上升气流不能支持它而沉降，或由于惯性在水平方向抛出较近的距离。前者称为"竖向气流风选"，后者称为"水平气流风选"。被气流带走的轻物料一般用旋流器进一步从气流中分离出来。按工作气流的主流方向，风选设备可分为水平气流风选机（卧式风力分选机）和上升气流风选机（立式风力分选机）。

（1）卧式风力分选机。卧式风力分选机的结构和工作原理如图3-20所示。固体废物经粉碎和圆筒筛筛分后，获得粒度较均一的物料，均匀地定量给入机内，当废物在机内下落时，被鼓风机鼓入的水平气流吹散，固体废物中不同密度的组分则沿着不同运动轨迹分别落入重质组分、中重质组分和轻质组分收集槽中。卧式风力分选机构造简单、维修方便，但分选精度不高，一般很少单独使用，常与粉碎、筛分、立式风力分选机组成联合处理工艺。

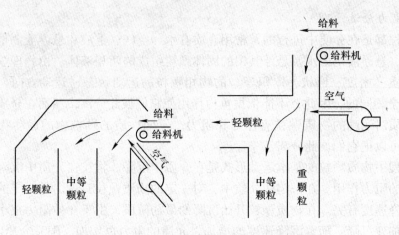

图 3 – 20　卧式风力分选机的结构和工作原理

（2）立式曲折型风力分选机。立式曲折型风力分选机的结构和工作原理如图 3 – 21 所示。图（a）为从底部通入上升气流的曲折型风力分选机，图（b）为从顶部抽吸的曲折型风力分选机。经粉碎的固体废物从中部均匀定量地给入风力分选机。物料在上升气流作用下，各组分按密度进行分离。重组分从底部排出，轻组分从顶部排出，经旋风分离器进行气团分离。立式风选机分选精度较卧式高。

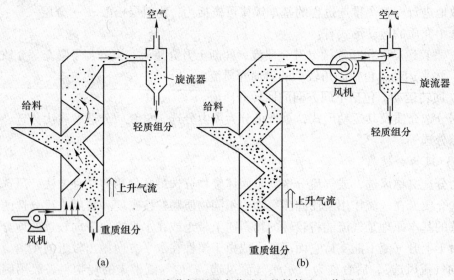

图 3 – 21　立式曲折型风力分选机的结构和工作原理

　　风选机能分选出轻、重组分的一个重要条件，就是要使气流在分选筒内产生湍流和剪切力，以打散废物团块，从而达到较好的分选效果。为此需对传统的分选筒进行改进，采用锯齿形、振动式或回转式分选筒的气流通道，它是让气流通过一个垂直放置且具有一系列直角或 60°角转折的筒体（图 3 – 22）。当通过筒体的气流速度达到一定值后，即可在整个空间形成完全的湍流状态，废物团块进入湍流后即被破碎，轻颗粒进入气流的上部，重颗粒则从一个转折落到下一个转折。在沉降过程中，气流对于没有被分散的固体废物团块继续施加破碎作用。重颗粒沿管壁下滑到转折点后，即受到上升气流的冲击，此时对于不同速度和质量的颗粒将出现不同的后果，质量大和速度大的颗粒将进入下一个转折，而下降速度慢的轻颗粒则被上升气流所裹带。因此每个转折实际上起到了一个单独的分选机的作用。经改进后的锯齿形气流分选机分选筒体为上大下小的锥形，使气流速度从下到上逐渐降低。逐渐变小的气流速度大大减少了由上升气流所夹带的重颗粒的数量。

有时可以将其他的分选手段与风力分选在一个设备中结合起来，如振动式风力分选机（图3-22（b））和回转式分选机（图3-22（c））。前者是兼有振动和风力分选的作用；后者实际上兼有圆筒的筛分作用和风力分选作用。风选是一种工艺比较简单的传统分离方法，目前已被广泛用于城市垃圾的分选。

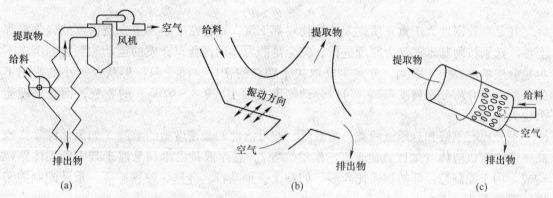

图 3-22 锯齿形、振动式和回转式气流分选机
（a）锯齿型气流分选；（b）振动式气流分选；（c）回转式气流分选

一般城市垃圾风选不单独使用，必须与其他处理方法组合，只作为处理系统中的一个单元。城市垃圾风选大多采用破碎→筛选→风选的联合流程，如图3-23所示。垃圾在分选前需先破碎到一定粒度，自然干燥，使含水率小于45%，然后定量均匀地输入卧式风选机，在20m/s的风速气流作用下，垃圾粗分选为重质、中重质和轻质三类。重质为金属、陶瓷、玻璃、瓦砾等；中重质为木质、硬塑料类；轻质为纸类、纤维类。再把分离后的垃

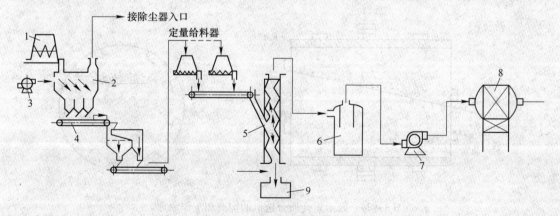

图 3-23 城市垃圾两级风选流程
1—料斗；2—卧式风选器；3—鼓风机；4—振动筛；5—风选器；6—有机物储槽；
7—抽风机；8—除尘器；9—无机物储槽

圾分别送入立式曲折型分选机，进入曲折风选分离器后，垃圾沿角度为60°、长度为28cm的折壁下滑，在自下而上的高速气流作用下，轻质的纸类等有机物从分选器上方排出，重质的金属、玻璃、陶瓷等无机物沿各段斜面逐渐下落，最后从分选器的底部排出。经过分选，轻质有机物的纯度可达96.7%，回收率为95.6%；重质物中的无机物纯度为87.4%，回收率为57.8%。

（三）重介质分选

通常将密度大于水的介质称为重介质。在重介质中分选出固体废物中不同密度物质颗粒的方法称为重介质分选。所选用的重介质密度（ρ）介于固体废物中轻物料密度（ρ_1）和重物料密度（ρ_2）之间，即：

$$\rho_1 < \rho < \rho_2$$

凡是颗粒密度大于重介质密度的重物料都下沉，颗粒密度小于重介质密度的轻物料都上浮。选别按阿基米德浮力原理进行，完全是静力作用过程，介质的运动和颗粒的沉降不再是分层的主要作用因素。分离主要取决于颗粒的密度，而受颗粒形状及大小的影响不大，所以重介质分选精度很高，可以分选密度差很小（0.1~0.05）的物粒，而且处理能力也大。

重介质有重液和悬浮液两类。重液是一些可溶性的高密度盐的溶液（如氯化锌等）或高密度的有机液体（如四氯化碳、三溴甲烷等）。悬浮液是由水和悬浮于其中的固体颗粒构成。用于配制悬浮液的物质比较多，如黏土、重晶石、硅铁、磁铁矿等。重液配制的密度一般为1.25~3.4g/cm^3。

常用的重介质分选设备是鼓形重介质分选机，其构造和工作原理如图3-24所示。该设备外形是一圆筒形转鼓，由四个辊轮支撑，通过圆筒腰间的大齿轮由传动装置带动旋转，在圆筒的内壁沿纵向设有扬板，用以提升重产物到溜槽内。圆筒水平安装，固体废物和重介质一起由圆筒一端给入，在向另一端流动过程中，密度大于重介质的颗粒沉于槽底，由扬板提升落入溜槽内，排出槽外成为重产物；密度小于重介质的颗粒随重介质流入圆筒溢流口排出成为轻物料。重介质分选适于分离密度相差较大的固体颗粒，可用于分离多种金属，特别是从废金属混合物中回收铝。

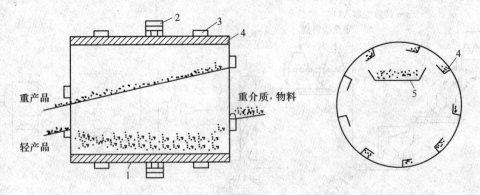

图3-24　鼓形重介质分选机的构造和工作原理

1—圆筒形转鼓；2—大齿轮；3—辊轮；4—扬板；5—溜槽

（四）跳汰分选

跳汰分选是分选固体废物的一种方法。经粉碎后的混合废物中不同密度的颗粒群，在垂直脉动运动的介质流中按密度分层，大密度的颗粒群（重质组分）位于下层，小密度的颗粒群（轻质组分）位于上层，从而实现分离的目的。在实际分选过程中，物料不断地送入跳汰机，轻质物料不断分离出并被淘汰掉。根据分选所用介质水、空气、重介质，跳汰分选分为水力跳汰、风力跳汰、重介质跳汰三种。目前，固体废物分选多用水力跳汰。

图3－25所示为跳汰分选机的工作原理。机体的主要部分是固定水箱，它被隔板分成两个室，右为活塞室、左为跳汰室。活塞室中的活塞由偏心轮带动做上下往复运动，使筛网附近的水产生上下交变水流。物料给到筛网上，在上下交变水流的作用下，物料按密度分层，密度大的在下层（重产物），密度小的在上层（轻产物）。在固体废物分选中跳汰法主要用于混合金属的分离回收。

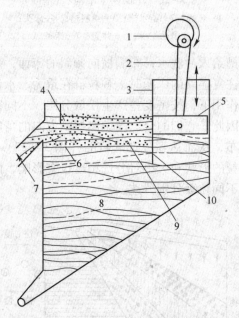

图3－25　跳汰分选机工作原理

1—偏心轮；2—活塞；3—活塞缸室；4—轻物质；5—隔膜；6—筛网；

7—重物质排放；8—水箱；9—重物质；10—隔板

（五）摇床分选

摇床分选是在一个倾斜的床面上，借助于床面的不对称往复运动和薄层斜面水流的综合作用，使细粒固体废物按密度差异在床面上呈扇形分布而进行分选的一种方法。

在摇床分选设备中最常用的是平面摇床，如图3－26所示。平面摇床主要由床面、机架和传动机构组成。摇床床面近似呈梯形，横向有1.5°～5°的倾斜。在倾斜床面的上方设置有给料槽和给水槽。床面上铺有耐磨层（如橡胶等）。沿纵向布置有床条，床条高度从传动端向对侧逐渐降低，并沿一条斜线逐渐趋向于零。整个床面由机架支承。床面横向坡度借机架上的调坡装置调节。床面由传动装置带动进行往复不对称运动。

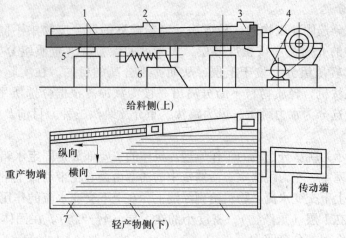

图 3 - 26　平面摇床结构示意图
1—床面；2—给水槽；3—给料槽；4—床头；
5—滑动支承；6—弹簧；7—床条

　　摇床分选过程是给水槽给入冲洗水，布满横向倾斜的床面，并形成均匀的斜面薄层水流，当固体废物颗粒给入往复摇动的床面时，颗粒群在重力、水流冲力、床层摇动产生的惯性力以及摩擦力等综合作用下，按密度差产生松散分层，不同密度的颗粒以不同的速度沿床面纵向和横向运动，因此，它们的合速度偏离摇动方向的角度也不同，致使不同密度颗粒在床面上呈现扇形分布，从而达到分选的目的（图 3 - 27）。摇床按密度差异分选不同性质的废物颗粒，但颗粒的形状和大小对分选精度也有影响，因此，进入摇床的物料应先进行水力分级，然后对不同粒级分别分选。

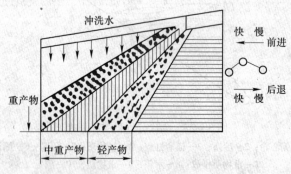

图 3 - 27　摇床上颗粒分带情况示意图

　　目前摇床分选主要用于从含硫铁矿较多的煤矸石中回收硫铁矿，从硫铁矿烧渣中回收赤铁矿，从经破碎后的废电路板中回收金属，是一种分选精度很高的单元操作。

三、磁力分选

　　磁力分选有两种类型：一种是传统意义上的磁选，即电（永）磁力分选，主要用于清除物料中的磁性杂质以保护后续设备免遭损坏，或用于铁矿石的精选和从城市垃圾中回收铁磁性黑色金属材料；另一种是近 20 年来发展起来的磁流体分选，可用于城市垃圾焚烧灰以及堆肥产品中铁、铜、铝、锌、铅等金属的回收。

（一）磁选

磁选是利用固体废物中各种物质的磁性差异在不均匀磁场中进行分选的一种方法。固体废物按磁性可分为强磁性、中磁性、弱磁性和非磁性等不同组分。磁选过程如图3-28所示。当固体废物进入磁选机后，由于各组分的磁性差异，受到的磁力作用也不相同。磁性物质的颗粒被磁化，受到磁力（$F_磁$）的作用，克服了与磁力方向相反的所有机械力（包括重力、离心力、摩擦力、水流动力等）的合力（$\sum F'_机$），吸在磁选机的圆筒上，并随之被转筒带到排料端排出，成为磁性产品。非磁性废物颗粒，由于不受磁力作用，在机械合力作用下，由磁选机底部排料管排出，成为非磁性产品，完成磁选过程。

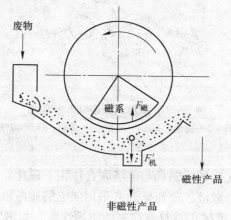

图3-28　磁选过程示意图

上述过程表明，为了保证磁性颗粒与非磁颗粒的分离，必须使作用在磁性颗粒上的磁力大于与其方向相反的所有机械力的合力，否则磁选目的不可实现。

磁选机的种类很多，分类方法也很多。根据磁场强度的强弱把磁选机分为弱磁场磁选机和强磁场磁选机。前者适于强磁性废物的分选，后者适于弱磁性废物的分选。目前固体废物处理系统中最常用的磁选设备主要有磁鼓式磁选机和带式磁选机两种。

（1）带式磁选机。图3-29所示为带式磁选机工作原理。在传送带上方配有固定磁铁，用于吸着来自破碎机的固体废物中的磁性物质，当吸着的磁性物质被传动皮带送到非磁性区时，就会自动掉落下来。

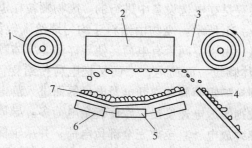

图3-29　带式磁选机工作原理
1—皮带；2—磁铁；3—非磁性区；4—磁性产品；
5—产品槽；6—承接层；7—非磁性产品

（2）磁鼓式磁选机。图3-30所示为磁鼓式磁选机工作原理。将一个悬挂式的磁鼓装在一台物料传送机的一端。用传送带输送固体废物，入选物料进入磁鼓的磁场以后，磁性物质被磁鼓吸着，并随磁鼓转动，到达非磁性区脱落，非磁性物质由于未被磁鼓吸着而与磁性物质分开。

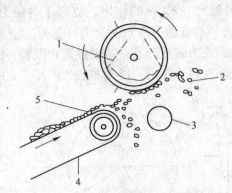

图3-30 磁鼓式磁选机工作原理

1—磁体；2—磁性产品；3—隔板；4—皮带；5—非磁性产品

（二）磁流体分选

磁流体是指某种能够在磁场或磁场与电场联合作用下磁化，呈现"加重"现象，对颗粒产生磁浮力作用的稳定分散液。磁流体通常采用强电解质溶液、顺磁性溶液和铁磁性胶体悬浮液。"加重"后的磁流体仍然具有原来的物理性质，如密度、流动性、黏滞性等。

磁流体分选是利用磁流体作为分选介质，在磁场或磁场和电场的联合作用下产生似加重作用，按固体废物各组分的磁性和密度的差异或磁性、导电性和密度的差异，使不同组分分离。当固体废物中各组分间的磁性差异小而密度或导电性差异较大时，采用磁流体可以有效地进行分离。根据分选原理和介质不同，磁流体分选可分为磁流体动力分选和静力分选两种。当要求分选精度高时采用静力分选。当固体废物中各组分间电导率差异大时，采用动力分选。

四、电力分选

电力分选简称电选，是利用固体废物中各种组分在高压电场中电性的差异而实现分选的一种方法。电力分选过程是在电选设备中进行的。废物颗粒在电晕－静电复合电场电选设备中的分离过程如图3-31所示。废物由给料斗均匀地给入辊筒上，随着辊筒的旋转，废物颗粒进入电晕电场区，由于空间带有电荷，使导体和非导体颗粒都获得负电荷（与电晕电极的电性相同），导体颗粒一面荷电，一面又把电荷传给辊筒（接地电极），且放电速度快，因此，当废物颗粒随辊筒旋转离开电晕电场区而进入静电场区时，导体颗粒的剩余电荷少；而非导体颗粒则因放电速度慢，致使剩余电荷多。导体颗粒进入静电场后不再继续获得负电荷，但仍继续放电，直至放完全部负电荷，并从辊筒上得到正电荷而被辊筒排斥，在电力、离心力和重力的综合作用下，其运动轨迹偏离辊筒，而在辊筒前方落下，偏向电极的静电引力作用更增大了导体颗粒的偏离程度；非导体颗粒由于有较多的剩余负电荷，将与辊筒相吸，被吸附在辊筒上，带到辊筒后方，被毛刷强制刷下；半导体颗粒的运动轨迹则介于导体和非导体颗粒之间，成为半导体产品落下，从而完成电力分选过程。

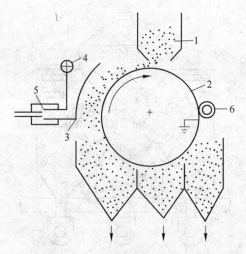

图 3 – 31 电力分选过程示意图

1—进料口；2—转鼓；3—料斗；4—高压极；

5—绝缘端子；6—接地极

（一）静电分选机及应用

图 3 – 32 所示为辊筒式静电分选机的构造和工作原理。将含有铝和玻璃的废物通过电振给料器均匀地给到带电辊筒上，铝为良导体，从辊筒电极获得相同符号的大量电荷，因而被辊筒电极排斥落入铝收集槽内；玻璃为非导体，与带电辊筒接触被极化，在靠近辊筒一端产生相反的束缚电荷，被辊筒吸住，随辊筒带至后面被毛刷强制刷落进入玻璃收集槽，从而实现铝与玻璃的分离。

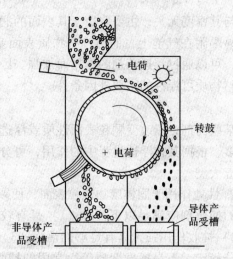

图 3 – 32 辊筒式静电分选机的构造和工作原理

（二）YD – 4 型高压电选机及应用

YD – 4 型高压电选机结构示意图如图 3 – 33 所示。该机特点是具有较宽的电晕电场区、特殊的下料装置和防积灰漏电措施；整机密封性能好；采用双筒并列式，结构合理、紧凑，处理能力大，效率高；可作为粉煤灰分选炭灰的专用设备。

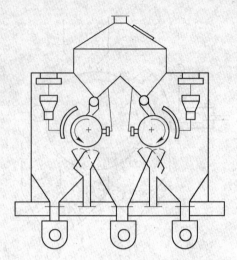

图 3 - 33　YD - 4 型高压电选机结构示意图

五、浮选

浮选是依据不同物料表面性质的差异，在浮选药剂的作用下，借助于气泡的浮力，从物料悬浮液中分选物料的过程。浮选法的关键是要使浮选的物料颗粒吸附于气泡上。一定浓度的料浆，加入各种浮选药剂后，经充分搅拌和通入空气，在浮选机内产生大量的弥散气泡，并与呈悬浮状态的颗粒相碰撞，一部分可浮性好的颗粒附着在气泡上，上浮至液面，另一部分物料仍留在料浆内，把液面上泡沫刮出，形成泡沫产物，从而达到物料分离的目的。

浮选法所分离的物质与其密度无关，主要取决于其表面的润湿性。固体废物中有些物质表面的疏水性较强，容易黏附在气泡上，而另一些物质表面亲水，不易黏附在气泡上。物质表面的亲、疏水性能，可以通过浮选药剂的作用而加强。因此，在浮选工艺中，正确选择、使用浮选药剂是调整物质可浮性的主要外因条件。

（一）浮选药剂

在浮选过程中要加入某些药剂，以改变颗粒表面性质或浮选介质的特性，来提高分选效率。浮选药剂的种类很多，根据其在浮选过程中的作用，可分为捕收剂、起泡剂、抑制剂、活化剂和介质调整剂五大类。

（1）捕收剂。凡能选择性地作用于固体废物颗粒表面，使颗粒表面疏水性增强的有机物质，称为捕收剂。良好的捕收剂应满足以下要求：1）具有较高的选择性，最好只对某一种物质具有捕收能力；2）捕收作用强，具有足够的活性；3）来源广，价格低；4）易溶于水，无毒、无臭，成分稳定，不易挥发变质等。常用的捕收剂有黄药、黑药、油酸、煤油等。

（2）起泡剂。在浮选过程中为了产生大量而稳定的气泡，必须向浮选料浆中添加起泡剂。浮选用的起泡剂应具有下列性能：1）用量少，能形成量多、分布均匀、大小适宜、韧性适当和黏度不大的气泡；2）有良好的流动性，适当的水溶性，无毒、无腐蚀性，便于使用；3）无捕收作用，对料浆的 pH 值变化和料浆中物质颗粒有较好的适应性。常用的起泡剂有松油、松醇油、脂肪醇等。

（3）抑制剂。抑制剂的作用是削弱非选物质颗粒与捕收剂之间的作用，抑制其可浮性，增大其与欲选物质颗粒之间的可浮性差异，提高分选过程的选择性。常用的抑制剂有石灰、氯化钾（钠）、重铬酸钾、硫酸锌、硫化钠等。

（4）活化剂。凡能促进捕收剂与欲选物质颗粒的作用，从而提高欲选物质颗粒可浮性的药剂称为活化剂，其作用称为活化作用。常用的活化剂有无机盐、酸类、硫化钠等。

（5）介质调整剂。介质调整剂的主要作用是调整浆体的性质，使料浆对某些物质颗粒的浮选有利，而对另一些物质颗粒的浮选不利。例如，用它调整料浆的离子组成，改变料浆的 pH 值，调整可溶性盐的浓度等。常用的介质调整剂有石灰、苛性钠、硫化钠、硫酸等。

（二）浮选设备

目前，国内外浮选设备类型很多，我国使用最多的是机械搅拌式浮选机，主要有叶轮式机械搅拌浮选机和棒型机械搅拌浮选机，此外还有加压溶气浮选机和曝气浮选机。图 3 - 34 所示为棒型机械搅拌浮选机结构示意图。它由一排金属质地的长方形浮选槽组成，每个浮选槽均由槽体、轴承、斜棒叶轮、稳流器以及刮板、凸台和传动装置所组成。其工作原理是利用棒轮回转时所产生的负压，经中空轴吸入空气，并弥散形成气泡。在棒轮强烈搅拌和抛射作用下，使空气泡与料浆充分混合。经捕收剂作用的有用颗粒，选择性地附着于气泡上，上浮至料浆面，由刮板刮入产品槽内，从而完成分选作业。

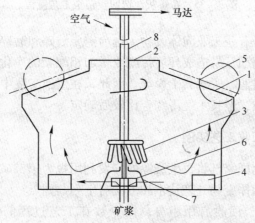

图 3 - 34 棒型机械搅拌浮选机结构示意图

1—槽体；2—轴承体；3—棒轮；4—稳流器；5—刮板；
6—提浆叶轮；7—凸台；8—中空轴

（三）浮选的工艺过程

（1）浮选前料浆的调制。浮选前料浆的调制主要是废物的破碎、磨碎等，目的是得到粒度适宜、基本上解离成单体的颗粒，尽量避免泥化。进入浮选的料浆浓度还必须调至适合浮选工艺的要求，否则将影响产品的纯度和回收率。

（2）加药调整。添加药剂的种类与数量，应根据欲选物质颗粒的性质，通过实验确定。一般在浮选前添加药剂总量的 60% ~ 70%，其余则分几批在适当的工艺过程中添加。

（3）充气浮选。将调制好的料浆引入浮选机内，由于浮选机的充分搅拌作用，形成大量的弥散气泡，提供颗粒与气泡碰撞接触机会，可浮性好的颗粒黏附于气泡上而上浮形成泡沫层，经刮出收集、过滤脱水即为浮选产品；不能黏附于气泡的颗粒仍留在料浆内，经适当处理后废弃或做它用。

（四）浮选技术的应用

浮选是固体废物资源化的一种重要技术，我国已用于从粉煤灰中回收炭、从煤矸石中回收硫铁矿、从焚烧炉灰渣中回收金属等。从粉煤灰中浮选回收精炭的工艺流程如图3-35所示。

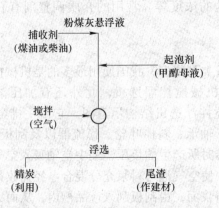

图3-35　粉煤灰浮选回收精炭工艺流程

浮选法的主要缺点是有些工业固体废物浮选前需要破碎和磨碎到一定的细度。浮选时要消耗一定数量的浮选药剂且易造成环境污染或增加相配套的净化设施。另外，还需要一些辅助工序，如浓缩、过滤、脱水、干燥等。因此，在生产实践中究竟采用哪一种分选方法应根据固体废物的性质，经技术经济综合比较后确定。

六、固体废物分选回收工艺实例

近十多年来，各发达国家已将再生资源的开发利用视为第二矿业，形成了一个新兴工业体系。目前世界各国固体废物处理技术和方法有下列共同点：

（1）基本是"干式"回收有用组分，极少数在工艺过程的结束工序辅以"湿式"回收。

（2）通用工艺程序均为原始垃圾破碎→分选→处理→回收。

（3）采用综合技术方法进行破碎、分选和回收，很少用单一的方法处理，有些国家还辅以光电等先进技术分离提纯。

（4）各处理工艺所能回收的产品有黑色金属、有色金属、纸浆、塑料、有机肥料、饲料、玻璃以及焚烧热等。

世界上已设计采用的垃圾处理工艺方案达数十种，图3-36所示为其中一种较先进的分类回收系统工艺流程示意图。该系统分选回收的产品如下：（1）黑色金属，如废铁块、马口铁皮等。（2）有色金属，如铜、铝、锌、铅等。（3）重质无机物，主要为玻璃等。（4）轻质塑料薄膜、布类、纸类等。（5）堆肥粗品。

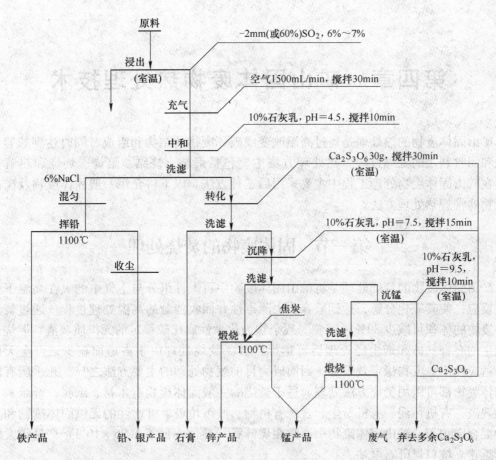

图 3-36 一种较先进的固体废物分选回收系统工艺流程示意图

3-1 固体废物压实的原理是什么？如何选择压实设备？

3-2 影响破碎效果的因素有哪些？

3-3 如何根据固体废物的性质选择破碎方法？

3-4 破碎机选择时应考虑哪些因素？为什么？

3-5 根据固体废物的性质如何选择分选方法？

3-6 如何评价筛分设备的使用效果？怎样计算？其影响因素有哪些？

3-7 如何选择筛分设备？

3-8 如何判断固体废物重选的可能性？

3-9 根据固体废物的磁性如何选择磁选设备？

3-10 根据固体废物中各组分的性质，如何组合分选工艺系统？

3-11 浮选过程中使用的浮选药剂主要有哪些？每种药剂在浮选中起什么作用？

第四章 矿山固体废物热处理技术

矿山固体废物的热处理是通过高温改变或破坏废物的结构和组成，同时达到减容、无害化和回收利用的处理过程。热处理方法主要包括煅烧、烧结、焙烧、焚烧和热解等方法。在矿山固体废物处理工程中主要采用后三种方法。以下将介绍一般固体废物及矿山固体废物的常规热处理方法。

第一节 固体废物的焚烧处理

矿山固体废物的焚烧处理是将矿山固体废物中可燃性组分与空气中的氧在高温下发生燃烧反应，使其氧化分解，达到减容、去除毒性并回收能源的高温处理过程。通过焚烧处理，废物的体积可减少 80% ~ 95%，残余物为化学性质比较稳定的无机质灰渣，燃烧过程中产生的有害气体和烟尘经处理后可达标排放。焚烧处理由于占地面积少，可全天候操作、适应性广、废物稳定效果好，因而成为目前废物处理的主要方法之一。几乎所有的有机固体废物都可以用焚烧方法处理。适于焚烧的一般固体废物有木材、纸张、纤维素、动物性残渣、有机污泥、有机粉尘、含氯有机物、城市垃圾、可燃性的无机固体废物和其他各种混合废物等，矿山固体废物中通常在煤矸石（热值不低于 $1.25 \times 10^4 J$）产量较大的煤矿附近建立坑口煤矸石电站。

但是焚烧处理目前还有许多问题，如投资费用高、占用资金周期长；焚烧固体废物的热值有一定要求，一般不低于 3350kJ/kg，限制了其应用范围；焚烧过程中有可能产生严重污染的二噁英，烟气处理投资大。

一、固体废物的热值

固体废物能否进行焚烧处理，主要取决于废物的可燃性及热值（或发热量）。固体废物的热值是指单位质量的固体废物完全燃烧时所释放出的热量，以 kJ/kg 表示。要使固体废物维持燃烧，则要求其燃烧时释放的热量足以提供加热废物达到燃烧温度所需要的热量和发生燃烧反应所必需的活化能，否则，需要添加辅助燃料才能维持燃烧。城市垃圾的热值大于 3350kJ/kg 时，燃烧可自动进行，无需添加辅助燃料。美国城市垃圾中可燃成分多、热值较大，能维持燃烧。目前，我国城市垃圾中可燃成分较少、热值低，需添加辅助燃料才能维持燃烧。表 4 - 1 列出了我国几种典型废物的热值。

表 4 - 1 几种典型废物的热值 （kJ/kg）

固体废物	煤矸石	广州垃圾	杭州垃圾	常州垃圾	芜湖垃圾	上海污水处理厂污泥
热 值	800 ~ 8000	4412	4452	3007	2863	14600

热值常用高位热值（或粗热值，HHV）和低位热值（或净热值，NHV）两种方法表

示。高位热值是指在一定温度下物料完全燃烧所产生的全部热量，即全部氧化释放出的化学能，包括了燃烧产生的全部水蒸气消耗的汽化热。低位热值与高位热值的意义相同，只是产物水的状态不同，前者为液态水，后者为气态水，两者之差就是水的汽化潜热。因此，高位热值扣除烟气中水蒸气消耗的汽化热后，就是低位热值。废物的发热量或热值可以通过标准实验测定，即用氧弹量热计实验测出废物的高位热值，然后用下式计算低位热值：

$$NHV = HHV - 2420\left[H_2O + 9\left(H - \frac{Cl}{35.5} - \frac{F}{19}\right)\right]$$

式中，NHV 为低位热值，kJ/kg；HHV 为高位热值，kJ/kg；H_2O 为焚烧产物中水的质量分数，%；H、Cl、F 分别为废物中氢、氯、氟含量的质量分数，%。

若废物的元素组成已知，则可利用杜隆方程式近似计算出低位热值：

$$NHV = 2.32\left[14000m_C + 45000\left(m_H - \frac{1}{3}m_O\right) - 760m_{Cl} + 4500m_S\right]$$

式中，m_C、m_O、m_H、m_{Cl}、m_S 分别代表废物中碳、氧、氢、氯和硫的摩尔质量。

如果混合固体废物总质量已知，废物中各组成物的质量和热值已测定，则混合固体废物的热值可用下式计算：

$$固体废物总热值 = \frac{\sum（各组成物热值 \times 各组成物质量）}{固体废物总质量}$$

不同组分的废物，其热值不同，以城市垃圾为例，表 4-2 所示为城市垃圾典型组成及热值。

表 4-2　城市垃圾典型组成及热值

成分	惰性残余物（燃烧后）		热值 /kJ·kg⁻¹	质量分数/%				
	范围/%	典型值/%		C	H	O	N	S
食品垃圾	2~8	5	4650	48.0	6.4	37.6	2.6	0.4
废纸	4~8	6	16750	43.5	6.0	44.0	0.3	0.2
废纸板	3~6	5	16300	44.0	5.9	44.6	0.3	0.2
废塑料	6~20	10	32570	60.0	7.2	22.8		
破布	2~4	25	7450	55.0	6.6	31.2	4.6	0.1
废橡胶	8~20	10	3260	78.0	10.0		2.0	5
破皮革	8~20	10	7450	60.0	8.0	11.6	10.0	
园林废物	2~6	4.5	6510	47.8	6.0	38.0	3.4	0.4
废木料	0.6~2	1.5	18610	49.5	6.0	42.7	0.2	0.3
碎玻璃	6~99	98	140					0.1
罐头盒	90~99	98	700					
非铁金属	90~99	96						
铁金属	94~99	98	700					
土、灰、砖	60~80	70	6980	26.3	3.0	2.0	0.5	0.3

实际上，焚烧过程是在焚烧装置中进行的。由于空气的对流辐射、可燃部分的未完全燃烧、残渣中的显热以及烟气的显热等原因都会造成热能的损失。因此，焚烧后可以利用的热量应从焚烧反应产生的总热量中减去各种热损失。垃圾焚烧热的利用包括供热和发电。实践表明，由热能转变为机械功再转变为电能的过程，能量损失很大。因此，垃圾焚烧的热能往往用于热交换器及废热锅炉产生热水或蒸汽。

二、固体废物的焚烧过程

（一）焚烧过程的基本条件

固体物质的分子是紧密排列的，要使其中的可燃成分与氧气充分接触是比较困难的，因此，固体废物比液体或气体更难燃烧。为保证废物在焚烧炉中起燃直到完全燃烧，主要取决下述三项基本条件：

（1）废物在焚烧炉中燃烧完毕所需的停留时间，包括燃烧室加热至起燃与燃尽的时间之和。物料的粒度对停留时间有明显的影响，粒径越大，停留时间越长。为了缩短停留时间，焚烧前必须将固体废物进行破碎筛分处理。

（2）废物与空气混合的湍流程度。固体废物与助燃空气混合得越充分，湍流度越大，燃烧也更加完全，停留时间也相应缩短。这一条件可以通过在火焰上下喷射空气和设计合理的炉算系统而实现。但是供应的空气量不能太过量，因为它会增加能耗，降低火焰温度，增加烟道中的 CO_2 含量。因此，适度的过量空气供应才能保证燃烧过程正常进行。

（3）焚烧过程的温度。焚烧过程的温度取决于废物的性质，如热值、燃点和含水率等，并受炉体结构和供风量的影响。较高的火焰温度可以减少停留时间，但对炉体及耐火材料的破坏性增强。因此，火焰温度足够高时，需对燃烧速度加以限制，此时，停留时间是主要控制因素。若火焰温度过低时，则需加强化学反应来提高燃烧速度。固体废物热值较低时，火焰达不到足够的温度，则需投加适量辅助燃料，以加速燃烧。此时废物的燃烧时间不再是主要控制因素，应通过控制供风量进行调节。

此外，影响固体废物焚烧的因素还有废物在炉中的运动方式及废物层的厚度等。对炉中废物进行翻转、搅拌，可以使废物与空气充分混合，改善燃烧条件。炉中废物层的厚度必须适中，厚度太大，在同等条件下可能导致不完全燃烧，厚度太小又会减少焚烧炉的处理量。

上述三个基本条件又称为"三 T 原理"（Time，Turbulence，Temperature），三者既有独立性，又相互制约。某种因素产生的正效应可能会导致另一因素的负效应。因此，在固体废物焚烧过程中，应在可能条件下，合理控制各种影响因素，使其综合效应向着有利于废物完全燃烧的方向发展。

（二）固体废物的焚烧过程

从工程技术的观点看，需焚烧的物料从送入焚烧炉起，到形成烟气和固态残渣的整个过程，可总称为焚烧过程。可燃固体废物的燃烧过程比较复杂，通常由热分解、熔融、蒸发和化学反应等传质、传热过程所组成。根据可燃物质的性质，固体的燃烧过程可以有蒸发燃烧、分解燃烧和表面燃烧等三种形式：（1）蒸发燃烧，指脂类有机物（如石蜡）类的固体废物，受热后首先融化成液体，进一步受热则产生燃料蒸汽，再与空气混合燃烧，其燃烧速度受物质的蒸发速度和空气中氧与燃料蒸汽之间的扩散速度所控制。（2）分解燃烧，指木材、纸张类的固体废物受热分解为可挥发性组分和固定碳及惰性物，挥发分与空气扩散混合燃烧，固定碳则进行表面燃烧。在进行分解燃烧时，需要一定的热量和温度引起废物的分解，从燃烧区向废物燃料的传热速度是主要影响因素。（3）表面燃烧，指木炭、焦炭类的固体废物受热后不发生熔融、蒸发或分解等过程，而是固体表面直接与空气反应进行燃烧，其燃烧速度由燃料表面的扩散速度和化学反应速度控制。在这些燃烧反应中，挥发分燃烧是均相反应，速度快。表面燃烧是非均相反应，速度慢。固体废物的焚烧处理大多属分解燃烧。

　　焚烧过程包括三个阶段：第一是物料的干燥加热阶段；第二是焚烧过程的主阶段，即真正的燃烧过程；第三是燃尽阶段，即生成固体残渣的阶段。三个阶段并非界限分明，尤其是对混合垃圾之类的焚烧过程更是如此。从炉内实际过程看，送入的垃圾有的物质还在预热干燥，而有的物质已开始燃烧，甚至已燃尽了。对同一物料来讲，物料表面已进入了燃烧阶段，而内部还在加热干燥。这就是说上述三个阶段只不过是焚烧过程的必由之路，其焚烧过程的实际工况将更为复杂。

　　1. 干燥阶段

　　干燥是利用热能使固体废物中的水汽化并排出生成水蒸气的过程。城市垃圾的含水率较高，我国城市垃圾中植物性物质较多，一般含水率都高于30%（指混合垃圾）。因此，焚烧时的预热干燥任务很重。对机械送料的运动式炉排焚烧炉，从物料送入焚烧炉起到物料开始析出挥发分着火这一段，都认为是干燥阶段。随着物料送入炉内的进程，其温度逐步升高，其表面水分开始逐步蒸发，当温度增高到100℃左右，相当于达到一个大气压下水蒸气的饱和状态时，物料中水分开始大量蒸发，此时，物料温度基本稳定。随着不断加热，物料中水分大量析出，物料不断干燥。当水分基本析出完后，物料温度开始迅速上升，直到着火进入真正的燃烧阶段。在干燥阶段，物料的水分是以蒸汽形态析出的，因此需要吸收大量的热量，即水的汽化热。

　　物料的含水分越高，干燥阶段也就越长，从而使炉内温度降低。水分过高，使炉温降低太大，着火燃烧就困难，此时需投入辅助燃料燃烧，以提高炉温，改善干燥着火条件。有时也可采用干燥段与焚烧段分开的设计，一方面使干燥段产生的大量水蒸气不与燃烧的高温烟气混合，以维持燃烧段烟气和炉墙的高温水平，保证燃烧段有良好的燃烧条件。另一方面，干燥吸热是取自完全燃烧后产生的烟气，燃烧已经在高温下完成，再取其燃烧产物作为热源，就不致影响燃烧段本身了。

　　2. 焚烧阶段

　　废物基本上完成了干燥过程后，如果炉内温度足够高，且又有足够的氧化剂，就会很顺利地进入真正的焚烧阶段。如废物 $C_xH_yCl_z$ 的焚烧过程为：

$$C_xH_yCl_z + \left(x + \frac{y-z}{4}\right)O_2 === xCO_2 + zHCl + \frac{y-z}{2}H_2O$$

　　在焚烧阶段，对于大分子的含碳化合物（一般的有机固体废物），其受热后，总是先进行热解，随即析出大量的气态可燃气体成分，如 CO、CH_4、H_2 或者相对分子质量较小

的 C_mH_n 等。如纤维素的热解过程为：

$$C_6H_{10}O_5 \xrightarrow{\Delta} 2CO + CH_4 + 3H_2O + 3C$$

生成小分子的气态可燃物与氧接触进行均相燃烧就较固体废物与氧接触燃烧容易得多。热解过程还有挥发分析出。挥发分析出的温度区间在 200~800℃ 范围内。同一物料在热解过程不同的温度区间下，析出的成分和数量均不相同。不同的废物，其析出量的最大值所处的温度区间也不相同。因此，焚烧混合固体废物时，其炉温维持在多高是恰当的，应充分考虑待焚烧物料的组成情况。特别要注意热解过程会产生某些有害的成分，这些成分如果没有充分被氧化（燃烧掉），则必然成为不完全燃烧物。

有关理论研究表明，传热速度对热分解速度的影响远大于传质速度。因此，在实际操作中应保持良好的传热性能，使热分解能在较短的时间内彻底完成，这是保证废物燃烧完全的基础。

3. 燃尽阶段

废物在主焚烧阶段进行反应后，参与反应的物质浓度自然就减少了。反应生成的惰性物质，气态的 CO_2、H_2O 和固态的灰渣增加。由于灰层的形成和惰性气体的比例增加，剩余的氧化剂要穿透灰层进入物料的深部与可燃成分反应也更加困难。整个反应的减弱使物料周围的温度也逐渐降低，整个反应处于不利状况。因此，要使物料中未燃的可燃成分反应燃尽，就必须保证足够的燃尽时间，从而使整个焚烧过程延长。该过程与焚烧炉的几何尺寸等因素直接相关。综上分析，燃尽阶段的特点可归纳为：可燃物浓度减少，惰性物增加，氧化剂量相对较大，反应区温度降低。要改善燃尽阶段的工况，一般常采用翻动、拨火等办法来有效地减少物料外表面的灰层，控制稍多一点的过剩空气量，增加物料在炉内的停留时间等。

（三）焚烧产物

可燃固体废物基本是有机物，由大量的碳、氢、氧元素组成，有些还含有氮、硫、磷和卤素等元素。这些元素在焚烧过程中与空气中的氧起反应，生成各种氧化物或部分元素的氢化物。主要焚烧产物有下列几种：

（1）有机碳的焚烧产物是二氧化碳气体。

（2）有机物中氢的焚烧产物是水；若有氟或氯存在，也可能有它们的氢化物生成。

（3）固体废物中的有机硫和有机磷，在焚烧过程中生成二氧化硫或三氧化硫以及五氧化二磷。

（4）有机氮化物的焚烧产物主要是气态的氮，也有少量的氮氧化物生成。

（5）有机氟化物的焚烧产物是氟化氢。

（6）有机氯化物的焚烧产物是氯化氢。

（7）有机溴化物和碘化物焚烧后生成溴化氢及少量溴气以及元素碘。

（8）根据焚烧元素的种类和焚烧温度，金属在焚烧以后可生成卤化物、硫酸盐、磷酸盐、碳酸盐、硅酸盐、氢氧化物和氧化物等，通常以炉渣的形式存在。

有害有机废物焚烧处理后，要求达到以下三个标准：

（1）主要有害有机组成（principle organic hazardous constituents，POHC）的破坏去除

率（destruction and removal efficiency，DRE）要达到 99.99% 以上。DRE 定义为从废物中除去的 POHC 的质量分数，即：

$$DRE(\%) = \frac{w_{POHC进} - w_{POHC出}}{w_{POHC进}} \times 100\%$$

对每个指定的 POHC 都要求达到 99.99% 以上。

（2）HCl 的排放量应符合从焚烧炉烟囱排出的 HCl 量在进入洗涤设备之前小于 1.8kg/h；若达不到这个要求，则经过洗涤设备除去 HCl 的最小洗涤率应为 99.0%。

（3）烟囱的排放颗粒物应控制在 183mg/m³，空气过量率为 50%。

三、固体废物的焚烧系统

（一）废物的处理与贮存

固体废物进入焚烧系统之前应满足物料中的不可燃成分降低到 5% 左右，粒度小而均匀，含水率降低到 15% 以下，不含有毒害性物质。因此需要人工拣选、破碎、分选、脱水与干燥等工序的预处理环节。另外，为了保证焚烧系统的操作连续性，需要建立焚烧前废物的贮存场所，使设备有必要的机动性。

（二）进料系统

焚烧炉进料系统分为间歇与连续两种。由于连续进料有诸多优点，如炉容量大、燃烧带温度高、易于控制等，现代大型焚烧炉均采用连续进料方式。连续进料系统是由一台抓斗吊车将废物由贮料仓中提升，卸入炉前给料斗。漏斗经常处于充满状态，以保证燃烧室的密封。料斗中废物再通过导管，由重力作用溜入燃烧室，提供一连续的物料流。

（三）焚烧室

燃烧室是固体废物焚烧系统的核心，由炉膛、炉排与空气供应系统组成。炉膛结构由耐火材料砌筑或水管壁构成。燃烧室按构造可分为室式炉（箱式炉）、多段炉、回转炉、流化床炉等。室式炉大都有多个燃烧室，第一燃烧室温度在 700 ~ 1000℃ 之间，固体废物在其中进行干燥、气化和初始燃烧等过程。第二、第三燃烧室的作用是进一步氧化第一室中未燃尽的可燃性气体和细小颗粒。焚烧炉燃烧室容积如果过小，可燃物质不能充分燃烧，造成空气污染和灰渣处理的问题。燃烧室过大会降低使用效率。

炉排是炉室的重要组成部分，其功能有两点：一是传送废物燃料通过燃烧带，将燃尽的灰渣转移到排渣系统；二是在其移动过程中使燃料发生适当的搅动，促使空气由下向上通过炉排料层进入燃烧室，以助燃烧。炉排结构类型较多，最常见的有往复式、摇动式与移动式三种。设计与选择炉排时，应满足下列要求：

（1）能够耐焚烧过程中的高温（辐射热）和耐多种固体废物的腐蚀。

（2）能够满足空气量的调节与温度控制的需要。

（3）能够满足调节物料停留时间的要求。

（4）能够调节被处理物料的燃烧层高度（厚度）。

（5）可以有控制地供给稳定的热量。

（6）可以调节灰渣的冷却程度。

（7）可以控制燃烧气在通到辐射燃烧层表面之前的温度。

（8）能够观察火层和燃烧气体。

（9）技术设计上还应达到：防止再次起火；灰渣的正常传递；损坏部件的更换性；适当的测量与控制系统等。

助燃空气供风系统是保证废物在燃烧室中有效燃烧所需风量的保障系统，由送风或抽风机送向炉排系统，将足够的风量供于火焰的上下。火焰上送风是使炉气达到湍流状态，保障燃料完全燃烧。火焰下进风是通过炉排由下向燃烧室进风，控制燃烧过程，防止炉排过热。

供风量高于理论需氧量的空气计算值，过量风除保证完全燃烧外，还有控制炉温的作用。实际供风量往往高于理论量的一倍。

（四）废气排放与污染控制系统

废气排放与污染控制系统包括烟气通道、废气净化设施与烟囱。焚烧过程产生的主要污染物是粉尘与恶臭，还有少量的氮硫的氧化物。主要污染控制对象是粉尘与气味。粉尘污染控制的常用设施是沉降室、旋风分离器、湿式泡沫除尘设备、过滤器、静电除尘器等。废气通过选用的除尘设施，含尘量应达到国家允许排放废气的标准。恶臭的控制目前还没有十分有效的方法，只能根据某种气味的成分，进行适当的物理与化学处理措施，减轻排出废气的异味。烟囱的作用一是为建立焚烧炉中的负压度，使助燃空气能顺利通过燃烧带；二是将燃烧后废气由顶口排入高空大气，使剩余的污染物、臭味与热量通过高空大气稀释扩散作用，得到进一步缓冲。

（五）排渣系统

燃尽的灰渣通过排渣系统及时排出，保证焚烧炉正常操作。排渣系统是由移动炉排、通道及与履带相连的水槽组成。灰渣在移动炉算上由重力作用经过通道，落入贮渣室水槽，经水淬冷却的灰渣，由传送带送至渣斗，用车辆运走或用水力冲击设施将炉渣冲至炉外运走。

（六）焚烧炉的控制与测试系统

由于固体废物焚烧过程中所处理的物料种类和性能变化很大，因而燃烧过程的控制也更加复杂，采用适当的控制系统，对克服焚烧固体废物所带来的许多问题，保证焚烧过程高效运行是必要的。焚烧过程的测量与控制系统包括：空气量的控制、炉温控制、压力控制、冷却系统控制、集尘器容量控制、压力与温度的指示、流量指示、烟气浓度及报警系统等。

（七）能源回收系统

回收垃圾焚烧系统的热资源是建立垃圾焚烧系统的主要目的之一。焚烧炉热回收系统有三种方式。

（1）与锅炉合建焚烧系统，锅炉设在燃烧室后部，使热转化为蒸气回收利用。

（2）利用水墙式焚烧炉结构，炉算以纵向循环水列管替代耐火材料，管内循环水被加热成热水，再通过后面相连的锅炉生成蒸气回收利用。

（3）将加工后的垃圾与燃料按比例混合作为大型发电站锅炉的混合燃料。

固体废物焚烧系统流程如图4-1所示。

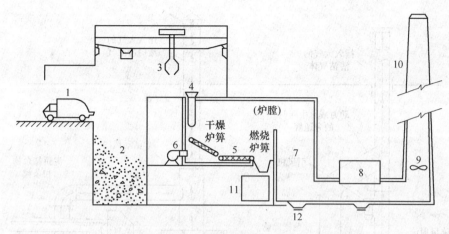

图 4-1 固体废物焚烧系统流程

1—运料卡车；2—贮料仓库；3—吊车抓斗；4—装料漏斗；5—自动输送炉箅；

6—强制送风机；7—燃烧是与非热回收装置；8—废气净化装置；9—引风机；

10—烟囱；11—灰渣斗；12—冲灰渣沟

四、固体废物的焚烧设备

用于固体废物处理的焚烧设备很多，以下介绍几种典型的焚烧炉。

1. 立式多段炉（多段竖炉）

立式多段炉是工业中常见的焚烧炉，可适用于各类固体废物的焚烧。其结构示意图如图 4-2 所示。

炉体是一个垂直的内衬耐火材料的钢制圆筒，内部由多段燃烧空间（炉膛）构成，炉体中央装有一个顺时针方向旋转的带搅动臂的中空中心轴，各段的中心轴上又带有多个搅拌杆。按照各段的功能，可以把炉体分成三个操作区：最上部是干燥区，温度 310~540℃；中部为焚烧区，温度 760~980℃，固体废物在此区燃烧；最下部为焚烧后灰渣的冷却区，温度降为 260~540℃。操作时固体废物连续不断地供给到最上段的外围处，并在搅拌杆的作用下，迅速在炉床上分散，然后从中间孔落下一段。第二段上，固体废物又在搅拌杆的作用下，边分散，边向外移动，最后从外围落下。这样固体废物在奇数段上从外向里运动，在偶数段上从里向外运动，并在各段的移动与下落过程中，进行搅拌、破碎，同时也受到干燥和焚烧处理。焚烧时空气由中心轴下端鼓入炉体下部。焚烧尾气从上部排出。

这种焚烧炉的优点是废物在炉内停留时间长，对含水率高的废物可使水分充分挥发，尤其是对热值低的污泥，燃烧效率高。缺点是结构复杂、易出故障、维修费用高，因排气温度较低，易产生恶臭，通常需设二次燃烧设备。

2. 回转窑焚烧炉

回转窑焚烧炉结构示意图如图 4-3 所示。回转窑炉窑身为一卧式可旋转的圆柱体，倾斜度小，转速低。废物由高端进入，随窑的移动向下移，空气与物料的移动方向可以同向（并流）也可以逆向（逆流）。回转窑的温度分布大致为：干燥区 200~400℃，燃烧区 700~900℃，高温熔融烧结区 1100~1300℃。废物进入窑炉后，随窑的回转而破碎同时在干燥区被干燥，然后进入燃烧区燃烧，在窑内来不及燃烧的挥发分，进入二次燃烧室燃烧。最后残渣在高温烧结区熔融排出炉外。

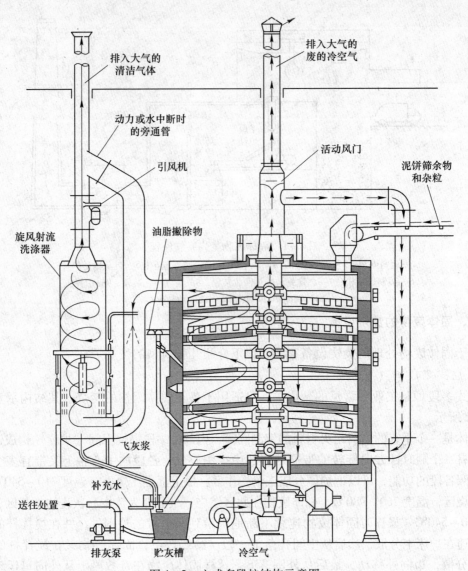

排入大气的
清洁气体

排入大气的
废的冷空气

动力或水中断时
的旁通管

活动风门

引风机

泥饼筛余物
和杂粒

旋风射流
洗涤器

油脂撇除物

飞灰浆

补充水

送往处置

排灰泵　　　贮灰槽　　　冷空气

图4-2　立式多段炉结构示意图

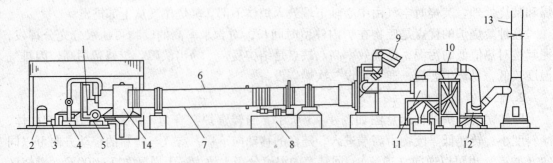

图4-3　回转窑焚烧炉结构示意图

1—燃烧喷嘴；2—重油贮槽；3—油泵；4—三次空气风机；5—一次及二次空气风机；
6—回转窑焚烧炉；7—取样口；8—驱动装置；9—投料传送带；10—除尘器；
11—旋风分离器；12—排风机；13—烟囱；14—二次燃烧室

　　回转炉的优点是：操作弹性大，可焚烧不同性质的废物。另外，由于回转炉机械结构简单，很少发生事故，能长期连续运转。其缺点是：热效率低，只有35%～40%，因此在处理较低热值固体废物时，必须加入辅助燃料。排出气体的温度低，经常带有恶臭味，需设高温燃烧室或加入脱臭装置。

　　3. 流化床焚烧炉

　　流化床焚烧炉是工业上广泛应用的一种焚烧炉，其结构示意图如图4-4所示。主体设备是圆柱形塔体。底部装有多孔板，板上放置载热体砂作为焚烧炉的燃烧床。塔内壁衬有耐火材料。气体从下部通入，并以一定速度通过分配板，使床内载体"沸腾"呈流化状态。废物由塔侧或塔顶加入，在流化床层内与高温热载体及气流交换热量而被干燥、破碎并燃烧。废气从塔顶排出，夹带的载体粒子及灰渣经除尘器捕集后返回流化床内。

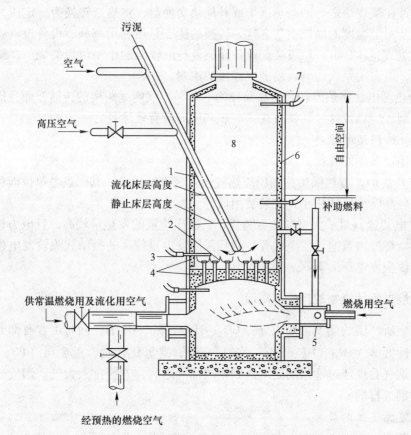

图4-4　流化床焚烧炉结构示意图

1—污泥供料管；2—泡罩；3，7—热电偶；4—分配板（耐火材料）；
5—补助燃烧喷嘴；6—耐火材料；8—燃烧室

　　流化床焚烧炉优点是焚烧时固体颗粒激烈运动，颗粒与气体之间传热、传质速度快，所以处理能力大，流化床结构简单、造价便宜；缺点是废物需破碎后才能进行焚烧，动力消耗大。

五、焚烧能源回收利用

垃圾焚烧时焚烧炉燃烧室的温度可达 805 ~ 1000℃，回收其中的余热，是实现垃圾资源化的重要途径。它不仅能满足焚烧厂自身设备运转的需要、降低运行成本，而且还能向外界提供热能和动力，以获得可观的经济效益。现代化的焚烧系统都设有焚烧尾气冷却 - 废热回收系统，可以调节焚烧尾气温度，以便进入尾气净化系统，尾气净化处理设备宜在300℃内操作；可以回收、利用废热，降低焚烧处理费用。目前所有大、中型垃圾焚烧厂几乎均设置了汽电共生系统。

（一）余热利用的主要形式

余热利用的主要形式有：

（1）直接利用热能。直接利用是将烟气余热转换为蒸汽、热水和热空气。该转换的实现是借助设计在焚烧炉之后的余热锅炉或其他热交换器，将热量转换为一定压力和温度的热水、蒸汽及一定温度的助燃空气。这一转换的优点是热利用率高、设备投资省，适合于小规模（日处理量≤100t）垃圾焚烧设备和垃圾热值较低的小型垃圾焚烧厂；缺点是余热利用难度大，供需关系难协调，易造成能量的浪费。

（2）余热发电。将热能转化为高品位的电能，不仅能远距离的传输，而且提供量基本不受用户限制，应该说这一转换方式是废热利用的最有效途径之一。

（二）余热利用的设备

余热利用设备主要有：

（1）废热锅炉。废热锅炉是利用废热气产生蒸汽的设备。其优点是单位面积的传热速率高、可耐较高温度、体积小、安装费用低等。

（2）发电装置。对于大型的垃圾焚烧厂，由于垃圾的发热量较高，且电力设备的操作管理便利，焚烧厂内普遍设发电装置，并且采用发电量较高的凝结式汽轮发电机，或与发电厂联合，供应发电所需蒸汽。

六、焚烧过程污染物的产生与防治

垃圾焚烧所产生的烟气主要成分为 CO_2、H_2O、N_2、O_2 等，同时也含有部分有害物质如烟尘、酸性气体（HCl、HF、SO_2）、NO_x、CO、碳氢化合物、重金属（Pb、Hg）和二噁英等。故烟气必须经过适当的处理达到排放标准之后，方能排入大气。烟气处理是根据上述组成分别进行的。

（一）酸性气体的处理

用碱性药剂，如消石灰等与烟气中的 HCl、SO_2 发生中和反应，生成 $NaCl$、$CaCl_2$ 和 Na_2SO_4、$CaSO_4$ 等。根据碱性药剂的状态可分为干法和湿法。干法是以消石灰的粉末与酸性气体作用，形成颗粒状的产物再被除尘器去除。湿法是将消石灰溶液喷入到湿式洗涤塔内，与酸性气体进行气液吸收，回收吸收液。代表性的工艺流程如下。

（1）焚烧炉→干法→除尘器→烟囱；

（2）焚烧炉→干法→除尘器→湿式洗涤塔→烟囱。

（二）NO$_x$ 的去除

焚烧产生的 NO$_x$ 中 95% 以上是 NO，其余的是 NO$_2$。去除 NO$_x$ 的措施有如下几种：

（1）燃烧控制法。通过低氧浓度燃烧而控制 NO$_x$ 的产生，但氧气浓度低时，易引起不完全燃烧，产生 CO 进而产生二噁英。

（2）无触酶脱氮法。将尿素或氨水喷入焚烧炉内，通过下列反应而分解 NO$_x$。

$$2NO + (NH)_2CO + \frac{1}{2}O_2 \longrightarrow 2N_2 + 2H_2O + CO_2$$

该法简单易行，成本低，去除效率约为 30%，但喷入药剂过多时会产生氯化铵，烟囱的烟气变紫。

（3）触酶脱氮法。在触酶表面有氨气存在时，将 NO$_x$ 还原成 N$_2$。

$$4NO + 4NH_3 + 2O_2 \longrightarrow 4N_2 + 6H_2O$$

$$NO_2 + NO + 2NH_3 \longrightarrow 2N_2 + 3H_2O$$

该法去除效率高达 59% ~ 95%，但使用的低温触酶价格昂贵还需配备氨气提供设备。

（三）二噁英的控制

二噁英是强毒性物质，其毒性相当于氰化钾的 1000 倍。它易溶于脂肪且在体内积累，会引起皮肤痤疮、头疼、失聪、忧郁、失眠等症状。即使在很微量的情况下，长期摄取也会引起癌症、畸形等。焚烧过程会产生二噁英是由于有些垃圾本身含有二噁英；氯苯酚、氯苯在炉内反应也会产生二噁英。

控制二噁英最有效的方法就是"三 T"。

（1）temperature（温度）：维持炉内高温在 800℃ 以上（最好 900℃ 以上），将二噁英完全分解。

（2）time（时间）：保证足够的烟气高温停留时间。

（3）turbulence（湍流）：采用优化炉型和二次喷入空气的方法，充分混合和搅拌烟气使之完全燃烧。

对产生的二噁英可采用喷入活性炭粉末吸收；设置触酶分解器进行分解；设置活性炭塔吸收。

（四）烟尘的处理

烟尘的处理可采用除尘设备。常用的除尘设备有静电除尘器、多管离心式除尘器、滤袋式除尘器等。

第二节　固体废物的热解处理

热解是一种古老的工业化生产技术，又称为干馏、热分解和炭化，是指有机物在隔氧条件下加热分解的过程，广泛用于生产木炭、炭黑、煤干馏和石油重整等方面。固体废物的热解处理是利用有机物的热不稳定性，在无氧或缺氧条件下，使可燃性废物在高温下分解，最终成为可燃气、液态油和固形炭的过程，可简单表示如下：

$$有机固体废物 + 热量 \xrightarrow{\text{无氧或缺氧}} 可燃气 + 液态油 + 固体燃料 + 炉渣$$

在固体废物处理上，最早于 1929 年由美国政府矿务局开展了一些典型固体废物的热解研究。从 20 世纪 60 年代开始,科学工作者已进行热解城市垃圾回收能源的研究,证明其产生的各种气体可作锅炉燃料。1970 年,萨奈尔(Sanner)等人实验研究证明城市垃圾热解不需添加辅助燃料就能够满足热解过程中所需的热量,热解气可作为燃料用于产生蒸汽和发电。联邦德国于 1983 年在巴伐利亚州的爱本霍森建立了第一座废塑料、废轮胎和废电缆的热解厂,年处理能力为 600 ~ 800t 废物。美国纽约市也建立了采用纯氧高温热解法日处理废物能力达 3000t 的热解工厂。中国农业机械化科学研究院于 1981 年利用低热值的农村废物进行了热解燃气装置的试验,并取得了成功。小型农用气化炉已定点生产,为解决农用动力和生活能源找到了方便可行的代用途径。

　　热解可在比焚烧温度低的条件下从有机废物中直接回收燃料油或燃料气,从资源化角度讲,热解比焚烧更有利。但是,并非所有有机废物都适于热解,对含水率过高、性质不同的可热解的有机混合物,由于热解困难,回收燃料油气在经济上并不合算。即使是同类有机物,若数量不足以发挥处理设备经济能力的优势,也是不经济的。因此,在选择和使用热解技术时,必须详细查明废物的组成、性质和数量,充分考虑其经济效益。适于热解处理的废物有废塑料(含氯的除外)、树脂、废橡胶、废轮胎、废油及油泥(渣)、废有机污泥、城市固体废物、农业废物、人畜粪便等。

一、固体废物的热解过程

(一)热解反应过程

　　固体废物的热解过程是一个复杂的化学反应过程,包括大分子的键断裂、异构化等化学反应。在热解过程中,其中间产物有两种变化趋势,一方面有从大分子变成小分子直至气体的裂解过程,另一方面又有小分子聚合成较大分子的聚合过程。在热解反应过程中没有十分明显的阶段性,许多反应是交叉进行的,总反应式可表示为:

　　有机固体废物 $\xrightarrow{\Delta}$ 高中分子有机液体(焦油和芳香烃)+ 低分子有机液体 + 多种有机酸和芳香烃 + 碳渣 + CH_4 + H_2 + H_2O + CO + CO_2 + NH_3 + H_2S + HCN

　　由总反应式可知,有机废物的热解产物有气、液、固三相,具体成分为:

　　可燃气——C_{1-5} 的烃类、氢和 CO 等气体;

　　液态油——C_{25} 的烃类、乙酸、丙酮、甲醇等液态燃料;

　　固体燃料——含纯碳和聚合高分子的含碳物。

　　例如,纤维素热解:

$$3C_6H_{10}O_5 \xrightarrow{\Delta} 8H_2O + C_6H_8O(焦油)+ 2CO + 2CO_2 + CH_4 + H_2 + 7C$$

　　不同的废物类型,不同的热解反应条件,热解产物也不同。含塑料和橡胶较多的废物热解产物中的液态油较多,包括轻石脑油、焦油以及芳香烃油的混合物。生活垃圾、污泥的热解产物则较少。焦油是一种褐黑色的油状混合物,以苯、萘、蒽等芳香族化合物和沥青为主,另外含有游离碳、焦油酸、焦油碱及石蜡、环烷、烯类的化合物。热解过程产生的可燃气量大,特别是在较高温下,废物中有机成分的 50% 以上都转化成气态产物,这些产品以 H_2、CO、CH_4、C_2H_6 为主,其热值高达 $6.37 \times 10^3 \sim 1.021 \times 10^4 kJ/kg$。除少部分供热解过程所需的自用热量外,大部分气体成为有价值的可燃气产品。固体废物热解后,减容量大,残余碳渣较少。这些碳渣化学性质稳定,含碳量高,有一定热值,一般可用作燃料添加剂或道路基材、混凝土骨料、制砖材料，纤维类废物热解后的渣；还可经简单活化制成中低级活化炭，用于污水处理等。

热解法和焚烧法是完全不同的两个反应过程。焚烧是放热反应，产生大量的废气（主要为 CO_2 和 H_2O）和部分废渣，并存在二次污染问题，仅能回收热能，就近利用，供加热水或产生蒸汽，若量大可用于发电。热解是吸热反应，产生燃料油及燃料气，便于贮存及远距离输送，环境污染小。由此可见，固体废物的热解处理更具优越性，但是热解温度、废物供给量以及操作条件等比焚烧要严格得多。

（二）热解的主要影响因素

影响热解过程的主要因素有温度、加热速率、反应时间等。另外，废物的成分、反应器的类型及作为氧化剂的空气供氧程度等都对热解反应过程产生影响。

（1）温度。温度是热解过程的重要控制参数。温度变化对产品产量、成分比例有较大的影响。在较低温度下，有机废物大分子裂解成较多的中小分子，油类含量相对较多。随着温度升高，除大分子裂解外，许多中间产物也发生二次裂解，C_5 以下分子和 H_2 成分增多，气体产量也相应增多，而各种酸、焦油、炭渣相对减少。因此，通过控制热解温度可以选择热解产品的成分和产量。

（2）加热速率。加热速率对热解产品的成分比例影响较大。一般情况下，在较低和较高加热速率下，产品中气体含量高。随着加热速率增加，产品中的水分及有机物液体的含量逐渐减少。

（3）反应时间。反应时间是指反应物料完成反应在炉内的停留时间。它决定了分解转化率，影响热解产物的成分和总量。反应时间越长，热解的气态和液态产物越多。时间短，小分子的气态产物相对较多。为了充分利用原料中的有机质，尽量脱出其中的挥发分，应延长废物在反应器中的保温时间。反应时间与物料的粒径、成分及结构、反应器内的温度水平、热解方式等因素有关。不同废物原料的可热解性不同。有机物成分含量多，热值高，则可热解性相对较好，产品热值高，可回收性好，残渣少。废物含水率低，则干燥过程耗热少，将废物加热到工作温度所需时间短。废物颗粒粒径小，将有利于传热，保证热解顺利进行，反应时间短。废物分子结构复杂，反应时间长。反应温度高，加快物料被加热的速度，反应时间缩短。热解方式对反应时间的影响更明显，直接热解方式的反应时间比间接热解方式要短得多。

此外，在实际科研生产中，除间接加热隔氧热解外，有时需在热解反应器中通入部分空气、氧或蒸汽等氧化剂，使固体废物发生部分燃烧以提供热解过程所需的热量，同时改变产物比率，提高可燃气产率。但由于空气中含有较多的 N_2，使产品气体的热值降低。这种方式与充分供氧的焚烧过程有本质的区别。

二、固体废物的热解工艺与设备

固体废物的热解过程由于供热方式、产品状态、热解炉结构等方面的不同，热解方式也不同。按热解温度分为高温热解、中温热解和低温热解。按供热方式分为直接（内部）加热和间接（外部）加热。按热解炉结构分为固定床、流化床、移动床和旋转炉等。按热解产物的聚集状态分为气化方式、液化方式和炭化方式。按热解和燃烧反应器的配合方式分为单塔式和双塔式。但热解工艺通常按热解温度或供热方式进行分类。一个完整的热解工艺包括进料系统、反应器、回收净化系统和控制系统等部分。反应器是整个工艺的核心，热解过程就在反应器中进行。不同类型的反应器往往决定了整个热解反应的方式以及热解产物的成分。下面介绍几种常见的热分析法。

（一）立式炉热分解法

立式炉热分解法工艺流程如图 4－5 所示。

废物从炉顶投入，经炉排下部送来的重油、焦油等可燃物的燃烧气体干燥后进行热分解。炉排分为两层，上层炉排为已炭化物质、未燃物和灰烬等，用螺旋推进器向左边推移落入下层炉排，在此将未燃物完全燃烧。这种方法称为偏心炉排法。

分解气体和燃烧气送入焦油回收塔，喷雾水冷却除去焦油后，经气体洗涤塔，洗涤后用作热解助燃气体。焦油则在油水分离器回收。炉排上部的炭化物质层温度为 500～600℃，热分解炉出口温度为 300～400℃，废物加料口设置双重料斗，可以连续投料而又避免炉内气体逸出。本方法适合于处理废塑料、废轮胎。

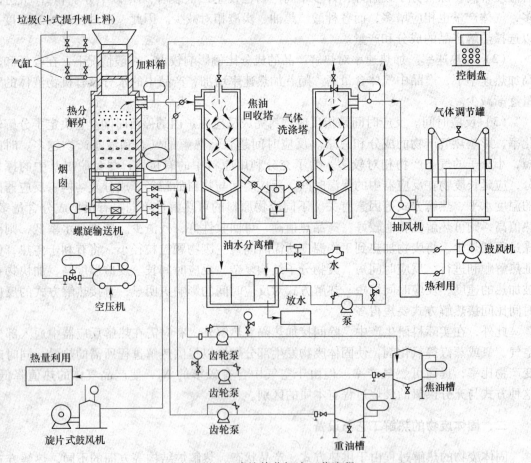

图 4－5　立式炉热分解法工艺流程

（二）双塔循环式流态化热分解法

双塔循环式流化床热解装置如图 4－6 所示。流态化热载体为惰性粒子，燃烧用空气兼起流态化作用，在射流层内加热后，经连接管 4 送至热分解塔的流化层内，把热量供给垃圾热分解后再经过回流管返回燃烧炉内。垃圾在热分解炉内分解。所产生的气体一部分作流态化气体循环使用。欲产生水煤气可以加入一部分水蒸气。生成的烟尘、油可在燃烧炉内循环作为载体加热燃料使用。

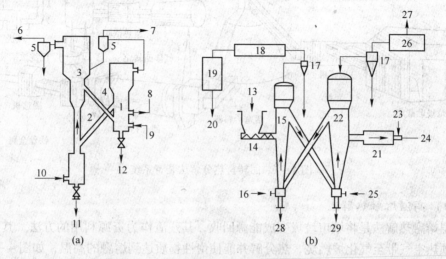

图4-6　双塔循环式流化床热解装置

1—热分解炉；2，4—连接管；3—燃烧炉；5—分离器；6—燃烧器出口；7—产品气体；8—垃圾入口；

9—流化气体；10—空气；11，12，28，29—残渣；13—垃圾；14—加料器；15—热分解槽；

16，25—流化用蒸汽；17—旋风分离器；18—去除焦油；19—气体冷却洗涤器；

20—燃料气体；21—辅助燃料炉；22—炭燃烧炉；23—空气进口；

24—辅助燃料进口；26—燃烧气体洗涤装置；27—排气口

　　本方法的特点：（1）热分解的气体系统内，不混入燃烧废气，提高了气体热值，热值为17000～18900kJ/m³（标准状态）。（2）烟气作为热源回收利用，减少固溶物和焦油状物质。（3）空气量控制只满足燃烧烟尘的必要量，所以外排废气量较少。（4）热分解塔上装有特殊的气体分布板，当气体旋转时会形成薄层流态化。（5）垃圾中无机杂质和残渣在旋转载体作用下混入载体的砂中，在塔的最下部设有排除装置，经分级处理后，残渣排除，载体返回炉内。

　　（三）回转窑热分解法

　　回转窑热分解法的装置系统如图4-7所示。

　　将垃圾用锤式剪切破碎机破碎到10cm以下送贮槽后，用油压式冲压给料器将空气挤出并自动连续地送入回转窑内。在窑的出口设有燃烧器，燃烧器喷出的气体逆流直接加热垃圾，使其受热分解而气化。空气用量为理论完全燃烧用量的40%，即可使垃圾部分燃烧。燃气温度调节在730～760℃之间，为了防止残渣熔融结焦，温度应控制在1090℃以下。生成燃气量为1.5m³/kg垃圾，热值为（4.6～5）×10³kJ/m³（标准状态）。热回收效率为垃圾和助燃料等输入热量的68%，残渣落入水封槽内急冷，从中可回收铁和玻璃质。

　　由于预处理只破碎不分选，比较简单，对垃圾质量变动的适应性强；设备结构简单，操作可靠。美国采用该方案投资50亿美元，建成1000t/d规模的处理系统。

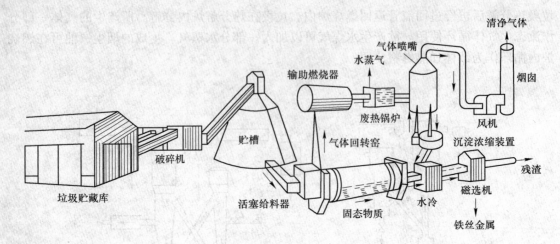

图 4-7　回转窑热分解法装置系统

（四）高温熔融热解法

高温熔融热解法是将城市垃圾变成能源回收，其残渣作为资源利用的方法。其特点是将烟尘用预热空气带至气化炉燃烧，热分解并能使惰性物质达到熔融的高温，如图 4-8 所示。

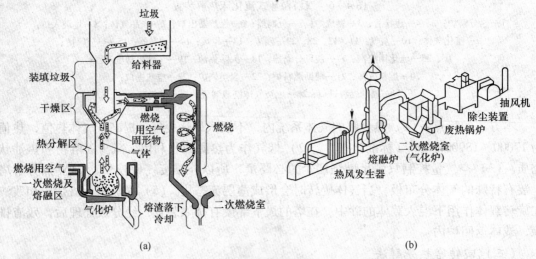

图 4-8　高温熔融热解法装置及流程系统
（a）气化炉及二次燃烧炉；（b）流程系统

垃圾无需预处理，直接用抓斗装入炉内。物料从上向下沉降时就受逆向高温气流加热，进行干燥，热分解成为炭黑。最后炭黑燃烧成为 CO、CO_2，惰性物质熔融。

对垃圾干燥热分解及残渣熔融等需要的热量都是靠气化炉内用预热空气（温度 1000℃）燃烧炭黑所提供。炉内温度为 1650℃，热分解产生的气体和一次燃烧生成的气体，都送至二次燃烧室和大致等量的空气混合，在低于 1400℃ 的温度下燃烧。完全燃烧后排出废气的温度为 1150～1250℃。

高温废气的 15% 用以预热空气，85% 供废热锅炉。由于高温，使铁类、玻璃等惰性物熔融而成熔渣，连续落入水槽急冷，呈黑色豆粒状熔块，可作建筑骨料或碎石代用品，其量仅占垃圾总量的 3% ~5%。该法不需要炉床，故没有炉床损伤问题。

三、固体废物热解处理实例

(一) 废塑料的热解处理

废塑料的热解产物一般分为固态、液态、气态三类，可分别回收利用。若塑料中含氯、氰基团，热解产物一般含 HCl 和 HCN，因塑料产品含硫较少，热解油品含硫分低，不失为一种获取优质低硫燃料油的方法。图 4-9 所示为日本三菱公司开发的热解废塑料工艺流程。

废塑料经破碎后（10mm）送入挤出机，加热至 230~280℃，使塑料熔融。如含聚氯乙烯时产生的氯化氢可经氯化氢吸收塔回收。熔融的塑料再送入分解炉，用热风加热到 400~500℃分解，生成的气体经冷却液化回收燃料油。

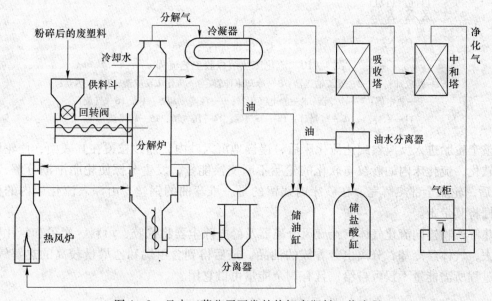

图 4-9 日本三菱公司开发的热解废塑料工艺流程

(二) 废橡胶的热解

废橡胶主要是指废轮胎、工业部门的废皮带和废胶管等，不包含人工合成的氯丁橡胶和丁腈橡胶，因其会产生 HCl 及 HCN 而不宜热解。废轮胎的热解炉主要有流化床及回转窑。其热解工艺流程如图 4-10 所示。

废轮胎破碎至小于 5mm，轮缘及钢丝帘子布等大部分被分离出去，经磁选去除金属丝，轮胎粒子经螺旋加料器等进入电加热反应器中。流化床的气流速率为 500L/h，流化气体由氮及循环热解气组成。热解气流经除尘器与固体分离，再经静电沉积器去除炭灰，在深度冷却器和气液分离器中将热解所得油品冷凝，未被冷却的气体作为燃料气为热解提供热能或作流化气体使用。

以上流程需将废物破碎，预加工费用较大，因此来自日本、美国、德国的几家公司合作，在汉堡建立了日处理能力 1.5~2.5t 的废轮胎的实验性流化床反应器。整体轮胎不经破碎即能进行加工，可节省因破碎所需的大量费用。

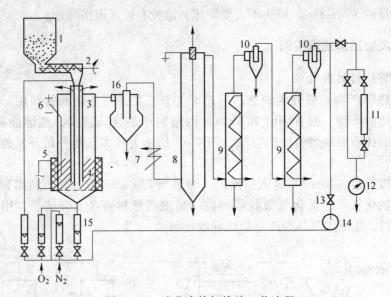

图 4 – 10   流化床热解橡胶工艺流程

1—橡胶加料斗；2—螺旋输送器；3—冷却下伸管；4—流化床反应器；5—加热器；
6—热电偶；7—冷却器；8—静电沉积器；9—深度冷却器；10，16—气旋；
11—取样器；12—气量计；13—节气阀；14—压气机；15—转子流量机

整个轮胎进入反应器到达流化床后，慢慢地沉入砂内，热砂粒覆在其表面，使轮胎热透而软化，流化床内的砂粒与软化的轮胎不断交换能量，发生摩擦使轮胎渐渐分解，2～3min 后，轮胎全部热解完，在砂床内残留的是一堆弯曲的钢丝，由深入流化床内的移动式格栅将其带走。

热解产物连同流化气体，经旋风分离器及静电除尘器将橡胶、填料、炭黑和氧化锌分离除去，气体经冷却，分离出芳香族的油品，最后得到含甲烷和乙烯量较高的热解气体。整个过程所需能量不仅可自给，且有剩余能量可供它用。

第三节 固体废物的焙烧处理

固体废物的焙烧是指在适宜的氧化还原气氛和低于物料熔点的温度（一般低于200℃）条件下，使废物发生物理和化学变化，以便于回收、处理利用的过程。在焙烧过程中一般不出现液相，可以看成是气－固和固－固多相反应的过程。

一、焙烧反应的过程

在一定的温度下焙烧固体废物，物料所获得的热量（Q）为：

$$Q = c(T_2 - T_1)m$$

式中 c——比热容，J/(g·K)；

m——质量，g；

T_1——初始温度，K；

T_2——焙烧温度，K。

其中，c、m、T_1 在同一系统中可视为常数，而焙烧温度 T_2 则为变量。由于热量计算过程繁杂，在实际焙烧处理过程中通常用 T_2 来控制所要达到的焙烧目的，很少用物料得到的热量作为控制指标。

焙烧反应主要是发生在固－气界面上的多相化学反应，遵循热力学和质量作用定律，可分为以下五个阶段：

（1）外扩散。气体分子通过固体颗粒周围气膜层向固体外层扩散。

（2）内扩散。气体沿固体孔隙向颗粒内部渗透到一定深度。

（3）化学反应。气体吸附在固体内外表面上并发生化学反应。

（4）解吸。反应生成的气体产物从固体表面解吸和颗粒孔隙内部产生的气体产物向固体表面扩散并解析的过程。

（5）反扩散。气体产物从固体表面向气流中扩散。

其中第（1）、（2）和（5）三个阶段是总的扩散过程，称为扩散区域。第（3）、（4）两个阶段是总的化学反应过程，称为动力学区域。很显然，低温时反应在动力学区域进行，化学反应起决定作用；高温时反应在扩散区域进行，扩散过程对化学反应速度起决定作用。

反应开始的瞬间，反应速度取决于气体反应剂向物料表面的运动速度，也就是决定于在外扩散区内进行的速度。随着反应的进行，在颗粒表面形成气膜，气体反应剂必须穿过这层表面膜才能达到固体表面，此时反应速度取决于内扩散。

影响焙烧反应速度的主要因素为气相中反应气体的浓度、气流的运动特性（紊流度）、温度以及物料的粒度、孔隙率、化学成分和物相组成等。气流的紊流度越大，则固体表面上的气膜越薄，气体分子越容易穿过这层膜向固体表面扩散。同时，生成的气体生成物也容易穿透这层膜向气流中扩散。要提高气流的紊流度，除了用机械的方法加速气体流动外，温度也是重要的影响因素，温度越高，分子运动速度越大，则紊流度增大。

如果有足够的反应气体能扩散到固体表面或反应带，使外扩散不成为其限制步骤时，反应速度取决于反应气体在固体内部的扩散。这就要求气流中反应气体的浓度高，相应地，反应带中反应气体的浓度也越大；物料的粒度越小，反应气体的浓度也越大，也就是颗粒外表面至反应带的距离小，可以提高反应带气体的浓度；物料的孔隙率越大，反应气体浓度也越大，即可以加速气－固反应速度。

温度对焙烧反应的影响取决于过程进行的条件，若反应过程在外扩散区进行，温度对扩散速度的影响不明显；若反应过程在动力学区进行，温度对化学反应速度有显著影响，根据有效碰撞理论，温度越高，活化分子越多，碰撞机会也越多，发生反应的几率越大。

二、焙烧反应的类型

焙烧在固体废物处理利用中有重要的作用，根据焙烧的气氛条件及过程中废物发生的主要化学变化可将焙烧处理分为以下 8 种类型。

（一）烧结焙烧

烧结焙烧的目的是将粉状或粒状废物在高温下烧成块状或球团状物料，以提高致密度和机械强度，便于下一步作业的进行。有时需加入石灰石或其他辅助原料以加速烧结。烧结过程也会发生某些物理化学变化，但烧结成块是主要目的，化学反应往往是伴随发生。烧结是烧结焙烧的主要目的，但焙烧不一定要烧结。

（二）分解焙烧

某些物质在高温下焙烧会发生分解反应，该焙烧过程也称为煅烧，如：

$$CaCO_3 \xrightarrow{\Delta} CaO + CO_2 \uparrow$$

$$Al_2O_3 \cdot 2SiO_2 \cdot 2H_2O \xrightarrow{\Delta} Al_2O_3 + 2SiO_2 + 2H_2O \uparrow$$

$$3FeCO_3 \xrightarrow{\Delta} Fe_3O_4 + 2CO_2 \uparrow + CO \uparrow$$

煅烧主要是为了脱除 CO_2 及结合水，使物料中的某些物相组分发生分解。

（三）氧化焙烧

氧化焙烧主要用于脱硫，适用于对硫化物的氧化，它必须在氧化气氛下进行，如硫铁矿的氧化焙烧：

$$7FeS_2 + 6O_2 \xrightarrow{\Delta} Fe_7S_8 + 6SO_2 \uparrow$$

此时硫铁矿变成磁黄铁矿（Fe_7S_8），具磁性。

延长焙烧时间，继续脱硫，磁黄铁矿则变成磁铁矿：

$$3Fe_7S_8 + 38O_2 \xrightarrow{\Delta} 7Fe_3O_4 + 24SO_2 \uparrow$$

氧化焙烧的产物 SO_2 可以转化成 SO_3 回收制硫酸。磁铁矿（Fe_3O_4）通过磁选可获得铁精矿供炼铁厂作原料。

（四）还原焙烧

还原焙烧必须在还原气氛中进行，还原剂有 C、CO、H_2 等。常用焦炭、重油、煤气、水煤气等作还原物质。典型例子是 Fe_2O_3 的还原焙烧。

$$3Fe_2O_3 + C \xlongequal{\Delta} 2Fe_3O_4 + CO \uparrow$$

$$3Fe_2O_3 + CO \xlongequal{\Delta} 2Fe_3O_4 + CO_2 \uparrow$$

$$3Fe_2O_3 + H_2 \xlongequal{\Delta} 2Fe_3O_4 + H_2O$$

焙烧产物如果放在水中冷却，获得人工磁铁矿 Fe_3O_4。如果放在350℃下的空气中冷却，则可以生成强磁性的磁赤铁矿（$\gamma - Fe_2O_3$）。

$$3Fe_3O_4 + O_2 \xrightarrow{350℃} 6(\gamma - Fe_2O_3) + 4397J$$

$\gamma - Fe_2O_3$ 比 Fe_3O_4 磁性更强，更易于用磁性分离获得铁精矿。

通常将产生磁性氧化铁的氧化焙烧和还原焙烧统称为磁化焙烧。磁化焙烧不仅对氧化铁回收有意义，对那些难以分离和富集而与 Fe_2O_3 共生或混入其晶体中的 Cu、Ni、Co 等重金属和 Au、Ag 等贵金属机械混入物的回收也有意义，往往通过磁化焙烧，使 Fe_2O_3 转变为磁赤铁矿，再经磁选分离，顺便也就把它们分离出来了。磁化焙烧对它们来说，起到了间接富集作用。

（五）硫酸化焙烧

有色冶金废渣中常含有较高的 CuS，用沸腾炉对其进行硫酸化焙烧，获得可溶性的 $CuSO_4$，然后用水浸出回收 $CuSO_4$。

其反应过程可能以下列两种方式进行：

（1） $CuS + 2O_2 \longrightarrow CuSO_4$，即 CuS 直接转化成 $CuSO_4$。

（2）先氧化脱硫，SO_2 转化成 SO_3，再与 CuO 作用生成 $CuSO_4$，反应如下：

$$CuS + O_2 \longrightarrow CuO + SO_2$$

$$SO_2 + \frac{1}{2}O_2 \longrightarrow SO_3$$

$$CuO + SO_3 \longrightarrow CuSO_4$$

（六）氯化焙烧

一些熔点较高的金属如 Ti、Mg 等，较难分离，但它们的氯化物都具有较高的挥发性，工业上就用氯化焙烧，使其生成氯化物挥发，然后从烟尘里加以回收，使其获得富集。

一般采用 Cl_2、NaCl、$CaCl_2$ 等作氯化剂，最常用的是 NaCl，氯化反应由两个阶段构成：

（1）首先是在有水分存在时，氯化剂与 SiO_2 或 $Al_2O_3 \cdot 2SiO_2 \cdot 2H_2O$ 反应生成 HCl。

$$2NaCl + SiO_2 + H_2O =\!=\!= Na_2SiO_3 + 2HCl$$

$$4NaCl + Al_2O_3 \cdot 2SiO_2 \cdot 2H_2O =\!=\!= 4HCl + 2Na_2O \cdot Al_2O_3 \cdot 2SiO_2$$

（2）生成的 HCl 与废渣中的金属氧化物反应生成氯化物：

$$TiO_2 + 4HCl =\!=\!= TiCl_4 \uparrow + 2H_2O$$

$$MgO + 2HCl =\!=\!= MgCl_2 \uparrow + H_2O$$

挥发物在烟道中冷却，即可从烟尘中回收 $TiCl_4$ 和 $MgCl_2$；获得较纯净的 $TiCl_4$、$MgCl_2$ 等可以用熔融电解法直接获得金属 Ti 或 Mg。

（七）离析焙烧

离析焙烧是氯化焙烧的发展，它是在有还原剂的条件下，在高于氯化焙烧的温度下进行的，生成挥发性氯化物再被还原剂还原成金属，离析到还原剂表面上，然后用浮选的方法回收金属，离析焙烧在 Cu、Ni、Au 等金属生产中获得了工业应用。

离析焙烧按 3 个步骤进行（以 CuO 为例）：

（1）$2NaCl + SiO_2 + H_2O =\!=\!= 2HCl + Na_2SiO_3$。

（2）$2CuO + 2HCl =\!=\!= \frac{2}{3}Cu_3Cl_3 + H_2O + \frac{1}{2}O_2$ 或 $Cu_2O + 2HCl =\!=\!= \frac{2}{3}Cu_3Cl_3 + H_2O$。

由于 CuCl 的蒸气压很低，750℃ 和 825℃ 时，其蒸气压分别为 2266Pa 和 5332Pa，在高温下，它不是呈单聚化合物状态（CuCl）存在，而是呈三聚化合物状态 Cu_3Cl_3 存在。

（3）氯化亚铜的还原。实践表明，最有效的还原剂是炭粒，但 Cu_3Cl_3 并不是被炭直接还原，而是在有水蒸气存在的条件下被炭粒周围的 H_2 还原，被还原的金属覆盖在炭粒表面上。

$$Cu_3Cl_3 + 3/2H_2 =\!=\!= 3Cu + 3HCl$$

炭粒表面被一层金属铜的薄膜包覆，炭粒较轻，再用浮选法分离出炭粒，则金属铜也就被富集或直接回收了。

虽然 H_2 是 Cu_3Cl_3 有效的还原剂，但是，如果直接用 H_2 还原 Cu_3Cl_3 的话，则生成的 Cu 是细粒状遍布于脉石或炉壁上，难以回收，达不到富集目的。所以铜的离析需要一种固体还原剂，作为金属铜沉积和发育的核心，沉积的铜生成一种薄膜包覆在炭粒上。

（八）钠化焙烧

多数酸性氧化物，如 V_2O_5、Cr_2O_3、WO_3、MoO_3 等在高温下与 Na_2CO_3 反应能形成溶于水或水解成氢氧化物的钠盐，然后加以回收。

$$V_2O_5 + 3Na_2CO_3 \Longrightarrow 3Na_2O \cdot V_2O_5 + 3CO_2 \uparrow$$

生成的 $Na_2O \cdot V_2O_5$ 溶于水,再用水浸出,水解转变成焦钒酸钠。

$$2Na_3VO_4 + H_2O \Longrightarrow Na_4V_2O_7 + 2NaOH$$

然后用 NH_4Cl 沉淀出无色结晶的偏钒酸铵。

$$Na_4V_2O_7 + 4NH_4Cl \Longrightarrow 2NH_4VO_3 \downarrow + 2NH_3 + H_2O + 4NaCl$$

偏钒酸铵焙烧即得 V_2O_5。

$$2NH_4VO_3 \xrightarrow{\Delta} 2NH_3 \uparrow + V_2O_5 + H_2O$$

值得注意的是,在离析焙烧中,SiO_2 是必不可少的,因为有它才能有 HCl 发生,而在钠化焙烧中 SiO_2 是有害成分。

$$Na_2CO_3 + SiO_2 \Longrightarrow Na_2O \cdot SiO_2 + CO_2 \uparrow$$

这样白白消耗掉了 Na_2CO_3,所以一般在较低温度下进行钠化焙烧,以减少 $Na_2O \cdot SiO_2$ 的生成。

三、焙烧工艺与设备

常用的焙烧设备有沸腾焙烧炉、竖炉、回转窑等。硫铁矿烧渣磁化焙烧通常采用沸腾焙烧炉。不同焙烧方法有不同焙烧工艺,但可大致分为以下步骤:配料混合→ 焙烧→ 冷却→ 浸出→ 净化。如果是挥发性焙烧,则是挥发气体收集→ 洗涤→ 净化。图 4-11 所示为含钴烧渣中温氯化焙烧工艺流程。焙烧冷却后喷水预浸出是为了润湿焙烧产物,使部分硫酸盐结晶。焙烧形成的颗粒及颗粒间的空隙,可以提高透气性,加快浸出液通过焙烧产物的速度。

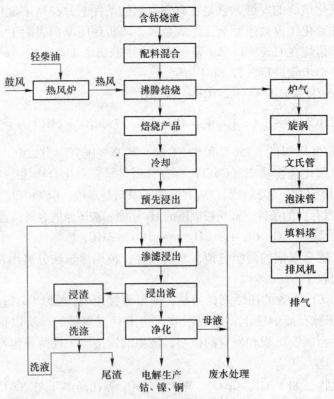

图 4-11　含钴烧渣中温氯化焙烧工艺流程

习　　题

4-1　解释焚烧、热解、焙烧的定义。

4-2　影响固体废物焚烧处理的主要因素有哪些？这些因素对固体废物焚烧处理有何重要影响，为什么？

4-3　简述焚烧与热解的区别和联系。

4-4　在进行固体废物焚烧处理过程中，对空气进行预热有何实际意义？预热空气的温度对焚烧处理过程的技术经济性有什么影响？

4-5　在固体废物焚烧处理过程中，如何控制二噁英类物质（$PCDD_s$）对大气环境的污染？

4-6　试分析固体废物中的硫、氮、氯、废塑料、水分等成分，在焚烧处理过程中可能发生的物理化学变化，它们对焚烧效果及烟气治理有何影响？

4-7　目前，固体废物焚烧炉有哪些主要炉型？它们各有何特点？

4-8　简述目前热解工艺及相关设备。

4-9　焙烧反应的类型有哪些？

4-10　某固体废物含可燃物60%、水分20%、惰性物20%，固体废物的组成为碳28%、氢4%、氧23%、氮4%、硫1%、水分20%、灰分20%。假设：（1）固体废物的热值为11630kJ/kg；（2）炉栅残渣碳含量为5%；（3）空气进入炉膛的温度为65℃，离开炉栅残渣的温度为650℃；（4）残渣的比热容为0.323kJ/（kg·℃）；（5）水的汽化潜热为2420kJ/kg；（6）辐射损失为总炉膛输入热量的0.6%；（7）碳的热值为32564kJ/kg。试计算这种废物燃烧后可利用的热值。

第五章　矿山固体废物化学处理技术

固体废物的化学处理是指用化学方法将固体废物中易于对环境造成严重污染后果的有毒有害组分转化成化学惰性并被固化或包封在某种惰性基材中，使固体废物转变为化学性质稳定的密实固化体，以便于运输、利用或最终无害化处置。目前化学处理方法已广泛用于危险废物和一般工业废物的处理，如电镀污泥、有色金属冶炼污泥和石油化工污染等的稳定化/固化处理。

固体废物的化学处理是一个包含着化学（为主）、物理化学和物理过程的复杂过程，受多种因素影响。因此，化学处理仅限于对单一组分或几种化学性质相近的混合物进行处理，对于不同成分的混合物采用化学处理往往达不到预期效果。在实际应用中，化学处理可以划分为两个既相互关联又相互区别的稳定化技术和固化技术。稳定化技术主要是选用合适的化学药剂（稳定剂）与废物混合并与其中的有毒有害组分发生化学反应，破坏其化学结构或使其进入某种晶体的晶格中，转变为低溶性、低迁移性及低毒性的物质。固化技术是选用合适的固化剂（胶凝材料或黏结剂和适当的外加剂）与废物或经过稳定化处理后的废物混合，将废物胶结成具有一定形状、大小和机械强度的密实块体，从而降低废物的毒性，减小有毒有害物质从废物向生物圈的迁移率。前者着眼于废物中的有毒有害物质，后者则着眼于废物总体。在一般情况下，对于含有毒有害组分的废物应首先进行稳定化解毒处理，然后再进行固化处理，但是在一些固化方法中（如水泥固化等）也包含着一定程度的稳定化过程。

目前化学处理方法主要包括从废物中提取有用组分和去除有害组分的化学浸出技术、重金属稳定化技术及有机污染物氧化解毒技术和各种基材（如水泥、沥青、塑料、石灰等）的固化方法。

第一节　有毒有害物质的稳定化处理

固体废物中的主要有毒有害物质是 Cr、Cd、Hg、Pb、Cu、Zn 等重金属，As、S、CN、F 等非金属，放射性元素和有机物（含氯的挥发性有机物、硫醇、酚类、氰化物等）。目前采用的稳定化技术主要是重金属离子的化学稳定化技术和有机污染物的氧化解毒技术。

一、重金属离子的稳定化技术

重金属离子的稳定化技术主要有化学方法（中和法、氧化还原法、溶出法、化学沉淀法等）和物理化学方法（吸附和离子交换法等）。

（一）中和法

在化工、冶金、电镀、表面处理等工业生产中经常产生含重金属的酸、碱性泥渣，它们对土壤、水体均会造成危害，必须进行中和处理，使其达到化学中性，以便于处理处置。固体废物的中和处理是根据废物的酸碱性质、含量及废物的量与性状等特性，选择适宜的中和剂，确定其投加量和投加方式，并设计处理工艺与设备。对于酸性泥渣常用石灰石、石灰、氢氧化钠或碳酸钠等碱性物质作中和剂。对于碱性泥渣常用硫酸或盐酸作中和剂。中和剂的选择除应考虑废物的酸、碱性外，还要特别考虑到药剂的来源与处理费用等因素。在多数情况下，在同一地区往往既有产生酸性泥渣的企业，又有产生碱性泥渣的企业，在设计处理工艺时应尽量使酸、碱性泥渣互为中和剂，以达到最经济有效的中和处理效果。中和法的设备有罐式机械搅拌和池式人工搅拌两种。前者用于大规模的中和处理，后者用于少量泥渣的处理。

（二）氧化还原法

与废水处理中氧化还原法相似，通过氧化或还原化学处理，将固体废物中可以发生价态变化的某些有毒有害组分转化为无毒或低毒的化学性质稳定的组分，以便于资源化利用或无害化处置。一些变价元素的高价态离子，如 Cr^{6+}、Hg^{2+}、As^{5+} 等具有毒性，而其低价态离子 Cr^{3+}、Hg、As^{3+} 等则无毒或低毒。当废物中含有这些高价态离子时，在处置前必须用还原剂将它们还原为最有利于沉淀的低价态，以转变为无毒或低毒性，实现其稳定化。常用的还原剂有硫酸亚铁、硫代硫酸钠、亚硫酸氢钠、二氧化硫、煤炭、纸浆废液、锯木屑、谷壳等。

（三）化学沉淀法

在含有重金属污染物的废物中投加某些化学药剂，与污染物发生化学反应，形成难溶沉淀物的方法称为化学沉淀法。根据所用沉淀剂的种类不同，化学沉淀方法主要有氢氧化物沉淀法、硫化物沉淀法、硅酸盐沉淀法、碳酸盐沉淀法、共沉淀法、无机及有机螯合物沉淀法等。

1. 氢氧化物沉淀法

氢氧化物沉淀法是在废物中投加碱性物质，如石灰、氢氧化钠、碳酸钠等强碱性物质，与废物中的重金属离子发生化学反应，使其生成氢氧化物沉淀，而实现稳定化。金属氢氧化物的生成和存在状态与 pH 值直接相关。因此，采用氢氧化物沉淀法稳定化处理废物中的重金属离子时，调节好 pH 值是操作的重要条件，pH 值过低或过高都会使稳定化过程失败。只有将废物的 pH 值调至重金属离子具有最小溶解度的范围时才能实现其稳定化。此外，大部分固化基材，如硅酸盐水泥、石灰窑灰渣、硅酸钠等碱性物质在固化过程中也有调节 pH 值的作用，在固化废物的过程中可用石灰和一些黏土作为 pH 值缓冲剂。

2. 硫化物沉淀法

大多数金属硫化物的溶解度一般比其氢氧化物的要小得多，因此，采用硫化物沉淀法可使重金属的稳定化效果更好。在固体废物重金属稳定化技术中常用的硫化物沉淀剂有可溶性无机硫沉淀剂、不可溶性无机硫沉淀剂和有机硫沉淀剂。

（1）无机硫化物沉淀。除了氢氧化物沉淀外，无机硫化物沉淀可能是目前应用最广泛的一种重金属药剂稳定化方法。与前者相比，其优势在于大多数重金属硫化物在所有 pH 值下的溶解度都大大低于其氢氧化物。但是，为了防止 H_2S 的逸出和沉淀物的再溶解，仍需要将 pH 值保持在 8 以上。另外，由于易与硫离子反应的金属种类很多，硫化剂的添加量应根据所需达到的要求由实验确定，而且硫化剂应在固化基材的添加之前加入，这是因为废物中的钙、铁、镁等会与重金属争夺硫离子。

（2）有机硫化物沉淀。由于有机含硫化合物普遍具有较高的相对分子质量，因而与重金属形成的不可溶性沉淀具有相当好的工艺性能，易于沉降、脱水和过滤等操作，而且可以将废水或固体废物中的重金属浓度降至很低，并且适应的 pH 值范围也较大。这种稳定剂主要用于处理含汞废物和含重金属的粉尘（焚烧灰及飞灰等）。

3. 硅酸盐沉淀法

溶液中的重金属离子与硅酸根之间的反应并不是按单一的比例形成晶态的硅酸盐，而是生成一种可以看做由水合金属离子与二氧化硅或硅胶不同比例结合而成的混合物。这种硅酸盐沉淀在较宽的 pH 值范围内（2～11）有较低的溶解度。这种方法在实际处理中还没有得到广泛应用。

4. 碳酸盐沉淀法

一些重金属，如钡、镉、铅的碳酸盐的溶解度低于其氢氧化物，但碳酸盐沉淀法并没有得到广泛应用。因为当 pH 值低时，二氧化碳会逸出，即使最终的 pH 值很高，最终产物也只能是氢氧化物而不是碳酸盐沉淀。

5. 共沉淀法

在非铁二价重金属离子与 Fe^{2+} 共存的溶液中，投加等当量的碱调节 pH 值时，则发生反应：

$$xM^{2-} + (3-x)Fe^{2+} + 6(OH)^- \longrightarrow M_xFe_{3-x}(OH)_6$$

反应生成暗绿色的混合氢氧化物，再用空气氧化使之再溶解，反应为：

$$M_xFe_{3-x}(OH)_6 + O_2 \longrightarrow M_xFe_{3-x}O_4$$

经配合反应而生成黑色的尖晶石型化合物（铁氧体）$M_xFe_{3-x}O_4$。其中的三价铁离子和二价金属离子（包括二价铁离子）之比为 2:1，故可试以铁氧体的形式投加 Mn^{2+}、Zn^{2+}、Ni^{2+}、Mg^{2+}、Cu^{2+}。

例如，对于含 Cd^{2+} 的废水，可投加硫酸亚铁和氢氧化钠，并以空气氧化它们，这时 Cd^{2+} 就和 Fe^{2+}、Fe^{3+} 发生共沉淀而包含于铁氧体中，因而可被永久磁铁吸住，这就克服了氢氧化物胶体粒子难以过滤的问题。把 Cd^{2+} 集聚于铁氧体中，使之有可能被永久磁铁吸住，这就是共沉淀法捕集废物中 Cd^{2+} 的原理。

实际上，要去除可参与形成铁氧体的重金属离子，Fe^{2+} 的浓度不必那么高。但要去除 Sn^{2+}、Pb^{2+} 等较难去除的金属离子，Fe^{2+} 的浓度必须足够高。Fe^{3+} 会生成 $Fe(OH)_3$，同时 Fe^{2+} 也易被氧化为 $Fe(OH)_3$。在此过程中，重金属离子可被捕捉于 $Fe(OH)_3$ 沉淀的晶体内或被吸附于表面，因此，可得到比单纯的氢氧化物沉淀法更好的效果。研究结果表明，Fe^{2+} 与 Fe^{3+} 的比例在 1:1～1:2 时共沉淀的效果最好。另外，除了氢氧化铁外，其他沉淀物如碳酸钙也可以产生共沉淀。

6. 无机及有机螯合物沉淀法

螯合物是指多齿配体以两个或两个以上配位原子同时和一个中心原子配位所形成的具有环状结构的配合物。如乙二胺与 Cu^{2+} 反应得到的产物即为螯合物。若废物中含有配合剂，如磷酸酯、柠檬酸盐、葡萄糖酸、氨基己酸、EDTA 许多天然有机酸，它们将与重金属离子配位形成非常稳定的可溶性螯合物。由于这些螯合物不易发生化学反应，很难通过一般的方法去除。这个问题的解决办法有三种。（1）加入强氧化剂，在较高温度下破坏螯合物，使金属离子释放出来。（2）由于一些螯合物在高 pH 值条件下易被破坏，还可以用碱性的 Na_2S 去除重金属。（3）使用含有高分子有机硫稳定剂，由于它们与重金属形成更稳定的螯合物，因而可以从配合物中夺取重金属并进行沉淀。

螯环的形成使螯合物比相应的非螯合配合物具有更高的稳定性，这种效应称为螯合效应，对 Pb^{2+}、Cd^{2+}、Ag^+、Ni^{2+} 和 Cu^{2+} 等 5 种重金属离子都有非常好的捕集效果，去除率均达到 98% 以上。对 Co^{2+} 和 Cr^{3+} 的捕集效果较差，但去除率也在 85% 以上。稳定化处理效果优于无机硫沉淀剂 Na_2S 的处理效果，得到的产物比用 Na_2S 所得到的能在更宽的 pH 值范围内保持稳定，且从有效溶出量试验的结果来看，具有更高的长期稳定性。

（四）吸附技术

处理重金属废物的常用吸附剂有活性炭、黏土、金属氧化物（氧化铁、氧化镁、氧化铝等）、天然材料（锯末、沙、泥炭、沸石、软锰矿、磁铁矿、硫铁矿、磁黄铁矿等）、人工材料（飞灰、粉煤灰、高炉渣、活性氧化铝、有机聚合物等）。研究发现，一种吸附剂往往只对某一种或某几种污染物具有优良的吸附性能，而对其他污染成分则效果不佳。例如，活性炭对吸附有机物最有效，活性氧化铝对镍离子的吸附能力较强，而其他吸附剂对这种金属离子却表现出无能为力。

（五）离子交换技术

最常见的离子交换剂是有机离子交换树脂、天然或人工合成的沸石、硅胶等。用有机树脂和其他的人工合成材料去除水中的重金属离子通常是非常昂贵的，而且和吸附一样，这种方法一般只适用于给水和废水处理。另外，还需注意的是，离子交换与吸附都是可逆的过程，如果逆反应发生的条件得到满足，污染物将会重新逸出。

（六）再结晶技术

化学组成相同而处于不同物态下的物质，其物理和化学的稳定性是不同的，其中以晶体最为稳定。这是由于晶体在适宜的物理化学环境下结晶而成，内部质点在三维空间均成周期性重复的规则排列，质点间的引力和斥力处于平衡状态，其内能最小，晶体结构不易被破坏，原子不易溶出释放。

固体废物往往是在工业生产的末端排放的废渣，此时的温度、压力、组分浓度、介质酸碱度和氧化还原电位等因素难以满足化合物或物相形成稳定晶体的物理化学条件。另外，介质一般处于雷诺数较大的紊流状态，结晶时间短，形成的晶核多，晶格中原子不能达到严格的规则排列，晶粒微细，晶体构造不完整，内能大，即废物结晶程度差，化学活性高，原子易于溶出。对于含有有毒有害组分的废物，经一般的稳定化 – 固化处理后，有害组分仍易于溶出释放，难以达到低溶性、低迁移性和低毒性的目的，即稳定性差，经常规处理处置后仍可能造成二次污染。因此，这类废物必须进行高温煅烧再结晶稳定化处理。将结晶程度较差的固体废物，主要是工业废渣，进行高温煅烧，在一定的温度影响下使废物中的内部质点在固态条件下经历扩散、调整的过程，在三维空间形成规则排列，增强原子间键力，减小晶胞尺寸，结晶粒子间更加致密化，晶粒变粗，减少表面积，相应地减少表面能，从而达到稳定化。

例如，某有色金属冶炼厂排放的含砷污泥中砷的含量为 2.62% ~ 3.43%，按"《固体废物浸出毒性浸出方法——水平振荡法》（GB 508602—1997）"进行浸出试验，浸出液中砷的含量为 76.94mg/L。将此砷渣分别在不同温度下进行煅烧处理 2h。热处理前后的砷渣按相同的物料配比、成型方式、养护制度进行标准化固化处理，测定养护 28 天的试块的抗压强度和浸出率（按 GB 508602—1997 方法进行），结果列于表 5 - 1。

表 5 - 1　某有色金属冶炼厂砷渣固化体的抗压强度和浸出率

固化试块	未煅烧	500℃	600℃	700℃	800℃
抗压强度/MPa	18.9	18.0	19.0	39.0	42.1
浸出液中 As 的含量/mg·L^{-1}	0.813	0.072	0.059	0.031	0.024

由表 5 - 1 可以看出，随着煅烧温度的升高，试块的抗压强度明显提高，浸出液中砷的含量明显降低。试验表明，固体废物经高温煅烧后，大大提高了含有有毒有害组分物相的结晶度，明显降低化学活性，有利于降低有害组分的溶解性、迁移性和固化体的低毒性，并显示出固化体的强度越高，有害组分浸出率越低的规律。必须指出，不同种类的固体废物，煅烧温度也不同，最佳煅烧温度必须经煅烧试验而确定。对于含砷酸钙、亚砷酸钙和砷酸铁的废渣，煅烧温度以 700~800℃ 为宜，既达到再结晶稳定化，又合理地消耗能源。

可以大规模应用的重金属稳定化的方法是比较有限的，但由于重金属在危险废物中存在形态的千差万别，具体到某一种废物，需根据所要达到的处理效果对处理方法和实施工艺进行有根据的选择并加强研究。

二、有机污染物的氧化解毒技术

向废物中投加某种强氧化剂，可以将有机污染物转化为 CO_2 和 H_2O，或转化为毒性很小的中间有机物，以达到稳定化目的。所产生的中间有机物可以用生物方法进一步处理。用化学氧化法处理危险废物，可以破坏多种有机分子，包括含氯的挥发性有机物、硫醇、酚类以及某些无机化合物，如氰化物等。常用的氧化剂有臭氧、过氧化氢、氯气、漂白粉等。使用臭氧和过氧化氢处理含氯挥发性有机物时，经常用紫外线来加速氧化过程。氧化反应仅取决于氧化 – 还原电位，与参与反应的物质的性质无关，因而当废物中同时存在多种有机污染物，且各自的浓度较低时，采用氧化解毒稳定化是很经济的。

对于液态废物，如高浓度废水或危险废物填埋场浸出液的氧化过程，可利用槽式反应器或柱塞流反应器进行，氧化剂可以在含污染物的废水流入反应器之前加入废水中，也可以按计量直接加入槽中。在这两种情况下，废水与氧化剂都必须充分混合以保证两者有足够充分的接触时间以充分利用药剂。

（一）臭氧氧化解毒

臭氧是利用电能将大气中的氧分子分裂为两个自由基，而每个自由基再和一个氧分子结合成一个臭氧分子。由于臭氧具有很高的自由能，是一种强氧化剂，与有机物的反应可以进行得相当完全，它甚至可以嵌入到苯环中破坏其双键并氧化醇类，产生醛和酮。臭氧可以和很多种有机物发生反应，如臭氧与乙醇反应时生成有机酸：

$$3RCH_2OH + 2O_3 \longrightarrow 3RCOOH + 3H_2O$$

用臭氧处理氰化物时发生下列反应：

$$NaCN + O_3 \longrightarrow NaCNO + O_2$$

当反应的同时用紫外线照射时，可以大大缩短反应时间。臭氧与紫外线结合处理有机物时发生下列反应：

$$CH_3CHO + O_3 \longrightarrow CH_3COOH + O_2$$

用臭氧处理有机污染物的主要缺点是费用高，因为理论上每千瓦小时电力可生产1058g臭氧，实际上仅能生产150g左右。另外，臭氧在大气中极易自行解离为氧气，由于这种解离作用可以与废物处理过程中发生的任何氧化反应相竞争，因此臭氧必须在处理现场生产并立即使用。

（二）过氧化氢氧化解毒

过氧化氢处理固体废物中的有机污染物时，其作用机理与臭氧相似，当存在铁作为催化剂时，反应也产生自由基 OH·。此自由基与有机物反应后产生一个活性有机基团 R·：

$$OH\cdot + RH \longrightarrow R\cdot + H_2O$$

此有机基团可以再次与过氧化氢反应生成另一个羟基自由基：

$$R\cdot + H_2O_2 \longrightarrow OH\cdot + ROH$$

用过氧化氢处理氰化物时发生下列反应：

$$NaCN + H_2O_2 \longrightarrow NaCNO + H_2O$$

用过氧化氢处理硫化物时发生下列反应：

$$H_2S + H_2O_2 \longrightarrow S + 2H_2O$$

$$S + H_2O_2 \longrightarrow SO_4^{2-} + 4H_2O$$

当过氧化氢结合紫外线处理有机物时发生下列反应：

$$CH_2Cl_2 + 2H_2O_2 \longrightarrow CO_2 + 2H_2O + 2HCl$$

过氧化氢通常以35%~50%浓度的水溶液形式保存，当和紫外线结合使用时，可以极大地减小反应设备的容量，所需紫外线的功率约为每升500W。

用过氧化氢在现场处理被五氯酚污染的土壤是很有效的，可以使99.9%的五氯酚得到降解，并可有效地去除总有机碳。

（三）氯氧化解毒

在废物处理中经常使用氯和氯的化合物，如漂白粉（$Ca(OCl)_2$）作为氧化剂。如果废物是液态的，则可以将氯气直接通入其中发生水解反应生成次氯酸：

$$Cl_2 + H_2O \longrightarrow HOCl + H^+ + Cl^-$$

次氯酸 HOCl 是一种弱酸，又进而在瞬间离解：

$$HOCl \longrightarrow H^+ + OCl^-$$

很明显，这个离解过程的进行与 pH 值密切相关，当 pH 值增高时，氧化能力也提高。在 pH 值高于7.5时，OCl^- 则为主要存在形式。

用氯的氧化作用来破坏剧毒的氰化物是一种经典方法，在处理过程中发生一系列化学反应。首先，在碱性条件下，氯与氰化物反应生成毒性较小的氰酸盐：

$$CN^- + OCl^- \longrightarrow CNO^- + Cl^-$$

此反应必须在 pH 值大于10的条件下进行，以防止生成有毒气体氯化氰：

$$NaCN + Cl_2 \longrightarrow CNCl + NaCl$$

在碱性条件下，氯化氰会进一步反应转化成氰酸钠：

$$CNCl + 2NaOH \longrightarrow NaCNO + H_2O + NaCl$$

然后氰酸钠进一步与氯和碱发生反应而最终被破坏：

$$2NaCNO + 3Cl_2 + 4NaOH \longrightarrow N_2 + 2CO_2 + 6NaCl + 2H_2O$$

在实际应用过程中必须加入过量的氯，以防止产生有毒的氯化氰。

第二节 固体废物的化学浸出处理

化学浸出是用适当的溶剂与废物作用，选择性地溶解废物中的某种目的组分，使该组分进入溶液中而达到与其他物相分离的工艺过程。因此，浸出过程是个提取和分离目的组分的过程。

一、浸出方法

固体废物的化学浸出方法通常根据浸出药剂的种类不同，而分为酸浸、碱浸、盐浸和水浸等方法。

（一）酸性溶剂浸出

酸浸是固体废弃物浸出中应用最广泛的一种浸出方法，常用的浸出剂有硫酸、亚硫酸、盐酸、硝酸、王水和氢氟酸等。

硫酸价格低、挥发性小、沸点高、不易分解，在常压下可以采用较高的浸出温度以强化浸出过程，故硫酸广泛用作浸出剂。盐酸为非含氧酸，反应能力强于硫酸，能与多种金属氧化物和硫化物作用生成可溶性氯化物，还可浸出某些硫酸不能浸出的含氧酸盐类物质，但价格贵、挥发性强、防腐要求高、劳动条件也差。硝酸浸出反应能力很强，但通常不单独作浸出剂，只作为浸出过程的氧化剂。

若废物中某种组分可经酸溶进入溶液时就可采用酸浸方法进行提取或去除分离。酸浸有简单酸浸、氧化酸浸和还原酸浸三种方法。

（1）简单酸浸法。该法适用于浸出某些易被酸分解的简单金属氧化物，金属含氧盐和少数金属硫化物中的有价金属。大部分金属的简单氧化物、金属的铁氧化物、砷酸盐和硅酸盐都可简单酸浸，但前者最易被简单酸浸。大部分金属硫化物难以简单酸浸，只有 FeS、$\alpha - NiS$、CoS、MnS 和 Ni_3S_2 等能简单酸浸。

简单酸浸是从含铜废物中回收金属铜的重要方法。但是，氧化铜矿物（赤铜矿 Cu_2O、黑铜矿 CuO）需要氧化剂的参与才能完全被酸浸出；而黄铜矿（$CuFeS_2$）和自然铜即使加入氧化剂也难以浸出，宜用氧化酸浸或其他浸出方法；其他的含铜矿物如孔雀石、蓝铜矿等铜的碳酸盐等均易于被稀酸浸出。

（2）氧化酸浸法。大多数金属硫化物在酸性溶液中相当稳定，不易简单酸浸。但在有氧化剂存在时，几乎所有的金属硫化物在酸液或碱液中均能被氧化分解而浸出，其氧化分解反应为：

$$MeS + H^+ + 氧化剂 \xrightarrow{\text{氧化酸浸}} Me^{2+} + S^0 \text{ 或 } SO_4^{2-}$$

常压氧化酸浸时常用的氧化剂有 Fe^{3+}、Cl_2、O_2、$NaClO$、HNO_3、MnO_2 和 H_2O_2 等。通过控制酸和氧化剂的用量、pH 值和电位，使硫化物中的金属组分呈离子形式转入浸液中，硫则氧化为单质硫或硫酸根。氧化酸浸还常用于浸出某些低价金属化合物，使其中的低价金属氧化成高价金属离子转入酸液中，另外，热的浓硫酸是强氧化酸，可将大部分金属氧化物转变为相应的硫酸盐，其反应过程为：

$$MeS + 2H_2SO_4 \xrightarrow{\Delta} MeSO_4 + SO_2 + S + 2H_2O$$

（3）还原酸浸法。有色金属冶金渣，如镍渣、钴渣和锰渣等常会有变价金属的高价金属氧化物和氢氧化物，可用还原酸浸出其中的高价离子。常用的还原剂有金属铁、Fe^{2+}、SO_2 等。还原酸浸反应过程为：

$$变价金属的高价氧化物和氢氧化物 + H^+ + 还原剂 \xrightarrow{还原酸浸} Me^{n+} + H_2O$$

（二）碱性溶液浸出

碱液的浸出能力一般比酸液弱，对设备的腐蚀性弱且浸出选择性好，可获得较纯的浸液。常用的碱浸药剂主要有碳酸铵和氨水、碳酸钠、氢氧化钠和硫化钠等。

（1）氨浸法。Cu、Co、Ni 能与氨生成稳定的可溶性配合物，扩大了 Cu、Co、Ni 离子在溶液中的稳定区，降低了 Cu、Co、Ni 的还原电位，易于转入浸液中，而其他金属或不生成配合物或只生成不稳定的配合物。因此含 Cu、Co、Ni 金属及其氧化物的废液适合氨浸回收，且对设备腐蚀性小。常压氨浸对 Cu、Co、Ni 的氧化物浸出选择性高，可获得相当纯的浸出液，但对其硫化物浸出效果较差。若废物中 Cu、Co、Ni 硫化物含量较少，则可用高压氧化氨浸法提高 Cu、Co、Ni 硫化物的浸出率。工业生产中往往采用 NH_4OH 和 $(NH_4)_2CO_3$ 混合液作浸出剂，浸出液经固液分离得到的含铜氨浸液进行蒸馏沉淀析出氧化铜，NH_3 和 CO_2 经冷凝吸收得到的 NH_4OH 和 $(NH_4)_2CO_3$ 返回浸出作业再利用。

（2）碳酸钠浸出液。碳酸钠溶液代替酸浸出可以减少酸浸剂的消耗、提高浸出选择性、对设备的腐蚀性小。目前，该法主要用于浸出某些含钨废料，辉钼矿氧化焙烧渣，含磷、钒等废物，生成可溶性的钨酸钠盐类化合物。

（3）氢氧化钠浸出法。氢氧化钠是强碱，常作为生产氧化铝的主要浸出剂，对于含硅高的固体废弃物中有用组分 Pb、Zn、W、Al 等也常用该浸出法。

（4）硫化钠浸出法。硫化钠可分解 As、Sb、Sn 和 Hg 等的硫化物，生成可溶性的硫代酸盐转入浸液中，从而回收相应废物中的 As、Sb、Sn、Hg 等有用组分。在实际生产过程中常用 Na_2S 和 $NaOH$ 混合液作为浸出剂，以防止 Na_2S 水解，提高浸出率。

（三）中性溶液浸出

中性浸出剂是水和盐，常用的盐浸剂有 $NaCl$、$Fe_2(SO_4)_3$、$FeCl_3$、$CuCl_2$、$NaClO$、KCN 和 $NaCN$ 等。当含硫化铜的废物经硫酸化焙烧后生成的可溶性固体 $CuSO_4$ 即可用水浸出；当废物中含有铌铁矿时，将其与 $NaOH$ 一起进行焙烧后，生成 Na_5NbO_5，可用水浸生成含水的铌酸钠。

当废物中含某些重金属及其硫化物时可用 $FeCl_3$ 和 $Fe_2(SO_4)_3$ 浸出。在实际生产中，为了提高浸出率和防止液相中盐类水解，往往将其调成酸性。如废物中含有铜屑，则可用 $FeCl_3$ 浸出；当废物中含有 NiS 时可用 $Fe_2(SO_4)_3$ 浸出；对于含 Pb 废物可用 $NaCl$ 浸出。

氯化铜与高价铁盐相似，也是浸出含金属硫化物（PbS、ZnS、FeS_2、Cu_2S、$CuFeS_2$

等）废物的良好氧化剂，可以用氯化铜溶液浸出其中的重金属，难以被高价铁盐和氯化铜浸出的金属硫化物（如 MoS_2 等）可用次氯酸钠 NaClO 等强氧化溶液浸出。当 NaCN 浓度为 0.03% ~ 0.15% 时，Au 的溶解速度最高，浸出也较彻底；但当 NaCN 浓度大于 0.2% 时，Au 的溶解速度反而下降，其浸出反应如下：

$$2Au + 4NaCN + H_2O + 1/2O_2 \longrightarrow 2NaAu(CN)_2 + 2NaOH$$

由于反应过程中生成 NaOH，浸液总是呈碱性。因此，NaCN 浸出可归入碱性浸出，但其浸出剂 NaCN 是盐。

二、浸出工艺

固体废物的浸出处理工艺按浸出过程中废物的运动方式可分为渗滤浸出和搅拌浸出两种。固体废物在浸出前需进行粉磨处理，粒径应小于 0.3mm，以充分暴露废物中的目的组分，提高浸出效果。粉碎后的废物可直接浸出，也可焙烧后再浸出。

渗滤浸出是浸出剂溶液在重力作用下自上而下或在压力作用下自下而上地通过固定废物料层的浸出过程。该工艺适用于大规模矿业废物，如尾矿和废石的浸出，一般采用间歇式操作制度，其中包括就地浸出、堆浸和槽（池）浸三种方法。就地浸出是对已堆存多年的废物堆原地不动地进行浸出。若堆积场底部渗漏则需重新选择不渗漏的自然或人工防渗场地进行堆浸或池浸。

搅拌浸出是将磨细的废物与浸出剂置于搅拌槽中，在机械、空气或两者联合搅拌下同时流动而连续的浸出过程。该工艺适用于各种冶金、化工废渣的浸出。搅拌浸出具有浸出速度快、浸出率高、生产能力大、连续方便等优点。浆料搅拌有常压和高压操作之分，高压浸出设备是高压釜。浸出系统由数个浸出槽组成，浆料逆向连续通过各浸出槽多段浸出（图 5-1），以提高浸出效果。机械搅拌和高压釜可采用化工生产类似设备。

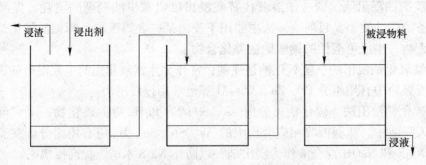

图 5-1　多段逆流浸出工艺流程

图 5-2 所示为用连续二硫酸钙（$Ca_2S_2O_6$）浸出含锰、锌多金属废渣的工艺流程，可回收 Mn、Zn、Ag、Pb 等金属组分。

该工艺流程的主要包括浸出、转化、沉锰和煅烧等作业。

（1）浸出作业。通入的 SO_2 气体与锰作用生成硫酸锰及部分连二硫酸锰。

$$SO_2 + H_2O + 1/2O_2 = H_2SO_4 + 229kJ$$
$$SO_2 + H_2O + 1/2O_2 = H_2SO_4 + 517kJ$$
$$MnO_2 + SO_2 = MnSO_4 + 224kJ$$
$$2MnO + 2SO_2 + O_2 = 2MnSO_4$$

$$Mn_3O_4 + 2SO_2 + 2H_2SO_4 \Longrightarrow 2MnSO_4 + MnS_2O_6 + 2H_2O$$

（2）转化作业。在空气中和除铁后富含 $MnSO_4$ 的滤液中加入 CaS_2O_6。发生以下反应：

$$MnSO_4 + CaS_2O_6 + 6H_2O \Longrightarrow MnS_2O_6 \cdot 6H_2O + CaSO_4 \downarrow -225kJ$$

由于 $MnSO_4$ 浓度高而纯净，反应相当完全。生成的 MnS_2O_6 纯度很高，过滤后可得到洁白的合成石膏，这不但可将通用流程中沉淀于浸渣中的 CaS_2O_6 分离成单一副产品，而且使浸渣量大大减少，有利于浸渣综合利用。

（3）沉锰作业。在滤除了 $CaSO_4$ 后富含 MnS_2O_6 的溶液中加入石灰乳。

$$MnS_2O_6 + Ca(OH)_2 \Longrightarrow Mn(OH)_2 \downarrow + CaS_2O_6$$

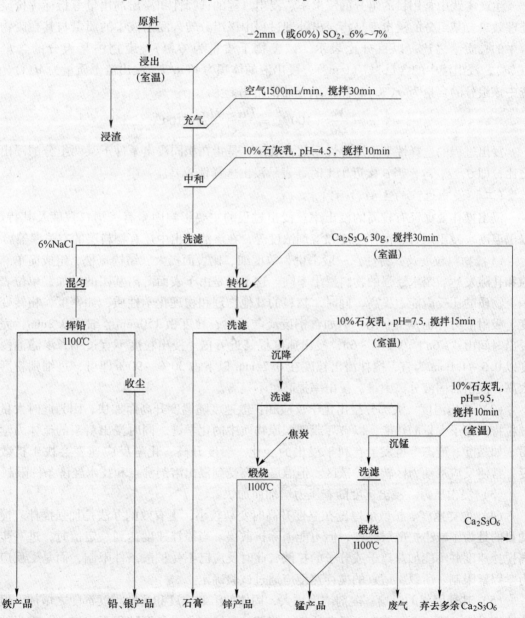

图 5-2　含锰、锌渣溶剂浸出工艺流程

生成的 CaS_2O_6 除循环用量之外，还有所积累。

（4）煅烧作业。过滤得到的 $Mn(OH)_2$ 经高温煅烧，得到氧化亚锰。

$$Mn(OH)_2 \xrightarrow{1100℃} Mn_3O_4 + H_2O \uparrow$$

浸出过称为放热反应，转化过程为吸热反应，实践表明一年四季均不需控制温度。

三、浸出效果的评价及影响因素

（一）浸出效果的评价

生产实践中常用目的组分的浸出率、浸出过程的选择性和浸出剂用量等指标评价浸出处理效果。某组分的浸出率是指浸出处理过程中该组分转入浸出液中的质量与其在废物原料中的总质量之比，以百分比表示。该废物干质量为 $Q(t)$，废物中某组分的含量为 $\alpha(\%)$，浸出液中的含量为 $C(t/m^3)$，浸出液的体积为 $V(m^3)$，浸出渣干质量为 $M(t)$，浸渣中该组分的含量为 $\sigma(\%)$，则该组分的浸出率 ε 为：

$$\varepsilon = \frac{Vc}{Q\alpha} \times 100\% = \frac{Q\alpha - M\sigma}{Q\alpha} \times 100\%$$

浸出过程的选择性常用选择性系数 β 表示，是指在相同浸出条件下某两组分的浸出率之比，即 $\beta = \varepsilon_1 / \varepsilon_2$，当 β 接近于 1 时，表示浸出选择性较差。

（二）浸出过程的主要影响因素

浸出操作要保证有较高的浸出率。浸出过程的主要影响因素有：物料粒度及其特性、浸出温度、浸出压力、搅拌速度和溶剂浓度等，在渗滤浸出中还有物料层的空隙率等。

（1）物料粒度及其特性。一般来讲，粒度细、比表面极大、结构疏松、组成简单、裂隙和孔隙发达、亲水性强的物料浸出率高。这不仅是由于表面游离基团的增加，单位表面积上物质的比反应能力提高，同时，物料的其他物理和物理化学性质，如密度、相转变温度、吸附能力等也发生变化。例如含铜废渣酸浸时，粒度由 150mm 磨细到 0.2mm，完全浸出时间由 4~6a 减少到 4~6h，浸出速度提高近万倍。浸出粒度不宜过细，渗滤池浸粒度以 0.5~1.0cm 为宜，搅拌浸出粒度在 0.74mm 以下占 30%~90% 即可，过细则粉磨费太高，浸出后固液分离困难，浸出率提高也不显著。

（2）浸出温度。大部分浸出化学反应和扩散速度随温度升高而加快，因为此时大量的颗粒将积存了大量的热能，以破坏或削弱原物质中的化学键，同时浸出料浆的流体力学性质，如黏度、流态等也发生有利于浸出的变化。温度升高，化学反应速度会快于扩散速度，常使反应从动力区转入扩散区。但温度升高受到浸出溶剂沸点和技术经济条件限制。

（3）浸出压力。浸出速度随着压力增加而加快。

（4）搅拌速度。扩散层厚度在温度升高时变动较小，更有效的办法是加强搅拌。搅拌的目的是为了减小扩散层厚度，但不能消除扩散层。当搅拌速度达到一定值时，进一步提高搅拌速度并不能加速离子或分子的扩散，此时反应已不受扩散条件限制，而是受反应动力学因素限制。所以，适宜的搅拌速度应通过试验确定。

（5）其他因素的影响。溶剂浓度增大，固体的溶解速度和溶解程度都随之增加，但溶剂浓度过高，不仅不经济，而且杂质进入溶液的量增多，设备腐蚀程度也增大。恰当的溶剂浓度应通过试验确定。固液比是溶解条件重要特征，在浸出一定的固体物质时，固液比小，溶剂的绝对量增加，黏度下降（对微细颗粒和胶粒，若存在絮凝条件，则不利于浸出）。固液比应通过试验求得。浸出料浆中的氧分压具有很大意义，升高温度会使氧溶解度减小。料浆中气体可以加强溶解氧的化学作用，也会促进或阻碍固体物质被水润湿的程度，因此必须充分注意。

第三节　固体废物的固化处理

废物的固化处理是用固化剂将废物固定或包容在固体基材中，使之呈现化学稳定性或密封性的无害化处理方法。固化技术已广泛用于处理电镀污泥、铬渣、砷渣、汞渣、含重金属的粉尘、焚烧灰及飞灰等废物。固化处理机理十分复杂，仍待进一步深入研究，其主要是将危险废物包容在惰性基体中，使其转变为不可流动的固体或形成紧密固体的过程；有些固化技术则是将有毒有害物质通过化学作用引入某种晶体的晶格中；有些固化过程则是两者兼有。固化技术按所用固化剂的不同，可分为水泥固化、沥青固化、塑料固化、玻璃固化、自胶结固化和石灰固化等。目前没有一种适用于处理所有固体废物的最佳固化方法，比较成熟的固化方法往往只适于处理一种或某几种废物。

一、固化处理的基本要求与评价指标

固化处理的基本要求与评价指标如下：

（1）所得到的产品应是一种密实的、具有一定几何形状和良好物理性能、化学性质稳定的固体，且最好能作为资源加以利用，如作为建筑基础和铺路材料等。

（2）处理过程简单，便于操作，且应有有效措施减少有毒有害物质的逸出，避免工作场所和环境的污染。

（3）最终产品的体积尽可能小于掺入的固体废物的体积。

（4）最终产品用水或其他指定溶剂浸提时，有毒有害物质的浸出量不能超过容许水平或浸出毒性指标。

（5）稳定剂及固化剂来源丰富，价廉易得，处理费用低廉。

（6）对于处理放射性废物产生的固化体，还应有较好的导热性和热稳定性，以便用适当的冷却方法就可以防止放射性衰变热使固化体温度升高而产生自熔化现象，同时还应具有较好的耐热辐射稳定性。

当然，以上要求多为原则性的，实际上没有一种处理方法和最终产品可以完全满足这些要求，但若其综合效果较好，在实际中就可得到应用和发展。

固化处理效果常用浸出率、增容比、抗压强度等物理、化学指标予以评价。

（1）浸出率指固化体浸于水或其他溶液中时有毒物质的浸出量。因为危险废物固化处理的根本目的是为了减少它在贮存或填埋处置过程中污染环境的潜在危害性，而废物污染扩散的主要途径是有毒有害物质溶解进入地表或地下水环境中，因此，浸出率是评价固化处理效果和固化体性能的一项重要指标。了解浸出率有助于对不同处理方法和工艺条件进行比较、改进或选择；也有利于估计各种类型固化体在贮存或运输条件下与水接触所产生的危险性。

（2）增容比是指所形成的固化体体积与被固化固体废物体积的比值，它是鉴别处理方法好坏和衡量最终成本的一项重要指标。

（3）抗压强度是保证固化体安全贮存的重要指标。对于一般的危险废物，经固化处理后得到的固化体，若进行处置或装桶贮存，对抗压强度要求较低，控制在 0.1～0.5MPa 即可；若用作建筑材料，则对其抗压强度要求较高，应大于 10MPa。对于放射性废物，其固化产品的抗压强度，前苏联要求大于 5MPa，英国要求达到 20MPa。一般情况下，固化体的强度越高，其中有毒有害组分的浸出率也越低。固化体抗压强度的测定通常按建筑材料的标准方法进行。

二、水泥固化技术

水泥是一种无机胶凝材料，当它与适量水拌和后将形成塑性流动的浆体，既可在空气中硬化，又可在水中硬化，并将砂、石等骨料牢固地胶结在一起。因此固体废物固化处理常用水泥作固化剂，最常用的是硅酸盐水泥和普通硅酸盐水泥。按用途和性能，水泥可分为通用水泥、专用水泥和特性水泥三种。通用水泥是用于土木建筑工程的硅酸盐类水泥，主要由硅酸盐水泥熟料、适量石膏和混合材（高炉渣、粉煤灰、火山灰物质等）磨细而成。按掺入的混合材的种类及数量，通用水泥可分为硅酸盐水泥、普通硅酸盐水泥、矿渣硅酸盐水泥、粉煤灰硅酸盐水泥和火山灰质硅酸盐水泥等。硅酸盐熟料是以石灰石、黏土和铁粉等原料按一定配比经粉磨、高温煅烧（约 1400℃）至部分熔融、冷却而成，其主要物相有 $3CaO \cdot SiO_2$（约 50%）、$2CaO \cdot SiO_2$（约 20%）、$3CaO \cdot Al_2O_3$（约 10%）、$4CaO \cdot Al_2O_3 \cdot Fe_2O_3$（约 8%）和少量玻璃体。硅酸盐水泥是由熟料、适量石膏和小于 5% 的石灰石或高炉渣混合细磨而成。普通硅酸盐水泥是由熟料、适量石膏和 6%～15% 的混合材混合细磨而成。因此，硅酸盐类水泥可以看成是以硅酸钙为主（>70%）的胶凝材料。

（一）硅酸盐水泥的固化过程

硅酸盐水泥与适量水拌和后，各种熟料矿物均与水发生水化作用生成各种水化产物，各水化产物间又发生相互作用。因此水化过程是一个复杂的物理、化学和物理化学过程，硅酸钙水解析出大量 $Ca(OH)_2$ 使浆体的 pH 值增高，并伴随有浆体放热，水泥石体积变化和机械强度增长等作用。硅酸盐水泥的水化产物主要是水化硅酸钙凝胶（CSH）、$Ca(OH)_2$ 和少量水化硫铝（铁）酸钙及水化铝（铁）酸钙等。水化硅酸钙凝胶为纤维状、针柱状微晶，从各熟料颗粒上向外伸展，逐渐形成连续的网状结构，填充于水泥颗粒及砂、石骨料颗粒之间，把它们黏结成水泥石固化体，并使水泥石强度不断提高。由于水泥浆体的 pH 值很高，使得几乎所有的重金属形成难溶的氢氧化物或碳酸盐沉淀而被固定包埋在水泥石中。有些重金属离子也可能进入某种水化产物的晶格中，从而有效地防止重金属离子的浸出。有机物对水化过程有干扰作用，使凝结时间延长，稳定化过程变得困难，使固化体最终强度减小。因此，在水泥固化过程中，为了改善固化条件，提高固化体的质量，常掺入适宜的添加剂。常用的添加剂有吸附剂，如活性氧化铝、黏土、蛭石等；缓凝剂，如酒石酸、柠檬酸、硼酸盐等；促凝剂，如水玻璃、铝酸钠、碳酸钠等；减水剂，如表面活性剂等。

水泥固化适用的范围较广，可用于处理轻水堆核电站的浓缩废液、废离子交换树脂和滤渣等放射性废物；还可固化电镀污泥、汞渣、铅渣、砷渣等含重金属的废物和其他各类复杂的废物，如多氯联苯、油和油泥、氯乙烯、二氯乙烷、多种树脂、塑料、石棉和硫化物等。

（二）水泥固化的工艺条件

水泥固化工艺较为简单，通常是将危险废物、水泥和其他添加剂一起与水混合，经过一定的养护时间形成坚硬的固化体。影响水泥固化的因素很多，主要有下列四种：

（1）pH 值。pH 值对含重金属污染物的危险废物固化处理效果有较大影响。大部分金属离子的溶解度与 pH 值有关。当 pH 值较高时，许多金属离子将形成氢氧化物沉淀，而且 pH 值高时，水中的碳酸根浓度也较高，有利于生成碳酸盐沉淀。但是，pH 值过高时，会形成带负电荷的羟基配合物，溶解度反而升高，不利于金属离子的固定。例如，当 pH >9 时，Cu 形成 $Cu(OH)_3^-$ 和 $Cu(OH)_4^{2-}$ 配合物，溶解度增加，当 pH <9 时，则形成 $Cu(OH)_2$ 沉淀。许多金属离子都有相似性质，如 Pb 当 pH >9.3 时，Zn 当 pH >9.2 时，Cd 当 pH >11.1 时，Ni 当 pH >10.2 时，都会形成金属配合物，造成溶解度增加。

（2）水、水泥和废物的比例。水分过少，则无法保证水泥的充分水合作用；水分过多，则会出现泌水现象，影响固化体的强度。水泥与废物之间的比例应通过试验方法确定，主要是因为在废物中往往存在妨碍水合作用的成分，它们的干扰程度是难以估计的。

（3）凝固时间。为确保水泥废物混合浆料能够在混合以后有足够的时间进行输送、装桶或者浇注，必须适当控制初凝和终凝的时间。通常设置初凝时间大于 2h，终凝时间在 48h 以内。凝结时间可通过添加促凝剂（偏铝酸钠、氯化钙、氢氧化铁等无机盐）、缓凝剂（有机物、泥沙、硼酸钠等）来控制。

（4）添加剂。为使固化体达到良好的性能，还经常加入其他成分，如当废物含有大量硫酸盐时，可用高炉渣水泥作固化剂，再加入适量的沸石或蛭石，消耗一定的硫酸或硫酸根，避免因生成水化硫酸铝钙而导致固化体的膨胀和破裂，蛭石还起到骨料和吸水剂的作用。

（三）混合方法及设备

水泥固化的混合方法需根据待处理废物的种类、性质、数量和固化体的最终处置方法而定，主要有外部混合法、容器内混合法和注入法三种。

（1）外部混合法。外部混合法是将废物、水泥、添加剂和水在单独的混合器中进行混合，经过充分搅拌后再注入处置容器中（图 5-3）。该法需要设备较少，可以充分利用处置容器的容积；但在搅拌混合以后的混合器需要洗涤，不但耗费人力，还会产生一定数量的洗涤废水。

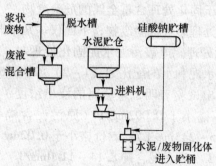

图 5-3　外部混合法示意图

（2）容器内混合法。容器内混合法是直接在最终处置使用的容器内进行混合，然后用可移动的搅拌装置混合（图5-4）。其优点是不产生二次污染物。但由于处置所用的容器体积有限，充分搅拌困难，且要留出一定的无效空间；大规模应用时，操作的控制也较为困难。该法适于处置危害性大但数量不太多的废物，如放射性废物。

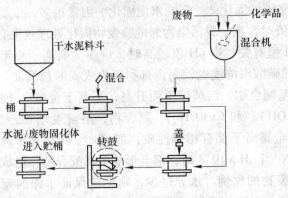

图5-4　容器内混合法示意图

（3）注入法。对于原来的粒度较大或粒度十分不均匀、不便进行搅拌的固体废物，可以先把废物放入桶内，然后再将制备好的水泥浆料注入，如果需要处理液态废物，也可以同时将废物注入。为了混合均匀，可以将容器密闭后放置在以滚动或摆动方式运动的台架上进行振动混合。但应该注意到，有时物料在拌和过程中会产生气体或放热，导致容器的压力增高。此外，为了达到混匀的效果，容器不能完全充满。注入法的优点是钢桶本身就是处置容器，一般不需要清洗，保养也容易，不需要借助外力搅拌混合。其缺点是难以得到均匀的固化体，固化体的强度低。

水泥固化的设备比较简单，种类也比较多，可根据混合方法进行选择。水泥固化设备操作也比较方便，可进行间歇式操作，也可进行连续化生产。除固化处理放射性废物时需要屏蔽防护和远距离操作外，在固化其他危险废物时一般可以近距离操作；但在处理挥发性废物以及在混合过程中可能释放出有毒气体的废物时，需要配备排气系统。

（四）水泥固化法的应用

水泥固化是一种比较成熟的危险废物处理方法，它具有工艺、设备简单，操作方便、材料来源广、价格便宜，固化体强度高等优点，因此被世界许多国家所采用。除用来固化低、中放废物外，还广泛用于固化处理含重金属的危险废物。

利用水泥固化方法可以处理多种危险废物，下面仅举几个典型实例。

（1）电镀污泥水泥固化处理。电镀污泥水泥固化处理时，采用400～500号硅酸盐水泥为固化剂。电镀干污泥、水泥和水的配比为（1～2）:20:（6～10）。其水泥固化体的抗压强度可达10～20MPa。浸出试验表明，重金属的浸出浓度：汞小于0.0002mg/L（原污泥含汞0.13～1.25mg/L）；镉小于0.002mg/L（原污泥含镉1.0～80.6mg/L）；铅小于0.002mg/L（原污泥含铅165～243mg/L）；六价铬小于0.02mg/L（原污泥含六价铬0.3～0.4mg/L）；砷小于0.01mg/L（原污泥含砷8.14～11.0mg/L）。电镀污泥水泥固化处理工艺流程如图5-5所示。

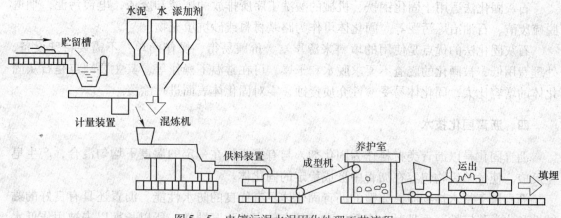

图 5 - 5　电镀污泥水泥固化处理工艺流程

（2）含汞泥渣的水泥固化处理。汞渣水泥固化处理时，汞渣与水泥的配比为 1: (3 ~ 8)，加水混合均匀后送入模具振捣成型，然后再送入蒸汽养护室，在 60 ~ 70℃下养护 24h，凝结硬化即形成固化体，可作深埋处置。

（五）水泥固化法的特点

水泥固化法的主要优点是设备和工艺过程简单，设备投资、动力消耗和运行费用都比较低；水泥和添加剂价廉易得；对含水率较高的废物可直接固化；在常温下即可进行操作；对放射性废物的固化容易实现安全运输和自动控制等。

水泥固化的缺点是：（1）水泥固化体的浸出率较高，通常为 $10^{-4} \sim 10^{-5} g/(cm^2 \cdot d)$，主要是由于它的空隙率较高所致，因此需作涂覆处理；（2）水泥固化体的增容比较高，达 1.5 ~ 2；（3）有的废物需进行预处理和投加添加剂，使处理费用增高；（4）水泥的碱性易使铵离子转变为氨气逸出；（5）处理化学泥渣时，由于生成胶状物，混合器的排料较困难，需加入适量的锯末予以克服。

由于水泥固化具有上述缺点，近来在若干方面开展了研究并加以改进。例如，对用纤维和聚合物等增加水泥耐久性的研究已经做了一定量的工作。还有人用天然胶乳聚合物改性普通水泥以处理重金属废物，提高了水泥浆颗粒和废物间的键合力，聚合物同时填充了固化体中的微细孔隙，降低了重金属的浸出率。用改性硫水泥处理焚烧炉灰，提高了固化体的抗压强度和抗拉强度，并且增加了固化体抵抗酸和盐（如硫酸盐）侵蚀的能力。

三、石灰固化技术

石灰固化是指以石灰和具有火山灰活性的物质（如粉煤灰、垃圾焚烧灰渣、水泥窑灰等）为固化基材对危险废物进行稳定化与固化处理的方法。在有水存在的条件下，这些基材物质发生反应，将污泥中的重金属成分吸附于所产生的胶状微晶中。但因这种反应不同于水泥水化作用，石灰固化处理所能提供的结构强度不如水泥固化，因而较少单独使用。在石灰固化过程中，石灰中的钙与废物中的硅铝酸根发生化学反应生成硅酸钙、铝酸钙或硅铝酸钙等水化物。与石灰同时向废物中加入少量添加剂，可以获得额外的稳定效果（如存在可溶性钡时加入硫酸根）。用石灰作为稳定－固化剂还具有提高 pH 值的作用，有利于形成重金属氢氧化物沉淀，因此石灰固化技术也基本上适用于处理重金属污泥等无机污染物。

石灰固化法适用于固化钢铁、机械的酸洗工序所排放的废液和废渣，电镀污泥，烟道脱硫废渣，石油冶炼污泥等。固化体可作为路基材料或砂坑填充物。

石灰固化法的优点是使用的填料来源丰富、价廉易得，操作简单，不需要特殊设备，处理费用低，被固化的废渣不要求脱水和干燥，可在常温下操作等。其主要缺点是石灰固化体的增容比大，固化体易受酸性介质侵蚀，需对固化体表面进行涂覆。

四、沥青固化技术

沥青固化是以沥青类材料作为固化剂，与有害废物在一定的温度下均匀混合，产生皂化反应，使危险废物包容在沥青中形成稳定的固化体。

沥青属于憎水性物质，完整的沥青固化体具有优良的防水性能。沥青还具有良好的黏结性和化学稳定性，而且对大多数酸和碱具有较高的耐腐蚀性，所以长期以来被用作低水平放射性废物的主要固化材料之一。它一般被用来处理具有中、低放射性的蒸发残渣，废水化学处理产生的污泥，焚烧炉产生的灰分、塑料废物，以及毒性较大的电镀污泥和砷渣等有毒有害废物。

沥青主要来源于天然的沥青矿和原油炼制行业。我国目前使用的沥青大部分为石油蒸馏残渣，其化学成分复杂，以脂肪烃和芳香烃为主，包括沥青质、油分、游离碳、胶质、沥青酸和石蜡等。从固化的要求出发，较理想的沥青应含有较高的沥青质和胶质以及较少的石蜡质。如果石蜡质含量过高，则固化体在环境应力作用下容易开裂。可用于固化处理危险废物的沥青包括直馏沥青、氧化沥青和乳化沥青等。

沥青固化的工艺主要包括三个部分，即废物的预处理、废物与沥青的热混合以及二次蒸汽的净化处理。其中最为关键的是热混合环节。由于沥青的不吸水性，固化过程中不发生水化过程。因此对于干废物，可以将加热的沥青与干废物直接搅拌混合。对含水分较多的废物，则需要将湿废物预先浓缩脱水。混合的温度应控制在沥青的熔点和闪点温度之间，在150～230℃的温度范围内，温度过高容易引发火灾。热混合通常是在专用的带有搅拌装置并具有蒸发功能的容器中进行。在不搅拌的情况下加热，极易引起局部过热并发生燃烧事故。图5-6所示为高温熔化混合蒸发沥青固化流程示意图。此外，根据混合方式的不同，沥青固化还有暂时乳化法和化学乳化法两种工艺。

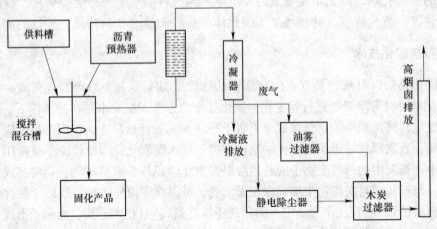

图5-6　高温熔化混合蒸发沥青固化流程示意图

与水泥固化技术一样，沥青固化最初也是用于放射性废物的处理，后来才发展到固化处理其他危险废物，两者处理的废物类型也基本相同。与水泥固化技术相比，沥青固化具有如下特点：

（1）固化体的空隙率和固化体中污染物的浸出率均大大降低。另外，由于固化过程中干废物与固化剂之间的质量比通常为$1:1 \sim 2:1$，因而固化体的增容较小。

（2）固化剂具有一定的危险性，固化过程中容易造成二次污染，需采取措施加以避免。另外，对于含有大量水分的废物，由于沥青不具备水泥的水化作用和吸水性，需预先对废物进行浓缩脱水处理。因此，沥青固化工艺流程和装置往往较为复杂，一次性投资与运行费用均高于水泥固化法。

（3）固化操作需在高温下完成，不宜处理在高温下易分解的废物、有机溶剂以及强氧化性废物。

五、塑料固化技术

塑料固化是以塑料为固化剂，与危险废物按一定的比例配料，并加入适量催化剂和填料进行搅拌混合，使其发生共聚合反应，将危险废物包容于其中并形成稳定的固化体。

塑料固化技术按所用塑料不同，可分为热塑性塑料固化和热固性塑料固化两种。热塑性塑料有聚乙烯、聚氯乙烯树脂等，在常温下呈固态，高温时可变成熔融的胶黏液体，将危险废物掺和包容在塑料中，冷却后即形成塑料固化体。热固性塑料包括脲醛树脂、聚酯、聚丁二烯等，对多孔性极性材料有较好的黏附力，使用方便，固化速度快，常温或加热都能很快固化，适用于危险废物的固化处理。

热塑性塑料固化的特点与沥青相似。与其他方法相比，热固性固化的主要优点是引入的物质大多具有较低的密度，所需要的添加剂数量也较少，因而最终产品的增容比低于其他固化法，固化体密度小；主要缺点是操作过程复杂，固化剂价格昂贵。

塑料固化已用于处理多种危险废物，如对电镀污泥的固化处理。该工艺过程是向电镀污泥中加入碳酸钙使其干燥，然后加入不饱和聚酯树脂、催化剂、促进剂及河砂（骨料）等，经过混合、加热形成固化体。配比为（质量分数）：干泥占30%左右，不饱和聚酯树脂占$20\% \sim 35\%$，骨料占$35\% \sim 50\%$。

六、玻璃固化技术

玻璃固化是以玻璃原料为固化剂，将其与危险废物以一定的配料比混合后，在$1000 \sim 1200℃$的高温下熔融，经退火后形成稳定的玻璃固化体。

玻璃固化主要用于高放射性废物的固化处理。尽管可用于玻璃固化的玻璃种类繁多，但普通钠钾玻璃在水中的溶解度较高，不能用于高放射性废液的固化；硅酸盐玻璃熔点高，制造困难，也难以使用。通常，采用较多的是磷酸盐和硼酸盐玻璃。

磷酸盐玻璃固化法最适于处理含盐量低、放射性极高的危险废物，如普雷克斯废液。其工艺流程如图5-7所示。

硼酸盐玻璃固化是半连续操作。将高放射性废物液与固化剂（硼硅玻璃原料）以一定的配料比混合后，加入装有感应炉装置的金属固化罐中加热煅烧至干，然后升温至$1100 \sim$

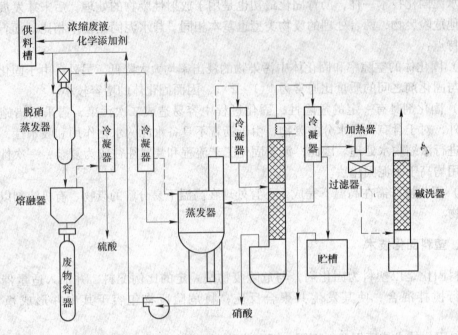

图 5-7　磷酸盐玻璃固化工艺流程

1150℃，保温数小时。熔融玻璃从玻璃固化罐流入接收容器，经退火后便得到含有高放射性废物的玻璃固化体。其工艺流程如图 5-8 所示。

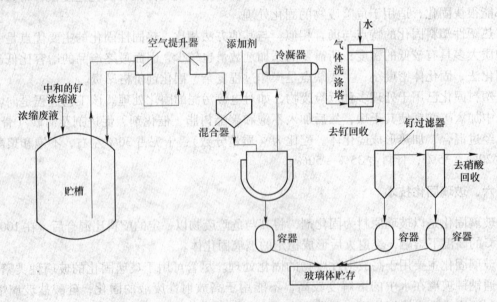

图 5-8　硼酸盐玻璃固化工艺流程

　　近年来，重金属污泥的玻璃固化处理也逐步引起重视和研究。许多试验表明，在含有各种重金属的电镀污泥中添加锌和二氧化硅进行玻璃固化处理时，不但可以抑制铬的析出，其他金属也不会溶出。

玻璃固化在所有固化方法中效果最好，固化体中有害组分的浸出率最低，固化体的增容比最小；但由于烧结过程需要在 1200℃ 左右的高温下进行，会有大量有害气体产生，其中不乏挥发金属元素，因此要求配备尾气处理系统。同时，由于在高温下操作，会给工艺带来一系列困难，增加处理成本。另外，由于玻璃是非晶态物质，稳定性和耐久性较差，经一定时间会发霉长花、晶化，特别是含硼玻璃易被微生物降解。

七、自胶结固化

自胶结固化是利用废物自身的胶结特性来达到固化目的的方法，主要用来处理含有大量硫酸钙的废物，如磷石膏，烟道气脱硫废渣等。

废物中的硫酸钙以二水合物的形式存在，即石膏 $CaSO_4 \cdot 2H_2O$。当它们加热到 107～170℃ 时，会脱水而逐渐生成具有自胶结作用的半水硫酸钙，即半水石膏或熟石膏 $CaSO_4 \cdot 1/2H_2O$。这种物质遇水后，会重新恢复为二水合物，并迅速凝固硬化。根据这一原理，将含有大量水合硫酸钙的废物在控制的温度下煅烧，然后与某些添加剂和填料混合成为稀浆，浇注成型，很快就凝结硬化成自胶结固化体。该技术的主要特点是工艺简单，对待处理废物不需完全脱水；添加剂价廉易得，可以是现场取得的石灰、水泥灰和粉煤灰等废料，添加剂量少，只有总混合物的 10% 左右；固化体性质稳定，具有高的抗渗透性和抗微生物降解的能力，污染物的浸出率低。烟道气脱硫泥渣自胶结固化处理的工艺流程如图 5-9 所示。

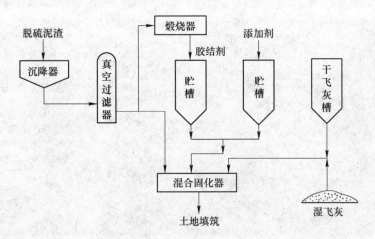

图 5-9　烟道气脱硫泥渣自胶结固化处理的工艺流程

5-1　简述重金属离子稳定化技术。

5-2　简述有机污染物氧化解毒技术。

5-3　在什么情况下应用化学浸出方法，有哪几种浸出方法？

5-4　如何评价化学浸出效果？

5-5　浸出效果的影响因素有哪些？

5－6　稳定化/固化处理技术主要应用于哪些方面？举例说明。

5－7　目前常用的危险废物稳定化/固化处理技术方法有哪些？它们的适用对象和特点分别是什么？

5－8　稳定化/固化处理的基本要求是什么？

5－9　无机废物固化法和有机废物包封法的优缺点各是什么？

5－10　简述各种稳定化/固化处理方法的原理。

5－11　稳定化/固化处理的基本方法有哪些？试比较它们的优缺点和应用范围。

5－12　简述评价固化处理效果的指标。

5－13　简述评价固化处理效果的基本要求。

第六章　煤矸石综合利用技术

第一节　煤矸石的来源及危害

一、煤矸石的来源

煤矸石的主要来源有：露天剥离以及井筒和巷道掘进过程中开凿排出的矸石；在采煤和煤巷掘进过程中，由于煤层中夹有矸石或削下煤层底板，使运到地面上的煤炭中含有矸石；煤炭洗选过程中排出的矸石。其主要来源和所占比例见表 6 - 1。

表 6 - 1　煤矸石的主要来源和所占比例

煤矸石来源	露天开采剥离及井筒和巷道掘进排出的矸石	采煤过程煤巷产生的矸石	选煤厂产生的矸石
所占比例/%	45	35	20

煤矸石产生量占原煤产量的 15% ~ 20%。我国能源结构是以煤炭为主，2009 年我国煤炭产量 30.5 亿吨，新增煤矸石约 4.3 亿吨。2008 年我国煤矸石利用率为 58%，其余部分就近自然混杂堆积。全国已有 2000 多座煤矸石山，目前贮存煤矸石超过 50 亿吨。煤矸石已成我国积存量和年产生量最大、占用土地最多的一种工业废渣，分布在全国产煤的省市与地区，如乌鲁木齐、阳泉、平顶山、抚顺、阜新、沈北、徐州、宝坻等。

二、煤矸石的危害

大量的煤矸石露天堆放形成矸石山，其中的有害成分和化学物质可以进入大气、土壤、地表、地下水，造成环境污染；通过环境介质直接或间接进入人体，威胁人体健康。图 6 - 1 所示为煤矸石的污染途径。

煤矸石的危害主要表现在下述几方面：

（1）自燃危害。煤矸石中所含的硫化铁等物质被空气氧化时，不断释放热量，热量逐渐积累导致温度不断升高。当温度达到燃点时（煤的燃点一般为 360℃），矸石中的残煤及其他可燃物便可自燃。煤矸石中含有残煤、碳质泥岩和废木材等可燃物，其中 C、S 可构成煤矸石自燃的物质基础。煤矸石通常露天堆放，日积月累，矸石山内部的热量逐渐积累。当温度达到可燃物的燃烧点时，矸石堆中的残煤便可自燃。自燃后，矸石山内部温度为 800 ~ 1000℃，使矸石融结并放出大量的 CO、CO_2、SO_2、H_2S、NO_x 等有害气体，其中以 SO_2 为主。一座矸石山自燃可长达十余年至几十年。这些有害气体的排放，不仅降低矸石山周围的空气质量，影响矿区居民的身体健康，还常常影响周围的生态环境，使树木生长缓慢、病虫害增多、农作物减产甚至死亡。我国国有煤矿有大小矸石山 2000 多座，大

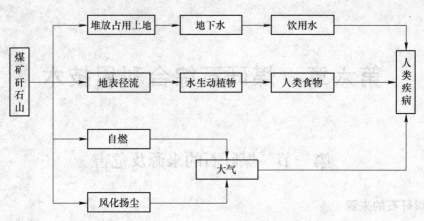

图 6 - 1　煤矸石的污染途径

约有 1/3 的矸石山发生过自燃现象，释放出大量有害气体，如 SO_2、CO_x、H_2S、NO_x 等，并伴有大量烟尘，对矿区环境造成了严重污染。有资料表明：凡煤层含硫在 3% 左右，其中硫铁矿占 40% 以上的煤矸石，并有硫铁矿结核出现，都会引起自燃。自燃时排放出的有害气体，不仅严重污染大气环境，而且有毒气体还可造成人员窒息死亡。

（2）对生态环境及土地资源的破坏。目前我国规模较大的煤矸石山有 2000 多座，累计堆存煤矸石 50 亿吨以上，并以每年 1.5 亿～2.0 亿吨的速度增加，占地面积约 $1.5 \times 10^8 m^2$，且以每年 $4 \times 10^6 m^2$ 的速度增长，这对于人均耕地不足 $1 \times 10^3 m^2$ 的我国而言，威胁是显而易见的。矸石的堆放不仅埋压或破坏了原地貌植被，而且排放过程中产生的粉尘、自燃时产生的有毒物质对植物的生存也有较大影响，主要表现在植物生长缓慢、生长量降低，草地植被种类减少、病虫害增多等，这对矿区的生态环境造成了严重危害。

煤矿的开采对大气、水、土壤造成了一定程度的污染。长期风吹雨淋易使矸石发生自燃，排放出 SO_2、H_2S、NO_x、CO_x 和烟尘等有害气体。对于露天堆放的煤矸石，干燥和湿润是最重要的因素。潮湿的煤矸石处于冷热交替的环境下，风化加速，而处在 0.5m 以上的覆层下时，风化程度大大降低。对于一些长期堆放的矸石山，由于风化严重，颗粒粉碎，稍有风吹便尘土飞扬，长期生活在这种环境中的居民，鼻咽炎、上呼吸道感染等发病率很高。煤矿开采产生大量的废水，由于矿区缺少必要的处理设备，这些未经处理的废水大部分被直接排入周围的河流，这就导致废水排放地河流及土地的污染。据有关统计测算，我国煤矿每生产 1t 煤需排放矿井水 1.75～2.15t，平均年矿井水排放量超过 50 亿吨，而利用率不足 50%。据不完全统计，山西省因采煤导致流量下降或断流的井泉达 3200 多个，导致近 600 万人以及几十万头大牲畜饮水严重困难。煤矿开采还会产生大量煤矸石等废石，这些废石被随意堆积到周围土地上形成一座座巨大的矸石山。煤矸石除含有 SiO_2 和 Al_2O_3 以及铁、锰等常量元素之外，还有其他微量的重金属元素，如铅、镉、汞、砷、铬等。煤矸石在露天堆放情况下，经风吹、日晒和雨淋等风化剥蚀作用，这些重金属元素有可能通过雨水淋溶进入水域或渗入土壤，从而影响土壤环境质量和水环境质量。另外，矸石在长期的堆积中自燃形成 H_2S、CO、SO_2 等有害气体对大气造成污染。如乌达矿务局某矿山自燃排出 SO_2、H_2S 最高日平均浓度达 $10.69mg/m^3$，使该地区呼吸道疾病发病率明显高于其他地区；铜川矿务局矸石山发生自燃，使周围地区 SO_2 严重超标，导致在周围工作 5 年以上的职工都患有不同程度的肺气肿病，而且这些地区是癌症高发区。

由于采矿工艺的不同，其对土地资源的破坏方式也不相同。总的来说，采矿对土地资源的破坏分为压占、塌陷及挖损 3 种形式：露天采矿剥离的表土层外排堆积形成排土场，以及采矿产生的煤矸石、尾矿的排放堆积都压占了大量的土地资源，甚至是耕地。地下开采中，由于大量煤炭被挖出，采矿区地下形成巨大的空洞，当空洞被其上部和周围的岩石填充时就形成了地表塌陷。据统计，平均每采 1 万吨煤塌陷土地 $2 \times 10^3 m^2$。露天采矿中要剥离煤层之上覆盖的岩石层和土层，煤炭采出后必然形成深坑，造成原有土壤层的破坏，容易造成水土流失，形成土地荒芜、岩石裸露、乱石满地的矿区荒漠化现象。

（3）煤矸石淋溶水污染。煤矸石受到降雨喷淋或长期处于浸渍状态，矸石中的粉尘会成为水中悬浮物，有害成分溶解后进入水体、土壤，对水环境和土壤环境造成二次污染。当酸性较强的淋溶水进入水体时，对生物产生很强的冲击力，能消灭或抑制水中微生物的生长，妨碍水体自净。煤矸石中除含有 SiO_2、Al_2O_3 以及 Fe、Mn 等常量元素之外，还有其他痕量元素，如 Pb、Cr、Hg、As、Cd 等，这些元素多为有毒重金属元素，进入水体或渗入土壤后，会严重破坏土壤层或水环境，危害农作物和水产养殖业。

（4）地质灾害。煤矸石堆大多具有坡度陡、结构松散、防范措施少的特点，丘陵地区的部分煤矿甚至把煤矸石沿山坡随意堆放，因此还存在着很大的崩塌、滑坡和泥石流隐患。矸石堆放时的自然安息角（在堆放时能保持自然稳定状态的最大角度）为38°～40°，如果堆积过高、坡度过大或受到人为开挖、爆炸或暴雨侵蚀时，易形成坍塌、滑坡、泥石流等灾害。矿山排出的大量矿渣及尾矿的堆放，除了占用大量土地，严重污染水土资源及大气外，还经常发生塌方、滑坡、泥石流等。另外，在尾矿和矸石堆中含有许多有害的干燥废渣物，在刮风的日子里，随风吹到城市和居民区，影响人民生活和身体健康。在我国矿山经常发生的地质灾害现象中，还有瓦斯突出和爆炸、矿床尾岩变形、顶板冒落等。

第二节 煤矸石的组成、性质及分类

一、煤矸石的组成

煤矸石是在成煤过程中与煤共同沉积的有机化合物和无机化合物混合在一起的岩石，通常呈薄层夹在煤层中或煤层顶、底板岩石，是在煤矿建设和煤炭采掘、洗选加工过程中产生的数量较大的矿山固态排弃物。它实际上是含碳岩石（碳质页岩、碳质砂岩等）和其他岩石（页岩、砂岩、砾岩等）的混合物。随着煤层地质年代、地域、成矿条件、开采方法的不同，煤矸石组成及其质量分数也各不相同。

（一）煤矸石的元素组成

煤矸石的化学成分比较复杂，除含有大量的 C、Si、O、Al、Fe、S、Ca、Mg 等常量元素外，还含有各种微量、痕量元素，如 Hg、Cd、Cu、Pb、Zn、Mo、Co、Sn 等。

不同类型煤矸石中微量元素含量不同，对于环境的影响也不同。砂质矸微量元素含量低，泥质矸含量高且差别较大。自燃矸大部分微量元素含量高于新鲜矸和未自燃风化矸，Co、Ni、Cu、Mo、Cd 元素在自燃矸、风化矸中均显示富集的性质，自燃矸比风化矸对元素的富集作用更为明显，但并不是对所有元素产生富集。在不同类型矸石中，自燃矸中

Co、Ni、Cu、Mo、Pb、U、Hg、As、Cd 等易于富集的元素含量最高。因此泥质矸、风化矸、自燃矸可以释放出更多的有害微量元素，综合利用中应予以注意。

（二）煤矸石的化学组成

煤矸石是无机质和有机质组成的混合物。煤矸石的化学成分是随岩石种类和矿物组成变化的，它是评价煤矸石性质、决定其利用途径的重要依据。其化学成分主要是 SiO_2、Al_2O_3 和 C，其中 SiO_2 和 Al_2O_3 的含量最高，SiO_2 和 Al_2O_3 的平均含量一般分别波动于 40% ~60% 和 15% ~30% 之间（砂岩煤矸石的 SiO_2 含量可高达 70%，铝质岩煤矸石的 Al_2O_3 含量可达 40% 以上）；其次是 Fe_2O_3、CaO、MgO、Na_2O、K_2O、SO_3、P_2O_5、N 和 H 等，Fe_2O_3 和 CaO 的含量波动最大。此外，还常含有少量 Ti、V、Co 和 Ca 等金属元素。煤矸石的化学成分及我国部分矿区煤矸石化学组成见表 6 - 2 和表 6 - 3。

表 6 - 2　煤矸石化学成分

成　分	SiO_2	Al_2O_3	Fe_2O_3	CaO	MgO	TiO_2	$K_2O + Na_2O$
质量分数/%	52 ~65	15 ~36	2.3 ~14.6	0.4 ~2.3	0.14 ~2.4	0.9 ~4.0	1.5 ~3.9

表 6 - 3　我国部分矿区煤矸石化学组成　　　　　（%）

产　地	SiO_2	Al_2O_3	Fe_2O_3	CaO	TiO_2	MgO	K_2O	Na_2O
大同煤矿	42.28	39.37	0.33	0.58	0.15	0.09	0.94	0.36
阳泉煤矿	44.78	39.05	0.45	0.66	0.44	0.05	0.15	0.10
平朔煤矿	41.30	35.98	0.28	0.12	0.21	0.65	0.07	0.07
蒲城煤矿	45.20	38.12	0.18	0.12	0.10	0.04	0.15	0.22
徐州煤矿	45.73	38.69	0.47	0.09	0.16	0.45	0.16	0.14
大青山煤矿	46.35	37.62	0.53	0.33	0.09	0.98	0.08	0.03
准格尔煤矿	45.24	52.95	0.54	0.80	0.24	0.11	0.07	0.05
章丘煤矿	44.77	52.91	0.20	0.65	0.40	0.08	0.11	0.11
武安煤矿	45.53	52.63	0.58	0.56	0.20	0.02	0.04	0.09
铜川煤矿	40.13	54.12	1.09	1.43	0.76	0.84	0.08	0.06
本溪煤矿	42.26	56.14	1.19	0.96	0.52	0.10	0.18	0.12

（三）煤矸石的矿物组成

煤矸石中一般常见的矿物有黏土类矿物、碳酸盐类矿物、铝土矿、黄铁矿、石英、云母、长石、炭质和植物化石。煤矸石主要是由高岭土、石英、蒙脱石、长石、伊利石、石灰石、硫化铁、氧化铝和少量稀有金属的氧化物组成，是无机质和少量有机质的混合物。

随煤层所在的地层不同，煤矸石中含有各种岩石，主要有黏土岩石、砂岩类、碳酸盐类、铝质岩类。黏土岩类主要组成为黏土矿物，其次为石英、长石、云母、岩屑等碎屑矿物，其次为黄铁矿、碳酸盐等自生矿物。此外，往往还含有丰富的植物化石、有机质、碳质。黏土岩类在煤矸石中占的比例最大，尤其是泥质页岩、碳质页岩、粉砂页岩等更为常见。砂岩类是含有大量砂粒的碎屑沉积物，可视为由碎屑矿物和胶结物两部分组成，根据碎屑物的粒径大小又可分为砂岩和粉砂岩，大部分介于 0.1 ~2mm 者称为砂岩，而介于 0.01 ~0.1mm 者称为粉页岩。在砂岩中，碎屑矿物多为石英、长石、云母；石英往往被碳酸盐所溶蚀和交替，云母矿物碎屑一般以白云母为主，长石碎屑往往易风化为黏土矿物或含碳物质，或被碳酸盐交替；胶结物一般为碳质浸染的黏土矿物，以及含有碳酸盐的黏土矿物或其他化学沉积物。在粉砂岩中，碎屑矿物多为石英、白云母。胶结物比较复杂，通常为黏土质、硅质、腐殖质、钙质等；我国石灰二叠纪煤系地层中粉砂岩含有丰富的植物化石和菱铁矿结核。碳酸盐类，多属菱铁矿，其次为方解石、石灰石，往往还混有较多的黏土矿物、有机物、黄铁矿等硫酸盐类物质。铝质岩类均含有高铝矿物、三水铝矿、一水软铝矿、一水硬铝矿，而黏土矿物退居次要地位，但常常含有石英、玉髓、褐铁矿、白云石、方解石等矿物。物相分析表明，煤矸石中含有多种岩石，其基质都由黏土矿物组成，夹杂着数量不等的碎屑矿物和碳质，因此，可以将煤矸石看成是一种硬质黏土矿物，其中杂质主要是铁氧化物。煤矸石中最常见的黏土矿物种类有高岭石类、水云母类、蒙脱石类、绿泥石类，其中地质条件不同，煤矸石有的以高岭石为主，有的则以水云母为主，有的试样中还含有少量的绢云母和溴云母。据有关资料介绍，我国的煤矸石以高岭石为主的占 2/3，以水云母为主的占 1/3。

（四）煤矸石的岩石组成

煤矸石的岩石组成和煤田地质条件有关，也和采煤技术密切相关。岩石组成变化范围大、成分复杂，主要由页岩类（碳质页岩、泥质页岩、粉砂质页岩）、泥岩类（泥岩、碳质泥岩、粉砂质泥岩）、砂岩类（泥质粉砂岩、砂岩）、碳酸盐岩类（泥灰岩、灰岩）及煤粒、硫结核组成。

（1）泥质页岩：深灰色或灰黄色，水云母黏土页岩状结构，不完全解离，质软，受大气作用和日晒雨淋后，易崩解，易风化，加工中易粉碎。

（2）炭质页岩：黑色或黑灰色，水云母含炭质黏土页岩，层状结构，表面有油脂光泽，不完全解离，受大气作用后易风化，其风化程度稍次于泥质页岩，易粉碎。

（3）砂质页岩：深灰色或灰白色，含泥质岩、炭质岩、石英粉砂岩。结构较泥质页岩和炭质页岩粗糙而坚硬，极不完全解离，出井时，块度较其他页岩大，在大气中风化较慢，加工中难以粉碎。

（4）砂岩：黑灰色或深灰色，含泥质岩、炭质岩、石英粉砂岩。结构粗糙而坚硬，出井时一般为椭圆形，在大气中基本不风化，难以粉碎。

（5）石灰岩：灰色，结构粗糙而坚硬，较砂岩性脆，出井时，块度较大，在大气中一般不易风化。

还可用氧化物含量的大小来判断矸石中矿岩成分。通常所指的化学成分是矸石煅烧所产生的灰渣的化学成分，一般由无机化合物（矿岩）转变成的氧化物，还有部分烧失量。化学成分的种类和含量随矿岩成分不同而变化，因此可以用氧化物含量的大小来判断矸石中矿岩成分和矸石类型等。化学成分和煤矸石类型的关系可见表 6 - 4。

表 6 - 4 化学成分和矸石类型的关系

主要化学成分	SiO_2 40% ~70%，Al_2O_3 15% ~30%	$SiO_2 > 70\%$	$Al_2O_3 > 40\%$	$CaO > 30\%$
煤矸石类型	黏土岩煤矸石	砂岩煤矸石	铝质岩煤矸石	钙质岩煤矸石

（五）煤矸石的工业分析

煤矸石的工业分析包括水分、灰分、挥发分和固定碳。我国煤矸石的水分含量较低，一般为 0.5% ~ 4%；灰分一般较高，干燥基灰分一般为 70% ~ 85%；挥发分一般低于 20%；固定碳最高可达 40%。灰分可近似代表煤矸石中的矿物质，挥发分和固定碳近似代表煤矸石中有机质的质量分数。

二、煤矸石的性质

（一）煤矸石的发热量

煤矸石的发热量是指单位质量的煤矸石完全燃烧所能放出的热量，单位 kJ/kg。煤矸石中含有少量可燃有机质，包括煤层顶底板、夹石中所含的炭质及采掘过程中混入的煤粒，在燃烧时能释放一定的热量。一般煤矸石发热量的大小和碳质量分数、挥发分和灰分有关，随挥发分和固定碳质量分数增加而增加，随灰分质量分数增加而降低。我国发热量普遍低，煤矸石的灰分较高，因此碳含量也就相当低，这就决定了其发热量也一定低。

煤矸石发热量大小和碳含量及挥发分多少有关，煤矸石的热值一般在 4200 ~ 8400kJ/kg 之间。煤矸石的热值直接受煤田地质条件和采掘方法影响。即使对特定的矿井排出的煤矸石而言，其热值也是随时间变化的。我国煤矸石发热量多在 6300kJ/kg 以下，热值高于 6300kJ/kg 的数量较少，占 10% 左右。

（二）煤矸石的活性

煤矸石经过自燃或煅烧，矿物相发生变化，是产生活性的根本原因。煤矸石中的黏土矿物成分，经过适当温度煅烧，便可获得与石灰化合成新的水化物的能力。所以，煤矸石又可视为一种火山灰活性混合材料，其活性大小的衡量标准是黏土矿物含量。

1. 高岭石的变化

高岭石在 500 ~ 800℃ 脱水，晶格破坏，形成无定形偏高岭土，具有火山灰活性。

$$Al_2O_3 \cdot 2SiO_2 \cdot 2H_2O（高岭石）\longrightarrow Al_2O_3 \cdot 2SiO_2 + 2H_2O（偏高岭土）$$

在 900 ~ 1000℃ 之间，偏高岭土又发生重结晶，形成非活性物质。

$$2（Al_2O_3 \cdot 2SiO_2）（偏高岭土）\longrightarrow 2Al_2O_3 \cdot 3SiO_2 + SiO_2（尖晶石，无定形）$$

2. 莫来石的生成

煤矸石煅烧过程中，一般在 1000℃ 左右便有莫来石（$3Al_2O_3 \cdot 2SiO_2$）生成，到 1200℃ 以上，生成量显著增加。莫来石的大量生成，将降低煤矸石的活性。

3. 黄铁矿的变化

黄铁矿是可燃物质，随煤矸石一起燃烧，晶体相应地发生变化，生成赤铁矿，对煤矸石活性无补。

$$4FeS_2 + 11O_2 \longrightarrow 2Fe_2O_3 + 8SO_2$$

4. 煤矸石的活化

未经活化的煤矸石有较高的晶格能，几乎不具有反应活性，如果不经处理直接加以提质利用，效率会很低。因此，要有效地利用矸石中的有用成分，首先要对其进行活化，使有序而活性较低的晶体结构转变为活性较高的半晶质及非晶质，从而提高其反应活性。当煤矸石的温度升至一定程度时（一般为 400 ~ 600℃）脱除羟基，脱羟基后高岭石成分仍然保持原有的层状结构，但是原子间已发生了较大的错位，形成了结晶度很差的偏高岭石。偏高岭石中原子排列不规则，呈现热力学介稳状态，是一种具有火山灰活性的矿物。一般认为，煤矸石的活性激发主要有热活化、化学活化、物理活化和微波辐照活化。目前，煤矸石的活化主要集中在热活化。热活化指通过煅烧活化，从而使烧成后的煤矸石中含有大量的活性氧化硅和氧化铝，达到活化的目的。但是，煅烧过程中，温度又不能太高，否则煤矸石又可能变成活性很低的莫来石，影响其有效利用。不同的活化方法所起到的作用并不是绝对独立的。煤矸石的活化通常要将不同的活化手段结合使用，才能取得更为理想的效果。

5. 化学组分对煤矸石活性的影响

煤矸石中含有大量的化学组分，各种成分的含量不同以及各成分之间的比例不同都对煤矸石的活性产生了不同程度的影响。

（1）氧化硅（SiO_2）是煤矸石中的主要组分之一，它对于煤矸石玻璃体结构的形成有很大的作用。但在煤矸石中 SiO_2 的含量一般偏高，得不到足够的 MgO、CaO 来与之化合，所以含量偏多时往往影响了煤矸石的活性。特别当 SiO_2 存在于结晶矿物中时，更影响了煤矸石的活性。

（2）氧化铝（Al_2O_3）也是决定煤矸石活性的主要因素。Al_2O_3 含量相对较低时，煤矸石活性较好。

（3）氧化钙（CaO）是煤矸石的主要成分之一，其含量越高，矸石的活性越大，因为 CaO 易与 SiO_2 在遇水时反应生成 C_2S 多等矿物组分，提高系统的反应能力，所以将煤矸石应用于建材行业时要求 CaO 含量适当高一些。

（4）氧化铁（Fe_2O_3）在煤矸石中含有一定的量。Fe_2O_3 能在煤矸石冷却过程中形成大量铁酸盐矿物和中间相，提高煤矸石活性，所以 Fe_2O_3 含量越高，煤矸石的活性越强。

（5）氧化镁（MgO）。在煤矸石中大多数的镁呈稳定的化合状态存在。MgO 能促使煤矸石玻璃化，有助于形成显微不均匀结构，但 MgO 若含量偏高且以方镁石形态存在，则会因水化而使体积膨胀，导致制品安定性不良。所以，MgO 含量太多时会影响煤矸石的应用。

（三）煤矸石的熔融性

煤矸石的熔融性是指煤矸石在一定的条件下加热，随着温度的升高，产生软化、熔化的现象。在规定条件下测得的随着温度变化而引起煤矸石变形、软化和流动的特性，称为灰熔点。我国灰分中氧化硅和氧化铝的含量普遍高，因此煤矸石的灰熔点相当高，最低可达 1050℃，高时可达 1800℃左右。鉴于这个特性，煤矸石可以作耐火材料。煤矸石的耐火度一般为 1300～1500℃，最高可达 1800℃。

（四）煤矸石的膨胀性

煤矸石的膨胀性是指煤矸石在一定的条件下煅烧时产生体积膨胀的现象。煤矸石体积膨胀的原因主要是煤矸石在熔融状态下，分解析出的气体不能及时从熔融体内排出而形成气泡。煤矸石的烧结温度一般在 1050℃左右，900℃左右为一次膨胀，温度继续上升至 1160℃以上时产生二次膨胀，由固相转为固－液相或完全熔融。

（五）煤矸石的可塑性

煤矸石的可塑性是指煤矸石粉和适当的水混合均匀制成任何几何形状，当除去应力后泥团能保持该形状的性质。煤矸石具有较好的可塑性，塑性指数一般在 7~10。

（六）煤矸石的硬度

煤矸石的硬度一般与其形成年代、矿物组成、埋藏深度等因素有关。煤矸石的种类不同，硬度也不同。其普氏硬度系数一般为 2~3，有的达 4~5。含砂岩煤矸石的硬度较含页岩煤矸石的大，含页岩多的矸石硬度系数在 2~3 之间，含砂岩多的矸石硬度系数在 4~5 之间。

（七）煤矸石的收缩性

煤矸石的收缩性比较小，煤矸石干燥收缩率一般在 2.5%~3.0%，烧成之后收缩率一般在 2.2%~2.4%。

（八）煤矸石的强度

煤矸石是由各种岩石组成的混合物，各种岩石的强度变化范围很大，抗压强度在 3~47MPa 之间。煤矸石的强度和煤矸石的粒度与氧化铝的分布有一定关系，含氧化铝越高，强度越小；煤矸石粒度越大，强度越大。这是由于强度高的岩石在采掘、装运、堆积过程中受冲击及风化作用不易破碎，保持较大的粒度，而强度较低的页岩、黏土岩易破碎，保持较小的粒度。

三、煤矸石的分类

由于各地煤矸石成分复杂，物理化学特性各异，加之不同煤矸石的加工利用方向对煤矸石的物理化学性质要求不同，对煤矸石进行分类。通常煤矸石按来源、岩石类型、排出期限、元素和化学成分、颜色和用途进行分类。

（1）按煤矸石的来源来分。按来源及最终状态，煤矸石可分为掘进矸石、选煤矸石和自然矸石三大类。

岩石巷道掘进（包括井筒掘进）产生的煤矸石，主要由煤系地层中的岩石如砂岩、粉砂岩、泥岩、石灰岩、岩浆岩等组成；煤层开采产生的煤矸石，由煤层中的夹矸、混入煤中的顶底板岩石如炭质泥（页）岩和黏土岩组成；煤炭洗选时产生的煤矸石（即洗矸），主要由煤层中的各种夹石如黏土岩、黄铁矿结核等组成。

（2）按煤矸石岩石不同分类。按岩石不同煤矸石可分为以下类型：含炭泥岩或页岩矸石、泥质页岩矸石、粉砂质页岩矸石、含砂页岩矸石等。

（3）按煤矸排出期限分。煤矸石按煤矿排出期限分为：堆存多年受大气风化而崩解成粉末的称为风化矸石，含碳量下降，热值不高。新近排出的称为新矸石，碳含量较高，热值也较高。风化一年以上的称为陈矸石，碳含量有所下降，热值不很高。在堆放中自行燃烧的红矸石，热值很低。

（4）按煤矸石的元素和化学成分来分。

1）碳含量。

四类煤矸石：碳含量大于 20%；

三类煤矸石：碳含量 6%~20%；

二类煤矸石：碳含量 4%~6%；

一类煤矸石：碳含量小于 4%。

2）铁化合物含量。少铁煤矸石小于 0.1%、低铁煤矸石 0.1%~1.0%、中铁煤矸石

1.0%～3.5%、次高铁煤矸石3.5%～8.0%、高铁煤矸石8%～18%、特高铁煤矸石大于18%。

3）硅铝比。硅铝比大于0.5、硅铝比0.3～0.5、硅铝比小于0.3%。

（5）按煤矸石颜色分。煤矸石按颜色分有白矸石、灰矸石、黑矸石、绿矸石等。

（6）按煤矸石的用途来分。为了合理利用煤矸石，我国煤炭工业和建材部门按热值划分了煤矸石的用途，见表6-5。

表6-5　煤矸石的用途分类（按热值划分）

热值	合理用途	说　明
0～500	回填、修路、造地、制骨料	制骨料（以砂岩类未燃矸石为宜）
500～1000	烧内燃砖	CaO含量要求低于5%
1000～1500	烧石灰	渣可作混合材、骨料
1500～2000	烧混合材料、制骨料、代土节煤烧水泥	用小型沸腾炉供热、产气
2000～2500	烧混合材料、制骨料、代煤节土烧水泥	用于大型沸腾炉供热发电

第三节　煤矸石综合利用现状

随着煤炭产量的日益增大，煤矸石的排放量也越来越大。世界上许多国家都很重视煤矸石的利用，其中以西欧、东欧各国尤为重视，美国、日本、澳大利亚次之。煤矸石虽然对环境造成危害，但是如果加以适当的处理和利用，仍是一种有用的资源。对于煤矸石的综合利用，美国、英国等西方国家的总利用率已达到90%以上。而我国截至2008年，煤矸石利用率只有58%。

2000年，我国煤矸石综合利用量达到6600万吨，比1995年增加1000万吨；综合利用率由1995年的38%上升到43%，提高了5个百分点，结束了"八五"时期在38%左右长期徘徊的局面。5年累计综合利用煤矸石3.1亿吨，年均增长率为4%；累计节约能源折合约3300万吨，节约土地6～7km²。2002年，全国煤矿综合利用煤矸石约4200万吨。其中，煤矸石发电2800万吨，煤矸石水泥300万吨，煤矸石制砖1000万吨，其他耗用100万吨。另外，用于井下充填、复垦造田、筑路等处理煤矸石5600万吨。总计利用和无害化处理煤矸石约9800万吨，占当年煤矸石排放量的50%。2010年，煤矸石综合利用量3.9亿吨以上，利用率达到70%以上。其中，煤矸石等低热值燃料电厂年利用2亿吨，煤矸石砖利用0.9亿吨；煤矸石复垦造田筑路和井下充填消纳1亿吨以上。我国煤炭企业目前有煤矸石电厂120余座，装机容量$184×10^4kW$；年发电量$87×10^8kW\cdot h$，煤矸石砖厂129座，年生产能力30亿块（折标砖）；煤矸石和粉煤灰水泥厂163座，年生产能力1250万吨。

近年来，随着经济的发展和世界能源现状面临的严峻挑战，煤矸石的综合利用，对于节约资源、改善环境、提高经济和社会效益、实现综合利用配制和可持续发展具有重要意义。我国利用煤矸石已有几十年的历史，近年来，由于对环保工作的重视和科学技术的进步，煤矸石的利用率不断提高，已形成了煤矸石发电、煤矸石生产建材、回填、提取化工产品等多种利用途径。

一、煤矸石作为燃料

煤矸石中除岩巷掘进的矸石外，其他生产排出的矸石都或多或少地混杂一些煤，有的甚至可达20%以上。煤矸石的灰分一般在60%～85%，发热量在3347～6276kJ/kg，最大可达16736kJ/kg。煤矸石的发热量大小主要是由其中的固定碳含量决定的。

二、利用煤矸石发电

我国煤矿每年耗电3.6×10^{10}kW·h，煤矿自身利用煤矸石发电8×10^{9}kW·h，占用电总量的22%。煤矸石发电厂主要利用洗矸发电，其热值为6.27～8.336MJ/kg（1500～2000kcal/kg）以上。目前，煤炭系统多采用流化床燃烧技术，使用的锅炉从10～130t/h容量不等，采用最多技术较成熟的为35t/h流化床锅炉。利用矸石发电是煤矸石综合利用的一条重要途径，不但可以节省好煤，缓解煤矿电力紧张局面，而且，煤矸石电厂的炉渣、飞灰还可以综合利用，消除二次污染，其经济效益、社会效益和环境效益都十分显著。

三、煤矸石生产建筑及其他材料

利用煤矸石制砖已有多年历史，制砖行业不仅消耗矸石量大，而且彻底。煤矸石砖的质量完全能满足建筑行业的要求，其强度、耐酸碱和抗冻性均优于普通黏土砖。煤矸石砖质量已制定国家标准，已在全国范围内推广使用。目前全国煤矸石砖生产企业仅有近千家，年生产矸石砖60亿块，仅占黏土砖产量的0.8%，利用煤矸石1600万吨，年节约土地近万亩，节煤60万吨标煤。此外，全国利用煤矸石生产黏土类烧结砖的（平均掺矸石量15%左右）厂家较多，每年生产矸石内烧结砖500亿块，年利用煤矸石量1800万吨。另外煤矸石可以全部或部分代替黏土，作为生产普通水泥熟料的黏土质原料或作为铝质校正原料，为生产水泥提供所需的硅、铝成分。

煤矸石制作吸附材料，利用黏土质煤矸石的高硅、高铝和含碳的矿物特性研制煤矸石吸附材料。一些自燃后的煤矸石经过破碎、筛分后，可以配制胶凝材料。

煤矸石用作耐火材料，如煤矸石合成$\beta - SiC - Al_2O_3$复相材料、$\beta - SiC$、轻质莫来石砖、煤矸石和工业氧化铝合成莫来石料等。

四、利用煤矸石充填矿井采空区、回填塌陷区

煤矸石充填矿井采空区是化害为利的处理方法，它在减少煤矸石堆积占地，消除环境污染的同时，还具有减少地表滑陷防止煤层自燃发火和扑灭自燃的煤层火区等作用。它完全可以代替砂子填充，并可大大降低充填费用。

五、煤矸石制取化工产品

含硅高的煤矸石制取硅系列化工产品。当煤矸石中SiO_2含量达到50%以上，可有效利用其中的硅元素，开发硅系列的化工产品，如水玻璃、白炭黑、陶瓷原料等。

含铝量高的煤矸石制造铝盐系列产品。煤矸石中的含量达到35%时，通过施以一定的能量，破坏其原有的结晶相，有效利用铝元素，开发铝盐系列化工产品。

六、煤矸石回收和生产矿物

煤矸石回收煤炭、硫铁矿，煤矸石生产煅烧高岭石。

七、煤矸石的农业利用

煤矸石还可用来改良土壤、做肥料和农药载体。利用煤矸石的酸碱性及其中含有的多种微量元素和营养成分，可将其用于改良土壤、调节土壤的酸碱度和疏松度，并可增加土壤的肥效。具体实施时，要查明土壤的化学成分和性质，并在其中掺入一些有机肥料。

利用煤矸石生产高浓度有机复合肥，具有速效和长效的特点，适用于各种农作物的土壤。

八、煤矸石用于道路工程

筑路对于煤矸石的种类和品质没有特殊的要求，对有害成分含量的限制要求不高。煤矸石用于筑路工程具有耗渣量大、无需进行特殊处理、不需采用特殊技术手段的优点，是利用煤炭工业废弃物减少环境污染损害的有效途径。

九、煤矸石用于注浆技术

煤矸石具有潜在的火山灰活性，在一定条件下可激活并运用于工程注浆，将破碎松散的岩层胶结成一个整体，利用浆液与土体、岩石破坏结构体的共同作用改善岩层的物理力学性能，从而形成一个结构新、强度大、防水性能高、化学性能稳定的"结石体"。将煤矸石制成注浆材料，对因开采工作造成的岩层移动变形损坏空间及时注浆，减少岩层移动、变形、破坏量，进行地面减沉控制已经在工程实践中得到运用，成为煤矸石综合利用的又一个发展方向。

煤矸石利用对环境的危害如图6-2所示。

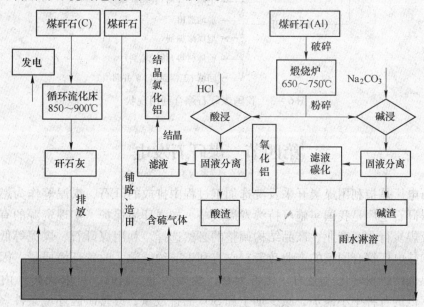

图6-2 煤矸石利用对环境的危害

我国煤矸石综合利用现状如图6－3所示。

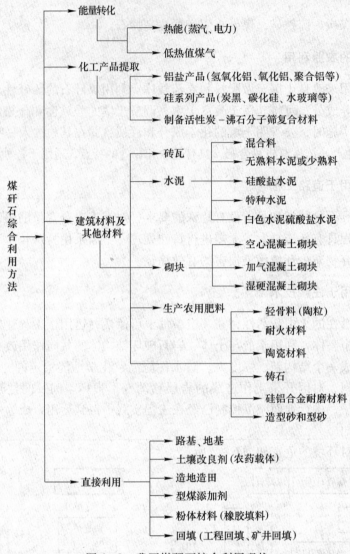

图6－3 我国煤矸石综合利用现状

第四节 煤矸石发电

煤矸石电厂是指利用煤炭开采及洗选加工过程中排放的矸石、煤泥等作为燃料的发电厂。发展煤矸石电厂是我国实施可持续发展战略、加强环境保护、实现资源的有效配置和利用，以及煤炭行业、产业、产品结构调整的必然选择。利用煤矸石、煤泥等低热值燃料建设电厂和热电厂符合国家的产业政策。它有利于节约能源，改善环境质量。因为它可以将这些低热值的燃料转化为电力，化害为利，变废为宝。同时，可取代矿区内现有煤耗高、热效率低的各种中小锅炉，减少烟尘和SO_2的排放量，改善矿区环境条件。根据国家产业政策，适合于实行集中供热、热电联供，以提高整体效益。在矿区建热电厂，可以充分利用矿区的固体废物煤矸石、煤泥等，而且发电过程中产生的废渣、粉煤灰等也可以供给砖厂、水泥厂使用。它不仅可满足供热区内热负荷日益增长的需要，而且可适当增加供电负荷，提高矿区供电安全和可靠性，对矿区经济发展起到促进作用。

一、煤矸石发电概述

利用煤矸石发电是利用其蕴含热量的主要形式。煤矸石因含碳，具有一定热值，热值大于4180kJ/kg的煤矸石通过简易洗选，尤其是选煤矸石发热量一般在6270kJ/kg以上，把它加工成粒径小于13mm、水分小于10%的煤矸石，与洗选过程中产生的热值较低的劣质煤一起配制成发热量为10000～13000kJ/kg的煤，可作为发电厂流化床锅炉的燃料，也可用于小型流化床锅炉做燃料供热用。使用这种燃料，不仅能节约大量的优质煤，而且能减少环境污染。

利用煤矸石作为燃料发电，可分为两种情况：一种是用全矸石，另一种是用矸石和煤泥混合。在用全矸石做燃料时，如果矸石的热值大于4186kJ/kg，则应该先进行洗选，用石灰石脱硫之后，再使用。如果矸石的热值在6270～12550kJ/kg，则可以直接用，其燃烧后产生的灰渣还可以做其他建材原料。在用矸石、煤泥的混合物做燃料时，要求矸石的热值在4500～12550kJ/kg之间，煤泥的热值在8360～16720kJ/kg之间，水分含量25%～70%。煤炭生产过程中要排出大量矿井水，水源充足，这些矿井水经处理后完全可以满足煤矸石综合利用电厂的工业用水需求。煤矸石综合利用电厂采用循环流化床锅炉，其燃烧生成的灰渣物化性能好，是生产建材用的活性填料和辅料；而生成的粉煤灰又可作为水泥厂的原料；另外，矿区的塌陷区将是天然的排灰场，为塌陷区复垦造田创造了前提条件。这些都是区建电厂的优势所在。

2008年12月16日，我国目前最大的煤矸石发电厂－黄陵矿业集团2×300MW煤矸石电厂开工奠基仪式在黄陵县双龙镇举行。该项目建成投产后每年可消耗黄陵矿业集团二号煤矿选煤厂产出的低热值煤矸石、煤泥、中煤$260×10^4$t，同时可大大改善二号煤矿矿井及选煤厂工业场地的通风、采暖、供热条件，每年可节约燃煤$1.28×10^4$t，减排$SO_2$72t、烟尘19t、NO_x130t。另外，灰渣通过除灰系统和除渣系统处理，作为黄陵矿业集团粉煤灰蒸压砖厂原料循环使用，资源得以充分利用。

我国每年发电消耗矸石量约1400万吨，占矸石综合利用量的30%左右，减少因堆积煤矸石占地2000余亩，而且电厂灰渣制砖，减少了黏土用量，保护耕地，改善了矿区环境。煤炭作为我国的基础产业和主要能源工业，由于受长期计划经济的影响，产业结构矛盾突出，且供过于求，经济效益不好，而利用煤矸石发电则具有较好的社会效益、经济效益和环境效益。

二、煤矸石发电的益处与障碍

（一）煤矸石发电的益处

一是改善矿区环境。我国每年矸石发电消耗矸石量约1400万吨，占矸石综合利用量的30%左右，减少因堆积煤矸石占地2000余亩；而且，电厂灰渣制砖，减少了黄土用量，保护耕地，改善了矿区环境。

二是节省大量能源。据测算，2014年全国产煤38.7亿吨，洗选加工煤炭24.2亿吨，排矸中的煤炭和煤泥量，折合标煤约 2.5 亿吨，以发电用煤 400g/kW·h 计算，可以发电 6250×10^8 kW·h，收入 1875 亿元。

三是社会效益可观。据不完全统计，2000 年煤矸石电厂发电约 120×10^8 kW·h，占矿区用电量的 30%，平均每度电盈利 338 分，全国电厂盈利 40 亿元以上。如：山东兖州局 6 个矸石电厂，装机达 1.11×10^6 kW，2000 年发电 4.7×10^8 kW·h，上交利润 4412 万元；山西汾西矿务局 2 个矸石电厂，装机 3.6×10^4 kW，去年盈利 2800 万元。而且，煤矿发电与购电相比，全国购电的综合电价为 0.3 ~ 0.4 元/kW·h，煤矿矸石电厂的供电成本为 0.15 ~ 0.25 元/kW·h，价差为 0.15 元/kW·h。2013 年，全国国有煤矿年用电量 300×10^8 kW·h 以上，仅购电一项，煤炭企业就多支出 45 亿元以上。从社会效益来看，去年，国内生产总值电耗为 1474kW·h/万元，而煤矸石电厂发电新增的生产总值可达 800 亿元以上，已安置了待岗人员 4 ~ 5 万人。

四是促进了煤炭行业的结构调整。煤炭作为我国的基础产业和主要能源工业，由于受长期计划经济的影响，产业结构矛盾突出，且供过于求，经济效益不好。煤矸石发电由于有较好的社会效益、经济效益和环境效益，也符合国家的产业政策，是煤炭行业产业产品结构调整的有效途径之一。

(二) 煤矸石发电的障碍

1. 电网关系难以协调

并网运行一直是煤矸石电厂建成后最先面临的难题，难就难在并网发电难、收费项目多、政策不落实等方面。新建一个矸石电厂或扩建一台机组都得经过电业部门长时审批，又要上缴名目繁多的费用，还要违背国家政策要求，参加电网调峰，影响了煤矸石电厂的正常运行和经济效益。

2. 建设资金严重不足

近年来，各商业银行对煤矸石电厂从重点扶持逐步转向到严格控制，不但对电厂进行多次评估，还要求企业有不少于 30% 的自有资金作为资本金，否则不同意贷款，因而，许多地方出现了办不成电厂或办成了也负债较高的问题。目前，绝大多数煤矸石电厂资产负债率均在 90% 以上。

3. 企业税费负担偏重

国务院先后下文对煤矸石电厂免征发供电环节的工商税和综合利用项目的产品税。而自产品税改为增值税后，煤矸石发电就不能享受减免增值税待遇，企业经济负担有所加重。

4. 企业经营体制落后

目前，大多数煤矸石电厂不是独立的核算单位，是隶属于矿务局（矿）的二级单位或生产车间。这种管理体制、经营机制既不能发挥煤矸石电厂的积极性，又不能按贷款合同还本付息，严重地影响了煤矿办电的信誉。

5. 部分电厂环境污染严重

煤矸石的主要特点是灰分高，发热量低，灰分一般在 40% ~ 70%，对于洗矸，硫分也比原煤高。煤矸石燃烧产生大量的烟尘和二氧化硫，如不采取措施将对大气环境造成严重的污染。按照《大气污染防治法》要求，煤矸石电厂若不能达标排放，有可能被环保部门关停，形势十分严峻。因此，对于较早建成的矸石电厂应尽快建设高效除尘设施，燃用含硫高的矸石电厂要抓紧建设脱硫设施，做到符合国家环保要求。

三、煤矸石发电的可行性

煤矸石发电经过十多年的发展，在锅炉燃烧技术、环境保护等方面已经取得了长足的进步，进入 21 世纪后，大力发展煤矸石电厂更是一举数得的好事。

一是适用于煤矸石电厂的循环流化床锅炉燃烧技术取得了很大进步。作为煤矸石电厂的核心设备的流化床锅炉的技术水平的高低直接影响到电厂的生产运行情况和企业经济效益。早期建设的煤矸石电厂基本以鼓泡型流化床锅炉为主，这种锅炉热效率低，不利于消烟脱硫。20 世纪 90 年代以来，循环流化床锅炉逐步取代了鼓泡型流化床锅炉，成为矸石电厂的首选锅炉，逐步从 35t/h 发展到 70t/h，合资生产的已达到 240t/h，热效率提高 5%～15%。以往由于矸石发热量低、灰分高、硬度大、锅炉磨损严重，经常造成锅炉停机检修，影响电厂运行。现在由于采取了防磨措施，循环流化床锅炉连续运行时间普遍超过 2000h。

二是消烟除尘等环境保护技术已能满足国家环保要求。煤矸石电厂除尘脱硫问题是广泛关注的问题，是关系矸石电厂生存的大事。目前，煤矸石电厂选用除尘器的类型主要是水磨除尘器、多管旋风除尘器、静电除尘器、布袋除尘器，其中静电除尘器和布袋除尘器效率最高，使用这两种除尘器均能满足环保要求。对于脱硫，由于矸石电厂采用的循环流化床锅炉的工况较容易实现在炉内燃烧过程中脱硫，一般在钙硫比为 15～20 时，脱硫率达 85%～90%，可以满足环保要求。

四、煤矸石燃烧能量计算

煤矸石燃烧，其热能转化方式主要表现为三种不同形式的能源：一是燃烧热损耗，包括煤矸石中矿物质在燃烧时受热分解所吸收的热量以及未燃尽的炭损耗热能等；二是生产性热能耗，包括供热、发电各个生产环节所消耗的热能；三是有效能，指实际用来供热或发电的有效能量，它不包括燃烧热损耗和生产性热能耗。因此，煤矸石完全燃烧时能量平衡方程为：

$$Q_{net,v} = R_c + U_{pc} + J_e$$

式中，$Q_{net,v}$ 表示煤矸石恒容低位发热量；R_c 表示燃烧热损耗能；U_{pc} 表示生产性热损耗能；J_e 表示煤矸石发电时的有效能。

实际上，在煤矸石发电燃烧的过程中，除热能耗外，生产性能耗还有其他多种形式的能耗，它们也应折算成热能耗而被扣除。因此，煤矸石燃烧发电净能 J_g 可表示为：

$$J_g = Q_{net,v} - R_c - U_{pc}$$

国内有人采用具有不同热值的煤矸石按公路运输 1kg 煤矸石 10km 的运输距离，计算出煤矸石燃烧供热是生产性能耗（包括运输综合能耗及其他生产环节能耗）、燃烧时热损耗能和净供出热量，并对数据进行了统计分析。结果表明，净供出热量 J_g 与煤矸石发热量 $Q_{net,v}$ 之间存在着明显的线性关系，其回归方程为：

$$J_g = -455 + 0.922Q_{net,v}$$

当 $J_g = 0$ 时，由上式求解煤矸石燃烧供热所需的低限发热量：

$$Q_{\text{net,v}} = 4.1868 \times 455/0.922 = 2066.15 \text{kJ/kg}$$

类似可计算出煤矸石燃烧发电时生产性能耗（运输及其他生产环节综合能耗）、燃烧热损耗、净产出电量及净供出电量。其中，将能耗折算成电量，得到净供电量 J_g 与煤矸石发热量 $Q_{\text{net,v}}$ 之间也存在着明显的线性相关关系，其回归方程为：

$$J_g = -0.105 + 0.000257 Q_{\text{net,v}}$$

当 $J_g = 0$ 时，由上式求解煤矸石燃烧供电所需的低限发热量：

$$Q_{\text{net,v}} = 1710.56 \text{kJ/kg}$$

此值即为燃用煤矸石发电的低限发热量。

由上述讨论可知，利用低热值燃料煤矸石供热发电，其低限发热量应在 1711 ~ 2021kJ/kg 之间。上述能量转换关系在完全理想条件下建立的，而实际系统要复杂得多。实际上各环节的能量消耗可能要更大，煤矸石发热量也不可能完全燃烧而变成热能。大量实践表明，燃用煤矸石供热或发电的低限发热量应为 3346kJ/kg。

在对煤矸石热值利用的同时，需对其热值进行测定。目前测定煤矸石发热量沿用的是煤的发热量的测定方法，在研究工作中通常测定分析基煤矸石的高位发热量，而在工业或评价煤矸石热能质量时，往往采用收到基的低位发热量作为指标，因此在利用资料时，需要注意这个问题。

五、利用煤矸石发电的燃烧设备

目前煤矸石热值利用主要采用沸腾燃烧（流化态燃烧）技术和沸腾锅炉（流化床锅炉）。1922 年德国率先申请了流化床燃烧技术专利，1926 年应用于 Winkler 煤气炉作为大规模化学反应装置投入实际应用。1964 年英国首先装设了流化床燃烧成套装置，此后广泛应用于世界各国，并不断推出新的形式与成套设备。我国 20 世纪 70 年代初开始相关方面的研究，并取得一定进展。

近年来我国推出的流化床锅炉结构类型已有若干种，从受热面布置来分，有密相床带埋管的，有不带埋管的；流化速度有的低至 3 ~ 4m/s，有的高至 5 ~ 6m/s；分离器的种类更多，如高温旋风分离器、中温旋风分离器、卧式旋风分离器、平面流百叶窗、槽形钢分离器等形式，都称为循环流化床锅炉（CFBB）。但从机理看，是否属于 CFBB 还有待商榷。

众所周知，流化床锅炉分为两大类：鼓泡流化床锅炉（BFBB）和循环流化床锅炉（CFBB）。到目前为止，两者之间无明确而权威的分类法，有人主张以流化速度来分类，但从气－固两相动力学来看，风速相对于颗粒粒径、密度才有意义。还有人主张以密相区是鼓泡床、湍动床还是快速床来区分，但锅炉使用的是宽筛粒燃料，以煤灰为床料的锅炉往往密相区既是鼓泡床又是湍动床，故此分法仍欠全面。还有人以是否有灰的循环为标准等，都有些顾此失彼。我们不妨从燃烧的机理上来分。鼓泡床锅炉的燃烧主要发生在炉膛下部的密相区，如我国编制的《工业锅炉技术手册（第二册）》推荐，对于一般的矸石烟煤、贫煤和无烟煤密相区份额高达 75% ~ 95%，燃烧需要的空气也主要以一次风送入床层。循环流化锅炉的一次风份额一般为 50% ~ 60%。密相床的燃烧份额受流化速度、燃料粒径及性质、床层高度、床温等影响在上述数值的上下波动。其余的燃料则在炉膛上部的稀相区悬浮燃烧，所以在燃烧的机理上，BFBB 接近于层燃炉，而 CFBB 更接近于室燃炉，两者在这一方面存在着极大的差异，所以以此划分似乎更为合理。

鼓泡流化床锅炉密相床的燃烧份额大，需布置埋管受热面以吸收燃烧释放。埋管的传热系数高达 $220 \sim 270kW/MC$，比 CFBB 炉膛受热面的 $100 \sim 500kW/MC$ 高得多。尽管 BFBB 稀相区内的传热系数比要低，但因在稀相层内的吸热量所占份额较小，总的来说，对于容量较小的锅炉 BFBB 结构受热面的耗量要少些，BFBB 的燃烧主要发生在密相床，给煤的平均粒径偏大，煤破碎设备较为简单，电耗低，流化速度低，细煤粒在悬浮段停留时间长，炉膛较低。虽埋管有磨损，但如防磨损失处理得好，一般横埋管可用五年以上。采用尾部飞灰再循环，BFBB 的燃烧效率可达 97%，如在炉膛出口安装分离器实现热态飞灰再循环，则可高达 98% ~ 99%，但此时装设分离器的目的主要是为了提高燃烧效率而不是像 CFBB 主要为了改变炉内的燃烧传热机理。

CFBB 的截面热负荷是 BFBB 的 $2 \sim 3$ 倍（从上至下加起来的热负荷，而不是一层），利于大型化，炉膛内温度均匀，大气污染物排放浓度低，燃烧效率高（可达 99% 以上），是在 BFBB 技术上的进步，具有更优越的性能，但因分离器不能捕集到细小煤粒，就需要较高炉膛，对煤的破碎粒度及操作控制等都要求较高，投资大且技术复杂。所以，CFBB 炉型对中小容量锅炉并无明显优势。国外一些研究者认为，BFBB 适用于 $50t/h$ 以下容量，CFBB 适用于 $220t/h$ 以上容量，在 $50 \sim 220t/h$ 容量范围内两者共存。

我国在过去许多年中建造了近 3000 台沸腾炉（即 BFBB），虽然其在燃烧劣质煤方面发挥了极大的作用，但由于一直在低水平上运行，飞灰量大、含炭高、锅炉效率低下，再加上除尘方面投资不足，烟尘治理没得到很好解决，致使沸腾炉有点"声名不佳"。CFBB 出现之后，人们便纷纷打出循环流化床锅炉的牌子，推出了不少炉型，如清华大学推出的低携带率循环床锅炉、哈尔滨工业大学与中国矿业大学开发的带埋管和槽型分离器的循环床锅炉等，实际上都是 BFBB。但它们是改进的沸腾炉，把沸腾炉技术提高到了较高的水平，这些炉型在工业锅炉和热电联供锅炉范围内有着极强的生命力。

我国的 BFBB 数量居世界之首，有着长期的运行经验，故改进的 BFBB 技术的成熟程度较高。而 CFBB 技术还有待完善和提高，在众多炉型的选择上，首先应分清其属于 BFBB 还是 CFBB，然后再考虑其他技术指标及可靠程度，本书以下的章节则主要是针对 CFBB 而言，对一些两者通用的技术，则皆适用。

（一）流化速度

流化速度对 CFBB 最直接最主要的影响是其对循环物料有着夹带的作用。随着 v 的增加，夹带量快速增加。早期国外的 CFBB 如 Lurgi 技术等，v 高达 $8 \sim 12m/s$，随着高流速带来磨损及能耗等问题，逐渐降至目前的 $6m/s$ 左右。我国 CFBB 技术开发较晚，初期因担心上述问题，有些炉子曾设计的 v 较低（$4 \sim 5m/s$）运行中发现循环物料不足，将风速提高后，状况大为改观，现也提高到 $5.5 \sim 6m/s$，与国外炉子比较接近。

（二）煤的粒径与煤质分析

CFBB 的流化速度很高，床料粒径大也可流化起来，如文献中可见，入炉煤粒范围可达 $0 \sim 12mm$、$0 \sim 20mm$、$0 \sim 25mm$ 等，随厂家和煤种不同而给出的允许范围不同，比 BFBB 允许燃料粒度范围要宽，最大允许粒径也大。但根据我们的研究和国外的一些文献报道，实际上 CFBB 使用的燃料平均粒径比 BFBB 要小得多。BFBB 的平均燃料粒径达 $1 \sim 2mm$，CFBB 的平均粒径只有 $300 \sim 400\mu m$，严格地说，CFBB 要求燃料中有较大比例的终端速度小于流化速度的细颗粒，以使得这些细煤粒一旦入炉后能被吹到悬浮段空间去燃烧，并且同时起到增加循环物料量的作用。燃料粒径的影响主要表现在其对密相床燃烧份额和物料平衡的影响上，燃料细粒多，密相床燃烧份额小，循环物料量大。

CFBB 入炉燃料粒度分布的确定与选择，与流化速度的选取有关，可见粒径对两者的影响是很大的，选定的粒度分布，应能保证在已确定的流化速度条件下，有足够细煤粒吹入悬浮段，以保证上部的燃烧份额，以及能形成足够的床料，保持物料的平衡。

影响入炉燃料粒度的主要因素还有煤的热爆性质和挥发分含量，热爆性强可选择粒度较大的煤粒，大煤粒入炉后受热爆裂可形成分额增加，此时入炉煤的粒度分布可放宽。

1. 二次风配比

把燃烧需要的空气分成一、二次风从不同位置分别送入流化床燃烧室，在密相床内形成还原性气氛，实现分段燃烧，可大大降低热力型 NO_x 的形成，这是 CFBB 的主要优点之一，但分成一、二次风的目的还不仅仅如此，一次风比（一次风量占总风量的份额）直接决定着密相床的燃烧份额，同样的条件下，一次风比大，必然导致高的密相床燃烧份额，此时就要求有较多的温度低的循环物料返回密相床，带走燃烧释放热量，以维持密相床温度，如循环物料量不够，就会导致流化床温度过高，无法多加煤，负荷上不去，这一用来冷却床层的物料可能来自分离器搜集下来的经过冷却的循环灰，或来自沿炉膛周围膜式壁落下的循环灰，灰在下落过程中与膜式壁接触受到冷却。

从密相床的燃烧和热平衡上看，一次风比越小，对循环灰的物料平衡要求越低，但实际上一次风比的选取还受燃料粒度及性质等因素的制约，一次风比小，要求燃料中不能被吹起进入悬浮段燃烧的大颗粒比例也要小，否则大颗粒因得不到充足的氧气燃烧不完全，排放的床灰中含碳量极高。一次风比一般选择在 50% 左右，对无烟煤则可达 60% 以上。

二次风一般在密相床的上面喷入炉膛，一是补充燃烧需要的空气，再者可起到扰动作用，加强气 - 固两相的混合，CFBB 炉膛的下部多设计成渐缩型，二次风可分成几股风从不同高度送入，以保持炉内烟气流速的相对均匀。二次风口的位置也有很大影响，如设置在密相床上面过渡区灰浓度较大的地方，就可将较多的碳粒和物料吹入空间，增大上部的燃料份额和物料浓度。

2. 分离器

分离器对 CFBB 的重要作用是十分肯定的，没有分离器也就没有 CFBB。正因为如此，国内外都把相当多的注意力放到了分离器的研究上。分离器的形式与结构形成了 CFBB 之间的区别标志之一。

CFBB 分离器的主要性能指标仍是分离效率，它必须具有足够高的效率，一是提供足够的循环物料，二是收集细碳粒送回炉膛再燃烧，提高燃烧效率。CFBB 循环物料的主体是 200~300MW 的颗粒，设计的分离器不但对此粒径有极高的分离效率（>99%），分割直径 d_{50} 还应尽量小，以提高碳的燃烬率。CFBB 飞灰含碳量分析发现，含碳量在某一料径时达到峰值，随后又下降，这一峰值对应粒径与分离器的效率是密切相关的。

目前 CFBB 使用的分离器主要分为两大类，旋风分离器和惯性分离器。旋风分离器效率较高，体积大；而惯性类分离器效率稍为逊色，但尺寸小，使锅炉结构较为紧凑。

在使用的条件上，分离器又可分为两大类，高温分离和中温分离。从对锅炉性能的影响上看，高温分离较为优越，原因是 CFBB 炉膛内的固体物料浓度较高，造成炉内混合较差，CO 浓度较高，高温分离器内的二次燃烧可降低 CO 浓度，二次燃烧造成的升温有利于 N_2O 的还原，降低 N_2O 排放浓度。

在分离器选取上还应考虑到锅炉的容量范围，作技术经济的比较，如小型工业炉选用旋风分离器，考虑到旋风筒和料腿都需要有一定的高度，与之相匹配，炉膛也必须足够高，否则压低旋风筒及料腿的高度，势必影响其性能。此时应做出技术、经济方面的综合分析。

3. 回灰装置

CFBB 灰循环系统中的回灰控制装置除少数为机械阀（如 Luirgl 的锥形阀）外，一般都采用非机械阀，如 J 形阀、L 形阀、V 形阀等。非机械阀没有活动部件，阀的开启与关闭是由给风控制的，其优越性不言而明。

非机械阀分为自平衡的和可调的两大类。J 形阀、V 形阀、回料阀（流动密封阀）等均属于自平衡式的，即流出量根据进入量自动调节，阀本身调流量的功能较弱，L 形阀是调节型的，即可根据需要调节流量大小。作者从自己的实践中体会到，L 形阀运行中的最大问题是阀垂直段中料位的测量问题，因垂直段中料位太低，松动风就可能不会携带灰从水平段流出，而是从垂直段向上吹，既起不到阀的密封作用，还有可能导致结焦，这一问题应给予注意。

在非机械阀的设计中，一是注意选择合适的灰流截面，二是若回灰是高温灰，还应计算阀内的热平衡即松动风中的氧与灰中的碳接触而燃烧，释放的热量部分转化成热烟气的焓，其余的热量则加热循环灰，变为灰的显热。应控制灰的温升，防止灰温过高而结焦，这也是近年来国外发展水冷料脚的部分原因。

4. 受热面磨损

BFBB 密相床内布置有埋管受热面，受处于流化状态的床料的冲刷，金属表面一直在经受着一定程度的磨损。BFBB 的磨损主要集中发生在过埋管部位。CFBB 密相床内不布置埋管受热面，磨损问题也并未因此而解决，设计时考虑稍有不周，在炉膛和灰系统的任何部位都有可能发生严重磨损。

在机理上，金属的磨损可分为两类：一类是金属表面在固体颗粒的冲刷下，因摩擦而导致的金属部件的逐渐失重；另一类是在金属表面形成一层氧化膜，膜的硬度很高，但较脆，在物料颗粒的冲刷下，氧化膜出现极小块的剥落，在剥落掉的金属表面上再形成新的氧化膜层，磨损就在这一过程中进行。表 6-6 给出了氧化层与其他一些物质硬度的比较。

表 6-6 氧化层与其他一些物质硬度比较（20℃时）

物料	石灰石	硅酸盐	钢	镀层	氧化膜
硬度（HV）	140~160	800	130~250	500~1800	600~1800

由表 6-6 可见氧化膜的硬度极高，如能在管子表面形成氧化膜，对减少磨损是极其有利的。氧气膜的形成速率很重要，若其小于磨损速率，金属表面就形成不了氧化膜。实验发现管壁温度在 300℃ 以上时，较易形成氧化膜。

CFBB 的密相床一般处于还原性气氛，对于在金属表面形成氧化膜是不利的，可用耐磨材料覆盖管子以避免严重的磨损。在还原与氧化气氛交界处,由于这一界面会上、下波动,也会导致磨损加重,应与还原区同样处理。

在炉膛下部壁面垂直段与渐缩段交界处、炉顶及炉膛出口等处,都是易发生严重磨损部位,在设计时应在结构上给以考虑或加防磨措施。尾部对流受热面的磨损也是一个必须认真对待的问题,我国先期投运的若干台 CFBB 已出现磨损现象。有些人认为 CFBB 安装有分离器,尾部烟道的飞灰浓度比 BFBB 低,这种认识是不全面的,安装了分离器,将其收集的灰送回炉膛,导致了炉膛内灰浓度的增加,人们针对这一高的灰浓度来设计分离器,为了能维持正常运行所需的灰循环,分离效率往往高达99%以上,尽管如此之高,但由于炉内的高浓度分离器未能收集而排出灰量的绝对值可能仍很高,尾部如此之高,但由于炉内的高浓度仍很大。在尾部烟道烟气是向下流,颗粒一边随烟气流动,一边受重力作用,颗粒的绝对速度是烟气速度加上颗粒粒度又大,导致省煤器等尾部的受热面磨损严重。在省煤器等尾部受热面管束的弯头与壁面之间如果间隙较大,形成烟气走廊,磨损将加速。金属壁面的磨损速率与速度呈 3～3.5 次方的关系,与灰颗粒直径为平方的关系。在尾部烟道设计时应充分考虑上述因素,选择合适风速,设计合理结构,避免受热面的严重磨损。

六、煤矸石电厂经济效益分析

一个装机容量 12MW 的矸石电厂年供电量约 $6.6×10^7$kW·h、供热约 12 万吨、售渣约 8 万吨,总收入约 3870 万元（计算按企业内部结算价:电价 0.45 元/kW·h、蒸汽 65 元/吨、炉渣 15 元/吨）。总费用约 2600 万元,包括燃料费 600 万元（年耗用平均热值 6.28MJ/kg 的矸石 20 万吨,企业内部结算价 30 元/吨）、设备折旧费 600 万元、财务费用 600 万元（贷款还本付息）、材料大修费用 400 万元、工资福利管理费用 400 万元。按以上收入扣紧、费用宽松的计算方式,电厂利润仍在 1200 万元以上。

矿区供热系统是安全生产的关键环节,1 个年产 400 万吨的矿井年最低供热量为 4 万吨,年消耗原煤 2 万吨,建 4 台 6t/h 快装锅炉,组建 1 个运行维修锅炉班,年消耗总费用应在 500 万元以上。如欲兼顾生活区供暖,实现年供热 12 万吨,则年消耗费用就会超过千万元,耗用原煤 5～6 万吨,煤的热值按 15.70MJ/kg 计算,可折合热值为 6.28MJ/kg 的矸石 15 万吨,接近矸石电厂全年的燃料需用量。如使用 6 万吨原煤配制 3.14MJ/kg 矸石做燃料（一般情况下 3.14MJ/kg 煤矸石只能废弃）,则可使 3.14MJ/kg 的 18 万吨废弃矸石变废为宝。

沸腾炉的供热质量是普通快装锅炉所不能比拟的。由于沸腾锅炉能脱除二氧化硫及二氧化氮,所以能减轻对大气环境的污染。

矸石电厂的建立使矿区每年少上缴电费 3500 元以上（电网电价 0.54 元/kW·h）,免除了供热成本,减少了占地投入,还可安置 200 人就业。代价就是每年消耗 20 万吨热值 6.28MJ/kg 矸石,一次性投资约 8000 万元。

从上述分析可以看出,用该矿区 2 年多免缴的电费便可还清投资。若使用电厂财务费用和年利润还贷,不到 5 年便可还清。

七、煤矸石发电工程实例

煤矸石发电是指利用煤炭开采及洗选加工过程中外排的固体废物等作为燃料进行发

电。目前，我国已建成煤矸石综合利用电厂 210 多座，装机容量达 888.28×10^4 W，年发电 4.2×10^{10} kW·h 以上。本节将以华能白山煤矸石发电厂为例，以此说明煤矸石的综合利用的具体实施方式。

（一）工程概况

新建的华能白山煤矸石电厂位于吉林省白山市江源区孙家堡子镇利民村苇塘沟，北距江源区 1km，西南距白山市约 13km、砟子镇约 4.5km。工程建设单位为华能吉林发电有限公司，属于煤矸石综合利用项目。

此工程新建 2×330MW 凝汽式汽轮发电机组，配 2×1190t/h 循环流化床锅炉，燃用白山地区几大矿业公司的洗选煤矸石、洗中煤及煤泥配成的低热值混合燃料。为节约用水，工程采用空冷机组。电厂锅炉补给水、辅机循环水及其他生产用水的供水水源为江源区煤矿疏干水；电厂生活消防水源为江源区市政自来水；浑江地表水作为生产用水的备用水源。

（二）生产工艺流程及设计方案

电厂主要生产工艺流程是将混合燃料中的煤矸石、洗中煤经过破碎，煤泥制成煤泥浆后分别送入循环流化床锅炉中燃烧，转换为热能，把水加热成高温、高压蒸汽。蒸汽送入汽轮机中膨胀做功，将热能转换为机械能，汽轮机带动发电机发电，将机械能转换为电能。锅炉燃烧产生的烟气经除尘、脱硫后，利用 210m 高的烟囱排放；除尘器除下来的灰、炉底渣和脱硫产物石膏全部综合利用，利用不了时送至贮灰场；生产过程中产生的废水分别采取相应的措施处理后全部回用。

1. 装机方案

（1）主机选型。

1）锅炉。

形式：循环流化床、亚临界一次中间再热自然循环汽包炉、紧身封闭、钢构架、固态排渣。

过热蒸汽

流量（MCR/额定）	1056/1005t/h
出口蒸汽压力（MCR/额定）	17.5/17.5MPa（g）
出口蒸汽温度	540℃

再热蒸汽

蒸汽流量（MCR/额定）	876.4/837.1t/h
进口蒸汽压力（MCR/额定）	4.043/3.837MPa（g）
出口蒸汽压力（MCR/额定）	3.837/3.641MPa（g）
蒸汽温度	540℃
给水温度（MCR/额定）	281.7/278.4℃
排烟温度（MCR/额定）	142/139℃
锅炉效率	92.0%（按低位发热值）
锅炉最低稳燃负荷	35% BMCR
脱硫效率	≥90%

NO$_x$ 排放浓度　　　　　　　　　　　　不高于 350mg/m^3（标态）

空气预热器　　　　　　　　　　　　　容克式四分仓

2）汽轮机。

形式：亚临界、一次中间再热、两缸两排汽、单轴单抽、直接空冷供热凝汽式。

额定功率（TRL 工况）　　　　　　　　300MW

最大连续功率（TMCR 工况）　　　　　325MW

主汽门前蒸汽压力　　　　　　　　　　16.7MPa（a）

主汽门前蒸汽温度　　　　　　　　　　537℃

主汽门前蒸汽流量　　　　　　　　　　1005t/h

中联门前蒸汽压力　　　　　　　　　　3.546MPa（a）

中联门前蒸汽温度　　　　　　　　　　537℃

中联门前蒸汽流量　　　　　　　　　　1606.969t/h

采暖抽汽压力　　　　　　　　　　　　0.25 ~ 0.65MPa

最大采暖抽汽量　　　　　　　　　　　550t/h

排汽压力　　　　　　　　　　　　　　0.013MPa（a）

保证热耗（THA 工况）　　　　　　　　8120kJ/kW·h

回热系统　　　　　　　　　　　　　　7 级（三高、三低、一除氧）

3）汽轮发电机。

额定容量　　　　　　　　　　　　　　353MV·A

额定功率　　　　　　　　　　　　　　300MW

最大连续功率　　　　　　　　　　　　325MW

（注：在额定电压、额定频率、额定功率因数和额定氢压条件下，并与汽轮机 TMCR 进汽量下的阻塞背压工况的出力相匹配。）

额定电压　　　　　　　　　　　　　　20kV

额定功率因数　　　　　　　　　　　　0.85（滞后）

额定频率　　　　　　　　　　　　　　50Hz

额定转速　　　　　　　　　　　　　　3000r/min

定子绕组绝缘等级　　　　　　　　　　F（按 B 级绝缘温升使用）

转子绕组绝缘等级　　　　　　　　　　F（按 B 级绝缘温升使用）

定子铁芯绝缘等级　　　　　　　　　　F（按 B 级绝缘温升使用）

额定氢压　　　　　　　　　　　　　　0.35MPa

效率　　　　　　　　　　　　　　　　≥98.9%

冷却方式　　　　　　　　　　　　　　水 – 氢 – 氢

励磁方式　　　　　　　　　　　　　　自并激静止励磁

（2）主厂房布置。主厂房布置采用汽机房、除氧煤仓间、锅炉房三列式布置方式。汽机房运转层采用大平台布置，两台汽轮发电机纵向顺列布置，机头朝向固定端。汽机房跨度 27m，分 0.0m、6.3m 和 12.6m 三层布置。

除氧间和煤仓间合并为单框架结构，布置在汽机房和锅炉房之间，跨度 10m，分为 0m 层、6m 层、12.6m 层（运转层）、19m 层（除氧器层）、26.6m 层（给煤机层）、

46.5m 层（皮带层）。

锅炉采用紧身封闭布置，岛式布置，设给煤机大平台，各层平台根据设备运行维护的需要设置。锅炉间运转层标高与汽机间运转层标高一致，同为 12.6m。两炉之间又布置有集中控制楼、化学取样及电子设备楼、机组排水槽等。为便于通行，炉前留有 6.5m 的通道，每台锅炉的电梯布置在锅炉尾部烟道右侧（从炉前看）锅炉附柱范围内。每台炉层布置有 1 台定期排污扩容器、5 台高压流化风机；2 台一次风机对称布置在锅炉尾部烟道两侧；2 台二次风机也对称布置在锅炉尾部烟道两侧，与一次风机并列集中布置，便于维护、检修。

炉后依次布置烟道，静电除尘器，引风机。每台炉配置两台双室五电场静电除尘器，除尘器效率不小于 99.75%；每台炉配两台静叶可调轴流引风机。

除尘器入口前设置一条宽 8m 的通道。

两台炉除尘器之间布置除灰综合控制楼。

两台炉共用一座高 210m，出口内径为 6.5m 的钢筋混凝土烟囱。

2. 机组热经济性指标（表 6 - 7）。

表 6 - 7 机组热经济性指标

序号	名　称	单　位	采暖期	凝汽工况
1	采暖期发电功率	MW	300.0	—
2	纯凝汽发电功率	MW	—	300.0
3	发电热耗率	kJ/kW·h	7707	8210
4	采暖运行小时数	h	4008	
5	非采暖运行小时数	h	—	1492
6	年发电量	kW·h	2.16×10^9	1.14×10^9
7	采暖抽汽压力	MPa	0.4	
8	平均采暖抽汽量	t/h	2×74	—
9	发电标煤耗率	kg/kW·h	0.289	0.308
10	年对外供热量	GJ/a	1354704	
11	年发电量	kW·h	3.3×10^9	
12	机组发电利用小时数	h	5500	
13	本期年耗标煤量	t/a	1022370	
14	年均供热标煤耗	kg/GJ	39.15	
15	年均发电标煤耗	kg/kW·h	0.295	
16	全厂热效率	%	44.17	
17	采暖期热电比	%	15.6	

（三）初步投资匡算及经济效益分析

1. 工程投资匡算

内容范围为发电厂 2×300MW 抽凝机组，各生产工艺系统工程以及厂外各单项工程。静态投资为 284950 万元，单位投资为 4749 元/kW；动态投资为 297522 万元，单位投资为 4959 元/kW。

2. 经济效益分析

生产能力：年发电量为 $3.18 \times 10^3 GW \cdot h/a$；年供热量为 $1.36 \times 10^6 GJ/a$。

此工程在注册资本金的内部收益率等于 10%，机组年利用小时数 5300h 的条件下，反算出电厂含税上网电价为 324.45 元/MW·h（不含税上网电价为 299.08 元/MW·h），低于吉林省电网标杆电价 356 元/MW·h 水平。

（四）项目优势

1. 以煤矸石为主要燃料

2010 年，白山市洗煤厂达到 16 户，年洗原煤能力 878 万吨，年产煤矸石 439 万吨，且运输距离均在 25km 以内。江源区原有煤矸石 4000 万吨（不包括国有煤矿），分别分布在松树镇、弯沟镇、三岔子镇、砟子镇、大石人五个镇，也可作为华能白山煤矸石发电厂工程的补充燃料。此工程机组年消耗煤矸石燃料 312 万吨，符合国家发展和改革委员会的文件要求。

2. 利用城市污水和煤矿疏干水

在水务管理设计的基础上，全厂用水统一考虑，工程的补给水采用经深度处理后的城市污水处理厂中水和煤矿疏干水，符合国家用水政策。

3. 采用空冷机组，节约用水

此工程建设 2 台 300MW 空冷机组，设计用水量约 $330m^3/h$ 左右，其中，电厂生活消防用水量为 $8m^3/h$，年需水量约为 $7 \times 10^4 m^3$；电厂锅炉补给水及热网补水需水量约 $150m^3/h$，年供水量约为 $90.75 \times 10^4 m^3$；电厂其他生产用水量约为 $172m^3/h$，年供水量约为 $104.06 \times 10^4 m^3$。

$2 \times 300MW$ 机组设计用水量约 $330m^3/h$，若去除供热耗水约 $50m^3/h$ 后，其空冷机组耗水量仅为 $280m^3/h$，机组耗水指标为 $0.13m^3/h$。

4. 坑口电厂，燃煤供应可靠

此工程厂址距离煤矿储煤场距离很近，属于坑口煤矸石电厂。主要燃料采用胶带运输机输送进厂，不占用国铁及地方公路运输能力，燃料供应可靠。

5. 城市供热

根据白山市江源区城市规划的采暖热负荷的需要，此工程建设两台 300MW 供热机组可以满足整个区域采暖供热要求，从而减少城市众多小锅炉，减少二氧化硫和氮氧化物的排放。

6. 采用膏体充填技术利用粉煤灰

此工程年产粉煤灰 174 万吨，除提供给建材行业外，还可以用来作为固体废物充填膏体的掺混料，对矿区的沉陷区的治理将起到极大的作用。

7. 注重环保设施建设

（1）工程采用高效电除尘器、循环流化床锅炉，有效控制二氧化硫和氮氧化物的排放量。

（2）运煤采用胶带运输机输送进厂直接到厂房，煤场较小且采用封闭式，减少对周围的污染。

（3）采用电厂污水相对集中和分系统处理方式，实现全厂废水零排放。

（4）采用干除灰方案，灰渣分排、粗细分排，灰渣综合利用。

（5）采用低噪声设备，减少对周围的影响。

第五节 煤矸石回填与复垦

一、煤矸石回填

矿区可利用煤矸石填充塌陷区，复垦造田，这对矿区固体废物的治理、生态环境的恢复可起到一定的作用。但这种简易填埋法易导致煤矸石淋滤液的二次污染。现在国内发明了一种新的煤矸石卫生填埋方法，主要由底部防渗层、间隔黏土层、侧衬、封顶层、矸石填埋单元及截水沟等附属设施组成，它是在科学选址的基础上采用必要的场地防护手段、合理填埋结构，可最大限度地减缓和消除固体废料对环境的污染。经过对煤矸石的卫生填埋，能有效地控制淋溶水的扩散，减小对地下水的污染；而且在其顶部防渗层可植树种草，进行土地复垦，恢复生态环境。

（一）填充工艺

1. 原料选择

煤矸石表面黏附着一定量的煤，仍存在燃烧的可能性。煤矸石在含水量较高时，形成煤泥而失去强度，易变形，对场地损害较大，因此首先要进行烧失量试验。凡烧失量大于16%的煤矸石不得用作场地填充料。为指导施工，还要进行重型标准计时试验、含水量试验、液塑限联合测定试验等。试验方法和土工试验方法相同。

2. 填充程序

填筑前将原地表进行清理、平整、压实，达到规范要求的压实度。

为便于边坡植草，在填筑煤矸石之前应先填筑护肩土。要求在削坡后，填方设计范围内护肩土的宽度为 0.8~1.0m，使所有土方的塑性指数不小于 15。由于土方的松散系数大于煤矸石（土方松铺系数为 1.5，煤矸石松铺系数约为 1.3），因此护坡土填筑厚度宜高于煤矸石 1.3~1.5 倍，并进行预压实，待煤矸石填铺后，同步压实，以增强整体结构。

3. 煤矸石填筑

由于矸石山体比较疏松，因此可以直接采用挖掘机进行挖掘，自卸车运输。在预填场地上首先应根据各运输车的载重量及煤矸石的松铺系数计算各车卸料的纵横间距，由专人指挥卸车，土和煤矸石结合部位要求填筑细粒料，便于土、煤矸石结合，以增强结构的整体性。用推土机摊铺、平整。煤矸石的松铺厚度不超过 30cm。

4. 洒水碾压

摊铺平整后，要检测煤矸石的含水量，根据最佳含水量确定是否洒水及洒水量。若含水量适中，可以直接进行碾压；若含水量偏低，一般要分两次洒水。第一次洒水为总用水量的 60%~70%。待 2~4h 挖开数点检查，待渗透深度超过厚度的 3/4 时（以不粘轮为度），开始进行碾压 2~3 遍。压路机选用 30t 以上振动压路机，强振不少于 2 遍，使煤矸石基本上完全破碎，重新组合。然后喷洒第二次水，洒水量为总用水量的 30%~40%，待4~8h 后即可碾压。用重型压路机强振 1~2 遍，静压 2~3 遍，表面无明显轨迹，不出现松散、翻浆、软弹等现象，使表面光洁密实，形成板体。

（二）检测方法

基槽下 0～80cm 之内用灌砂法进行检测，80cm 以下采用工艺法（粗粒式）或核子仪法（用灌砂法核定，细粒式）。工艺法即通过试验确定 30t 以上振动压路机达到压实度的遍数为依据后，表面无明显轨迹，无松散现象，碾压过程中颗粒无明显移位，即可认为压实符合要求。煤矸石场地基础竣工后，应进行弯沉试验或承载板测定，以评定质量。

（三）注意事项

（1）矸石山体较松散且堆积较高，有的达到 30m 高，同时会出现坍塌、滑坡等现象。因此挖装时要注意安全，施工中派专人负责观察山体的变化，一旦发现有异常现象时，立即指挥机械车辆撤离现场。

（2）由于矸石山体内部易自燃，使山体中有大量的热量，因此遇有温度较高的煤矸石时，应先洒水冷却后再装运。同时由于矸石山体自燃程度不同，出现黑色、灰褐色及红色等几种煤矸石。褐色煤矸石碳含量高，烧失量偏大，因此在施工中，优先选用红色矸石，其次是红色灰褐色矸石，选用黑色矸石时应严格进行试验，若试验结果符合技术要求方可使用。在距场地填方顶面深度 80cm 范围内，采用烧失量低于 8% 的红色煤矸石，其粒径控制在 10cm 以下；其中最上压实层所用的煤矸石粒径控制在 6cm 以下。

（3）平整工程中，应由专人剔除粒径大于 20cm 的煤矸石块、垃圾等，对于在碾压工程中形成支点的矸石块要进行处理，确保碾压质量。

（4）平整工程中对于大颗粒集中的区域，应用细粒料填充处理，确保压实后密实，特别是土与矸石的结合部。

（5）洒水工程中，要喷洒均匀，不能忽多忽少。对土与矸石的结合部位要重点对待，由于土与矸石的最佳含水量和用水量不同，因此极易造成土方翻浆，在施工中可以采用人工洒水、少量多次的方法，以保证压实工程中土与矸石结合良好。

（6）由于煤矸石需用大量的水，在铺筑之前将煤矸石洒水湿润，可以缩短施工时间，加快工程进度。

（7）碾压要配备大吨位（30t 以上）振动压路机，同时严格按照技术规定的要求进行操作，即先边后中、先低后高、先慢后快、先轻后重、先稳后振的原则，土与矸石结合部位及边缘要多压 2～3 遍，确保结构的整体性。

二、煤矸石复垦

（一）国内外矿区土地复垦现状

煤矿区集煤炭开采、利用与土地资源占用、破坏为一体，是资源、环境与人口矛盾相对集中显现的区域之一。因此，矿区土地复垦逐渐成为世界各采矿大国的热点课题。历史较久、规模较大、成效较好的国家有美国、德国、前苏联、澳大利亚等国家。美国根据矿区环境污染的不同对象先后颁布了严格的国家法令，如《露天开采控制和复田法令》，并在矿区环保及治理上取得了显著成绩；德国对其莱茵矿区受破坏土地到 20 世纪 60 年代末已复垦 81.33km²；澳大利亚则被认为是世界上先进而且成功地处置扰动土地的国家，它把土地复垦视为矿区开发整体活动不可缺少的组成部分，目前已形成以高科技指导、多专业联合、综合治理开发为特点的土地复垦模式。

国内矿区土地复垦工作始于 20 世纪 50 年代末，那时只是小规模、技术粗糙、简单的回填。由于缺乏资金及理论指导，到 80 年代后期，全国开展复垦工作的矿山企业不足 1%，已复垦的土地不到被破坏土地的 1%。为了保护珍贵的土地资源，改善矿区生态环境，国务院 1988 年 12 月第 19 号令颁布了《土地复垦规定》，以法规的形式对复垦地的实施原则、责权关系、组织形式、规划、资金来源及复垦土地使用等做了原则性的规定，提高了全国各行业的复垦意识，使我国的土地复垦工作有了新的发展。到目前为止，我国矿区土地复垦率不到 12%，远低于发达国家 65% 的土地复垦率。矿区土地复垦工作任重而道远。矿山土地复垦需各种知识综合起来应用，具有明显多学科性，涉及自然科学、技术科学和社会科学等，因此，使其具有复杂性、广泛性、多样性等特征。科学的矿山土地复垦技术就是要很好地将各学科中先进、成熟和在推广中的新技术融为一体，从长远的角度进行土地利用和生态环境的优化。

（二）复垦技术

复垦技术一般包含工程复垦、生物复垦两大方面。

（1）工程复垦。工程复垦技术是指工程复垦中，按照所在地区自然环境条件和复垦地利用方向的不同，对废弃地采用矸石充填、粉煤灰充填、挖深垫浅等手段进行回填、堆垒和平整，并采取必要的防洪、排涝及环境治理等措施。采场排土中有内排工艺技术和外排工艺技术，覆土时有机械覆土技术和水力复垦技术。

（2）生物复垦。生物复垦是根据待复垦土地的利用方向，采取包括肥化土壤、微生物培肥等在内的生物方法，改变土壤新耕作层养分状况和土壤结构，增加蓄水、保水、保肥能力，创造适合农作物正常生长发育的环境，维护矿区生态平衡的技术体系。包括微生物培肥法、绿肥法和施肥法。目前，在复垦土壤的侵蚀化控制及产业化、水利播种与覆盖、人造"表土"以及矿山固体废物复垦新技术等方面取得了比较好的成果。

（三）开展矿区塌陷地治理及复垦技术的意义

切实做好矿区塌陷地治理和复垦工作是贯彻党的十六届五中全会提出的"加快建设资源节约型、环境友好型社会"精神，落实科学发展观，坚持最严格的耕地保护制度，符合党中央国务院提出的"加快推进土地复垦"的要求，实施土地可持续利用的重要举措。对改善生态环境、发展循环经济、推进社会主义新农村建设、建设节约型社会、促进经济社会可持续发展具有十分重要的意义。

（1）抑制矿区生态环境恶化。煤炭资源开发利用对人类环境的负面影响，使矿区环境问题日益严重。矿区大量农田、耕地、林地遭到破坏，引发了一系列的生态环境问题。20 世纪 80 年代起，我国开始采煤塌陷区复垦工作，在矿区土地复垦规划理论和方法、高潜水位矿区生态工程复垦、矿区复垦土壤的特性与改良、矸石山植被与复垦、开采塌陷对耕地的破坏机理与对策、开采塌陷土地复垦工艺等方面取得了一些成果，也进行了局部推广，但一些关键性的技术难题尚未解决，故而实践规模小、技术应用单一。随着社会的进步、科技的发展，应展开对矿区塌陷地治理及复垦技术的，开发新型土地复垦技术或工艺，从而抑制矿区生态环境恶化的趋势。

（2）保护土地资源。人多地少是我国的国情，土地问题十分突出。我国是煤炭开发大国，煤炭开采将不可避免地破坏耕地资源。而保护土地、节约土地是我国国民经济发展的基本国策。所以开展采煤塌陷区土地复垦工作，通过矿区塌陷地治理示范工程建设，系统地建立起适合矿区塌陷地治理及复垦的方法与技术体系，在有效增加耕地数量，协调煤炭资源开采与土地资源保护的关系方面均具有重要的现实意义。

（四）矿区土地复垦中存在的问题及建议

1. 土地复垦中存在的问题

通过近 30 年来土地复垦工作的理论及实践，我国的土地复垦工作取得了一定的成绩，但与发达国家相比，仍存在比较大的差距。造成差距的原因固然与我国土地复垦工作起步较晚有关，但也存在其他方面的影响因素：有些地区的地方政府和采矿企业对土地复垦工作的重要性认识不足，导致这些地区的土地复垦工作进展比较缓慢。根据国务院《土地复垦规定》，土地复垦实行"谁破坏，谁复垦"的原则，因一些地方的土地使用权权属不清，使该原则不能得到充分体现，也会严重挫伤企业土地复垦的积极性。土地复垦是一项庞大的工程，需要大量的资金支持，但现实中复垦资金来源渠道不确定，许多企业由于经济效益不佳，很难筹集到多余的资金用于土地复垦工作。土地复垦理论仍落后于实践的要求，使土地复垦工程因缺乏理论指导而带有一定的盲目性。

2. 土地复垦建议

加大矿山土地复垦工作宣传力度，使各级政府和企业充分认识其重要性，增强复垦意识，积极、主动、科学、有效地开展土地复垦工作。制定一部全国性统一的矿地复垦法律法规，在立法中确立"谁破坏，谁复垦，谁收益"的原则，明确破坏土地个人和企业的权利和义务，在法规中制定详细的复垦技术标准以指导矿区复垦工作。通过鼓励企业和私人基金注入，吸引社会及外部资金等手段建立矿山土地复垦的专项基金，增大复垦的资金投入，建立、落实复垦押金制度，确保矿区复垦资金的投入，保证土地复垦工作的顺利开展。成立专门的矿山复垦执法机构，审批矿山开采及复垦计划，组织开展土地复垦工作，监督各级政府和企业切实执行土地复垦法规的各项规定及复垦标准，对不履行土地复垦责任或不按期完成复垦任务应视为违法行为，要追究其法律责任。加强复垦理论技术，借鉴、引进国外先进复垦技术，加速推进我国土地复垦工作。

三、尾矿回填应用实例

随着人们环境保护、资源不可再生意识的提高和循环经济的不断发展，利用尾矿作为充填材料的充填法采矿已是今后采矿业发展的趋势。为充分回收地下资源，多数井下矿山在回采顺序上，采用多步骤回采。因此，降低矿山充填成本，提高充填体强度，控制地压并保护地表及矿区周边环境，是矿山安全生产，提高矿山生产能力的重要保障。

我国的充填技术经历了从干式充填到水力充填，从分级尾砂、全尾砂、高水固化胶结充填到膏体泵送胶结充填的发展过程。我国的矿山数量多，开发与应用的充填工艺与技术类型多，尤其是近十余年来，在新的充填技术的研究开发和推广应用方面均取得了长足的进步。尾矿充填技术已经比较成熟，利用尾矿充填，既可以解决矿山充填骨料来源，又能够解决或部分解决尾矿的排放问题，一举两得，是解决尾矿排放问题的最佳途径。

因此，尾矿充填技术处置矿山尾矿具有非常好的应用前景。

（一）尾砂胶结充填采矿法在唐山亨达东安铁矿的应用

1. 充填工艺流程

采区充填站于 2006 年 12 月建成投入使用。水泥、尾砂、水等充填料在地表充填站进行搅拌，然后通过专用管道输送到井下。设计胶结充填体强度 2MPa，充填能力 700t/d。充填系统流程如图 6-4 所示。

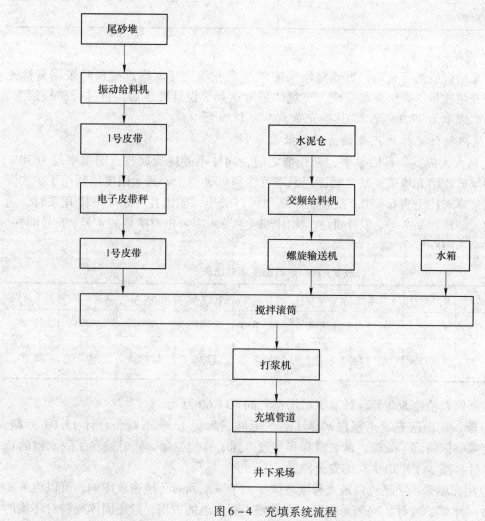

图 6-4　充填系统流程

2. 物料配比

经矿山试验及生产验证，东安铁矿胶结充填料配比见表 6-8。

表 6-8　充填料配比

方　案	水泥/kg·m⁻³	骨料/kg·m⁻³	水/kg·m⁻³	浓度/%
一	200	尾砂 1690	195	66
二	200	粗砂（水渣）1400	210	66

3. 充填试块强度试验

采场充填后对采场的充填料进行抗压强度试验。取样的规格（长×宽×高）为 20cm×10cm×10cm，数量为 3 个（不同采场）。经试验后，综合平均单轴抗压强度记录见表 6-9。

表 6－9　综合平均单轴抗压强度试验记录

时间/d	7	15	28
抗压强度/MPa	1.2	1.8	2

4. 矿房充填

矿房回采结束后进行充填，直到将刚采完的矿房充填完毕。临近接顶时采用膏体充填，以保证充填质量。矿房充填完成，充填体强度达到了设计要求后，再进行矿柱回采。东安铁矿采矿成本为 77.16 元/t，其中充填成本为 18.9 元/t。

（二）尾砂胶结充填优点及经济社会效益分析

（1）此法大大提高矿石回采率，未充填之前，间柱不能进行回收，回采率仅为 70% 左右，采用尾砂胶结充填采矿法之后，回采率可达到 90% 以上，最大限度地利用了矿产资源。矿石回采率对比见表 6－10。从表 6－10 中可以看出，矿山在 －90m 中段开采时，通过胶结充填采矿法回采 7 号、8 号间柱，比用普通空场法回采相同矿量的 4 号、5 号间柱，可多采出矿量 30400t。

表 6－10　矿石回采率对比表

充填方法	中段/m	矿体编号	矿房编号	矿房矿量/t	间柱编号	间柱矿量/t	采出矿量/t	损失矿量/t	回采率/%
空场法	－90	Ⅰ－1－4	4号、5号	104000	4号~5号	32000	98800	37200	72.65
尾砂胶结充填法	－90	Ⅰ－1－4	7号、8号	104000	7号~8号	32000	129200	6800	95.00

按现在铁精粉价格 560 元/t 计算，可增加利润 40～60 万元。

（2）目前，矿山已充填干基尾矿砂 11.65 万吨，水泥 1.39 万吨，合计 13.04 万吨。通过充填使采空区得到了处理，地表沉降和变形得到了有效控制，同时确保了隔水层的稳定性和可靠性，减少了矿山生产的安全隐患。

（3）应用充填采矿法还可以最大程度地减少由于采矿而对环境造成影响。可以将采矿的固体废料（尾矿、废石）充填采空区，大量减少对土地的占用，避免固体废料对环境的污染。

第六节　煤矸石回收生产有用矿物

一、从煤矸石中回收煤炭

回收煤炭的主要工艺比较常用的是重介－跳汰联合分选工艺，此外还有旋流器回收工艺、斜槽分选机工艺、螺旋分选机工艺等典型工艺。这些工艺的主要原理都是根据煤矸石和煤炭的密度不同，在重力和离心力的作用下按密度分选，将上层煤粒提出，矸石则排入相应的卸料孔。煤炭洗选排矸量约占煤矸石总排放量的 30%。洗矸发热量大多为 2.09～6.28MJ/kg，常被作为矸石电厂的沸腾炉燃料。有些矿从洗矸中回收煤炭，取得了良好的经济效益。利用洗矸中发热量较高的矸石，采用水力旋流器从洗矸中回收煤炭，具有显著的经济效益和社会效益。

矸石再洗系统工艺流程如图 6-5 所示。洗矸由胶带运至缓冲仓，再从缓冲仓由胶带送至准 25mm 分级振动筛。大于 25mm 的借人工手选胶带选出中块煤、矸子石后进入矸石仓，运往矸石山废弃；小于 25mm 的进入缓冲水仓，形成水、矸石混合体，由渣浆泵打入水力旋转器。经水力旋转器分选后，其底流和溢流分别进入中间隔开的振动筛脱水，产出再洗煤和碎矸石。矸石经过再洗，把洗矸中的煤生产成再洗煤，减少了煤炭资源的损失。再洗煤含量为 35% ~ 45%。

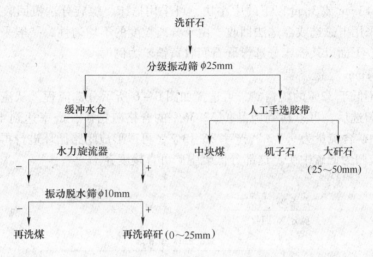

图 6-5　矸石再洗系统工艺流程

二、从煤矸石中回收黄铁矿

（一）回收硫铁矿的概况

硫铁矿是化学工业制备硫酸的重要原料。据不完全统计，我国和煤伴生或共生的硫铁矿资源比较丰富，储量约 16.4 亿吨，占全国硫铁矿保有储量的一半以上，分布在全国 21 个省。这些硫铁矿可和煤炭一起或分层开采出来，经精选后获得符合质量要求的硫精矿。一般硫铁矿在原煤洗选过程中富集于洗矸中。例如某矿区原煤的硫含量为 2.5% ~ 3.5%，而洗矸中的含硫量达 10% 以上，超过硫铁矿的工业采品位（8%）。分选回收的硫精矿含硫量为 40.1%，完全能达到工业上制备硫酸的要求（制硫酸时要求 $w(S) \geqslant 35\%$），是制备硫酸的好原料。

（二）煤矸石中回收硫铁矿的原理

高硫煤矸石中含有的主要有用矿物为硫铁矿和煤。纯硫铁矿比重高达 5，与脉石比重差为 2 ~ 2.3，而共生硫铁矿与脉石比重差为 0.5 ~ 1。因此，使硫铁矿尽可能从共生体中解离出来，利用比重差即可将硫铁矿分选出来。

煤矸石的原矿粒度较大，其中黄铁矿的组成形态包括结核体、粒状、块状等宏观形态为主，经显微镜和电镜鉴定，煤中黄铁矿以莓球状、微粒状分布在镜煤体中，而在细胞腔中也充填有黄铁矿，个别为小透镜状、细粒浸染状。矿物之间紧密共生，呈细粒浸染状，所以在分选前必须进行破碎、磨矿。煤矸石的解离度越高，选别效果越理想。

（三）煤矸石中回收硫铁矿工艺介绍

赋存在煤中的黄铁矿，经过洗选后大部分富集于洗矸中。洗矸中黄铁矿以块状、脉状、结核状及星散状 4 种形态存在。前 3 种以 2～50mm 大小不等、形态各异的结核体最常见，矸石破碎至 3mm 以下、黄铁矿能解离 80% 左右，破碎至 1mm 以下几乎全部解离。星散状分布的黄铁矿很少，多呈 0.02mm 立方体单晶，嵌布于网状岩脉中很难与脉石分开。黄铁矿回收方法和工艺流程原则上是从粗到细把黄铁矿破碎成单体解离，先解离、先回收，分段解离、分段回收。例如，13～50mm 的大块矸石，采用跳汰机或重介分选机回收硫精矿；6～13mm 或 3mm 以下的中小块，可采用摇床、螺旋分选机回收；小于 0.5mm 的细粒物料可采用电磁选或浮选法回收。由于分离粒度的不均匀性，一般采用多种方法的联合工艺流程。下面以某摇床分选煤矸石回收黄铁矿为例。

1. 0.25～1mm 粒级流程

欲得品位不低于 32% 的硫精矿，可选择如图 6-6 所示分选流程。从流程可看出，经过摇床粗选和扫选后，可以得到硫品位 32.36% 的合格硫精矿，产率达到 46.65%，回收率 78.94%；中矿含硫量为 9.7%，产率 36.13%，可以形成闭路循环进行再选；尾矿含硫量 3% 左右，应归为低硫中矿，这部分低硫中矿可直接废弃。

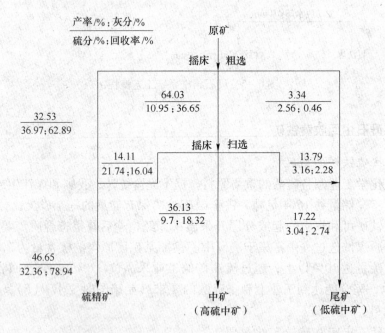

图 6-6 煤矸石样品中 0.25～1mm 粒级摇床分选流程

2. +1mm 粒级流程

+1mm 粒级流程优化试验结果如图 6-7 所示。该粒级样品经过摇床粗选和扫选，可以得到硫品位 34.46% 的合格硫精矿，产率达到 50.25%，回收率大于 80%，效果良好；中矿含硫 9.51%，产率 40.22%，可以形成闭路循环进行再选，以取得更高的回收率；尾矿硫含量为 3.5%，但产率较低。

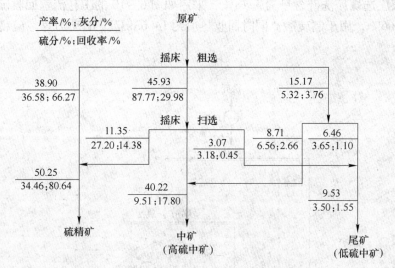

图6-7　煤矸石样品中+1mm粒级摇床分选流程

3. 全粒级分选

可将尾矿并入中矿（即高、低硫中矿合并），视为没有尾矿（尾矿已在初步富集过程中抛掉），这样可以得到更为简化的分选流程，如图6-8所示。其硫精矿的品位能达到32%以上，产率50%左右，中矿可返回系统进行再选。

（四）从煤矸石中回收硫铁矿应用实例

硫铁矿回收流程有重介旋流器流程、全摇床流程、跳汰-摇床联合流程、跳汰-螺旋溜槽联合流程和跳汰-摇床-螺旋溜槽联合流程五种。其中，跳汰-摇床联合流程（图6-9）虽然流程复杂、投资大，但其分选效果好、综合技术经济指标合理，得到广泛应用。

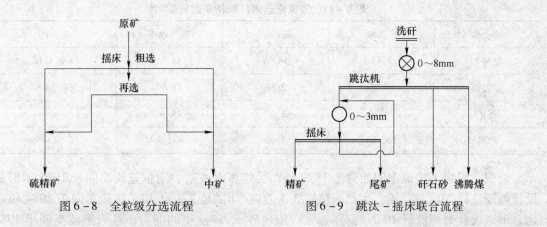

图6-8　全粒级分选流程　　　　图6-9　跳汰-摇床联合流程

四川南桐矿务局建设有三座煤矸石选硫车间厂，其中南桐、干坝子洗煤厂选硫车间以洗煤厂洗矸为原料加工回收硫精砂；红岩煤矿硫铁厂以矿井半煤岩掘进煤矸石为原料加工回收硫精砂。均采用原矿破碎解离、跳汰或摇床主洗、矿泥摇床扫选回收硫精矿工艺。三座车间在生产回收硫精砂的同时，副产品沸腾煤供电厂发电。

开滦唐家庄选煤厂洗矸含量为 3.18% ，采用如图 6 – 10 的工艺流程回收硫铁矿，硫铁矿含硫量 36.66% ，用于制硫酸；同时回收热值约 14.63kJ/kg 的动力煤。硫精矿的回收率见表 6 – 11 。

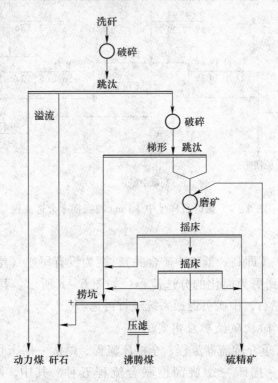

图 6 – 10　唐家庄选煤厂硫铁矿回收工艺流程

表 6 – 11　唐家庄选煤厂硫精矿回收率　　　　　　　　　　　（%）

名　称	产　率	硫品位	硫回收率	备　注
硫精矿	4.84	36.66	44.75	含碳 5.16
动力煤	20.96	2.32	11.89	灰分 50.67
尾矿	74.20	2.25	43.36	
原料	100.00	3.96	100.00	

南桐、干坝子选硫车间始建于 1979 年，后经多次改造，南桐选硫车间于 1996 年形成设计处理洗矸 21 万吨/年、生产硫精砂 3.5 万吨/年的能力；干坝子选硫车间于 1984 年新建，形成设计处理洗矸 10 万吨/年、生产硫精砂 3 万吨/年的能力；红岩选硫车间于 1989 年 12 月建成投产，形成设计处理半煤岩掘进煤矸石 13 万吨/年、生产硫精砂 2.5 万吨/年的能力。

由于分离粒度的不均匀性，一般采用多种方法的联合工艺流程。四川南桐干坝子选煤厂回收黄铁矿流程如图 6 – 11 所示。

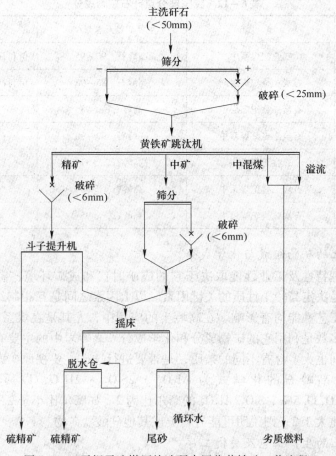

图 6-11 干坝子选煤厂从洗矸中回收黄铁矿工艺流程

　　煤矿从矸石中回收硫铁矿，使资源得到合理利用。减少硫黄进口满足国内急需，同时投资较省，吨精矿生产能力投资要比单独开采约减少一半。从洗矸中回收 1t 精矿，同时每处理 45t 洗矸还可回收 1t 劣质煤作沸腾锅炉燃料。

　　回收矸石中的硫化铁不仅可以得到化工原料而带来可观的经济效益，同时也减轻了对环境的污染。煤矸石中的黄铁矿与空气接触，产生氧化作用，这是一个放热的过程。在通风不良的条件下，热量大量积聚，就导致矸石的温度不断升高。当温度升高到可燃质的燃点时便引起矸石山自燃。另外，硫化铁的氧化还放出大量的 SO_2 气体，污染大气。因此，回收（或除去）矸石中的硫化铁，就减少了矸石山自燃和污染大气的内在因素。

三、煤矸石生产高岭土

　　煤矸石是由多种矿岩组成的混合物，属沉积岩类。其矿物成分以铝土矿物和石英为主，常见矿物为高岭土、蒙脱石、伊利石、石英、长石、云母、绿泥石、硫铁矿及碳质组成。除石英、长石、硫铁矿及碳质外，以上矿物均属于层状结构的硅酸盐，这是煤矸石矿物成分特点。一般情况下，我国煤矸石中高岭石含量通常在 90% 以上（有的达到 98%）。我国部分煤矸石矿物成分见表 6-12。

表 6 – 12　我国部分煤矸石矿物成分

矿　区	地　质	主要矿物及含量/%	次要矿物
山东章丘	二叠纪煤系中	高岭石，90~95	伊利石、一水硬铝石、石英
山西大同	石炭二叠纪煤层间	高岭石，85~95	伊利石、一水硬铝石、石英
内蒙古准格尔	石炭二叠纪煤层中	高岭石，>98	伊利石、石英
陕西铜川	石炭纪二叠煤系中	高岭石，92~98	石英、长石、云母
河北武安	二叠纪煤系中	高岭石，>97	长石、云母
河南焦作	石炭二叠纪煤系中	高岭石，>98	伊利石、云母
辽宁本溪	石炭二叠纪煤层中	高岭石，>95	伊利石、石英

（一）高岭土的矿物组成与化学成分

高岭土的物理特性及工业性能取决于它的成矿时代和成矿环境、矿物组成与化学成分，其中粒度也是决定高岭土性质的关键因素。以上因素之间是互相制约的，它们对高岭土的物理特性和工艺性能均有影响。在高岭土的应用中，尤其是在煤系高岭岩的应用中，在目前阶段绝大多数是利用它的矿物成分和化学成分。高岭岩中的主要有用矿物成分是高岭石族矿物，其间也大多含有不同的杂质，是否要进行选矿，要视原矿质量和需要剔除的矿物成分而定。高岭石的化学式为 $Al_2O_3 \cdot 2SiO_2 \cdot 2H_2O$，以质量分数表示为：$SiO_2$ 46.54%，Al_2O_3 39.5%。SiO_2/Al_2O_3 的摩尔比为 2。如摩尔比小于 2，说明矿石中存在铝矿物；如摩尔比大于 2，则说明可能有石英或其他硅酸盐矿物。

（二）高岭土的生产工艺及关键工序

借鉴高岭土的生产工艺，生产煤系高岭岩制品的工艺路线有 3 种：全干法生产工艺、半干湿法生产工艺、全湿法生产工艺。上述 3 种工艺路线，以全湿法生产工艺最为先进，可以生产出造纸、涂布级高岭土，替代进口的"双 90"煅烧土，或用高岭土合成沸石以及军工用的高强特种陶瓷等。但这种工艺投资大、技术难度也大。在煤系高岭岩的生产工艺中，关键的工序是煅烧、磨粉、剥片。目前能够连续作业、准确控制炉温、粉尘小、处理量大、能耗低的煅烧窑炉已经问世。超细磨粉设备以及第三代化学剥片法也已问世，正从试验阶段向批量生产阶段转化，与发达国家的水平日益缩小。

（三）高岭土生产的关键工序

高岭土加工中最重要的工艺是超细剥片粉磨和高温煅烧。但煅烧技术仍采用隧道窑，不仅生产规模小、投资大、产量低、能耗高，而且产品质量不易得到控制。因此，新的煅烧炉是工业化大生产的迫切需要。随后出现了流态化悬浮煅烧新工艺以及具有知识产权的 ASE5 型悬浮系煅烧高岭土新工艺。该工艺具有一定的先进性、适应性和经济性，具有流化悬浮隔烟、低温煅烧（900℃）稳定的特点，并能生产出白度 90、细度 1250 目（10μm）的产品，赢得了市场，广泛应用于塑料、橡胶、电缆、涂料及 4A 分子筛等行业。煤矸石制工业用煅烧高岭土有两种工艺流程：其一是先烧后磨，即将粉碎 325 目以下（小于 4.5μm）的高岭土原料，先煅烧，然后超细磨至所需粒度，干燥后包装成产品；其二是先磨后烧，即将 325 目以下（小于 4.5μm）的原料，先进行剥片粉磨，使之达到所需的粒度，然后煅烧成产品。

传统的外热式隧道窑煅烧工艺，因其高热阻的间接传热或因气－固接触不充分的对流传热，难以高效快速地传热和有效地控制产品质量。而快速流态化悬浮煅烧技术就能很好地适应这一过程，由于气－固直接接触，充分利用高强对流的辐射传热，加快了反应过程，可成倍提高生产能力，大幅度降低能量消耗，同时气－固充分混合，消除了料层中的温差，避免"过烧"或"欠烧"，改善了产品质量，因而可全面满足生产要求。

（四）高岭土产品的质量标准

涂料作为煅烧高岭土的一个主要应用领域，其对煅烧高岭土各项指标的要求，可视为煅烧高岭土产品的质量标准。一是白度要求，至少应大于 90，白度的稳定性非常重要，因它会影响到涂料的性能；二是粒度，一般要求为 $-2\mu m$ 达 80% 左右；另外对遮盖力、分散性、325 目（$4.5\mu m$）筛余物、吸油值等都有一定要求。

煤系高岭土通过煅烧和超细粉碎，大幅度地提高了其白度，并且拓宽了应用领域。在对煤系土经过除砂、除铁后，可得到"双 90"产品，即白度大于 90、$-2\mu m$ 含量大于 90%。选用 GSDM-400 型超细盘式搅拌磨为主要设备，并采用湿法工艺加工煤系高岭土微粉，经先超细后煅烧流程，可以达到上述标准。

精制高档陶瓷用高岭土产品，美国、英国等国家均采用了重选、高梯度磁选，超细浮选等工艺流程。而中国高岭土公司采用一种新型选择性絮凝剂和高效除钛剂的化学选矿工艺，所得产品的许多指标优于国外同类的新西兰土。

四、煤矸石生产莫来石

（一）莫来石简介

莫来石因最早发现于英格兰的莫尔岛（Isle of Mull）而命名，它是 $Al_2O_3 - SiO_2$ 系中唯一稳定的化合物，为非固定组成的计量型化合物，是 Al_2O_3/SiO_2（摩尔分数）比介于 2:1 和 1:1 之间的固溶体。莫来石的化学表达式为 $Al_xSi_{2-x}O_{5.5-0.5x}$。莫来石属于正交晶系，其结构由 Al—O 八面体链和（Si，Al）O_4 四面体链按一定规律排列构成，其中 [AlO_6] 八面体链可以起到稳定骨架支撑的作用，随着 Al/Si 比变化，结构中将不同程度出现周期性的氧缺位。正是莫来石具有这种异乎寻常的链状排列结构和氧缺位特征，使莫来石具有许多优良性能，如熔点高（1850℃）、热导率低（$k = 2.0W/(m \cdot K)$）、线膨胀系数低（$20 \sim 200℃$，$4 \times 10^{-6}K^{-1}$）、耐蚀性好、抗蠕变性好和抗热震性优良等，进而莫来石在耐火材料、先进高温结构材料、结构陶瓷、微电子、过滤器、光学、热交换和工程材料等领域广泛应用。

（二）合成莫来石

自然界中有价值的天然莫来石很少，目前工业用莫来石一般系人工合成。合成莫来石的方法很多，其中广泛采用的是烧结法。烧结法合成莫来石料的生产原理是基于两种或两种以上矿物间的反应进行。许多原料都可以用来烧结合成莫来石，包括采用天然原料（如硅线石、水铝石、蓝晶石、铝土矿等）和工业原料（工业 Al_2O_3、$Al(OH)_3$ 等）。采用工业原料合成莫来石的成本较高，但是合成莫来石的纯度相对较高；采用天然原料则可大幅降低成本，但是合成莫来石料的性能会下降。这是由于天然原料一般含有较多的杂质，特别是碱金属氧化物的增加不仅会增加玻璃相含量，还会在高温下导致莫来石分解。因此，在合成莫来石时，为降低杂质带来的不利影响，使合成料获得高的莫来石含量，应尽可能选用高纯原料，减少杂质量。而根据我国高铝矾土资源特点，70%以上为中低品位矿，且存在杂质含量较高、矿物分布不均和难烧结等问题，致使利用率很低。

（三）煤矸石生产莫来石

根据莫来石的化学组成，采用高铝矾土和煤矸石为基料，需要时加入适量活性 Al_2O_3，制备高纯度的单晶相莫来石微晶玻璃，原料的配比非常关键。二次莫来石的生成与高岭石、铝矾土的含量有关，当高岭石加热时析出的 SiO_2 正好全部与高铝矾土中分解出来的 Al_2O_3 反应时，二次莫来石的生成量也最大。当 $Al_2O_3/SiO_2 = 2.55$（摩尔比），二次莫来石化程度最大，但也越难烧结。

晶体的成核与生长均需一定的温度和时间。选择适宜的热处理温度和保温时间有利于生成结构良好莫来石制品。液相烧结阶段大致出现在 1400～1500℃，此时液相量逐渐增多，液相黏度降低，有助于降低材料的吸水率和气孔率，提高体积密度和抗折强度。但是，如果热处理温度过高，莫来石晶体迅速生长，产生的气体来不及排出便被封闭起来，会导致材料吸水率和显气孔率增大，同时降低体积密度和抗折强度。适量加大熔剂含量对降低液相黏度和莫来石的析晶有显著的促进作用，有利于形成互相交错的网络结构。原料中存在的杂质离子（Fe^{3+}、Fe^{2+} 和 Ca^{2+} 等）则可以起到矿化剂的作用，同样有利于莫来石晶体的生长。

五、煤矸石提取镓

（一）金属镓

镓是一种稀土金属，因为自然界中的镓非常分散，目前，世界上还未发现以镓为主要成分的矿藏。镓本身几乎不形成矿物，通常以类质同晶进入其他矿物。镓在地壳中的含量为 0.0005%～0.0015%，以很低的含量分布于铝矾土矿和某些硫化物矿中，其中，铝土矿中含镓 0.002%～0.02%；硫化矿、闪锌矿中约含镓 0.01%～0.02%；含量最富的锗石中也只含镓 0.1%～0.8%。另外，在煤和海水中也发现镓，还有一些低等植物中也有镓的富集。据估计，镓的世界储量约为 23 万吨。

（二）镓的用途

镓作为一种稀土元素，以其特有的金属属性在各个领域中被广泛应用。利用镓的低熔点、高沸点的特性，可作为高温的温度计和防火信号装置；在光学仪器工业中，利用镓反光率特别大的优点，制成反光镜；在原子能工业中，用镓作为载热体，可以作为核反应堆中热交换介质等。作为有工业应用价值的镓的化合物如 Ga-As-Sn、Ga-Al-As 等，在半导体材料、光学器件和现代国防中被广泛应用。镓主要用于半导体工业，以镓化合物为基础的产品用于电子技术，较硅、锗具有很大的优点。镓化合物的抛光片较硅片运作更快，工作温度和发射区间更宽。镓及其化合物除应用于上述领域外，还广泛应用于宽带光纤通讯、个人电脑、通讯卫星、高速信号及图像处理、汽车防碰及定位和汽车无人操作系统等现代高科技领域。此外，镓还以硝酸镓、氯化镓等形式应用于医学及生物学领域，如用于抗癌，对恶性肿瘤、晚期高血钙及某些骨病的诊断和治疗等。氧化镓用于冶金的添加剂。随着电子产业、国防工业的发展，镓及其化合物的用途也在逐渐拓宽。

（三）煤矸石提取镓

以煤矸石为原料，用盐酸浸出可提取金属镓。用浓度为 1~8mol/L 的 HCl 溶液，以 5:1 的液固体积质量比，在室温下浸出 24h，每克煤烟尘中可浸出镓 95μg。浸出液经净化除硅、铁后，用开口乙醚基泡沫海绵 OCPUFS 固体提取剂吸附分离净化液中的镓，镓的相对吸附率达 95% 以上。然后用常温两段逆流水解析，得到富镓溶液。该溶液经电解等常规处理即可得到金属镓。

煤矸石是采煤及洗选加工过程中产生的固体废物。富镓煤矸石通常含镓 30g/t 以上，对于含镓高的煤矸石，特别是镓品位达到 60g/t 时，其综合利用应以回收镓为中心，同时兼顾煤矸石其他有用组分（主要是铝和硅）的利用。将煤矸石粉碎到一定粒径后，在 500~1000℃ 温度下煅烧，然后用酸浸出煅烧渣得到含镓溶液，通过溶剂萃取、电解等可从这种溶液中得到金属镓。

（四）金属镓的分离方法

由于镓在各种物质中的含量很少，因此镓的分离富集相对比较困难。从酸性母液中富集分离镓，国内外较多，主要有溶剂萃取法、萃淋树脂法、液膜法等。

1. 溶剂萃取法

溶剂萃取法根据所用萃取剂的不同，又可分为中性萃取剂萃取法、酸性及螯合萃取剂萃取法、胺类萃取剂萃取法等。中性萃取剂主要有醚类萃取剂、中性磷类萃取剂、酮类萃取剂以及亚砜类（二烷基亚砜）、酰胺类（N_{503}）萃取剂等。酮类萃取剂像甲基异丁酮等在萃取镓时首先在强酸性介质中质子化，然后与镓的化合物缔合进入有机相。醚类萃取剂像乙醚、二异丙醚、二异丁基醚等，其萃取镓的机理也是在强酸性介质中质子化，然后缔合成萃合物。由于醚类萃取剂沸点低、易燃，在工业应用中逐渐淘汰。中性磷类萃取剂主要有 TBP（磷酸三丁酯）、TOPO 等，其得到的萃合物组成随条件的不同而不同。酸性及螯合萃取剂是目前较为活跃的领域之一，有酸性酸类、脂肪酸类、羟肪酸类及它们与一些非极性溶剂的组合等，其中酸性磷类是较为充分的一类萃取剂，主要有 P_{204}、P_{507}、P_{5709}、P_{5708} 等。有机胺类萃取剂从盐酸介质中萃取 Ga^{3+} 时，其萃取能力依伯、仲、叔、季胺顺序依次增强。常见的胺类萃取有三辛基胺、季铵盐以及胺醇类等。金属镓萃取工艺流程如图 6-12 所示。

2. 其他方法

萃淋树脂法、液膜法等方法正处于阶段，它们是在溶剂萃取法的基础上发展起来的。目前，较多的萃淋树脂有 N_{503} 萃淋树脂、CL-TBP 萃淋树脂等。CL-TBP 萃淋树脂是以苯乙烯-二乙烯苯为骨架，共聚固化中性磷萃取剂 TBP 而成。该种树脂已用于多种元素分离，具有萃取速度快、容量大的特点。在酸性溶液中，镓能以水合离子或酸根配阴离子稳定存在。TBP 在酸性介质中加质子生成阳离子，从而与镓配阴离子发生离子缔合作用。

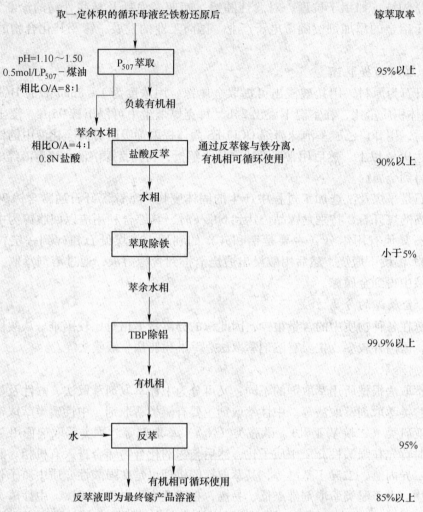

图 6 – 12　溶剂萃取法从酸性母液中富集分离镓流程

第七节　煤矸石生产化工产品

根据煤矸石中不同的化学元素，煤矸石在生产化工产品方面有以下应用。

一、制备铝系化工产品

通过对煤矸石的成分分析可以看到，煤矸石中含有 15% ~ 35% 的 Al_2O_3，如果能对这一部分铝加以利用，将产生巨大的社会效益和经济效益。利用煤矸石制取含铝产品一直是煤矸石化工利用的一个热点，常用工艺流程如图 6 – 13 所示。

当煤矸石中 Al_2O_3 的质量分数达到 35% 时，可以通过施以一定的能量，破坏其原有的结晶相，即可利用其中的铝元素，生产硫酸铝、结晶氯化铝、聚合氯化铝、氢氧化铝、铝铵矾、聚合氯化铝等 20 多种铝系产品。利用煤矸石生产硅系和铝系化工产品，成本低、能耗低，副产物价值高，无废渣、废水、废气产生，煤矸石的分解率高，并回收催化剂反

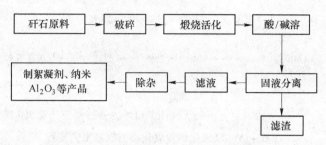

图 6 - 13　煤矸石制取含铝产品流程示意图

复使用，为煤矸石的高价值利用开辟了一条新的途径，可以使煤矸石固体废物的处理达到无害化、减量化、资源化的综合利用要求。

（一）煤矸石制备氢氧化铝及氧化铝

氢氧化铝（$Al(OH)_3$），又称水合氧化铝，为白色单斜晶体，密度 $2.42g/cm^3$，不溶于水；氧化铝为白色晶体，熔点 2050℃、沸点 980℃。氧化铝及水合氧化铝是冶金炼铝的重要基本原料。水合氧化铝加热至 260℃以上时脱水吸热，具有良好的消烟阻燃性能，可广泛用于环氧聚氯乙烯、合成橡胶制品的无烟阻燃剂。

由含铝硅酸盐矿物中提取氢氧化铝、氧化铝，工业上多采用拜耳法或联合法。为便于同成熟的工业生产工艺接轨，以煤矸石为原料制备氧化铝产品，采用了酸盐联合法工艺，分成两个阶段：（1）制备铝盐；（2）制备水合氧化铝及氧化铝。

1. 铝盐的制备

采用硫酸法制备硫酸铝盐工艺，原则工艺过程如图 6 - 14 所示。

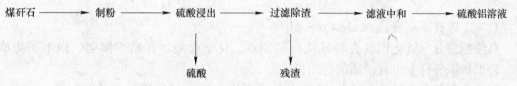

图 6 - 14　采用硫酸法制备铝盐的原则工艺流程

原矿经破碎制粉 - 150 目（小于 106μm）后，放入反应釜中，加入浓度为 55% ~ 60%定量的硫酸，进行硫酸反应浸出，反应压力为 0.3MPa（表压），反应时间 6 ~ 8h，反应式为：

$$Al_2O_3 \cdot 2SiO_2 \cdot 2H_2O + 3H_2SO_4 \longrightarrow Al_2(SO_4)_3 + 2SiO_2 + 5H_2O$$

为避免过量的游离酸与矿粉中的铁、钛等金属氧化物反应生成硫酸盐，反应时矿粉应过量，使反应终期生成部分碱式硫酸铝。碱式硫酸铝分子式为 $Al(OH)SO_4$，有缓冲和中和 H_2SO_4（反应体系）的作用。反应关系式为：

$$2Al(OH)SO_4 + H_2SO_4 \longrightarrow Al_2(SO_4)_3 + 2H_2O$$

待酸浸反应完全后，反应产物经过滤除去 SiO_2 残渣，滤液放入中和池加酸进行中和至微碱性，待用。

2. 氢氧化铝及氧化铝的制备

硫酸浸出制备的硫酸铝溶液含有不同程度的杂质，为确保 Al_2O_3、$Al(OH)_3$ 的纯度，采用盐析提纯法，其工艺过程如图 6 - 15 所示。

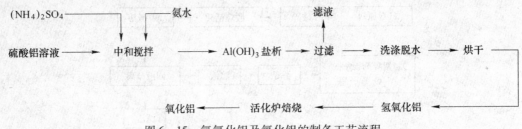

图 6-15　氢氧化铝及氧化铝的制备工艺流程

　　将制备的硫酸铝液用水配成 6% 的溶液，放入中和搅拌槽中，加入定量硫酸铵溶液。将液氨配成 15%~20% 的氨水，计算好用量将氨水快速加入中和槽，在强烈搅拌条件下，进行盐析反应。温度为室温、反应时间 40~60min。pH 值为 4~6 时，有大量的白色氢氧化铝晶体析出，待 pH 值为 8~9 时，盐析反应基本完成。反应式为：

$$NH_3 + H_2O \longrightarrow NH_4OH$$
$$Al_2(SO_4)_3 + (NH_4)_2SO_4 \longrightarrow 2NH_4Al(SO_4)_2$$
$$2NH_4Al(SO_4)_2 + 6NH_4OH \longrightarrow 2Al(OH)_3 + 4(NH_4)_2SO_4$$

　　盐析反应所得 $Al(OH)_3$ 沉淀物，经过滤、去离子水洗涤后，$Al(OH)_3$ 滤饼的纯度较高，烘干后可得氢氧化铝产品。去离子水洗涤主要除去氢氧化铝上吸附的杂质离子，洗涤水中加入氨水 pH 值为 8~9，防止洗涤过程中氢氧化铝发生胶溶过程而流失。反应过程中生成氢氧化铝后产生的硫酸铵母液及洗涤等工序中的含硫酸铵及氨水等均可回收再用。如果要制备 Al_2O_3，则将制备的 $Al(OH)_3$ 产物在活化焙烧炉中进行活化焙烧，温度为 550℃、焙烧时间为 1~2h，脱水后即成 Al_2O_3，反应式为：

$$2Al(OH)_3 \longrightarrow Al_2O_3 + 3H_2O$$

（二）煤矸石制备高纯超细 $\alpha - Al_2O_3$

　　高纯超细 $\alpha -$ 氧化铝具有特殊优良的物理、化学性能，在精细陶瓷、微电子集成电路、轻工纺织等行业也有很高的应用价值。

　　用煤矸石制备高纯 $\alpha - Al_2O_3$ 这里也分作两步进行：（1）氯化铝盐的制备；（2）$\alpha -$ Al_2O_3 制备。主要技术特点为：酸法脱硅、盐析除杂质、煅烧转型。整个工艺过程如图 6-16 所示。

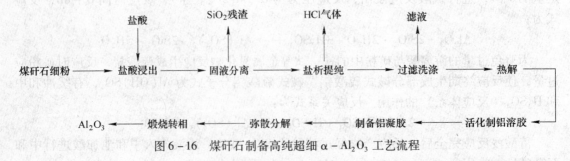

图 6-16　煤矸石制备高纯超细 $\alpha - Al_2O_3$ 工艺流程

　　煤矸石细粉（-200 目小于 0.074mm），定量放入反应器中，加入定量浓度为 20% 的盐酸，反应 2h，反应器夹套内通蒸汽，以保证反应温度在 100℃ 左右，反应式为：

$$Al_2O_3 \cdot 2SiO_2 \cdot 2H_2O + 6HCl \longrightarrow 2AlCl_3 \cdot 6H_2O + 2SiO_2$$

待反应完全后，产物经固液分离脱除 SiO_2 残渣，将所得氯化铝滤液放入搅拌池中，通入 HCl 气体进行盐析反应，析出结晶氯化铝，再进行过滤洗涤，可制备出高纯度的结晶氯化铝。将氯化铝晶体进行加热分解，放出一定的氯化氢气体和水，而生成固体碱式氯化铝。反应式为：

$$nAlCl_3 \cdot 6H_2O \longrightarrow \frac{n}{2}Al_2(OH)_nCl_{6-n} + 6n - \frac{n^2}{2}H_2O + \frac{n^2}{2}HCl$$

该碱式氯化铝具有聚合性，可通过一定的水性添加剂活化制备高纯铝溶胶。即将氯化铝晶体加水配制 0.1mol/L 溶液，加入 0.1mol/L 的定量氨水，在温度 70℃ 条件下反应活化，形成含铝微粒的溶胶体系。该溶胶体系在 80～100℃ 的温度条件下，同时加入高聚物聚乙烯醇，用量与 Al_2O_3 的质量比为 10～40；交联剂二乙烯三胺用量与高聚物摩尔比为 0.1～0.3；引发剂过氧硫酸铵用量与高聚物摩尔比为 0.05～0.1 进行高聚物缩合反应，生成铝凝胶。反应时间可视铝凝胶的聚合度而定（10～30min），该凝胶在 100℃ 的温度下干燥后，放置煅烧炉内，煅烧 3～5h，煅烧温度为 1100～1300℃。随炉温冷却后可获得由含铝微粉分解而形成的 α-Al_2O_3 颗粒，粒径为纳米级，在 10～50nm 之间，纯度高达99.9% 以上。

（三）煤矸石生产聚合氯化铝

1. 聚合氯化铝的作用及特点

聚合氯化铝是一种优质的高分子混凝剂，具有优良凝结性能。它广泛应用于造纸、制革、源水及废水处理等许多领域。其主要特点有：

（1）聚合氯化铝的混凝效果优于目前常用的无机混凝剂 $Al_2(SO_4)_3$、$FeSO_4$、$FeCl_3$ 等，在相同的混凝效果下，固体聚合氯化铝的投药量分别是上面三种混凝剂的 1/8～1/13、1/2～1/5、1/4.5。

（2）聚合氯化铝絮凝体形成快，絮凝团大，沉降速度高，过滤效果好，在相同条件下可提高处理能力 1.5～3 倍。

（3）在相同投加量下，聚合氯化铝混凝时消耗水中碱度小于其他无机混凝剂。因此，在处理水时，特别是处理高浊度水时，可不加或少加碱性助剂。

（4）聚合氯化铝的适宜投加范围宽，残留浊度及残余铝的投加量上升为 $Al_2(SO_4)_3$ 的 1/3.5～1/4，因而对于源水水质急剧变化的安全性大，投加过量也不会产生相反效果。

（5）聚合氯化铝的最优混凝效果的适宜 pH 值范围大，腐蚀性小。

2. 煤矸石生产聚合氯化铝的工艺

煤矸石生产聚合氯化铝的方法很多，大致可分为热解法、酸溶法、电解法、电渗析法等。这里介绍酸溶法煤矸石生产聚合氯化铝，整个工艺流程可分为粉碎焙烧、连续酸溶、浓缩结晶、沸腾分解、配水聚合五道工序。其工艺流程如图 6-17 所示。

（1）粉碎焙烧。粗碎后的煤矸石在焙烧过程中，随着温度的升高，高岭石成为非晶质或半晶质，进一步升温使高岭石逐渐转化为 γ-Al_2O_3 和 SiO_2，在这一过程中温度不能过高，当温度超过 850℃ 时，使煤矸石逐渐失去活性，煤矸石中 Al_2O_3 最高熔出率的焙烧温度一般在 600～800℃ 范围内。

（2）连续酸溶。焙烧后的煤矸石应细粉至 60 目（250μm）左右，因在 60 目左右，氧化铝溶出率较高且最经济。然后连续酸溶。其工艺条件是：选用在恒沸点附近浓度为 20%

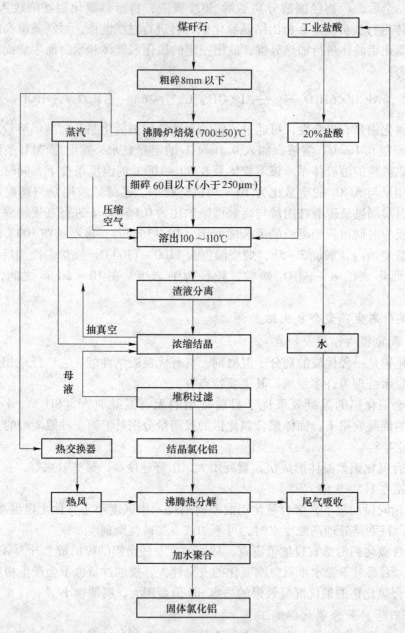

图 6-17 煤矸石酸溶法生产聚合氯化铝工艺流程

盐酸溶液为佳。由于本工序不直接生产聚合氯化铝溶液，而是制备结晶氯化铝的中间产物，因而可采用较高的加盐酸的当量比，加盐酸当量比在 SN 以上，这时溶出率增长幅度不大，但成化度下降很快。酸溶设备采用四釜，用蒸汽直接加热，在常压温度为 100 ~ 110℃的条件下连续酸溶并压风搅拌。溶出液采用混凝沉淀法进行分离。从反应釜连续流出的溶出液进入沉淀池，待沉淀池充满后加混凝剂聚丙烯酰胺或动物胶进行混合，静置4h，清液转入存贮池，沉渣即可排出。

（3）浓缩结晶。从连续酸溶工序中得来的酸溶母液进入搪瓷釜内并减压抽真空，然后用蒸汽加热以实现浓缩。真空度越大，蒸发越快，当蒸出液为母液体积的45%～50%时即停止加热浓缩，浓缩周期为10h。然后出料经留滞槽冷却过滤后可得结晶氯化铝。蒸发出的水蒸气和部分盐酸进入喷射泵水池，循环使用。

（4）沸腾热解。浓缩结晶的氯化铝用热风加热到170～180℃条件下进行热分解，使产品碱化度控制在70%～75%。热分解的HCl气体在吸收塔内循环吸收，用以配制稀盐酸，可在连续酸溶工序中重复利用。每分解1t结晶氯化铝可得300kg HCl气体，有明显的经济效益。

（5）配水聚合。从沸腾热解工序中得到的氯化铝，加水溶解混合并加以搅拌，产品由稀变稠，到一定浓度，从容器中倒出，经风干龟裂后即得固体聚合氯化铝混凝剂。

3. 煤矸石生产聚合氯化铝效益分析

从煤矸石的化学成分可看出：Al_2O_3含量在15%以上，有的可达40%，提取其中的铝分在经济上是适宜的；Fe_2O_3含量在3%～5%，在酸溶时可把铁同时溶去，使聚合氯化铝中的含铁量提高，这对混凝效果会有一定的帮助；碳含量一般在10%～30%，发热量在3.3～6.3MJ/kg，在沸腾焙烧过程中不需增加任何燃料就能满足工艺要求，可节省大量的煤炭。煤矸石焙烧后的矸石颗粒有微孔，不需用球磨机细粉即可酸溶，可节约大量电力，且溶出率高，可达80%以上。矸石酸溶后，渣中成分为SiO_2，可作水泥添料，以提高水泥强度，但也可制水玻璃、炭黑等产品。

（四）制约煤矸石制备铝盐制品产业化发展的主要因素

利用煤矸石制备铝盐，对其矿物质成分有着较为严格的技术要求，要求高岭石含量在80%以上、SiO_2含量在30%～50%、Al_2O_3含量在25%以上；铝、硅比大于0.68；Al_2O_3浸出率大于75%。但由于原料不稳定，氧化铝的含量偏低，导致氧化铝的提取率不高、能耗大、产品质量难控制、残渣易造成二次污染等问题，使工程化难度大。因此如何提高煤矸石的活性，提高铝元素的提取率成为目前制约煤矸石制备铝盐制品产业化发展的主要因素，如果能降低成本，拓宽以高铝矸石为原料制取多用途铝盐制品的产业化途径，可以为铝业生产开拓丰富、廉价的矿物原料。提取铝后剩余滤渣可以制取水玻璃、白炭黑等化工原料和建筑材料，达到有用元素利用的最大化。

二、制备硅系化工产品

煤矸石中SiO_2的质量分数可达50%以上，有效利用其中的硅元素，开发硅系列化工产品，如水玻璃、白炭黑、陶瓷原料等。

（一）煤矸石生产碳化硅

1. 碳化硅（SiC）

碳化硅材料以优异的高温强度、高导热率、高耐磨性和耐腐蚀性在磨料、耐火材料、高温结构陶瓷、冶金和大功率电子学等工业领域广泛应用。工业上生产碳化硅以石英砂、石油焦炭或优质无烟煤作原料，在Acheson炉中经高温电热还原生成碳化硅，是一项高耗能、高污染工业。经大量用高硅煤矸石与烟煤作原料，用Acheson工艺合成SiC，与传统原料相比，其反应速度快且反应温度低，代替了石英砂和大部分价格较贵的石油焦炭，并可降低能耗和生产成本。如西安交通大学用硅质煤矸石与烟煤混合为原料，实现合成β-

SiC；武汉工业大学材料工程系用硅质煤矸石和无烟煤为原料，经碳热还原合成了 β - SiC - Al_2O_3 复相材料，为煤矸石综合开发利用提供了新途径。

SiC 是一种强共价键化合物，具有优异的高温强度、耐磨性、耐腐蚀性，作为结构材料广泛应用于航空、航天、汽车、机械、石化等工业领域。利用其高热导、高绝缘性，在电子工业中作大规模集成电路的基片和封装材料，在冶金工业中作高温热交换材料和脱氧剂，尤其在磨料、耐火材料与炼钢脱氧剂方面用量十分巨大。此外，利用其一些特殊的性能，在结构陶瓷等一些新技术领域中也得到了应用。

2. 煤矸石合成碳化硅（SiC）

工业生产 SiC 的主要方法是 Acheson 式固相法，产量超过总产量的 90%，液相法和气相法仍处于开发阶段。SiC 生产是一项高耗能、高污染工业，如用 500kV·A 的冶炼炉炼制 1t 绿 SiC 约耗电 12000kW·h，1t 黑 SiC 约耗电 10000kW·h。即使改进技术大幅度提高单炉生产规模，用 3600kV·A 冶炼炉炼制 1t SiC 仍约耗电近万度，而每生产 1t SiC 放出有害气体 1.6～1.7t。此外还有大量的粉尘污染，并且需要大量的劳动力。因此，欧美的发达国家如美国、德国、意大利和亚洲的日本等，尽管用量不断加大，但除大力开发高性能 SiC 材料外，其普通 SiC 生产持续降低，代之以从国外进口。中国、巴西和委内瑞拉等发展中国家的初级 SiC 产量已占全世界的 65% 以上。SiC 是我国的传统工业产品，其产量和用量都很大。

煤矸石合成碳化硅（SiC）工艺经原料破碎→配重混合→装炉制炼→出炉分级→粉碎酸洗→磁选后筛分等工艺制成 SiC 成品。硅质煤矸石的化学成分及矿物组成见表 6 - 13。

表 6 - 13　硅质煤矸石的化学成分及矿物组成　　　　　　　　　　　　　（%）

	SiO_2	Al_2O_3	TiO_2	Fe_2O_3	CaO	MgO	$K_2O + Na_2O$	烧失量
化学成分	64.74	0.36	0.15	0.81	0.24	0.23	0.09	33.38

	石英		高岭石		方解石		硫铁矿	其他（以碳质为主）
矿物组成	64		<1		2.5		3.2	33.38

硅质煤矸石中硅、碳含量均很高，SiO_2/C 值约为 64.44/33，与合成反应（$SiO_2 + 3C = SiC + 2CO$）所需的反应物料 SiO_2/C（为 60.09/36）非常接近。矿物间交织组合、条带组合和镶嵌组合等三种组合关系均反映了合成 SiC 的主要元素 Si 和 C 已在地质作用下紧密结合，使固相反应中 SiO_2 分子扩散到 C 表面的行程缩短，加之 Si 和 C 分布比较均匀和颗粒的微细化，这些天然条件为加快反应扩散速度和提高反应活性创造了优异的动力学条件。煤矸石中残留有机物热分解产生的焦渣不但将石英颗粒紧密包裹，使 Si 和 C 结合更紧密，而且分解产生的气体排出后留下的气孔也为还原产物 CO 的排出提供了通道，有利于反应向生成 SiC 的方向进行。所有这些都说明硅质煤矸石的组成和结构为合成 SiC 提供了有利条件。结果表明，硅质煤矸石在 1300℃ 就有 SiC 生成，随温度升高产率明显提高，至 1500℃ 产率达到最大值，比用常规原料低 150～300℃。用自制的 100kW 中试炉制炼表明吨耗能约为 5000kW，比通常高温 α - SiC 的吨耗能低 1000kW 以上；在最佳动力学条件控制下合成的 β - SiC 产率达 85%，微粉呈淡绿色，经 700℃ 除 C 和用 HF 除去 SiO_2

等杂质后纯度可达99%，平均粒径为6.29μm、比表面积为0.527m²/g、6μm以下细颗粒约占50%，粒度分布呈正态分布，是制造高级SiC制品的优质原料，也可用于炼钢脱氧剂等各种不同用途。由于采用的煤矸石来自于洗煤废弃物，且硅、碳含量自然比例适当，冶炼过程中可以少加或不加石油焦、烟煤等，大大减少了有害气体及挥发分的排放，使SiC生产废弃物综合利用和污染控制并行，具有优良的环保意义。通过深入研究煤矸石生成SiC反应热力学与反应动力学及工艺条件，为防治环境污染、降低能耗、提高SiC材料性能提供了新思路。

（二）煤矸石生产白炭黑

白炭黑，学名水合二氧化硅，分子式为$SiO_2 \cdot nH_2O$，是一种化学合成的粉状无定形的硅酸产品，外观为白色粉末，主要成分为二氧化硅，其组成可用$mSiO_2 \cdot nH_2O$表示，它们都不溶于水和酸，吸收水分后成为聚集的细粒。加热时能溶于氢氧化钠和氢氟酸，对其他化学药品稳定。耐高温（熔点1750℃）、不燃烧、具有很好的电绝缘性。

对煤系高岭石进行不同温度煅烧，再拟采用盐酸酸溶法从煅烧后的煤系高岭石中提铝，再经过进一步聚合反应制得聚合氯化铝。残渣经过碱溶得到硅酸钠溶液，再采用沉淀法，制得白炭黑。

三、制备硅铝铁化工产品

（一）煤矸石生产硅铝铁合金

生产硅铝铁合金，一般对煤矸石化学成分（质量分数）的要求：Al_2O_3为35%～55%，SiO_2为20%～35%，Fe_2O_3为15%～30%。生产工艺如图6-18所示。

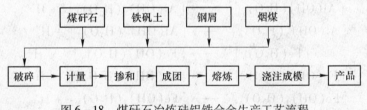

图6-18　煤矸石冶炼硅铝铁合金生产工艺流程

（二）煤矸石生产絮凝剂

1. 絮凝剂介绍

随着世界水危机问题的凸现，我国淡水资源的污染问题也日渐突出，尽管水处理的方法有多种，但絮凝沉淀法作为一种简便、高效、投资小的污水处理方法，得到越来越多的重视。随着科学技术的发展，絮凝剂的种类也日益增多，根据其化学成分的不同，可以分为无机絮凝剂、有机絮凝剂和微生物絮凝剂。无机高分子絮凝剂是在传统铝盐、铁盐基础上发展起来的一种新型的水处理药剂，无机高分子絮凝剂在净化矿井水、处理选煤厂煤泥水方面比传统混凝剂有着更优良的性能，并且比有机高分子絮凝剂的价格低，其主要组成元素是硅、铝、铁，其生产原料可以是化学试剂，也可以是矿物质和工业废物等。目前我国主要以粉煤灰为原料制备无机高分子絮凝剂。煤矸石同样富含制备无机高分子絮凝剂的主要成分（含有质量分数不小于 55% 的 SiO_2、15% 的 Al_2O_3、8% 的 Fe_2O_3），是制备无机高分子絮凝剂的天然原料。

　　国内煤矸石制备絮凝剂的较成熟的工艺是用煤矸石制备聚合氯化铝（PAC）。近年来主要集中在充分利用煤矸石中的硅、铝、铁等元素，制备聚硅酸铝盐（PSA）、聚硅酸铁盐（PSF）和聚硅酸铝铁（PSAF）等复合型无机高分子絮凝剂方面。在聚硅酸溶液中定量加入硫酸铝和硫酸铁，可制得复合型絮凝剂聚硅酸铝铁（PSAF）。PSA 对浊度和腐殖酸的去除率分别为 95% 和 75%，远远高于传统絮凝剂，而且用量少、反应快、稳定性也高于 PSA 和 PSF。无机高分子絮凝剂实际上都是铝盐和铁盐水解过程的中间产物与不同阴离子的配合物。根据絮凝剂的适用对象、最佳剂量、pH 值、水利等条件，利用各种现代分析技术，以及各种复合絮凝剂的分子结构、水解絮凝形态及絮凝剂性能表征，进而评价、探索和指导各种合成方法。

　　2. 聚硅酸铝铁絮凝剂的制备工艺

　　目前在生产高分子聚硅酸铝铁絮凝剂时，如果以纯化工产品为原料，生产成本高，而且稳定性差，活性硅酸容易形成凝胶导致产品失败。如果采用工业废料为原料，除使用煤矸石外，还需另外加入铁和铝，工艺复杂、原料利用率低、形成的废渣需要再处理。用煤矸石制备絮凝剂工艺简单、操作方便、原材料消耗量少、成本低、产品质量易控制，生产出来的絮凝剂在处理焦化废水、印染废水、生活废水等方面都具有很广阔的前景。

　　根据煤矸石的组成和结构特点，可以研制复合絮凝剂聚硅酸铝铁（PSAF）。将高温焙烧过的煤矸石经碾细后在酸碱作用下打开 Al—Si 键和 Fe—Si 键，进而将其溶于酸生成活性硅酸、铝盐和铁盐复合物，陈化后即得聚硅酸铝铁絮凝剂。其反应如下：

$$[Al(H_2O)_6]^{3+} \longrightarrow [Al(OH)(H_2O)_5]^{2+} + H^+$$

$$[Al(OH)(H_2O)_5]^{2+} \longrightarrow [Al(OH)_2(H_2O)_4]^+ + H^+$$

$$[Al(OH)_2(H_2O)_4]^+ \longrightarrow [Al(OH)_3(H_2O)_3] + H^+$$

$$[Fe(H_2O)_6]^{3+} \longrightarrow [Fe(OH)(H_2O)_5]^{2+} + H^+$$

$$[Fe(OH)(H_2O)_5]^{2+} \longrightarrow [Fe(OH)_2(H_2O)_4]^+ + H^+$$

$$[Fe(OH)_2(H_2O)_4]^+ \longrightarrow [Fe(OH)_3(H_2O)_3] + H^+$$

　　水解过程中，原料矿粉中的氧化铝、铁进一步溶出，继而使 H^+ 的浓度降低，OH^-浓度不断上升，配位水发生水解及水解产物的缩聚反应，两个相邻的 OH^- 之间发生架桥聚合反应，生成聚合多核配位化合物 - 聚合体。整个过程交叉进行，也就是溶出、水解和聚合的过程是互相促进、交叉进行的，煤矸石中的铝和铁不断溶出，生成的 $[Al(H_2O)_6]^{3+}$ 和 $[Fe(H_2O)_6]^{3+}$ 逐步缩聚为二聚体、三聚体，最后成为多聚体；矿粉在溶解后经过滤，去除不溶物滤渣，即可制得聚硅酸铝铁（PSAF）。聚合氯硅酸铝（PASi）是在聚合氯化铝基础上进一步发展的复合型产品，具有聚合氯化铝的优点，并能增大矾花、加快沉降、进一步降低残铝量，是一种稳定性良好的新型净水剂。经过浸取法提铝后的煤矸石废渣的主要成分为二氧化硅，对其进行处理可制得硅酸钠，加盐酸进行酸化，再经聚合得聚硅酸，而后和三氯化铝进行复合得到聚氯硅酸铝产品。其工艺路线如图 6 - 19 所示。

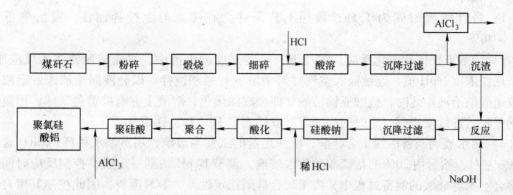

图 6 - 19　煤矸石制取聚氯硅酸铝工艺流程

3. 煤矸石制取聚合硫酸铝

硫酸铝是重要的化工产品，可大量用于城市集中给水的混凝剂。采用煤矸石为原料，经过硫酸酸浸后的废渣，经过技术处理，可制备硅铝白炭黑和稀土肥料。其工艺路线如图 6 - 20 所示。

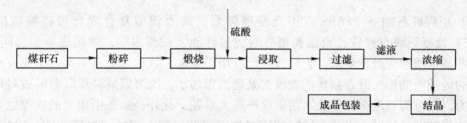

图 6 - 20　煤矸石制取聚合硫酸铝工艺流程

4. 用煤矸石制备 PFASS（聚硅酸硫酸铁铝）

（1）用煤矸石制备 PFASS 的工艺。煤矸石经粉碎焙烧后进行工业稀硫酸酸浸，浸出过后的滤液以浓碱溶液调节 pH 值，常温下以空气为氧化剂、亚硝酸钠为催化剂进行催化氧化反应，制得聚合硫酸铁铝；用工业水玻璃制备活性聚硅酸；再把聚合硫酸铁铝与活性聚硅酸在一定条件下复合即得 PFASS。其工艺流程如图 6 - 21 所示。

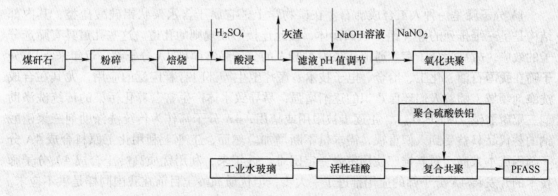

图 6 - 21　煤矸石制备 PFASS 的工艺流程

工艺条件：

1）最佳酸浸时间为 1.5h，最佳工艺条件为在沸点温度搅拌回流，浸出率可达 35% ~40%。

2）硫酸亚铁催化氧化反应。常压下，一定温度的水浴中，将硫酸亚铁注入反应瓶，调节亚铁浓度、pH 值，连续鼓入空气并对溶液进行强烈搅拌，以分液漏斗加入一定浓度的亚硝酸钠溶液。此时，硫酸亚铁溶液立即变成深黑色，溶液上方有棕黄色气体，用氢氧化钠吸收。连续反应，一定时间间隔逐时取样测定 Fe^{2+} 和总铁浓度。

3）用水玻璃制备活性聚合硅酸，取一定量的工业水玻璃，用蒸馏水稀释到 SiO_2 含量为 3% 左右，然后用 20% 的稀硫酸酸化水玻璃，调节其 pH 值到一定值，控制反应时间进行聚合。聚合硅酸的制备过程中，由于聚合硅酸稳定性差，容易凝胶，因此控制其聚合时间是活性聚合硅酸制备工艺的关键因素。在实际操作中，当聚合硅酸呈现淡蓝色时聚合程度适宜，因此控制聚合硅酸呈淡蓝色与硅酸凝胶的时间差，就能够准确把握聚合过程中的时间因素。

4）聚硅酸硫酸铁铝的合成试验，铁铝硅的摩尔比选取不当会使产品稳定性下降、混凝性能降低，控制参数 $n(Fe + Al)/n(Si)$ 摩尔比是制备硅酸盐高分子混凝剂的重要参数。

（2）用煤矸石制备 PFASS 应用及发展前景。高效新型复合聚合聚硅酸硫酸铁铝（PFASS）絮凝剂兼有聚铁、聚铝和聚硅的优越性能，一剂多能，并能进一步协同增效，能满足各类水质絮凝处理要求。它可以广泛应用于原水、饮用水、自来水、工业废水及生活污水的处理。如用煤矸石制备的絮凝剂处理油田污水，既可以减轻煤矸石堆放对环境造成的压力，又可为石油企业解决水污染这一重大难题。此外，工艺中用到的铁等也可由硫铁矿烧渣代替，这样就可以达到同时利用多种固废的目的；这种"变废为宝，以废治废，经济有效"的技术，是环境治理及废物再资源化最为科学的发展方向之一。随着各种高分子絮凝剂在水处理领域的广泛应用，利用工业废弃物制高分子絮凝剂将会越来越受到人们的重视，其发展前景极好。

四、煤矸石生产沸石分子筛

（一）4A 分子筛生产概述

4A 分子筛是一种人工合成沸石。在矿物学上，它属于含水架状铝硅酸盐类，其内部结构是呈三维排列的硅（铝）氧四面体，彼此连接形成规则的孔道。这些孔道具有筛选分子的效应，故称为分子筛。通道孔径为 4.12A 的分子筛常简称 4A 分子筛。近年来，4A 分子筛在我国石油、化工、冶金、电子技术、医疗卫生等部门有着广泛的应用，尤其在合成洗涤剂领域，随着人们环保意识的逐渐增强，易导致水体产生富营养化污染的传统洗涤助剂三聚磷酸钠（$Na_5P_3O_{10}$），正逐步被限用或禁用，4A 分子筛作为传统洗涤助剂三聚磷酸钠的替代品日益受到人们重视，需求量不断增加。然而，工业上利用化工原料合成 4A 分子筛因成本太高而对其推广使用带来一定困难。近年来，利用优质高岭土合成 4A 分子筛技术的开发将 4A 分子筛的应用推进了一大步，但优质高岭土目前在我国同样是供不应求。因此，选择廉价的 4A 分子筛合成原料成为目前推广 4A 分子筛应用的重要制约因素。煤矸石是煤矿开采过程中采出的废矿，目前大量堆弃未能得到利用。这些煤矸石的排放堆积，既占去大量耕地、污染环境，又对农作物、人类造成危害，成为煤炭工业部门亟待解决的一个问题。煤矸石的矿物成分主要是高岭石，是一种较为纯净的高岭石泥岩，经过适当处理，能够满足合成 4A 分子筛的需要，有望开发成为一种廉价的合成 4A 分子筛原料。

根据煤矸石的主要成分为 SiO_2 和 Al_2O_3 这一特点，以高铝煤矸石作原料，酸浸除铁，合成 4A 沸石，白度可达 95% 以上。

A 型分子筛的晶体结构如图 6 - 22 所示。沸石分子筛的四面体结构如图 6 - 23 所示。

 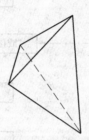 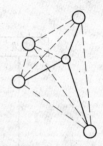

图 6 - 22　A 型分子筛的晶体结构　　　图 6 - 23　沸石分子筛的四面体结构

（二）4A 分子筛合成原料选择与处理

4A 分子筛合成原料包括：（1）煤矸石：高岭土含量在 90% 以上，其余为有机碳及少量副矿物等。（2）NaOH 工业用固态或液态烧碱。

我国煤矿资源分布时代较广，从古生代的石炭系、二叠系到中生代的三叠系、侏罗系都有煤层分布。各煤层中煤矸石的种类也不都相同，并不是所有煤层中的煤矸石以及所有种类的煤矸石都可以用来合成 4A 分子筛。能够用来合成 4A 分子筛的煤矸石应具备以下两个特征：（1）在矿物组成上，以高岭石为主，含量在 90% 以上，其他有害杂质较低；（2）在形成时代上，以石炭系、二叠系煤层中的煤矸石合成效果达到最佳。因为形成时代早，在煤层的成岩过程中，煤矸石都经过重结晶作用，形成的煤矸石具有质地致密、成分较纯等优点。因此，合成 4A 分子筛时宜选用石炭系、二叠系煤层中的硬质黏土煤矸石。

在采用煤矸石合成 4A 分子筛之前，应预先对煤矸石进行煅烧，通过煅烧可以清除煤矸石中的碳和有机质，提高合成原料的白度。要使煅烧产物能够满足合成 4A 分子筛的要求，煅烧时应控制煅烧温度、煅烧气氛、煤矸石中全碱（$K_2O + Na_2O$）含量、白度等因素。

（三）4A 分子筛合成工艺流程

将煤矸石先经过煅烧，成为活性高岭土，然后加入 NaOH 溶液与之反应，晶化，最后过滤、洗涤、干燥即得 4A 分子筛成品。具体工艺流程可以表述为：煤矸石煅烧；加入碱液混合，条件：L/S（mL/g）为 2:1；成胶，条件：50℃处理 2 ~ 3h；晶化，条件：85 ~ 90℃，处理 10h；过滤；洗涤；干燥；成品。

合成 4A 沸石分子筛工艺流程如图 6 - 24 所示。

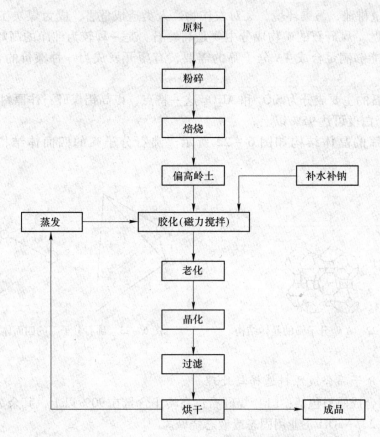

图6-24 合成4A沸石分子筛工艺流程

（四）4A分子筛合成注意点

1. 煅烧温度的确定

煅烧温度主要取决于高岭石的失水温度以及碳和有机质的分解温度。根据高岭石的差热分析曲线特征，550℃开始矿物结构破坏逸出羟基水，在970℃左右形成新的矿物相。因此，要使煤矸石中的高岭石充分转化，煅烧温度必须控制在550～970℃之间。煤矸石中的碳以有机碳、无机碳和石墨三种形式出现，各自对应的分解温度分别为460～490℃、620～700℃以及800～840℃。因此，要使煤矸石中的碳完全分解，煅烧温度应控制在840℃以上。结合高岭石、碳两方面的因素确定：煤矸石的煅烧温度在850～950℃范围内最为适宜，恒温时间一般为6～8h。

2. 煅烧气氛的控制

煤矸石在煅烧时，只有保持氧化气氛才能使其中的碳分解，即煅烧体系应始终是一开放体系，有充足的氧气供给，这一点在工业窑炉中常难以控制。目前，煅烧煤矸石的方法主要有煤煅烧、煤气煅烧和天然气煅烧等几种方式，其中以煤气煅烧、天然气煅烧最有利于气氛的控制。

3. 煤矸石中易熔组分（$K_2O + Na_2O$）的控制

（$K_2O + Na_2O$）是易熔组分，在煅烧时容易导致产物产生固结，造成工业生产上的

"结窑"。因此，煤矸石中的全碱（$K_2O + Na_2O$）含量应注意控制，一般不宜高于5%，越低越好。

4. 煅烧煤矸石白度的改进

对于合成的4A分子筛，其应用领域常对白度有一定要求，如作洗涤助剂的4A分子筛，对白度要求就相当高。这就要求合成的原料应具备相当高的白度。对于沉积成因的煤矸石，由于其中影响白度的杂质主要是Fe_2O_3、TiO_2，在煅烧过程中导致产物发黄、发灰，如不对其进行预处理，煅烧产物的白度常达不到要求。经笔者试验，采用石盐与腐殖酸混合作增白剂，增白效果显著，可达5度左右。

5. 合成工艺制度的选择

碱浓度的确定。碱浓度的大小决定反应的速度和产物的质量。一般来讲，碱浓度越大，反应速度越快。但产物中无效组分羟基方钠石（$4Na_2O \cdot 3Al_2O_3 \cdot 6SiO_2 \cdot H_2O$）含量增大，4A分子筛有效组分减少，产品的性能越差。因此，在实际确定NaOH的反应浓度时应综合考虑，在实验室试验中，NaOH浓度取4N左右效果较好。

6. 液/固比的确定

在合成4A分子筛过程中，液/固比的大小对合成的速度、产品的性质也有较大的影响。若液/固比过大，则合成后NaOH过量，导致合成的4A分子筛向羟基方钠石转化，降低产物的有效性能；反之，若液/固比太小，则又不能保证煅烧时完全反应。因此应采取合适的液/固比。试验表明：若NaOH溶液采用4N，则最佳的液/固比应保持在2:1（mL/g）左右，此时合成效果达到最佳。

7. 合成温度、时间的确定

合成4A分子一比较大的适宜温度范围，在各种温度条件下存在一与温度相匹配的最佳时间值。一般来讲，合成温度越高，固相在碱液中反应越快，成核速度也越快，因而产物较细。但是温度越高也越易产生羟基方钠石杂晶，影响产品性能。反之，若温度太低，完成合成所需时间较长，也不利于工业生产。因此，合成温度、时间的选择应综合考虑。笔者在试验中采用85~90℃合成温度、恒温时间10h效果较好。

8. 合成产物的分离

4A分子筛在中性或弱碱性介质中较稳定，在强酸或强碱性溶液中则不稳定，结构易遭到破坏。在合成4A分子筛的母液中，一般碱度较高，因此合成的4A分子筛应及时分离；否则，随着时间的增长，4A分子筛会转化为羟基方钠石，影响产品性能和合成效果。

五、制备钛系化工产品

（一）制备钛白粉

钛白粉（二氧化钛），由于其遮盖力和着色力强，广泛用于油漆、造纸、塑料等行业。煤矸石中二氧化钛含量达7.18%~8.05%时便可用于制取钛白粉。将生产白炭黑或水玻璃的残渣（含二氧化钛32%~39%）加入盛有硫酸的反应釜中，用压缩空气鼓泡搅拌，加热后冷却，抽滤洗涤后，将滤液浓缩，放入水解反应器内，搅拌条件下加入总钛量10%的晶种，以蒸气加热至沸，进行水解生成偏钛酸，然后冷却过滤，滤饼用10%硫酸和热水洗至检不出Fe^{2+}为止，再进行漂白过滤，洗涤得纯净偏钛酸，送入回转炉进行脱水转化煅烧，经粉碎即得钛白粉。用煤矸石制取钛白粉是一种切实可行的方法，由于煤矸石中二氧化钛的含量因产地不同而不同，用其制钛白粉要因地制宜。

（二）生产硅铝钛合金

生产硅铝钛合金，要求所用的煤矸石含有一定量的 TiO_2，其化学成分见表 6 – 14。利用煤矸石生产硅铝钛合金，首先要制得硅钛氧化铝，然后补充加入氧化铝进行冶炼。

表 6 – 14　煤矸石的化学成分

成　分	SiO_2	Al_2O_3	Fe_2O_3	TiO_2	MgO	Na_2O	烧失量
含量/%	50.0 ~ 60.0	20.0 ~ 30.0	1.0 ~ 5.0	0.5 ~ 1.5	0.5	0.5 ~ 5.0	10.0 ~ 15.0

第八节　煤矸石生产各种材料

一、煤矸石制砖

煤矸石制砖既利用了其中的黏土矿物，又利用了热量，是大量利用煤矸石的途径之一。煤矸石制砖工艺技术成熟，已经能够做到用 100% 煤矸石做原料，不外投加任何燃料制取空心砖。采用消化吸收先进制砖技术和设备，生产煤矸石承重多孔砖、非承重空心砖及外承重装饰砖、广场砖、道路砖等，是利用煤矸石的重要途径。

利用煤矸石生产烧结空心砖产品是目前消纳工业废渣比较好的一个途径。利用煤矸石生产烧结空心砖，其生产工艺已趋成熟，全国已有大量的生产厂在运行。一个年产 1000 万块普通砖的煤矸石烧结砖厂，每年可吃掉煤矸石 3 万吨左右，按煤矸石平均堆高 5m 计算，可节约用地 4400m²；其次，因其有一定的发热量，每年可节约标煤 1500t，价值 20 万元。2008 年 8 月 29 日，河南永煤集团年产 1 亿块矸石砖项目顺利投产，年可消耗煤矸石和电厂灰渣 30 多万吨。

（一）原料选择

1. 物理和矿物性质

煤矸石由泥质页岩、碳质页岩、砂质页岩、砂岩和煤炭等组成。泥质和碳质页岩呈层状结构，灰黑色，易风化，易破碎和粉磨，是制砖的最好原料。砂岩及砂质页岩呈粒状结构，灰白色，松散坚硬，难以粉碎和成型，此种煤矸石不宜制砖。煤矸石中若含有大量石灰岩，由于碳酸盐的分解，在高温煅烧中会产生大量二氧化碳气体，导致砖坯膨胀、开裂和变形，即使能烧成制品，出窑后由于受潮或吸水，制品也会产生开裂现象，因此含有大量石灰岩的煤矸石也不宜用来制砖。

2. 化学性质

煤矸石化学组成以 SiO_2 为主，其次是 Al_2O_3、Fe_2O_3、CaO、MgO、Na_2O、K_2O、SO_2 等。SiO_2 含量高，制出的砖强度也高，但原料的可塑性差，砖坯干燥收缩大，所以要求 SiO_2 含量不宜超过 70%。Al_2O_3 含量越高，其原料的塑性指数亦越高、耐火程度及砖的强度也越高，一般控制在 15% ~40%。Fe_2O_3 影响制品的颜色，烧成后制品呈砖红色，含量高红色深，含量低红色浅，含量过高，则起助燃作用，同时降低坯体的耐火度，燃烧时若氧气不足则呈灰褐色，通常 Fe_2O 含量为 $1\% \sim 5\%$。CaO、MgO 是助熔剂，但它们吸收空气中的水分后，生成氢氧化钙和氢氧化镁，体积将膨胀 $1 \sim 2$ 倍，导致制品破裂或崩解，其合计含量一般应控制在 $2\% \sim 5\%$ 以内。Na_2O、K_2O 可降低烧成温度，如含量过高，将出现泛碱现象，使制品质量不稳定，故含量应控制在 $2\% \sim 5\%$ 以内。SO_2 在煤矸石中多以硫化铁形式存在，燃烧过程中易产生大量 SO_2 气体，造成体积膨胀，使制品膨胀，通常煤矸石中的 SO_2 应控制在 $1\% \sim 3\%$ 以内。

3. 热值

煤矸石中含有一定量的可燃烧物质，据此特点，可采用内燃焙烧方法，从而降低生产成本。内燃焙烧适宜的热值为 $1.67 \sim 2.51$MJ/kg，热值过大将影响产品质量。我国 61 个地区的煤矸石平均热值为 4.67MJ/kg，其中 75.41% 是超热值的，因此，生产中应根据煤矸石的热值量和窑炉的性能合理添加黏土、页岩等低热值的物料，使原料中的发热量控制在最佳范围。低热值的煤矸石，如采用全内燃焙烧，则应掺入煤粉等较高热值的物料，使之达到最佳热值，否则，应以外投燃料方式来补充。

（二）煤矸石烧结砖

利用与黏土成分相近的煤矸石烧制砖瓦，技术比较成熟，应用也很广泛，是综合利用煤矸石的主要途径之一。煤矸石代替黏土生产砖，可以做到烧砖不用土或少用土，不用煤或少用煤。

煤矸石烧结空心砖生产线工艺流程：给料—粗碎—细碎—筛选—加水搅拌—陈化—搅拌—对辊—成型—切码坯—干燥—焙烧—卸砖。煤矸石烧结空心砖的生产工艺如图 6-25 所示。

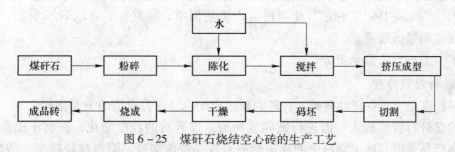

图 6-25　煤矸石烧结空心砖的生产工艺

生产线节能具有如下主要特点：

（1）节省黏土，节省燃料。生产线以煤矿固体废物——煤矸石为制砖原料，无需加入任何燃料，利用煤矸石自身含有的发热量来焙烧制品，实现了烧砖不用煤。原料制备系统采用了多级破碎和筛选的工艺流程，对原料进行细碎、混合处理，然后给原料加水进入陈化库得到均化，提高原料的成型性能，提高了产品的成品率。新型的破碎设备产量大、能耗少、不易磨损、使用寿命长。

（2）采用硬塑挤出成型。挤出机挤出压力大于 2MPa，其真空度 -0.92MPa，成型含水率 $16\% \sim 18\%$。自动切码坯设备，节能型一次码烧隧道窑，简化了工艺环节，降低了干燥过程中的热耗，增加了产量。干燥介质为隧道窑冷却带换取的高温空气和预热带尾部的高温烟气。

（3）生产线原料制备、成型工序采用节能电动机，隧道窑排烟风机、送热风机配置变频调速器，在保证质量的前提下，大幅度降低电耗。焙烧窑及干燥室采用温度、压力测控系统，可使焙烧热效率明显提高。

（4）采用国内自行设计的新型节能型大断面隧道窑。隧道窑设有燃烧系统、排烟系统、余热利用系统、冷却系统和车底冷却压力平衡系统、温度压力测试系统和窑车系统。由于窑体断面大、温差小，与采用中小断面窑相比，散热面积小、热利用率高，从而节约了热能，提高了能量的利用效率。窑体顶部设置空腔，采用空气交换冷却顶部，窑底也采用流动空气来保证窑车的正常运行，窑顶部、底部散失热量都抽入干燥窑内，既保证窑体结构的安全性，又可补充干燥室所需热量；同时窑体采用密封措施减少窑体漏气，砖坯入窑采用两道门密封，出口设置密封门，从而保证窑体密封性能良好，减少了热量散失。隧道窑各段采用不同的耐火保温材料，以增加窑墙热阻，减少热损失。本窑体顶部及两侧均采用硅酸铝纤维（陶棉）和岩棉等保温隔热材料，使窑体顶部及两侧外墙热损耗降为最小。最大限度地采取各种措施降低隧道窑热能损失，提高隧道窑热效率，与国内老式隧道窑相比节能 20% 以上。一次码烧干燥窑采用大断面逆流、隧道干燥窑。干燥热源利用焙烧隧道窑余热，干燥室设有供热系统、排潮系统及检测系统。采用轻型保温隔热窑车，短轴结构，窑车造价与一般窑车相比较低，降低车下温度，减少热量损失，提高窑车寿命。

（三）煤矸石非烧结砖

由于煤矸石的成分差别很大，在煤矸石烧结砖的应用过程中受到一些限制。如高铝、高钙、高铁、高硫以及自燃煤矸石就不宜于烧结砖。为此，我国科学工作者又研制出了煤矸石非烧结砖。采用自燃煤矸石为主要原料，先经粉碎加工，然后掺入适量水泥、石膏及少量化学添加剂，搅拌后半小时压制成型，自然养护而成。其产品强度可达 10~27MPa，性能达到"C422—1991"标准。此项目生产工艺简单、能耗低，且吃矸石量大，有较好的社会效益和经济效益。

（四）生产工艺影响因素

1. 原料粒级分配

原料粒度是质量保证的基础，合理的粒度级配也是能否成型的主要指标之一。从矸石山运来的煤矸石粒度较大，需进行破碎或粉磨。煤矸石的粒度细化，有利于提高塑性指数、提高产品强度和减少原料中的有害杂质对成品砖的损害。原料粒径越细，塑性越高，成型越容易；同时粒度细，粒子间的空隙就小，有助于提高容重。因此，煤矸石粉料粒度越细，坯体致密性越好，砖的抗冻性能和抗压强度也越高。煤矸石中某些有害物质，如 CaO、MgO 含量超过 2.5%、3% 时，是有害的。即便它们的含量不超标，若粒度大于 3mm，也会使成品砖发生爆裂。粒度越细，砖中的 CaO、MgO 吸收水分后，生成的 $Ca(OH)_2$、$Mg(OH)_2$ 因体积膨胀而产生的应力就会越少，且应力不足以达到爆裂的程度。因此，控制适宜的物料粒度对有害杂质将起分散作用。通常煤矸石实心砖一般要求原料最大粒度应小于 3mm，0.5mm 以下的颗粒应占到 60% 以上；空心砖原料的最大粒度应小于 2mm，0.5mm 以下的颗粒应占 65% 以上。

2. 搅拌及搅拌水分

煤矸石泥料浸水性较差，为提高泥料塑性，必须加水搅拌。可采用 2~3 级搅拌方式，第一级采用双轴搅拌机，第二级采用轮碾搅拌机（第三级采用双轴搅拌机）。搅拌水分是决定码烧湿坯高度的主要因素，也是决定砖窑产量的重要条件。当煤矸石泥料含水率大于16%～17%时，湿坯的强度难以达到码坯的要求，并加大了坯体的干燥收缩，故不宜采用一次码烧。搅拌水分还与成型方法有关，半硬塑挤出成型时，成型水分以15%～17%为宜；硬塑挤出成型时，成型水分以13%～15%为宜。

3. 可塑性与成型要求

原料的塑性指数是制砖时挤出成型的重要指标，是能否生产高质量砖的先决条件。一般最佳塑性指数为10～12，塑性指数低于6就很难成型，塑性指数大于13，物料粒度过细，成型时需要较高含水率，不仅坯体强度过低，而且干燥收缩过大，不宜一次码烧。我国多数煤矸石的塑性指数在7～12（占80%以上），符合一次码烧要求。生产时，煤矸石实心烧结砖可采用半硬塑挤出成型法，挤出压力一般为1.5～2.0MPa；煤矸石烧结多孔砖及烧结空心砖可采用硬塑挤出成型法，挤出压力一般为2.0～3.0MPa，当挤出压力大于3.0MPa时，耗电量增大，产量降低，经济上不合算。

4. 码坯

煤矸石含有一定量的可燃物，点燃后坯体在自燃状态下进行焙烧。煤矸石烧结砖的合理码坯，实际上就是燃料在窑内的合理分布。砖坯的疏密程度和码窑方式不仅影响窑内气流阻力的大小，而且决定了窑内热量的强弱和分布的均匀性。另外，成品砖的质量好坏和产量高低，也与码坯有密切关系。码坯应遵循以下几条基本原则，即边密中疏、上密底疏、横平竖直、头对头、缝对缝、火道通畅、码垛稳固，对于多孔砖和空心砖一定要平码，防止出现侧面压花、黑印等缺陷。煤矸石烧结砖一般应采用一次码烧工艺，常用的码坯方法有"三压三"法和"四压四"法，砖坯通常码高10～14层。

5. 干燥

干燥的程度有时决定了产品是否有裂纹、声哑、断裂等质量问题。砖坯制作完成后，应进行人工干燥或者自然干燥。采用自然干燥效果较好，干燥过程较易控制，但干燥坯场占用面积较大，同时受天气影响较大。目前，采用较多的是逆流式正压送风、负压排潮的人工干燥方式。影响干燥效果的因素有干燥周期、干燥介质温度、湿度和流速等。干燥周期通常在22h以上，若时间过短，砖坯未干透，烧成时会出现爆裂现象。干燥介质温度不能太高，如果温度太高，容易引起砖坯表面产生细微裂纹，进入焙烧窑烧成时，裂纹将继续扩大，造成制品裂纹；如果温度过低，坯体脱水太慢会影响产量。通常应控制干燥窑前段温度在100℃以下，干燥窑内截面水平温差在13～18℃范围内。干燥介质湿度不能过大，应使高温水气及时排出，防止砖坯吸潮垮塌，通常排潮湿度在90%～100%；干燥介质应当由多个风道进入，避免由于进风口处风速过大，使得砖坯急速干燥，产生裂纹缺陷，经过干燥的砖坯，其含水率应小于6%。

6. 烧成

烧成是将干燥好的坯体经高温焙烧，使其成为成品的操作。在窑内……间逆向流动产生热交换，从而实现由坯体生料……整个生产工艺的最后……

600～1080℃，保温带应控制在（1030±50）℃。在预热带，温度应该有一个渐变过程，升温太急，会产生爆裂现象；在焙烧带和保温带，坯体达到烧成温度，坯体内部进行着激烈的物理、化学、物理化学及矿化学反应，这时所供空气量一定要充足，让砖坯充分燃烧，避免出现黑心砖；在冷却带，坯体冷却不能太急，否则也要影响产品质量。整个烧成曲线呈现马鞍形，中间高、两端低，在原料成分稳定的情况下，操作时一定要调整好风量，严格按照烧成曲线来控温，这样才能保证焙烧的成品率。烧成煤矸石砖最好采用隧道焙烧窑，该窑易实现一次码烧，保证烧成温度和实现自动控制，从而保证焙烧质量。

（五）煤矸石制砖企业的发展趋势——余热发电

煤矸石制砖项目在超热焙烧过程中，产生大量余热，早些时候被直接排放，既浪费能源、污染环境，又不符合国家的相关产业政策。近些年，有部分砖厂回收部分焙烧余热，主要是通过余热锅炉产出热水，用于采暖或提供洗浴用水，但是余热利用率很低。在国家节能减排政策下，煤矸石制砖企业已经尝试利用余热发电，提高能效、减少能效浪费。余热发电的经济效益显著，6000万～10000万块/年烧结煤矸石砖生产线，装机容量1300～2500kW，发电量均能自给自足，按0.5元/（kW·h）计，年可节约成本150万～300万元。

对于煤矸石制砖余热发电技术，我国还处于研发和示范阶段。2008年8月25日，国内首台"隧道窑煤矸石烧砖余热发电机组"在枣庄新中兴公司试运，并于9月并网发电，该项技术为国际首创，同时也填补了国内空白。装机容量为1500kW，每年可发电790余万度（1度＝1kW·h），可为企业节支400余万元。在2008年10月启动的"中国－联合国气候变化伙伴框架项目"中，煤矸石制砖余热发电示范项目作为重点支持项目之一，项目针对煤矸石制砖企业开发出一套余热发电技术方案，并进行技术方案示范和推广，以提高能源效率，减少空气污染。

二、煤矸石生产水泥

（一）煤矸石生产水泥概述

煤矸石是煤矿生产时的废渣，它在采煤和选矿过程中分离出来。其中含有矿物岩石、碳的成分和其他可燃物。矿物岩石的化学成分主要是 SiO_2，其次是 Al_2O_3、Fe_2O_3、CaO、MgO、Na_2O、K_2O、SO_2，组成和黏土相似，可以代替黏土，提供水泥生料成分中的硅、铝成分。煤矸石中 Al_2O_3 含量有多有少，分为低铝煤矸石（Al_2O_3，20%±5%），中铝煤矸石（Al_2O_3，30%±5%），高铝煤矸石（Al_2O_3，40%±5%）。低铝煤矸石生产普通水泥和采用黏土配料几乎没有区别，可以很容易地生产出普通水泥，不需要对工艺和配方做大的调整。中高铝煤矸石生产普通水泥需要调整配料，采用高饱和（KH）和高铁方案，可以生产出合格的普通水泥。此外采用中高铝煤矸石代替黏土和部分矾土可以提供足够的氧化铝，制成一系列不同凝结时间、快硬性能的特种水泥，以及生产硅酸盐膨胀水泥等。这些以矸石为原料生产的特种水泥，可用于地铁、隧道工程，地面喷塑材料，冻结井筒井壁的混凝土、地下设施、防御工程、机场、跑道、公路、桥梁等工程。将煤矸石中所含的可燃物全部烧掉的风化矸石，又称熟矸或红矸。利用煤矸石进行燃烧发电产生的矸石渣，矸石中的可燃物已经烧尽。矸石烧后具有一定的活性，可用来做水泥的混合材料，水泥熟料加石膏、加煤矸石（熟矸）共同研磨成细粉，其质量标准等同于普通硅酸盐水泥或火山灰水泥。

煤矸石在水泥工业上的应用，其主要困难是化学成分和发热量波动很大，给水泥生产造成很大影响，如管理制度不好，会影响生产工艺和产品质量。解决这些问题的方法，一是对煤矸石预均化，使入窑的煤矸石成分和热值波动减少，便于调整。另一个方法是对煤矸石进行分拣，按质分类、堆放，实现煤矸石的资源化，以保证水泥厂使用煤矸石的成分和热含量稳定。煤矸石自燃或燃烧后具有一定活性，可以掺入水泥中作混合材料，与熟料和石膏按比例配合磨细生产硅酸盐水泥、普通硅酸盐水泥等。利用煤矸石中的黏土矿物部分或全部代替黏土配置水泥生料，烧制硅酸盐水泥熟料是煤矸石的又一利用途径，煤矸石既作为原料又替代了部分燃料。

（二）作为原燃料

因煤矸石的化学成分与黏土相似，故可代替黏土，与石灰石、铁粉及硅质胶等原料一起配料，生产 425 号、525 号水泥。用煤矸石作原料生产水泥的工艺过程与生产普通水泥基本相同：将原料按一定比例配合，磨制成生料，在窑炉内煅烧成熟料，再加入适量石灰和混合料，磨制成水泥。采用低位热值在 10.5kJ/kg 左右的洗选煤矸石代替全部黏土煅烧成水泥熟料的产量、质量不低于原有的水泥熟料。生料中煤矸石带入的热量平均为 1.89kJ/kg 时，在窑内燃烧完全，热工制度稳定，整个窑系统设备安全运转，总热耗降低，可节约大量燃料。

（三）作为混合材料

自燃煤矸石在燃烧过程中，由于各种矿物在一定温度下组成和原子排列发生变化，使其具有一定的活性，故可作为活性火山灰质混合材使用。煤矸石可作低热值燃料用于水泥生产中。煤矸石中所含可燃物在水泥煅烧中燃烧，发出热量可以代替优质煤炭，减少煅烧能源消耗。在国外有的烧油、烧天然气、烧优质煤的水泥厂在水泥回转窑窑头，喷入煤矸石粉，送入回转窑内，以减少优质高价燃料的使用量，节约能源。干法窑或分解窑，煤矸石粉喷入分解炉中，代替优质燃料对原料进行分解，也是一种很好利用煤矸石的方法。

当利用煤矸石作为燃料与洗中煤在沸腾炉中燃烧后，排出的残渣称为沸腾炉渣，其碳含量一般小于 3%，颜色多呈白色或灰白色，外形为松散无定形颗粒，具有较好的活性。有资料介绍，用它作混合材料生产低热微膨胀水泥，其 7 天水化热较 325 号矿渣大坝水泥的指标还低，在干燥气候中微收缩，在湿空气中微膨胀，28 天膨胀值仅为 0.3‰ 左右。

三、煤矸石生产陶粒

（一）煤矸石焙烧陶粒简况

碳含量不高（质量分数低于 13%）的碳质页岩和洗选煤矸适宜烧制陶粒。陶粒是一种轻质和具有良好保温性能的新型建筑材料，发展前景非常广阔。陶粒是为了减少混凝土的相对密度而产生的一种多孔骨料，它比一般卵石、碎石的密度小得多。煤矸石的矿物组成以黏土矿物为主，与陶粒黏土质岩接近，其化学成分含量也在适合烧成陶粒的化学组成范围内（即 SiO_2 53%～79%，Al_2O_3 12%～16%，熔剂氧化物 8%～24%），是焙烧陶粒的理想废渣，但因多数煤矸石的 Al_2O_3 含量略高，焙烧陶粒比一般黏土、页岩的焙烧温度略高。

（二）煤矸石陶粒生产工艺

煤矸石陶粒生产工艺共有三道工序，即原料加工、制粒和热加工。

　　国外用煤矸石生产陶粒的工艺分为两种：一种是用烧结机生产烧结型的煤矸石多孔烧结料；另一种是用回转窑生产膨胀型煤矸石陶粒。

　　目前，我国生产煤矸石陶粒还处于初级阶段，用煤矸石烧制陶粒有成球法和非成球法。成球法是将煤矸石破碎、粉磨后制成球状颗粒，入窑焙烧；非成球法是将煤矸石破碎到一定粒度直接焙烧。我国主要用回转窑烧制煤矸石陶粒，其工艺流程主要包括破碎、磨细、加水搅拌、造粒成球、干燥、焙烧、冷却等工序。

（三）配料对陶粒膨化作用的影响分析

　　陶粒在高温下的热膨胀是固相、液相、气相三相动态平衡的结果。陶粒经焙烧引起膨胀需同时具备两个条件：（1）在高温下形成具有一定黏度的熔融物；（2）当物料达到一定黏稠状态时，产生足够的气体。只有同时具备上述两个条件，才可能获得膨胀良好的均质多孔性陶粒。陶粒原料中 SiO_2、Al_2O_3 含量越高，要达到一定黏度，需要的温度也越高。而 CaO、MgO、FeO、Fe_2O_3、K_2O、Na_2O 等是助熔剂。在煤矸石中掺加一定量的页岩，可以有效降低原料的 SiO_2、Al_2O_3 含量，提高 CaO、MgO 和 Na_2O 含量，有利于降低原料的熔点。根据煤矸石的综合热分析，该煤矸石的熔点在 $1030\sim1150℃$ 之间，加入页岩和少量氧化铁后，原料的熔点也会相应降低，在 $1040℃$ 焙烧温度下即可达到最佳焙烧效果。

　　国内外在陶粒的烧制过程中，碳含量过高不利于陶粒的膨胀，容易造成陶粒表面黏度较小、内部黏度过大，只在熔化好的表面薄层中产生少量气孔，而内部密实、黑心、无气孔。但在陶粒膨化过程中，碳又不能完全除尽，还需要在陶粒熔融达到一定黏度时，产生足够的气体。掺加一定量的页岩能有效降低原料的碳含量，有利于陶粒在焙烧阶段的膨胀。在高温条件下，由于陶粒内部残碳作用，其表面是氧化气氛，内部形成一定的还原气氛，因而导致陶粒表面 Fe_2O_3 多，内部 FeO 多，造成了表面黏度稍大、内部黏度稍小，有利于陶粒的膨化，降低了陶粒的焙烧温度，同时增加了膨胀性能。

（四）应用工业废弃物制备陶粒的举例

1. 原料

　　利用工业固体废物赤泥为主要原料，粉煤灰、煤矸石、成孔剂和黏结剂为配料，经过合理的配比，通过制备工艺的选择和烧成温度的控制，制备出了气孔丰富、表面性状良好、强度高且满足废水处理应用要求的多孔陶粒。

　　赤泥是氧化铝工业的废渣，因产出量大、利用率低，导致了大量的赤泥堆积。随着铝工业的发展，生产氧化铝排出的赤泥量日益增多。目前，国内外氧化铝厂大都将赤泥输送堆场，筑坝堆存。赤泥的堆存不但要占用大量的土地，造成对环境的污染，还使赤泥中的许多有用成分得不到合理利用，从而造成资源浪费。

　　粉煤灰是煤燃烧后产生的废弃物，主要由火力发电厂通过烟气过滤、电分离等方法收集后排放而得到。全球每年产生的粉煤灰 $5\sim6$ 亿吨，由于目前缺乏有效的综合治理手段，对粉煤灰的处理主要是堆积在沉积场中或直接排入农田和江河中。这不仅占用了大量的土地，而且在出渣、装运及其堆存过程中，易对大气环境造成扬尘污染。若将其排入河流湖泊中，将造成极其严重的水资源污染。

　　煤矸石是与煤层伴生的矿物质，在煤矿生产过程中开采和洗选时被分离出来，煤矿上常称为"夹矸"。它是夹在煤层间的一种含碳量低、质地坚实的黑色岩石，是目前我国排放量最大的工业固体废物之一。堆放煤矸石不仅占用大量土地和农田，而且污染大气和地下水质，对环境造成严重危害。

2. 步骤

（1）取赤泥、粉煤灰、成孔剂和黏结剂为原料，并以煤矸石为烧成助剂，分别进行球磨和筛分处理，筛分处理后的粒度为 $48\sim250\mu m$。

（2）将球磨和筛分处理后的物料按质量百分比计取 50%～65% 的赤泥、20%～30% 的粉煤灰、10%～20% 的煤矸石、4%～10% 的成孔剂和 1%～5% 的黏结剂混合均匀，并加入占混合均匀物料总质量比为 15%～20% 的水后进行陈腐处理，陈腐处理时间为 8～12h。

（3）将陈腐后的物料再次加入水混合均匀后进行球团处理形成球状物料，直径为 0.8～1.0cm。

（4）将球状物料放入干燥装置中进行干燥处理。

（5）将干燥后的球状物料放入加热装置进行加热后，自然冷却即可得到陶粒。

四、煤矸石生产粉体材料

高纯超细氧化铝粉体的用途广泛，它是制造荧光粉、高压钠灯管、集成电路基片、人造宝石、功能陶瓷及生物陶瓷等材料的原料。目前生产超细氧化铝，原料有氢氧化铝、铵矾、有机醇盐等，方法有热解法、溶胶凝胶法、火花放电法等。微乳液法是近年来发展起来的一种制备纳米微粒的有效方法，以 W/O 型微乳液中的纳米水核作为"微型反应器"制备纳米粒子，由于操作简单、反应条件温和、粒子的尺寸和形状可控、易于得到小尺寸且单分散的产物粒子，因而被广泛用于制备各种纳米微粒。

高性能超细硅铝炭黑是新型橡胶补强改性填充材料。用煤矸石生产高性能超细硅铝炭黑综合技术性能好、加工成本低，具有较强的市场竞争力。

第九节　煤矸石在生态、环境保护及农业方面的应用

一、煤矸石山的生态治理

在生态治理方面，主要是在煤矸石山上恢复植被。植物群落具有明显减小煤矸石山渗透速率、提高煤矸石山保水和持水能力的作用。在矸石风化物上种植绿肥牧草，有助于提高煤矸石中氮、磷、钾等养分含量，降低表层含盐量，增加微生物类群数量，改善矸石山的水、气、热状况，加速煤矸石的风化，从而使矸石山生态环境得到进一步改善。因此，在矸石山上进行植被恢复是治理煤矸石山生态环境危害较为理想的途径。但是，由于矸石山的强酸性、贫瘠性及不良的理化性状和持水性质，在矸石山上快速定居植物群落难度较大。目前，生态治理矸石山主要集中在两方面，即植被生长所需土壤基础特性及构建技术和植被恢复理论与技术。

（一）煤矸石山生态复垦的土壤基础构建

生态治理煤矸石山，必须首先对其进行改良，使其具备作物生长所需的各种条件，即构建"土壤"条件。矸石山的植被恢复由立地条件分析与评价、矸石山基质改良技术、树种选择和规划、抗旱造林栽植技术、植被抚育管理技术和植被恢复的监测与评价六个阶段

组成。胡振琪等从土壤学的角度出发，提出了复垦土壤重构的概念，并认为土壤重构是土地复垦的核心内容，而土壤剖面重构是土壤重构的关键。根据旱地农业土壤剖面的层次结构及矸石的土壤特性，提出了新排矸石或尚未风化矸石农业填充复垦的合理剖面结构。重构土壤进而改良矸石山基质条件是生态治理矸石山的关键所在。因此，系统完善、科学实用的矸石山土壤重构技术理论，对于生态治理我国大量的矸石山将起到很大的促进作用。

按煤矿区土地破坏的成因和形式，把土壤重构主要分为以下三类：采煤沉陷地土壤重构、露天煤矿扰动区土壤重构和矿区固体污染废弃物堆弃地土壤重构。矸石山上的土壤重构应属矿区固体污染废弃物堆弃地土壤重构。按土壤重构过程的阶段性，可分为土壤剖面工程重构以及进一步的土壤培肥改良。而土壤剖面工程重构是在地貌景观重塑和地质剖面重构基础之上的表层土壤的层次与组分构造。土壤培肥改良措施一般是耕作措施和先锋作物与乔灌草种植措施。对应这两个阶段，土壤重构措施即为工程措施和生物措施。

为客观反映重构后土壤的质量及环境影响，需要对复垦重构土壤进行评价，目前常用的评价理论主要基于地质统计学方法与环境评价方法。地质统计学方法可较好地评价复垦土壤质量的空间变异规律，环境评价方法可较好地评价复垦土壤潜在的环境污染问题，复垦土壤垂直剖面的特性则利用等面积二次样条函数（EQS）和 Tikhonov 规则（TR）两种方法。这两种数学方法既可用作指导复垦土壤剖面重构，又可用作复垦土壤剖面的评价。重构土壤评价的内容主要围绕土壤生产力和土壤环境质量两方面进行综合评价。陈龙乾等提出的复垦土壤质量评价指数中的土壤生产力评价因素主要采用了土壤的物理特性和土壤的养分状况，土壤环境质量评价指标评价因素主要采用了土壤的酸碱性和土壤有毒物质。复垦土壤质量评价指数是指复垦土地的土壤质量评价总分值与当地正常农田的土壤质量评价总分值之比，它反映复垦土壤质量达到当地正常农田土壤质量的水平。

（二）煤矸石山生态复垦中植被恢复理论与技术

煤矸石山土壤构建的目的是为植被的生长奠定基础。由于区域条件的差异和植物对环境的选择性，对特定条件下的矸石山进行植被恢复一般需要解决一些问题，即适宜植物的选理配置、栽植技术尤其是抗旱栽植技术等。合理优良的植物物种选择是提高煤矸石山生态复垦质量的关键。由于矸石山废弃地一般的立地条件差、高温、高地热而且环境污染比较严重，根据这些特点，在栽培植物时应该选择抗污染、耐干旱贫瘠、抗性强的乡土植物种和经过多年适应培养的栽培植物种。经过一些地区长期的调查及试验，找到并选育出对生长基质具有耐性的品种。然而需要注意的是，不论矿区选择哪种树种，都不能单独种植。因为在任一环境内，任何生物的生存都离不开群落，这是由生物的多样性所决定的。因此，树种选好后只能作为优先树种来种植，要达到长期治理的目的，必须进行多种树种合理配置。不同植物在煤矸石山废弃地的成活率在 21% ~85%。其中，白榆和沙打旺的成活率最高，分别为 81% 和 85%；紫花苜蓿、小叶杨、刺槐、栾树的成活率次之，分别为 76%、71%、70% 和 67%；然而日本落叶松和长白落叶松的成活率最低，分别为 15% 和 21%。但是考虑到造林成活率、植被四季的交替规律以及未来的生态效益，小叶杨、白榆、刺槐和栾树为主的混合组合较为理想。在栽植技术方面，目前主要有覆土栽植技术、无覆土栽植技术、抗旱栽培技术、植被的抚育管理技术及植被恢复的监测与评价等。

二、煤矸石浆液作燃煤烟道气的脱硫剂

SO_2 是燃煤烟道气中的主要污染物之一。在酸性环境下，煤矸石浆液是一种高效燃煤烟气脱硫剂，最高脱硫率可达 75% 左右。煤矸石中含量最大的是硅元素，主要以 SiO_2 和硅酸盐形式存在，在酸性环境中，硅酸盐是一种良好的脱硫剂。经过处理的煤矸石浆液含有一定量的 CaO 和 MgO 等碱性的氧化物，与 SO_2 发生反应，煤矸石浆液中含有少量的 Fe_2O_3 和 V_2O_5 对脱硫反应起催化作用，提高脱硫反应的速率。煤矸石本身含有硫组分，主要以硫铁矿形式存在，但是并不影响脱硫效果，反而有利于 SO_2 的还原反应。总之，煤矸石浆液吸收 SO_2 的过程是众多元素联合发生协同效应的结果。

三、利用煤矸石中硫铁矿处理含 Cr（Ⅵ）废水

工业生产中产生的含铬废水，排放渗入地下后不能分解，严重污染地下水源，同时还产生毒害气体，破坏生态环境，危害人的身心健康，尤其是 Cr(Ⅵ) 会引发肺癌、肠道疾病和贫血等疾病。对于含 Cr(Ⅵ) 废水的处理，我国普遍使用化学还原法，但成本较高，而用煤矸石中硫铁矿来处理，成本可降低 80%，而且工艺简单、操作方便。从工业应用出发，含铬废水的 pH 值一般为 5 ~ 6，可以直接用煤矸石中硫铁矿进行处理。需要注意的是煤矸石中硫铁矿的加入量和粒度对六价铬的去除率影响较大，实验结果表明：煤矸石中硫铁矿与六价铬的比值为 60 : 1，粒度为 0.074 ~ 0.180mm(180 ~ 200 目)时，去除Cr(Ⅵ)的效果最好。

四、活化煤矸石处理废水

（一）煤矸石的煅烧

把不同颗粒大小的煤矸石放入电炉中加热 3h（500℃），使煤矸石中的碳保留并使之活化为活性炭，改变煤矸石的内部结构，使其具备良好的显微结构。

（二）活化煤矸石

取煅烧过后的煤矸石各 50g，分别放入干燥的锥形瓶中，加入 40% 的硫酸各 150mL，水浴加热 1h（水沸腾后计时）。酸活化后冷却，水洗。将活化后的煤矸石放入 300mL 烧杯中水洗，洗到其上清液的 pH 值为 5 ~ 6，倒掉清洗煤矸石的上清液，剩余的煤矸石进行烘干（200 ~ 300℃）2h。

煤矸石作为原料，经活化工艺后制成性能接近活性炭的吸附材料。煤矸石约为 15 元/t，经过活化后成本不超过 1000 元/t，属于高附加值的高新技术产品，具有很好的经济效益。再者活性炭的价格在市场上为 0.5 ~ 2 万元/t，按照最低价 5000 元/t 计算，每吨可以节约 3000 元。更为重要的是这种产品吸附能力与活性炭相差不太远，而价格大为下降，可以为污水和废水处理企业节约大量的资金，从而创造可观的经济效益。

我国对环境保护投资力度逐渐地加大，在建、拟建项目逐渐增多，活化煤矸石还可以用于化工与石油工业、食品工业、改良水质等方面。活化后的煤矸石对废水中 COD 的去除效果明显。故煤矸石作为吸附剂去除废水中的杂质是可行的。煤矸石的化学组成、活化剂的种类是影响其吸附性能的主要因素。与活性炭和沸石分子筛相比，煤矸石用作处理废

水中 COD 有着明显的经济优势，且其吸附性较强，故煤矸石在废水处理中有着广阔的发展前景。

五、煤矸石在农业方面的应用

煤矸石在农业方面的利用主要原因是由于其化学组成特征。化学成分是评价矸石性质、决定利用途径的重要指标，煤矸石的化学成分随其地层岩石的种类、矿物组成及开采方式的不同而变化。除含有碳外，其主要化学成分有 SiO_2、Al_2O_3、CaO、MgO、K_2O、C，另外还含有少量的微量元素，如钼、锗、铜、硒、锌等。一般 SiO_2、Al_2O_3 的含量比较高，对黏土岩类来讲，SiO_2 在 40% ~60%，Al_2O_3 在 15% ~30%；砂岩类 SiO_2 可达 70%；铝质岩 Al_2O_3 可达 40%。在碳酸岩煤矸石中 CaO 含量略高，达 30% 左右。对各个地区煤矸石化学成分进行比较归纳，发现其主要成分见表 6 - 15。

表 6 - 15　煤矸石化学成分　　　　　　　　　（%）

化学成分	SiO_2	Al_2O_3	Fe_2O_3	CaO	MgO	Na_2O	K_2O	C
含　量	30 ~60	15 ~40	2 ~10	1 ~4	1 ~3	1 ~2	1 ~2	20 ~30

（一）煤矸石生物肥田

煤矸石和风化煤中含有大量有机物，是携带固氮、解磷、解钾等微生物最理想的基质和载体，因而可以作为微生物肥料，又称菌肥。以煤矸石和廉价的磷矿粉为原料基质，外加添加剂等，可制成煤矸石生物肥料，主要以固氮菌肥、磷肥、钾细菌肥为主。与其他肥料相比，是一种广谱性的生物肥料，施用后对农作物有奇特效用，制作简单、耗能低、投资少、生产过程不排渣。

中国工程院院士、深圳大学光电子学研究所所长牛憨笨于 2002 年选择煤矸石制微生物肥料科研项目进行攻关，经过近 3 年的努力，他们筛选出两种适合以煤矸石为基质生产生物肥料的菌种，成功研制出煤矸石复合微生物肥料生产工艺。据了解，该课题组目前已试生产出 6t 煤矸石复合微生物肥料，同时还研制出青椒、谷子专用肥配方。经国家农业部谷物品质监督检验测试中心检测，施用煤矸石复合微生物肥料的青椒、玉米、谷子，分别比施用普通化肥的同类农作物增产 9.3%、0.4% 和 10.3%，维生素 B_1 含量提高 103.1%。测试结果表明，这种肥料具有无毒、无害、无污染、广谱、优质、高效等优点。课题组目前已向国家提出了专利申请。

同时较为成功的应用案例有南票矿务局与中国农科院合作开发的"金丰牌"微生物肥料、山东龙口矿务局与北京田力宝科技所开发生产的田力宝微生物肥料，均取得了很好的社会效益和经济效益。

（二）煤矸石用作无土栽培基质

贵州大学农学院何俊瑜通过设计实验探讨了脱硫煤矸石基质对小白菜的生长、产量和品质的影响。结果表明：煤矸石的容重小、孔隙度大、气水比适中，无重金属污染。当加入复合脱硫剂处理时，其对全硫和有效硫的脱除率分别为 86.12% 和 89.16%。脱硫煤矸石基质栽培小白菜产量、维生素 C 和可溶性糖含量分别为 4.51kg/m²、45.76mg/100g、60.2mg/kg，均高于土壤栽培，分别为土壤栽培的 1.11、1.24、1.23 倍，与炉渣栽培相接近，NO_3^-含量却低于土壤。

目前，我国对复配基质的研究较多。陈贵林等认为单一物质作为无土栽培基质存在某些不足。对于煤矸石与其他基质的配比方面还需进一步研究，未见相关工程实例报道。

（三）沸腾炉烧渣直接作肥料使用

长期施用氮、磷、钾的农田，土壤中缺乏硼、硅酸和氧化镁等，用煤矸石烧渣制成的基肥正好可以补充这些成分，而成为很好的土壤调节剂。煤矸石作矿肥的价值，首先是由于在土壤微生物的作用下，矸石能提高有机质、氮化物和磷化物的活性；其二，矸石能吸收大量的铵盐和磷的氧化物，使其在土壤孔隙中而阻止其向大气中的挥发；其三，矸石提供农作物生长所需的营养元素（锌、铜等），使粮食更富有营养。

（四）有机－无机复合肥

煤矸石中有大量炭质页岩或炭质粉砂岩，其中有机质含量在15%～20%，并含有丰富的植物生长所必需的B、Zn、Cu、Co、Mo、Mn等微量元素，一般比土壤中的含量高出2～10倍。选用含有机质较高的这类煤矸石经粉碎并磨细后，按一定比例与过磷酸钙混合，同时加入适量的活化剂，充分搅匀，并加入适量水，经充分反应活化并堆沤后，即成为一种新型实用肥料。这种肥料还可在活化后，掺入氮、磷、钾元素，制成全营养矸石肥料。煤矸石有机复合肥中的有机质和微量元素有明显的增产效果，属于长效肥，随着颗粒风化，其中养分陆续析出，在2～3年内均有肥效。这种肥料生产加工简单，原料易选易得，投资省，回收周期短，产品多样化，成本低廉。

煤科院西安分院最近研制试验成功的全养分矸石肥料，以煤矸石为主要原料，经粉碎后，加入改性物质，并经陈化后掺入适量氮、磷、钾和微量元素研制而成的全养分矸石肥料。田间试验表明，西瓜、苹果等经济作物施用专用矸石肥料，一般可增产15%～20%，最高可达25%以上。

（五）增效多元矿载肥

原配料为含稀土多金属煤矸石、沸石、氮肥、磷肥等，其基本原理是以沸石作为载体，将氮、磷、钾和微量元素负载，然后再根据农作物的需要缓慢释放，田间试验提高氮的利用率25%以上，增产14.41%～35.54%，比推广的涂层氮肥效果要好（氮的利用率提高10%～20%）。同时，提高小麦等高秆作物的抗灾能力，因秆内含稀土可以抗倒伏。

（六）其他

此外，煤矸石还可用于研制硅肥料、硫肥料等。用煤矸石制肥，耗矸量大，有较好的经济效益，是煤矸石综合利用的发展方向之一。

习 题

6-1 简述煤矸石的来源和危害。

6-2 简述煤矸石的组分和性质。

6-3 如何对煤矸石进行分类？

6-4 煤矸石的主要用途有哪些？

6-5 煤矸石发电的可行性分析。

6-6 欲建设一个3000kV·A的煤矸石电厂，通过煤矸石的低限发热量，简单计算需要发电的煤矸石的

　　　用量是多少？

6-7　如何从煤矸石中回收煤炭？

6-8　如何从煤矸石中回收黄铁矿？简述其原理，并设计工艺流程。

6-9　如何利用煤矸石生产莫来石？

6-10　煤矸石中如何提取金属镓？金属镓如何实现有效分离？

6-11　煤矸石在生产化工产品方面有哪些应用？

6-12　利用煤矸石生产建筑材料时需要注意哪些事项？并简述两种建材生产工艺。

6-13　煤矸石在环保方面的应用有哪些？

6-14　煤矸石为何能够用于烟气脱硫？

6-15　煤矸石如何用于农业生产？

6-16　目前煤矸石堆积问题是煤矿头疼的一大问题，如何解决这一问题已受到煤炭行业的广泛关注。因此，请结合煤矿的具体情况，试设计一套完整的煤矸石综合利用工艺路径。

第七章　粉煤灰综合利用技术

第一节　粉煤灰的来源及其污染

一、粉煤灰的来源

(一) 粉煤灰渣

粉煤灰也称为飞灰，是由燃煤热电厂烟囱收集的灰尘。若在炉膛里粘连黏结起来的粒状灰渣，落到锅炉底部，就称为炉底灰或炉下渣。粉煤灰主要为各种玻璃微珠所组成，占灰渣总量的70%～85%。

燃煤灰渣来自煤炭燃烧后的无机物质，灰渣的产量主要取决于燃煤灰分的高低，国内电厂用煤的灰分变化范围很大，平均为20%～30%。燃煤在锅炉中不能充分燃烧时，粉煤灰中就会保留少量的挥发物和未燃尽碳。

煤炭按生成年代的远近，分为无烟煤、烟煤、次烟煤和褐煤四大类，其中次烟煤和褐煤，因为生成年代较短些，矿物杂质含量就较多，碳酸盐的含量往往较高。按原煤煤种不同，把粉煤灰分为烟煤、无烟煤的普通粉煤灰和褐煤、次烟煤的粉煤灰。前者在化学成分中氧化钙含量较低，称为低钙粉煤灰；而后者氧化钙含量往往较高，称为高钙粉煤灰。

我国电厂以湿排灰为主，通常湿灰的活性比干灰低，且费水费电，污染环境，也不利于综合利用，为了保护环境，并有利于粉煤灰的综合利用，采用高效除尘器，并设置分电场干灰收集装置，是今后电厂粉煤灰收集、排放的发展趋势。

(二) 粉煤灰的形成

煤粉由高速气流喷入锅炉炉膛，有机物质成分立即燃烧形成细颗粒火团，充分释放热量。在高温下，矿物杂质除了石英外，大部分矿物都能熔融。粉煤灰形成的过程及煤粉中矿物杂质转变的过程，主要是以黏土质矿物到硅酸盐玻璃体的转变。黏土质矿物受热时开始脱水，继而破坏矿物晶格，灰粒就从软化表面开始熔融；碳酸盐矿物排出CO_2，硫化物和硫酸盐排出SO_2和SO_3，碱性物质在高温下部分挥发。灰粒在高温和空气的湍流中，可燃物烧失，灰分聚集、分裂、熔融，在表面张力和外部压力等作用下形成水滴状物质，飘出锅炉后骤冷，就固结成玻璃微珠。

粉煤灰中一些细小的玻璃微珠，是由极细的煤粉燃烧后形成的一氧化硅硅雾骤冷后凝固成的微粒，还有少量薄壁空心玻璃珠，能漂浮在水面上，所以又称为"漂珠"。形成空心的主要原因是矿物质转变过程中产生的CO_2、CO等气体，被截留于熔融的灰滴之中，成为空心微珠。粉煤灰中含有50%～70%的空心微珠是厚壁的，置于水中能够下沉，称为"空心沉珠"。还有一些粘连在一起的形态不同的玻璃微珠，称为"复珠"。

二、粉煤灰的污染问题

粉煤灰对环境的污染，是社会普遍关心的问题。

20 世纪 70 年代，国际上进一步重视环境保护和治理，曾经提出粉煤灰是否属于有害废物的问题。通过不少国家的研究和开发，现在已经解决了粉煤灰资源化与生态、经济动态平衡的一些基本问题，粉煤灰才不至于被宣布为一种有害废物。但是，对于粉煤灰的污染环境问题，仍不能予以忽视。从环境角度看，粉煤灰仍是一种"污染源"，可以造成多方面的危害，主要是：贮存占地、污染土壤；微粒飘逸，污染大气；湿法排灰，污染水体。

粉煤灰对环境的污染，主要有大气污染和水体污染两种途径。

电厂燃煤排放粉煤灰，在烟囱中排除飘尘和烟尘，同时放出大量二氧化碳和氮氧化物。他们的共同作用，会严重污染大气。粉煤灰贮于灰场，若表面水分蒸发干涸，只要有四级以上风力的阵风，即可将表面灰层逐层剥离扬弃，扬灰高度可达 40~50m，造成周围环境灰沙弥漫。悬浮于大气中的粉煤灰，影响能见度，在潮湿空气中对建筑物、露天雕塑品等表面有侵蚀性。$10\mu m$ 以下的粉尘，能毒害人类和其他动物。粉尘降落地面，污染土壤表层，影响种植和放牧。

有些电厂直接向水域排灰，让大量的灰水污染江河湖海。粉煤灰进入水体，形成沉淀物、悬浮物、可溶物等物质，从而造成各种危害。实验表明，向流量为 $1000m^3/s$ 的江河中排灰 1000t，其水浊度增加 6 度，流经 500km 左右，水体中仍能检测出粉煤灰的存在，沉积灰会堵塞河床，悬浮物和可溶物会使水质恶化。

第二节　粉煤灰的组成、性质和品质指标

粉煤灰的外观和水泥差不多，然而在光学显微镜下，却可以观察到各种各样的粉煤灰颗粒，它与水泥并无相似之处。粉煤灰实际上是各种颗粒的混合物，而各类颗粒的组分也是不相同的。

一、粉煤灰的形成

（一）化学成分

粉煤灰的化学成分是由原煤的成分和燃烧条件所决定的。根据中国 40 个大型电厂的资料，粉煤灰化学成分的变化范围见表 7-1。

表 7-1　中国粉煤灰的化学成分的变化范围（质量分数,%）

成分	SiO_2	Al_2O_3	Fe_2O_3	CaO	MgO	SO_3	烧失量
变化范围	20~62	10~40	3~19	1~45	0.2~5	0.02~4	0.6~51

其中大部分火力发电厂粉煤灰的成分为：SiO_2 40%~50%，Al_2O_3 20%~35%，Fe_2O_3 5%~10%，CaO 2%~5%，烧失量 3%~8%。

个别的例子如：云南开源电厂粉煤灰中 CaO 含量高达 45%，乌鲁木齐电厂粉煤灰烧失量高达 51%。

国外的粉煤灰化学成分，除烧失量较低外，也大致在表 7 - 1 所示范围内。SiO_2 和 Al_2O_3 是粉煤灰中的主要活性成分。中国多数电厂粉煤灰的 $SiO_2 + Al_2O_3$ 均在 60% 以上。

（二）矿物组成

粉煤灰中的矿物与母煤的矿物有关。母煤中所含的矿物，在煤粉燃烧的过程中，会发生化学反应，冷却以后，形成各种煤灰中的矿物和粉煤灰玻璃体。根据对粉煤灰矿物鉴定的结果，发现粉煤灰中虽然有不少结晶的矿物，常见的有石英、莫来石、云母、磁铁矿、赤铁矿、氧化钙、硫酸钙等，然而大量的还是非晶态的玻璃体。研究表明，结晶的矿物在正常温度下往往是惰性的，而非晶态的玻璃体却具有化学活性。所以，研究粉煤灰的胶凝性能，首先要了解粉煤灰的玻璃体。粉煤灰中的玻璃体有两种形态：一种是微珠，另一种是多孔玻璃体。

粉煤灰活性的高低，一般取决于玻璃体和结晶体组分的比例，玻璃体越多，化学活性越高。低钙粉煤灰中铝硅酸盐玻璃的含量一般为 60% ~ 85%，其中的主要矿物组分和形态特征见表 7 - 2。高钙粉煤灰的活性和自硬性，则取决于富钙玻璃的含量。

表 7 - 2　低钙粉煤灰中主要矿物组分和形态特征

矿物组分	质量分数/%	形态特征
铝硅酸盐玻璃体	60 ~ 85	主要是粒径为 0.5 ~ 250 μm 的玻璃微珠，一般平均粒径为 30 μm。玻璃机制中可能含有石英微晶和莫来石针状晶体，表面可能有细粒硫酸盐。有些粉煤灰玻璃体中有一部分是形状不规则的多孔玻璃体，颗粒较粗，其含量可能高达总质量的 30% 以上
石英	1 ~ 10	部分存在于玻璃基质中，部分单独存在
氧化铁	3 ~ 25	部分溶于铝硅酸盐玻璃中，部分以磁性的富铁微珠等形式存在
碳粒	1 ~ 10	多孔粗粒，有时保持珠状，劣质粉煤灰碳粒的含量更高
硫酸盐	1 ~ 4	主要是钙和碱金属的硫酸盐，粒径为 0.1 ~ 0.3 μm，部分联结在玻璃珠表面上，部分分散于粉煤灰中

（三）颗粒组成

粉煤灰质量的优劣和波动在很大程度上取决于各种颗粒之间的组合以及颗粒组成的变化。按照不同的形状，粉煤灰颗粒可分为珠状颗粒、渣状颗粒、钝角颗粒、碎屑、黏聚颗粒 5 类。

1. 珠状颗粒

（1）漂珠是薄壁的空心玻璃微珠，有的壳壁上还有极小的针孔状洞穴。漂珠的粒径为 30 ~ 100 μm，而壁厚为 0.2 ~ 2 μm，能浮在水面。漂珠的化学成分中 SiO_2 占 55% ~ 61%，颗粒密度为 0.4 ~ 0.8 g/cm³，松散容重为 250 ~ 350 kg/m³，绝热和绝缘性能良好。

（2）空心沉珠是厚壁空心玻璃微珠，粒径为 0.5 ~ 200 μm，珠壁密实无孔，厚度约占直径的 30%。颗粒密度接近 2 g/cm³，不能漂浮。强度很高，可承受 700 MPa 的静水压力。

（3）复珠。有些较粗的薄壁微珠中，粘集了大量细小的玻璃微珠，在扫描电镜下可观察到内部鱼卵状的细珠，所以也称"子母珠"。此外，还有一些粘连的畸形微珠和痘疱状微珠，也可包括在复珠之列。这些都可成为"珠联体"。

（4）密实沉珠主要是铝硅酸盐玻璃体的实心微珠，密度 $2.8g/cm^3$ 左右，大部分玻璃中含钙和铁，基本上不含氧化铁，往往含钙较多，呈乳白色，称为富钙微珠。微珠粒径大都在 $45\mu m$ 以下，多数为 $1\sim30\mu m$。

（5）富铁微珠。密实微珠中，有一小部分含氧化铁较高的微珠，称为富铁微珠。富铁微珠颜色较深，含铁多的呈黑色，有磁性，氧化铁含量可达 50%，密度 $3.4g/cm^3$ 以上。从粉煤灰中洗选的铁珠，可作工业原料。

2. 渣状颗粒

（1）海绵状玻璃渣粒。国产粉煤灰中常有相当数量的形状不规则、结构疏松的海绵状多孔玻璃粒径，粒径较粗，但也有较细的碎屑。海绵状玻璃体的生成通常是因燃烧温度欠高，或在火焰中停留时间过短，或因灰分熔点较高，以致这些灰渣没有达到完全熔融的程度。国外称为"火山灰渣"。

（2）碳粒。粉煤灰的碳粒一般是形状不规则的多孔体，但也有一些粉煤灰的烧剩的碳粒接近珠状，可称为"碳珠"。碳珠内部锁孔，结构疏松，容易碾碎，空腔吸水性较高，粒径偏粗，$45\mu m$ 以上的颗粒比例较高。

3. 钝角颗粒

粉煤灰中的钝角颗粒，有些是未熔融或部分熔融的颗粒，大部分是石英颗粒。在粉煤灰中钝角颗粒数量不多。

4. 碎屑

粉煤灰中或多或少存在一些颗粒碎屑，也就是通称的"尾粉"，颗粒一般小于 $30\mu m$。

5. 黏聚颗粒

黏聚颗粒主要是各种颗粒的黏聚体，在粉煤灰中也有一定数量，一般容易碾散。

上述颗粒的分类和特征见表 7 - 3。

表 7 - 3　粉煤灰中颗粒的分类和特征

颗粒类型和名称		颗粒形貌和结构	粒径/μm	密度/$g\cdot cm^{-3}$	特性	备注
珠状颗粒	漂珠	薄壁空心玻璃珠，壁厚为珠径的 5%~8%，壁上常有针孔	30~100	0.4~0.8	活性高、轻质、绝热、绝缘、耐高温、流动性好	数量少，一般为灰渣总质量的 1% 左右
	空心沉珠	厚壁空心玻璃珠，壁厚为珠径的 30% 以上	30~80	1~2	活性高、轻质、高强、绝热、绝缘、耐高温易碎	数量较多，可达灰渣总质量的 50%
	复珠（子母珠）	鱼卵状空心玻璃珠，壳内有大量微珠和碎屑	100~200	1 左右	活性高、轻质、绝热、绝缘、耐高温、高强、流动性好	数量较少
	密实沉珠	实心玻璃微珠，颜色深浅不同	<45	2.8 左右	活性高、绝热、绝缘、耐高温、高强、流动性好	可达灰渣总量的 85%
	富铁微珠	暗色微珠	<45	4.2 左右	活性低、磁性、导体、耐高温、流动性好	可达灰渣总量的 15%

颗粒类型和名称	颗粒形貌和结构	粒径/μm	密度/g·cm⁻³	特　性	备　注
渣状颗粒 海绵状玻璃渣粒	海绵状不规则的多孔颗粒	30 ~ 200	1.5 左右	活性强、轻质、绝热、绝缘	可达灰渣总量的 45% ~ 50%
碳粒	原状有时为多孔球形状、易碎为多孔碎屑	30 ~ 250	1.5 左右	可燃、导体、吸附性强	可达灰渣总量的 30%
钝角颗粒	未熔融或部分熔融颗粒，大部分为石英颗粒	50 ~ 250	2.6 左右	—	少　量
碎屑	各种颗粒的碎屑	<30	—	—	少　量
黏聚颗粒	各种颗粒的黏聚体	50 ~ 250	—	—	少　量

二、粉煤灰的性质和品质指标

(一) 表观色泽

由于组分不同，粉煤灰表观色泽变化很大，低钙粉煤灰，随着碳分含量从低到高，从乳白色变至灰黑色。高钙粉煤灰一般呈浅黄色，可反映氧化钙含量。

(二) 粒径和细度

粉煤灰粒径的变化为 $0.5 ~ 300\mu m$，这一范围与水泥接近，但其中大部分的颗粒要比水泥细得多。中国 GB 1596—1991 粉煤灰标准中，采用 $45\mu m$ 筛余量（%）为细度指标，规定 I 级灰不大于 12%、II 级灰不大于 45%。《粉煤灰混凝土应用技术规范》（GBJ 146—1990）的细度标准与此相同。

(三) 比表面积

因为粉煤灰中密实颗粒和内部表面积很大的多孔颗粒混在一起，故不易准确测定比表面积。沿用测定水泥比表面积法测定粉煤灰比表面积的变化范围，一般为 $1500 ~ 5000cm^2/g$，可用作反映粉煤灰组合颗粒内外表面积的综合情况。

(四) 密度和容重

普通粉煤灰密度为 $1.8 ~ 2.3g/cm^3$，约等于硅酸盐水泥的 2/3。粉煤灰松散容重的变化范围为 $0.6 ~ 0.9kg/m^3$，高钙粉煤灰略大。

(五) 需水量比

粉煤灰需水量比是以 30% 的粉煤灰，取代硅酸盐水泥时所需的水量与硅酸盐水泥标准砂浆需水量之比。这个性质指标在一定程度上能反映粉煤灰物理性质的优劣。最劣粉煤灰的出水量比往往高达 120% 以上，特有粉煤灰则可能在 90% 以下。GB 1596—1991、GBJ 146—1990 和 JGJ 28—1986 中，都规定 I 级粉煤灰需水量比不大于 95%、II 级灰不大于 105%、III 级灰不大于 115%。

(六) 火山灰活性

所谓火山灰活性是沿用天然火山材料能在常温下与石灰起化学反应，生成具有胶聚性的水化产物的性能。在国际标准中，粉煤灰的火山灰活性评定大都采用"抗压强度比"一类的实验方法，这类方法都是从传统的水泥或消石灰砂浆强度试验法改进而来，也就是根据所掺粉煤灰对水泥砂浆或消石灰砂浆强度的贡献来评定粉煤灰活性的高低。我国的 GB 1596—1991 中只对使用于水泥的粉煤灰规定"抗压强度比"的要求，而对混凝土的粉煤灰则无要求。

（七）烧失量

粉煤灰中的碳分一向被认为是有害物质，中国的 GB 1596—1991、GBJ 146—1990 和 JGJ 28—1986 都规定Ⅰ级粉煤灰不大于5%、Ⅱ级粉煤灰不大于8%、Ⅲ级粉煤灰不大于15%。

（八）含水率

粉煤灰的含水率影响卸料、贮藏等操作，GB 1596—1991、GBJ 146—1990 和 JGJ 28—1986 都规定不得超过1%，对Ⅲ级粉煤灰不做规定，对高钙粉煤灰来讲，含水还会明显影响粉煤灰的活性，并造成固化结块。

（九）三氧化硫、氧化镁、有效碱等含量

粉煤灰中的三氧化硫、氧化镁、有效碱等被认为是有害的物质，但一般其含量是不大的，故其危害的程度也不高。中国的 GB 1596—1991、GBJ 146—1990 和 JGJ 28—1986 都只规定三氧化硫不大于3%。

现将 GB 1596—1991 的规定列于表 7 – 4 和表 7 – 5 中。GBJ 146—1990 的规定基本上与 GB 1596—1991 相同。

表 7 – 4　用于混凝土中粉煤灰质量指标和分级（GB 1596—1991）　　（%）

指标	级别		
	Ⅰ	Ⅱ	Ⅲ
细度（0.045mm 方孔筛筛余）不大于	12	20	45
需水量比不大于	95	105	115
烧失量不大于	5	8	15
三氧化硫不大于	3	3	3
含水量不大于	1	1	不规定

表 7 – 5　用作水泥混合材料的粉煤灰质量指标和分级（GB 1596—1991）　　（%）

指标	级别	
	Ⅰ	Ⅱ
烧失量不大于	5	8
含水量不大于	1	1
三氧化硫不大于	3	3
28 天抗压强度比不大于	75	62

第三节　粉煤灰用于建筑材料

一、粉煤灰混凝土

粉煤灰用作混凝土基本材料，目的是为了改善混凝土性能，节约水泥，提高混凝土制品质量和工程质量，降低制品生产成本和工程造价。

（一）工程应用

在《粉煤灰混凝土应用技术规范》（GBJ 146—1990）和《粉煤灰在混凝土和砂浆中应用技术规程》（JGJ 28—1986）中对于粉煤灰混凝土应用技术都有简要的规定。上述"规范"和"规程"在一些原则问题上基本是一致的，都可以作为粉煤灰混凝土应用技术和依据。

1. 应用范围

根据 GBJ146—1990 的规定，按粉煤灰质量登记，各级粉煤灰可分别用于下列混凝土：

（1）Ⅰ级粉煤灰掺入混凝土中可以取代较多水泥，并能降低混凝土的用水量、提高密实度，可用于混在预应力钢筋混凝土中。

（2）Ⅱ级粉煤灰细度较粗，但经加工磨细达到要求的细度后，可用于普通钢筋混凝土中。

（3）Ⅲ级粉煤灰混掺入混凝土中的强度影响较小、减水效果较差，因此这类粉煤灰主要用于素混凝土和砂浆之中。

2. 粉煤灰掺量和取代水泥的限值

粉煤灰在水泥中的掺量和取代水泥量理应通过混凝土配合比设计确定，但是，习惯上总希望能有比较明确的最大掺量限值的规定。

中国《矿渣硅酸盐水泥、火山灰质硅酸盐水泥及粉煤灰硅酸盐水泥》（GB 1344—1992）中，规定在粉煤灰硅酸盐水泥中，粉煤灰掺量按质量计为 20% ~ 40%；而《硅酸盐水泥、普通硅酸盐水泥》（GB 175—1992）又规定在普通硅酸盐水泥中可掺加 15% 以下的粉煤灰。在实际工程中粉煤灰混凝土掺量和水泥取代量限值往往套用上述水泥标准的规定，认为是可靠的依据。

GB 146—1990 中则更明确规定混凝土中粉煤灰取代水泥量的限量百分数应符合表 7 - 6 的规定，并在制定该规程的条文说明中解释：粉煤灰在混凝土中掺量的限制量是以粉煤灰取代水泥量的百分数为准，限量中不分粉煤灰质量等级。

表 7 - 6 的规定比较详细，且"规范"要求必须遵守。因为规定的限值不分粉煤灰质量等级的，如能通过试验验证，适当增减，则更为经济和合理。

表 7 - 6　粉煤灰取代水泥量的限量　　　　　　　　　　　　（%）

混凝土种类	粉煤灰取代水泥量的限值			
	硅酸盐水泥	普通硅酸盐水泥	矿渣硅酸盐水泥	火山灰质硅酸盐水泥
预应力混凝土①	≤25	≤15	≤20	—
钢筋混凝土、高抗冻融性混凝土、高强度混凝土	≤30	≤25	≤20	≤15
蒸汽养护混凝土	≤30	≤25	≤20	≤15
中等强度混凝土、泵送混凝土、大体积混凝土、水下混凝土、地下混凝土、压浆混凝土	≤50	≤40	≤30	≤20
碾压混凝土	≤65	≤55	≤45	≤35

①仅限于跨度小于 6m 的先张预应力混凝土及后张预应力无黏结混凝土。

（二）粉煤灰加气混凝土

混凝土按其表观密度（ρ）分为：重混凝土（$\rho > 2500\mathrm{kg/m^3}$）、普通混凝土（$\rho = 1950 \sim 2500\mathrm{kg/m^3}$）和轻混凝土（$\rho < 1950\mathrm{kg/m^3}$）。轻混凝土又分为轻集料混凝土（$\rho = 800 \sim 1950\mathrm{kg/m^3}$）和多孔混凝土（$\rho = 300 \sim 1200\mathrm{kg/m^3}$）。多孔混凝土按气孔形成的方式不同分为泡沫混凝土和加气混凝土，主要特征是内部均匀分布着大量微细气泡，具有容重小、保温性好、可加工等优点，所以是一种新型轻质建材。

加气混凝土是由含钙材料（如水泥、生石灰等）和含硅材料（如砂、粉煤灰、费渣等）经过磨细并与发气剂（如铝粉）和其他材料按比例配合，在经料浆浇注、发气成型、静停硬化、坯体切割与蒸汽养护（蒸压或蒸养）等工序制成的一种轻质多孔建筑材料。

加气混凝土材料具有良好的性能：

（1）自重轻，可生产表观密度为 $300 \sim 1000\mathrm{kg/m^3}$ 的制品，在满足建筑物结构要求的前提下，较壳壁钢筋混凝土轻 3/5 ~ 4/5，较砖混建筑轻 2/3 ~ 3/5。

（2）保温性能好，由于材料内部存在大量封闭小气孔（总孔隙率高达 70% ~ 80%），导热系数小（$0.116 \sim 0.23\mathrm{W/(m \cdot K)}$）。

（3）易加工，可锯、可刨、可钉。锯切后可黏结处理，能满足各种规格要求。

（4）有较好的抗震性能，能满足一级防火要求，可减薄墙厚度，增加有效使用面积。

加气混凝土制品的品种、规格可根据需要生产墙板、楼板以及各种砌块，便于机械化施工，在大板建筑体系、框架建筑体系、砌块建筑体系、砖混建筑体系中都能得到应用，它在新型建筑材料的发展中占有重要的地位。

1. 原料的性质和技术要求

（1）水泥的重要作用是保证生产初级阶段的浇注稳定性、坯体硬化速度和后期蒸压过程中的反应作用，一般使用符号为 325 号和 425 号的普通硅酸盐水泥较合适。

（2）石灰消解时放出的热量，促进铝粉与氢氧化钙反应放出氢气，形成多孔结构的坯体；在蒸压条件下，与硅质材料反应生成水化硅酸钙，促进坯体硬化产生强度。要求石灰的有效氧化钙含量在 65% 以上；氧化镁在 8% 以下，细度为 4900 孔/cm^2 的筛余量不大于 15%；消解速度为 10 ~ 20min。

（3）粉煤灰可作为硅质材料，用作填充料。一般要求其化学组分中，SiO_2 含量不少于 40%；Al_2O_3 含量 15% ~ 30%；CaO 含量不大于 10%；Fe_2O_3 含量不大于 15%；SO_3 含量不超过 4%；烧失量不大于 10%。粉煤灰应磨细，细度为 4900 孔/cm^2 空筛筛余量不大于 20%，比表面积在 3000cm^2/g 以上。

（4）铝粉与钙质材料中的 $Ca(OH)_2$ 发生化学反应释放出 H_2，形成气泡，使料浆形成多孔结构，其化学反应过程如下：

$$2Al + 3Ca(OH)_2 + 6H_2O \xrightarrow{\hspace{1cm}} 3CaO \cdot Al_2O_3 \cdot 6H_2O + 3H_2$$

要求铝粉含铝量大于 98%，活性度要大。

（5）外加剂。生产粉煤灰加气混凝土除了上述原料和发气剂外，还需要加入铝粉脱脂剂、气泡稳定剂、调节剂等，这些品种繁多，使用过程中需要根据生产工艺的需要并通过试验来确定其使用量。

2. 原料的配比

配比是加气混凝土生产工艺中的核心。粉煤灰加气混凝土的配比选择很难用单一计算方法完成。良好的配比一般需经过小规模的试验，中间试验并须在生产中进行多次调整才能获得。

确定粉煤灰加气混凝土原料配比的原则是：

（1）使制品具有规定的强度、良好的物理力学性能，收缩率及耐久性应满足使用要求；

（2）具有良好的料浆浇注稳定性，坯体蒸压时不裂；

（3）原料来源充足，质量稳定，成本低廉；

（4）多用粉煤灰，尽量减少调节剂的品种和用量。

粉煤灰加气混凝土较适宜的配比为：水泥（425号硅酸盐水泥）10%；生石灰20%；二水石膏（占钙质材料用量）10%；粉煤灰约70%；铝粉0.06%；气泡稳定剂少量，约每升料浆用1mL；水料比0.6~0.7。

3. 生产工艺流程

粉煤灰加气混凝土制品生产流程一般可以分为原料加工制备、配料浇注、坯体静停与切割蒸压养护、脱模加工、成品堆放包装等几个工序，工艺流程如图7-1所示。

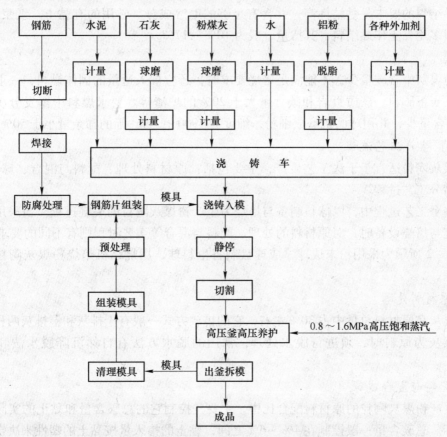

图7-1 粉煤灰加气混凝土制品生产流程示意图

二、粉煤灰陶粒

粉煤灰陶粒是以粉煤灰为主要原料，加入一定量的黏结剂和水，经加工成球，高温焙烧而成的一种轻质料。

粉煤灰陶粒可分为烧结型和烧胀型两种。烧结型比烧胀型颗粒表观密度大、强度高，两种陶粒应用范围也有所不同。目前国内外多采用烧结机生产烧结型粉煤灰陶粒。

（一）原材料的性质与技术要求

1. 对粉煤灰的要求（表7-7）

表7-7　生产烧结陶粒对粉煤灰的技术要求

原料	细度4900孔/cm²筛余/%	碳含量/%	Fe₂O₃/%	软化温度/℃	块状煤渣、杂物等有害杂质
粉煤灰	20～35	≤10	≤10	1500	不得混有

2. 黏结料

由于粉煤灰的黏结不好、成球较困难，因而生产中必须掺入少量黏结料，增加料球的机械强度及热稳定性以满足焙烧要求。

对黏结料的要求是黏结性高，并含有足够的助溶成分。常用的有黏土，纸浆废液等。目前中国多用黏土作黏结料，其掺量一般为10%～17%。

3. 固体燃料

当粉煤灰中含碳量少，不能满足焙烧要求时，还应掺入适量的固体燃料，一般可掺无烟煤、焦炭下脚料、碳质页岩和碳含量大于20%的炉渣等。要求燃料中挥发分少、灰分低、SO_3含量少，并用球磨机磨成细粉，细度为4900孔/cm²筛的筛余量小于50%为宜。

（二）生产工艺流程

粉煤灰陶粒适宜于干法工艺生产，主要包括：原材料处理、配料与混合、球料制备、焙烧及筛分工艺过程。

在整个工艺过程中，以球料制备与焙烧为生产粉煤灰陶粒的关键过程。当采用不同的成球工艺与焙烧设备时，对原材料的处理、配料与混合等工艺过程则有不同的要求。

图7-2所示为采用粉末成球，成球盘制备生料球，用烧结机焙烧粉煤灰陶粒的生产工艺流程。

1. 原材料处理

粉煤灰在原材料总量中占30%左右，它的排放方式一般有干排灰和湿排灰两种。采用湿排粉煤灰为原料时，须进行脱水处理，常用的脱水方法有自然沉降脱水法和机械脱水法。

2. 配料与混合成球

在生产粉煤灰陶粒的原材料配合比中，主要是控制它的总碳含量和黏土的实际掺入量两项指标。总碳含量一般控制在4%～6%之间；黏土的掺入量按黏土的塑性来决定，当塑性指数在15左右时，黏土掺入量应控制在13%～15%之间。

配料以质量计量，搅拌好坏将影响焙烧成品的质量。料球成球时应满足一定的颗粒级配和强度要求，还应有较高的热稳定性，以保证在运输过程中不致损失，在入窑预热时不致爆炸。

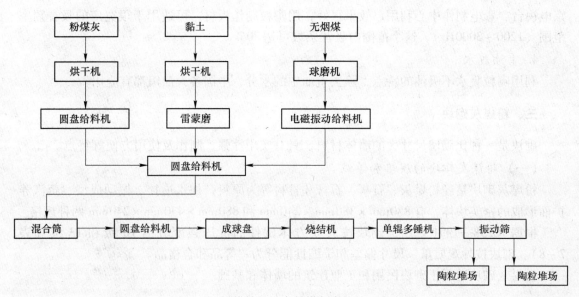

图 7 – 2 用烧结机生产粉煤灰陶粒的工艺流程

3. 焙烧

焙烧是陶粒生产中最重要的工艺环节，目前国内烧制各种陶粒的焙烧设备，主要有烧结机、双筒回转窑和机械立窑等。球料在焙烧的过程中，部分软化和出现液相，整个料球进行着复杂的物理化学反应，形成晶体矿和较多的玻璃体，尤其在烧结后的陶粒表面，以玻璃体为主形成一层坚硬的外壳，从而具有较高的强度。陶粒内部，由于焙烧时产生气体而形成细微气体，在产生气体的同时，如果料球处于高温可塑状态，则气体溢出，形成开口气孔。经观察分析，粉煤灰陶粒内部开口气孔多于封闭气孔。

4. 产品筛分

烧结后陶粒部分是符合规定的，但也有部分结成大块的，还夹有少量陶砂。因此，必须进行破碎和筛分，才能满足使用要求。

正常情况下，陶粒结块仅是表面黏结，只需轻击即散，但若焙烧不正常，黏结严重时就需要破碎。破碎的物料经整体筛分后，进行外观和物理性能的检验，经检验出符合质量要求的物料，最后按级送入成品库。

（三）应用

1. 用于建筑材料

中国目前 90% 陶粒用于建筑材料，用各种不同陶粒制成不同构件，用于高层、超高层建筑、大跨度桥梁构件、船舶及飞机维修棚等，可以降低成本、减少钢材用量。

2. 用于保温隔热材料

用陶粒制成的混凝土可耐热到 950℃，导热系数一般为 0.18~0.7W/(m·K)，大大低于普通混凝土。由于陶粒是蜂窝状结构，具有较好的隔热性能，可以作各种隔热材料，如回转车间柱子、内衬及油厂的裂化炉等保温隔热材料。

3. 用作吸音材料

用陶粒制作微孔吸音砖，可以控制交响回流时间，降低噪声。这种微孔吸音砖已在北京电视台、彩电制作中心利用，效果很好，用陶粒制作板材，可适用于很宽广的吸音频率范围（1200~3000Hz），这个范围内吸音系数可达70%。

4. 重油脱水

利用陶粒吸水不吸油的特点，除去重油中的水分，中国各大油田都有应用。

三、粉煤灰砌块

砌块是一种比砌墙尺寸大的墙体材料，具有实用性强、制作及使用方便等特点。

（一）粉煤灰砌块的规格和等级

粉煤灰砌块是经粉煤灰、石灰、石膏和骨料等为原料，加水搅拌、振动成型、蒸汽养护而形成的密实块体，有880mm×380mm×240mm和880mm×430mm×240mm两种规格。

根据JC238—1991规定，砌块按其立方体试件的抗压强度分为10级和13级（表7-8）。砌块按外观质量、尺寸偏差和干缩性能分为一等品和合格品。

粉煤灰砌块适用于砌块民用和工业建筑的墙体和基础。

表7-8 粉煤灰砌块的强度等级

项 目	指 标	
	10级	13级
抗压强度/MPa	3块试件平均值不小于10.0，单块最小值8.0	3块试件平均值不小于13.0，单块最小值10.5
人工碳化后强度/MPa	不小于6.0	不小于7.5
抗冻性	冻融循环结束后，外观无明显疏松。剥落或裂缝，强度损失不大于20%	
密度/kg·m⁻³	不超过设计密度10%	

（二）原料的技术要求

1. 粉煤灰

要求烧失量小于15%；SiO_2含量大于40%；Al_2O_3含量大于15%；SO_3含量小于4%；含水率大于65%；细度（0.08mm方孔筛筛余）小于35%。

2. 生石灰

要求有效CaO含量大于50%；MgO含量小于10%；细度0.2mm方孔筛筛余小于5%；0.08mm方孔筛筛余小于15%；消解温度大于50℃；消解时间小于20min。

3. 石膏

$CaSO_4$含量大于65%；磷石膏中P_2O_5含量小于3%；细度0.2mm方孔筛筛余小于5%；0.08mm方孔筛筛余小于15%。

4. 粗骨料

使用高炉炉渣，自然粒径配级，最大粒径小于40mm；1.2mm以下颗粒小于25%。

（三）生产工艺

1. 原料配比

当石灰有效CaO含量为60%~70%时，干混合料配比见表7-9。

表 7-9 粉煤灰砌块混合料的配比 (%)

粉煤灰	炉渣	生石灰	石膏	用水量
31	55	12	2	30 ~ 36

2. 生产工艺流程

蒸养粉煤灰砌块的工艺流程如图 7-3 所示。

3. 砌块养护制度

（1）静停时间 4 ~ 5h；

（2）升温时间 6 ~ 8h（升温速度为 5 ~ 10℃/h）；

（3）恒温时间 8 ~ 10h（温度 95 ~ 100℃）；

（4）降温时间 2 ~ 3h（恒温后停止供汽，开始降温，降温速度控制在每小时 20℃ 以下，砌块出池时，池温约 50℃）。

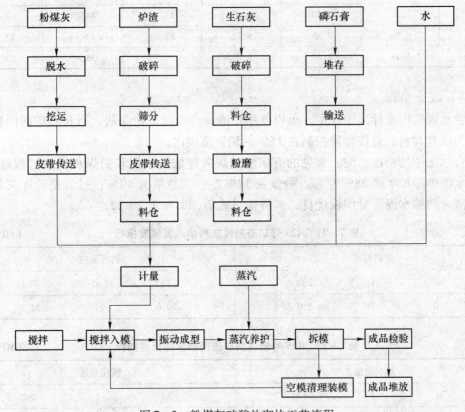

图 7-3 粉煤灰硅酸盐砌块工艺流程

四、粉煤灰用作水泥的混合材料

（一）粉煤灰硅酸盐水泥

用粉煤灰作水泥的混合材料，可以获得增加产量、降低成本和改善某些性能的效果。中国国家标准 GB 1344—1992 规定，凡由硅酸盐水泥熟料和粉煤灰、适量石膏磨细制成的水硬性胶凝材料，称为粉煤灰硅酸盐水泥，简称粉煤灰水泥。水泥中粉煤灰的掺加量按质量分数计为20%～40%。

与硅酸盐水泥相比，粉煤灰水泥早期强度发展稍慢，而后期强度增进率较高，这一特点随粉煤灰掺加量增多而更加明显。

按照国家标准GB 175—1992规定，生产普通硅酸盐水泥时，也可以加入6%～15%的粉煤灰作为混合材料。掺加粉煤灰后制成的水泥，与不掺混合材料的水泥相比，3d、7d龄期的强度略低，但28d的强度则接近甚至超过不掺加粉煤灰水泥的强度。表7－10是粉煤灰掺加量不同的水泥的强度试验。

粉磨普通硅酸盐水泥时，掺加粉煤灰作混合材料，能起一定的助磨作用，使磨机产量有所提高，单位电耗降低。

表7－10　粉煤灰掺加量不同的水泥强度对比试验

粉煤灰掺加量/%	抗折强度/MPa			抗压强度/MPa		
	3d	7d	28d	3d	7d	28d
0	7.06	7.90	9.03	33.35	44.24	51.99
10	6.56	7.88	9.12	32.37	42.18	52.39
15	6.48	7.57	8.89	29.33	38.95	50.33

（二）复合水泥

复合水泥的国家标准中规定，可以使用炉渣、火山灰、粉煤灰、石灰石中的两种或两种以上为混合材料，总掺加量控制在15%～50%范围内。

复合水泥中的两掺水泥，常见的有矿渣粉煤灰硅酸盐水泥和粉煤灰矿渣硅酸盐水泥，前者在水泥中掺加矿渣28%左右、粉煤灰12%左右，总量为40%；后者是粉煤灰的掺量大于矿渣。两掺水泥质量均较优良，其特性见表7－11和表7－12。

表7－11　425号矿渣粉煤灰两掺水泥强度指标　　　　　（MPa）

抗折强度		抗压强度	
7d	28d	7d	28d
6.0	8.0	30.6	51.2

表7－12　425号粉煤灰矿渣两掺水泥强度指标　　　　　（MPa）

抗折强度		抗压强度	
7d	28d	7d	28d
5.9	7.6	31.2	48.1

（三）粉煤灰砌筑水泥

中国目前的住宅建筑中，砖混结构仍占很大比例，相应地就需要使用大量的助砌砂浆，常用的助砌砂浆多为50号或25号，而往往却用325号、425号水泥配制。为了满足和易性要求，只好超量多加水泥，造成很大浪费，因此使用低标号水泥是降低造价的有效措施。

1. 助砌水泥的定义和品质要求

根据国家标准 GB 3183—1982 规定，助砌水泥的定义如下：凡由活性混合材料或具有水硬性的工业废料为主要原料，加入少量硅酸盐水泥熟料和石膏，经磨细制成的水硬性凝胶材料，称为助砌水泥。以粉煤灰为主要原料的助砌水泥，常称为粉煤灰助砌水泥，其粉煤灰含量一般不小于40%。

助砌水泥分 125 号、175 号、225 号 3 个标号，各龄期的强度指标列于表 7－13。

表 7－13　助砌水泥强度指标　　　　　　　　　　　　　　　（MPa）

标　号	抗压强度		抗折强度	
	7d	28d	7d	28d
125	5.5	12.2	1.2	2.4
175	7.6	17.2	1.6	3.4
225	9.8	22.0	2.0	4.4

生产助砌水泥所用的硅酸盐水泥熟料中氧化镁含量不得超过 6%。水泥的按动性试验必须合格。由于水泥的早期强度较低，安定性试块允许延长湿气养护时间，但不得超过 48h。强度试验时，试块允许湿气养护 48h 再脱模。

2. 熟料掺加量对水泥强度的影响

在助砌水泥中，熟料的掺加量虽然少于粉煤灰，但它对水泥强度的影响却十分明显。这是由于粉煤灰虽然具有火山灰活性，但其活性效应一般需在 3 个月后才明显发挥。所以在早期阶段，对水泥强度作贡献的主要还是熟料。表 7－13 是一组试验资料，从表中可以看出，熟料掺量减少，粉煤灰掺量增加，助砌水泥强度随之下降。

粉煤灰加少量熟料和石膏，粉末比表面积为 400～700m^2/kg，能够制成 125～225 号粉煤灰助砌水泥，用其配置 25～100 号助砌砂浆，稠度与易性均可达到要求。若用 525 号普通硅酸盐水泥代替熟料配置助砌水泥，如控制相近的比表面积，水泥用量相应增加 5% 左右，也能达到同样标号。

五、粉煤灰砂浆

砂浆是由胶凝材料（水泥、石灰、石膏等）、细骨料（砂、炉渣等）和水（有时还掺入某些外掺材料）按一定比例配制而成的，是建筑工程中，尤其是民用建筑中使用最广、用量最大的一种建筑材料，可用来助砌各种砖、石块、砌块等，可进行墙面、地面、梁柱面、天棚等的表面抹灰，可用来粘贴大理石、水磨石、瓷砖等饰面材料，可用于填充管道及大型墙板的接缝，也可以制成具有特殊性能的砂浆，从而对建筑结构进行相应的特殊处理（如保温、吸声、防水、防腐、装修等）。粉煤灰助砌水泥的试验资料见表 7－14。

表 7－14　粉煤灰助砌水泥的试验资料

配比/%			比表面积	抗压强度/MPa		抗折强度/MPa	
配　料	粉煤灰	石　膏	/m^2·kg^{-1}	7d	28d	7d	28d
35	62	3	568	13.3	26.8	3.26	5.71
30	67	3	541	11.8	22.1	2.91	5.12

配比/%			比表面积	抗压强度/MPa		抗折强度/MPa	
配 料	粉煤灰	石 膏	/m² · kg⁻¹	7d	28d	7d	28d
25	72	3	566	9.3	18.3	2.43	4.69
20	77	3	578	7.5	15.5	1.92	3.78

常用的建筑砂浆按所用凝胶材料种类分为水泥砂浆、石灰砂浆、混合砂浆（水泥石灰砂浆、水泥黏土浆等）。若按其使用功能可分为砌筑砂浆、普通抹面砂浆以及用于绝热、吸声、防水、防腐等特殊用途的抹面砂浆及专门用于装饰方面的装饰砂浆。

（一）强度等级

砂浆硬化后应具有足够的强度，砂浆在砌体中主要作用是传递压力，所以应具有一定的抗压强度，因此抗压强度是确定强度等级的主要依据。助砌砂浆强度等级是用尺寸为 7.07cm×7.07cm×7.07cm 的立方体试件，在标准温度（20±3）℃及一定湿度条件下，养护 28d 的平均抗压极限强度（MPa）而确定的。

随着电厂粉煤灰综合利用技术的发展，经晾干过的沉灰池湿灰、调湿灰及干排灰相继问世，便于工程部门使用。1987 年部颁标准《粉煤灰在混凝土和砂浆中应用技术规程》（JGJ128—1986）开始生效，进一步推动了粉煤灰砂浆的应用。

在建筑施工中，用于建筑砂浆工程的水泥占全部工程中水泥耗用量的 25%~40%，由于我国生产的水泥缺乏低标号，因此经常发生高标号水泥配制低标号砂浆的不合理现象。

在砂浆中应用粉煤灰，是根据砂浆的要求，以粉煤灰为掺和料，一般可节水泥 20%~30%、节约黄砂 10%~50%。

（二）粉煤灰砂浆品种及适用范围

粉煤灰砂浆是由建筑水泥砂浆、水泥石灰砂浆和石灰砂浆，分别加入一定量粉煤灰，取代部分水泥配制而成，因此，粉煤灰砂浆依其组成材料也分为粉煤灰水泥砂浆、粉煤灰水泥石灰砂浆和粉煤灰石灰砂浆等。粉煤灰水泥砂浆主要用于内外墙面、窗口、沿口、水磨石地面底层和墙体勾缝等装修工程及各种墙体砌筑工程；粉煤灰水泥石灰混合砂浆主要用于地面以上墙体的助砌和抹灰（粉刷）工程；粉煤灰石灰砂浆主要用于地面以上内墙的抹灰工程，也可用特制的粉煤灰砂浆填充"建筑间隙"或作保温、隔热垫层。

（三）对原材料的技术要求

（1）粉煤灰渣。石灰、调湿灰、干灰、磨细灰和炉底渣等均可按砂浆性能要求选用。

（2）水泥。因砂浆标号较低，所以水泥标号不宜过高，否则胶凝材料过少，稠度太差，施工困难，性能不佳。粉煤灰助砌水泥也可应用。

（3）石灰。应符合二级石灰标准，不允许含有大于 3mm 及未熟化颗粒。生石灰必须充分消解以后，方可使用。

（4）细骨料。一般要求砂子平均粒径不小于 2.5mm。

（四）粉煤灰砂浆标号和配合比

粉煤灰砌筑砂浆通常有 M1.0、M2.5、M5.0、M7.5 和 M10 等标号。内外粉刷粉煤灰砂浆强度等级分别为 M0.4、M0.5 及 M0.5 以上。配合比设计有试配法和计算法两种。目前仍以试配法为主，成型部分试块，筛选使用的配合比。表 7 – 15 是粉煤灰助砌砂浆参考配合比。

表 7 – 15　粉煤灰助砌砂浆参考配合比

设计强度等级	水泥品种	粉煤灰品种	代砂率/%	配合比（质量计）					试拌结果		
				水泥	石灰膏	粉煤灰	砂	外加剂	稠度/cm	分层度/cm	28d 强度/MPa
M2.5	425 号矿渣硅酸盐水泥	调湿灰或灰池湿灰	30	2.65	2.92	9.8	—	10.1	1.8	3.43
M5.0	425 号矿渣硅酸盐水泥	调湿灰或灰池湿灰	30	1	1.50	5.01	—	10	1.4	6.67
M7.5	425 号矿渣硅酸盐水泥	调湿灰或灰池湿灰	30	0.8	1.32	4.45	—	11.2	1.9	7.95
M10		调湿灰或灰池湿灰		0.52	1.04	3.44	—	10.8	1.3	11.0

六、粉煤灰制砖

（一）粉煤灰烧结砖

粉煤灰烧结砖是以粉煤灰和黏土为原料，经搅拌、成型、干燥、焙烧制成的砖。粉煤灰掺量 30% ~70%，其生产工艺及主要设备与普通黏土砖基本相同。

1. 粉煤灰的化学成分和原料配比

经过多年实践，要求粉煤灰中的 SiO_2 含量不宜高于 70%，超此含量，混合料的塑性大大降低，制品的抗折强度和抗压强度较低。Al_2O_3 含量以 15% ~25% 为宜，低于 10% 时，制品强度较低。Fe_2O_3 含量以 5% ~10% 为宜。MgO 含量不应超过 3%。硫化物含量最好小于 1%。表 7 – 16 和表 7 – 17 是某厂粉煤灰烧结砖的化学成分和原料配比。

表 7 – 16　某厂粉煤灰烧结砖的化学成分　　　　　　　　（%）

化学成分	SiO_2	Al_2O_3	Fe_2O_3	CaO	MgO	烧失量
质量分数	56.65	25.28	6.23	3.45	1.40	5.97

表 7 – 17　某厂粉煤灰烧结砖的原料配比　　　　　　　　（%）

黏　土	粉煤灰	内燃炉（炉渣等工业废渣）
40	55	5

粉煤灰颗粒比黏土粗、塑性指数较低，必须掺配一定数量黏土做黏结剂，才能满足砖

坯成型要求。实践中采用以下掺配比例：

（1）黏土塑性指数大于15时，坯体掺入粉煤灰可达60%以上；

（2）黏土塑性指数8~14时，坯体掺入粉煤灰20%~50%；

（3）黏土塑性指数小于7时，坯体难以掺入粉煤灰，很难成型。

2. 生产工艺流程

粉煤灰烧结砖生产工艺流程如图7-4所示。

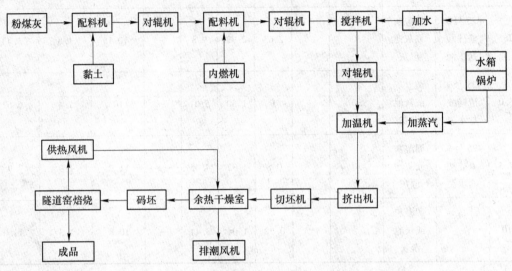

图7-4　粉煤灰烧结砖生产工艺流程

（二）粉煤灰蒸压砖

粉煤灰蒸压砖是以粉煤灰、石灰为主要原料，掺入适量石膏和骨料，将坯料压制成型，高压或常压蒸汽养护而成。利用某电厂湿排粉煤灰生产蒸压砖的情况如下。

1. 粉煤灰的化学成分和原料配比

粉煤灰的化学成分和蒸压砖的原料配比见表7-18和表7-19。

表7-18　某厂蒸压砖粉煤灰化学成分　　（%）

化学成分	SiO_2	Al_2O_3	Fe_2O_3	CaO	MgO	烧失量
质量分数	52~56	25~27	2~5	5~8	0.7~1.4	6~8

表7-19　某厂蒸压砖原料配比　　（%）

粉煤灰	生石灰	石　膏	骨料（石屑）
60~65	14	1	20~25

2. 蒸压养护

养护的作用在于使粉煤灰砖中的活性成分与熟石灰发生化学反应，生成具有一定强度的水化物。蒸压养护采用蒸压釜，以17.45℃的饱和蒸汽进行养护。养护制度如下：进出釜0.5h；升温2h；恒温7h；降温2h。

3. 工艺流程

粉煤灰蒸压砖生产工艺流程如图7-5所示。

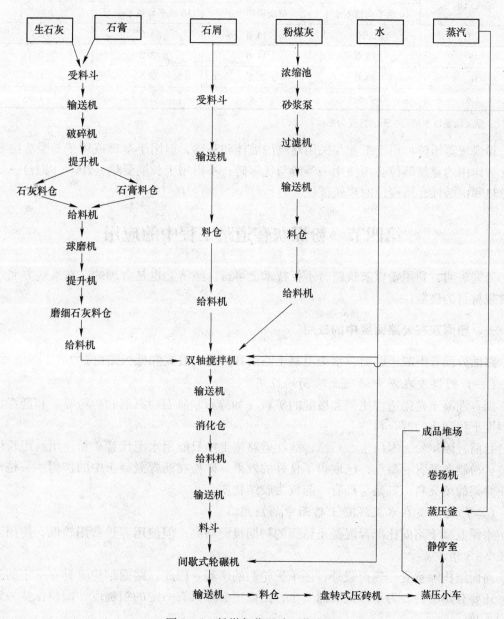

图7-5 粉煤灰蒸压砖工艺流程

4. 产品性能

粉煤灰蒸压砖的抗压强度达到13MPa以上，抗折强度可达3MPa以上，长期耐久性与其他性能均能满足墙体材料的一般要求。

5. 强度指标

粉煤灰蒸压砖的规格尺寸与烧结普通砖相同，产品根据抗压强度和抗折强度分为20、15、10、7.5四个强度等级（表7-20）。

表 7－20　粉煤灰蒸压砖强度指标

强度级别	抗压强度/MPa		抗折强度/MPa	
	10 块平均值不小于	单块值不小于	10 块平均值不小于	单块值不小于
20	20.0	15.0	4.0	3.0
15	15.0	11.0	3.2	2.4
10	10.0	7.5	2.5	1.9
7.5	7.5	5.6	2.0	1.5

注：强度级别以养护后一天的强度为准。

粉煤灰蒸压砖可用于工业与民用建筑的墙体和基础，但用于基础或用于易受冻融和干湿交替作用的建筑部位必须使用一等砖与优等砖；不得用于长期受热（200℃以上）、受急冷急热和由酸性介质侵蚀的建筑部位。

第四节　粉煤灰在道路工程中的应用

研究表明，利用粉煤灰筑路，不仅技术上可行，经济上也是合理的，在某些方面还优于常规材料的性能。

一、粉煤灰在公路面层中的应用

路面分沥青混凝土路面、水泥混凝土路面和其他过渡式和低级路面。

（一）粉煤灰在沥青混凝土路面的应用

沥青混凝土是用适当比例和级配的矿料（如碎石、砾石、石屑和矿粉等）和沥青在一定湿度下拌和成的混合料。

目前，因矿粉无专门生产厂家，故在道路施工中只能用水泥代替矿粉使用。用粉煤灰代替矿粉制备沥青混凝土，已取得了良好的效果。矿粉在沥青混凝土中的作用：一是密实矿质骨架的填充料；二是与沥青一起成为胶结物质。

（二）粉煤灰在水泥混凝土路面中的应用

水泥混凝土路面比沥青混凝土路面的初期投资略高，但使用养护费用较低，使用寿命要长 2～3 倍。

路面结构除承受车辆荷载外，还承受轮胎的磨耗。因此，路面结构除具有一定的强度外，还要有耐磨性。为了保证交通安全，路面还必须具有一定的粗糙度，即须保持一定的磨损系数。

在水泥混凝土的混合料中掺入一定数量的粉煤灰，可以减少水泥用量，改善混合料的和易性，降低工程造价，工程也能达到规定的要求。例如，震动碾压干硬型水泥混凝土路面是一种新工艺，为了增加混合料的和易性，在混合料中掺入了 15%～40% 的粉煤灰（其中 SiO_2 和 Al_2O_3 的含量大于88.91%，烧失量为2.48%）。试验表明，掺入粉煤灰的干硬性混凝土，当抗压强度达到30MPa 时，其抗折强度一般也能达到 4.5MPa（设计规范要求标准）。而普通混凝土的 28d 强度达到30MPa 时，其抗折强度一般达不到4.5MPa，掺入粉煤灰还可以提高干硬性混凝土的抗渗性和密实性。

采用双层式混凝土路面结构，即下层振碾混凝土占路面全厚的2/3，上层低塑性混凝土路面占全厚的1/3，由于采用粉煤灰代替部分水泥使用，可节约水泥28.5%，工程造价与普通混凝土路面相比，下降15.5%。

二、粉煤灰在里面基层和底基层的应用

目前，在中国新建公路路面基层和底基层中，有相当一部分采用了石灰粉煤灰稳定土（简称二灰土）和石灰粉煤灰稳定碎石（简称二灰碎石）。通常，应用二灰土作为路面底基层；用二灰粗粒料，包括二灰碎石、二灰沙砾和二灰矿渣等作为里面基层。

（一）石灰粉煤灰稳定土地基层

石灰粉煤灰稳定土用于底基层，是在土壤中按一定比例掺入少量石灰和粉煤灰，搅和均匀，在最佳含水量下摊铺碾压成一种整体性较好的道路底基层。

二灰土底基层所用的粉煤灰比表面积宜大于2000cm²/g，只要SiO₂和Al₂O₃含量大于70%，均可使用。但烧失量不宜大于10%。

二灰土底基层早期强度较低，但一般能满足设计规范7d强度0.7MPa的要求，而后期强度则较高。如果用石灰∶粉煤灰∶土＝6∶10∶84（质量比）的稳定土结构代替石灰剂量为12%的石灰稳定土，则可节省6%的石灰，经济效益显著。若二灰土的早期强度达不到设计规范，可以掺入少量水泥。

甘肃中川高速公路基层设计为"二灰碎石"15cm，底基层为"水泥二灰土"16cm（干路段）至30cm（中湿路段）。细粒式沥青混凝土3cm（上面层）＋黑色碎石4cm。原设计沥青混凝土为水泥或石粉，后来以湿粉煤灰代替矿粉，各项指标均符合规范要求，大量节省了工程造价。

（二）石灰粉煤灰稳定碎石（或砾石）基层

石灰、粉煤灰加上骨料（碎石或砾石）可以作为等级公路路面基层，可以减少路面开裂，与其他结构（如水泥碎石等）相比，具有后期强度高、水稳定性和抗冻性好、易施工等优点，是一种优良的筑路材料。

石灰与粉煤灰的配合比由试验确定。采用石灰∶粉煤灰＝1∶3的配合比，试验表明：

（1）二灰碎石（砾）基层早期强度低，但后期强度增长幅度大，180d抗压强度可达9.6MPa，是7d强度的6.5倍。有关资料介绍，二灰碎石（砾）结构半年后其强度还在继续增长，最终可达20MPa以上。

（2）二灰结构90d劈裂强度略高于28d水泥稳定结构的劈裂强度。

（3）二灰结构有很好的抗水性能。粉煤灰在二灰碎石结构中一般占10%～20%，具体数量须根据每条路的情况和所用原材料的不同通过试验确定。

（三）二灰类混合类组成

对于二灰稳定粒料，一方面要求有足够的抗压强度和抗冲刷能力，另一方面要求有较好的收缩性能和抗冻能力。要达到这一目的，二灰粒料配合比组成设计至关重要。

现行《公路路面基层施工技术规范》（JTJ 034—1993）对混合料组成设计了如下规定：

（1）对于硅铝质粉煤灰，采用石灰粉煤灰做基层或底基层时，石灰与粉煤灰的比可以是1∶2～1∶9。

（2）采用石灰粉煤灰骨料做基层或底基层时，石灰与粉煤灰的比例常用 1 : 2 ~ 1 : 4 （对于粉土，以 1 : 2 为合适），石灰粉煤灰与细土的比例可以少（30 : 70 ~ 90 : 10）。

（3）采用石灰粉煤灰骨料做基层时，石灰与粉煤灰的比例常用 1 : 2 ~ 1 : 4，石灰粉煤灰与级配骨料的比例应是 20 : 80 ~ 15 : 85。

根据 JTJ 034—1993，对于二灰混合料的强度标准，如 7d 需达到的强度见表 7 - 21。

表 7 - 21　二灰混合料 7d 的强度标准　　　　　　　　（MPa）

层　位	二级和二级以下公路	高速和一级公路
基层	≥0.6	≥0.8
底基层	≥0.5	≥0.5

三、利用粉煤灰填筑公路路堤

粉煤灰代替工程用土用于公路路堤的修筑，得到越来越多的重视。特别是那些修建在软弱地基上的公路，当用粉煤灰作为填料时，显示出特别优点。粉煤灰是一种轻质材料，约比黏土轻 45%，所以在同样允许掺加量下，粉煤灰比黏土更能够延长道路的使用寿命。

根据《公路路面基层施工技术规范》（JTJ034—1993），对于粉煤灰的质量要求、设计参数、路堤施工和质量管理及检验，都做了详细的规定。一般来讲，粉煤灰孔隙发达，在含水量较大时稳定性变差，其吸水性比土约大 1 倍，经压实的粉煤灰吸水后强度有所下降，加之粉煤灰的黏结力差、比重小、抗冲刷能力极弱。针对这些特点，用粉煤灰填筑路堤时需采取封闭措施，即周围用符合规范要求的材料将粉煤灰包裹起来，以隔断毛细水的影响。

常用的封闭材料有黏土、煤沥青、二灰混合料等。例如，马鞍山路堤最高达 3m，两边用 1m 宽的土堤包裹；西安路堤长 170m，最高填筑 1.5m，边坡用黄土宽 1m，基层为二灰土 80cm，面基为 18cm 的水泥混凝土路面。采用二灰混合料或土包裹边坡及堤顶，包裹土体的宽度可视路堤高度不同而选取 1 ~ 2m，二灰混合料的宽度在 30 ~ 50cm。石灰与粉煤灰的混合比可设计为 10 : 100 ~ 12 : 100。因封闭层位于路堤边缘，施工时应采取措施，确保压实度不小于 90%，并做好养护工作。

在冰冻地区，粉煤灰路堤封闭层的设计要考虑冰冻深度，封闭最小厚度不得小于冻深。因为一旦结冰后，粉煤灰体积膨胀相当严重，边坡包土厚度应大于冰冻厚度，以防止粉煤灰结冰膨胀对路基造成的危害。

四、粉煤灰用于结构回填

粉煤灰用作结构回填，已成功地实现了由桥台引导搭板至桥面的平滑过渡，减少并根除了在两者的结合部位由于不均匀沉降所出现的"颠簸"现象。

粉煤灰用作桥台、挡墙以及其他类型的挡湖结构的回填材料，是由于其自重轻、减低侧压力、剪切强度好及在某些情况下还具有自硬性，因而能减少回填的实际沉降。

在筑路施工中用粉煤灰填筑坑塘洼地，与填筑路堤和结构回填一样，不需另外取土，因而也是一种投资少、用灰量大的公路利用途径。例如：安徽马鞍山公路站的一条线经过一个水塘，160m 长、27m 宽，坑塘最深处 2.1m、浅处 0.7m，平均深度约 1.3m，填方约 5600m³，上面是粉煤灰路堤和路面，公路使用情况良好。

五、粉煤灰在道路工程中的应用前景

粉煤灰在道路工程中的应用范围很广，不论是造价昂贵的路面、里面基层工程，还是造价较低的路基填筑工程，都可以利用粉煤灰代替部分价格昂贵的筑路材料。利用粉煤灰的各种道路工程，可以在保证各项物理力学指标均达到设计要求前提下，降低工程造价。

道路工程使用粉煤灰的数量巨大，就高等级公路的二灰碎石基层，每公里用粉煤灰数量达 2000t 左右，总起来算数量就大了。

目前，全国粉煤灰利用率的增加，无不与粉煤灰用于道路工程和回填息息相关。107 线石家庄至安阳高速公路和 307 线石家庄至太原一级汽车专用公路的河北段，都是用粉煤灰填筑部分路堤的。

作为路面结构层的基层材料，也都采用石灰粉煤灰混合料。表 7－22 是一些统计数字，由这些数字可以看到粉煤灰在筑路方面的利用进展和可喜前景。

表 7－22　粉煤灰在筑路和回填的利用情况

项　目		1991 年	1992 年	1993 年	1994 年	1995 年
总利用量/万吨		2020	2547	2993	3700	4145
总利用率/%		27.0	31.9	34.8	40.6	41.7
筑路利用	数量/万吨	321.4	556.6	743.4	1047	1292
	比例/%	15.9	21.8	24.8	28.3	31.1
回填利用	数量/万吨	610	485	462.3	804	845
	比例/%	30.2	19.0	15.4	21.7	20.4

粉煤灰在道路工程中的利用，既解决道路建设材料问题，又解决堆灰占地和污染环境问题，是变废为宝、造福人类的大事，应该积极加以推广，具有广阔的发展前景。

第五节　粉煤灰用作注浆材料和充填材料

一、用于矿井防火注浆

在煤炭的开采过程中，有的煤层在空气接触中逐渐氧化发热导致发火，所以必须采取防火及灭火措施，即防火注浆。常用的注浆材料是黏土，据测算，平均每采 100t 煤，注浆要用黏土 2m³，才能满足要求。1995 年全国年产煤 12.8 亿吨，按上述注浆比例，则每年所需注浆用的黏土达到 2560m³，相当于毁掉近 3 万亩耕地，煤矿企业也要支付数亿元买土费用。如果全部注浆改用粉煤灰代替黏土，其效益不言而喻。

二、作井下充填材料

煤矿井下采煤，要经常使用充填材料进行巷旁充填、巷道支架壁后充填、冒落空穴充填、封闭采空区、加固围岩等。

（一）粉煤灰的贮存和输送

在一般情况下，充填作业是简短的，而粉煤灰的产生是连续的，为了弥补粉煤灰供给和充填之间在时间上和数量上的不平衡，需要修建一定容量的缓冲仓。粉煤灰浆的地面输送采用砂泵、管道输送。从地面的充填设施向井下充填工作面输送粉煤灰砂浆，常采用重力自流输送。

（二）粉煤灰在工作面的脱水

粉煤灰浆在工作面的脱水有溢流和过滤两种。溢流是指澄清水，过滤一般在充填工作面架设有脱水天井，外面包上孔眼金属丝网。

三、粉煤灰用于隧道工程的压浆材料

以石灰、磨细粉煤灰作为胶凝材料，以原状粉煤灰为充填料，并掺入适量的陶土使浆液具有触变性，便于泵送。同时，根据掘进速度，掺入一定量的液态水玻璃调节凝结时间。这一类的压浆材料完全改变了过去使用的以水泥为胶凝材料的组分。

（一）压浆材料的组成

粉煤灰压浆材料的配合比及测试强度见表7-23。

表7-23 粉煤灰压浆材料配合比及测试强度

配合比（质量比）					稠度/m	抗压强度（×98）/kPa	
石灰	磨细粉煤灰	原状灰	陶土	水玻璃		7d	28d
1	6		0.5	0.2	14		11.85
1	6	4	0.5	0.1	14.5	3	12.3
1	2	4	0.5	0.2	14	1.6	6.8
1	3	4	0.5	0.2	13.2	3	8.7

（二）压浆材料的流变性能

压浆材料的流动性和稳定性是极为重要的技术指标。流动性好的浆体利于泵送。石灰粉煤灰压浆材料的浆体流变特性属于塑性流体，当所施的外力小于屈服应力时，泵体保持原状不动；当剪切应力超过屈服应力时，浆体粒子之间的黏聚力和摩擦力被克服，浆体就产生流动。因此，屈服应力越小，浆体的流动性越好。压浆施工时，可以用比较小的泵送压力，即可使浆体流动输送。

浆体的稳定性是指浆体产生塑性变形，即流动以后不产生离析和泌水现象。稳定性好的浆体致密能力也好，因此黏度值越大，稳定性也越好。

研究表明，具有较小的屈服应力和较大黏度的浆体配合比，是比较理想的配合比。但对新拌的浆体，会随着时间的延长，使屈服应力和黏度值变高，流动性降低。石灰粉煤灰浆体，施工时间可以延长到4h以上，但水玻璃的掺量应以石灰掺量的0.2倍为宜。

（三）经济效益

隧道压浆材料过去都是用水泥砂浆或水泥净浆，为了满足施工和简易性的要求，水泥砂浆中水泥用量比较高。掺用石灰、粉煤灰可以节约水泥，并降低成本74%~77%。石灰

粉煤灰浆可以完全代替水泥砂浆。

四、粉煤灰用作速凝注浆材料

煤矿矿井建设和灌注桩桩井开挖施工中，常遇到大量渗漏水，为了战胜水害，速凝注浆法是最有效的方法。速凝注浆后在井筒周围形成隔水帷幕，将井筒涌水降到最低限度，从而快速安全完成施工。速凝注浆法还大量用于加固堤坝和建筑物的地基。

目前的无机注浆材料大都属水泥系，平均每米矿井井筒水泥注入量 8～14t，最多达 30t，注浆成本高。水泥浆是颗粒性材料，成品水泥的细度不可调节，最大粒径为 0.85mm，灌注性差，即使水灰比 2.0、黏度 0.001631Pa·s 的水泥浆，可注入的平均裂隙也只有 0.43mm。这种浆材料难以注入 0.2mm 以下的裂隙和粒径小于 1mm 的砂层中。水泥标准稠度用水量大，浆体硬化后不仅体积收缩，而且内部参与水化反应的水形成了大量的孔隙，使结实体的渗透系数较大。以粉煤灰为主要组分的低成本、凝结快、微膨胀的注浆材料，是很有利用前途的注浆材料。下面介绍 FA 速凝注浆材料。

（一）注浆材料的组成

1. 粉煤灰

注浆时要求粉煤灰密度为 1.8～2.3g/cm³，其需水量比和细度是影响浆液灌注性的重要因素，水料比相同需水量比的粉煤灰配制的浆液稠度小、可注性好；颗粒越细，越易注入微细裂隙。在配制注浆材料时，可根据注入的裂隙大小，对粉煤灰加工磨细至需要的细度。粉煤灰的化学成分中活性 Al_2O_3 和 SiO_2 的含量影响结实的强度，因而要求粉煤灰中 $SiO_2 + Al_2O_3 + Fe_2O_3$ 的含量大于 70%。

2. 石灰浆

石灰浆是用二等以上消石灰粉或二等以上钙质生石灰，熟化而成的石灰膏加入多量的水搅拌稀释后，用 0.08mm 方孔筛筛过而得。1m³ 生石灰浆重 1300～1400kg，1m³ 生石灰可得 1.5～2.4m³ 石灰浆。

3. 添加剂 A

添加剂 A 是快凝和早强组分，主要成分是铝酸盐，密度为 3.1～3.2g/cm³，细度为 0.08mm 方孔筛筛余在 10% 以内。

4. 添加剂 B

添加剂 B 是增强和膨胀组分，同时也兼作粉煤灰的活性激发剂，密度为 2.6～2.75g/cm³。

（二）FA 注浆材料的制备和配备比

1. 注浆材料制备

粉煤灰注浆材料采用双液注浆工艺，各组分混合方式如图 7-6 所示。

2. 注浆材料配合比

粉煤灰：添加剂 A = 1:(2.5～1.0)；（粉煤灰 + 添加剂 A）：石灰：添加剂 B = 1:(0.2～0.035)：(0.1～0.15)。

（三）粉煤灰浆液的速凝固化机理

FA 浆液制成后，各组分之间发生一系列化学反应，使浆液速凝和固化。

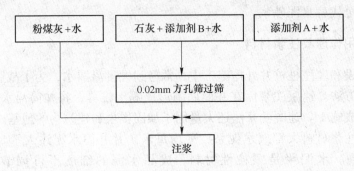

图 7-6　粉煤灰注浆材料制备工艺

首先，添加剂 A 水化产生大量六方晶系 CAH_{10}，CAH_{10} 和 $Ca(OH)_2$ 反应转变为高碱水化铝酸立方晶体，这个反应在几分钟之内即可完成，使浆液速凝。铝酸盐立方晶体与添加剂 B 进一步反应生成膨胀性的水化硫酸钙，使结实体的强度不断增长。

（四）粉煤灰浆液的性能

通常，注浆材料是复杂的多相流体，其性能主要包括密度、黏度、凝结时间、抗压强度、析水率、抗渗性和等项指标。FA 注浆材料具有比水泥系注浆材料明显的优点，其主要性能见表 7-24。

表 7-24　FA 注浆材料的性能

密度/$g \cdot cm^{-3}$	黏度/$Pa \cdot s$	凝结时间/min	抗压强度/MPa	析水率/%	抗渗性	耐久性（浸泡 3 个月）
1.3 ~ 1.6	7.5 ~ 22	3 ~ 30	3.5 ~ 8.5	5 ~ 8	良好	不松散、不崩解、不开裂

注：抗压强度为 28d 的抗压强度。

由表 7-24 可以看到，粉煤灰注浆材料的密度、凝结时间、黏度，可根据注浆工艺需要任意调节；强度、析水率、抗渗性和耐久性等技术性能良好，符合对注浆材料的技术性能要求，并且优于普通水泥系浆材。另外，FA 注浆材料的成本只是水泥系浆材的 60%，是很有竞争力的注浆材料。

五、粉煤灰在注浆充填加固软岩巷道中的应用

（一）工程概述

兖矿集团公司鲍店煤矿北翼主要大巷及石门处于岩性差、裂隙发育的以泥岩为主的软岩中，加上频繁的动压影响使巷道破坏严重。虽经多次返修，但仍未得到根治。

1999 年，鲍店煤矿拟对北翼大巷的部分巷道段采用锚注联合支护技术进行加固。由于这些巷道以往维修时采用架 U 形棚喷浆支护，动压作用使采用 U 形支架后空帮、空顶现象严重，所以，如果在实施锚注支护时，采用结石率相对较低的单液水泥浆或水泥-水玻璃浆液，不仅影响锚注支护效果，也必将消耗大量的水泥，从而使巷道修复成本提高。因此在对南京设计院进行技术咨询后提出了"粉煤灰壁后注浆充填加固软岩巷道"的课题，并与山东科技大学合作，对该课题进行研究和实施。

在"粉煤灰壁后注浆充填加固软岩巷道"课题的研究和实施中，拟利用鲍店煤矿煤泥热电厂的废弃物——粉煤灰来代替部分水泥做注浆材料，大幅度地降低巷道的锚注支护成本，并以较低的投入达到巷道加固的最优效果。

（二）粉煤灰注浆液的设计方案

粉煤灰在混凝土工程中的应用已有非常成熟的技术和经验，作为充填材料使用也屡见不鲜，但将其应用于注浆工程中，并且要求浆液有较高的结石率、结石有较高的强度、材料成本较低等，则必须对粉煤灰的特性、粉煤灰注浆液的配比、注浆锚杆的结构、设置及注浆工艺等进行研究，以确定最佳方案。

1. 粉煤灰的特性

粉煤灰来源于鲍店煤矿煤泥热电厂，是从燃烧粉煤的锅炉烟气中收集到的细粉末，颗粒呈不规则状，表面光滑。其物理性质、化学成分、颗粒级配组成等分别见表 7-25～表 7-27。

表 7-25　粉煤灰物理性质

序号	第一次含水率 /%	第一次湿容重 /kg·m^{-3}	第二次含水率 /%	干容重 /kg·m^{-3}	细度 /%
1	59.9	554	93.8	467	54
2	57.7	529	94.2	461	56.4
平均值	58.8	541.5	94	464	55.2

表 7-26　粉煤灰化学成分　　　　　　　　　　　（%）

粉煤灰试样编号	试验项目						
	SiO_2	Al_2O_3	Fe_2O_3	CaO	MgO	SO_3	TiO_2
1	44.70	25.15	2.54	2.51	2.07	0.56	0.91
2	44.83	25.32	1.96	2.86	2.02	0.54	0.91
平均值	44.77	25.24	2.25	2.69	2.05	0.55	0.91

表 7-27　粉煤灰分计筛余与累计筛余百分比

序号	筛孔尺寸 /mm	分计筛余百分比/%			累计筛余 百分比/%
		第一组	第二组	平均值	
1	2.500	0	0	0	0
2	1.250	1	1.25	1.125	1.125
3	0.630	20	21	20.5	21.625
4	0.315	30.1	34	32.1	53.725
5	0.160	13.5	15	14.25	68.975
6	0.080	10	9.5	9.75	78.725
7	<0.080	24.5	18	21.25	

从表 7 - 27 中可看出：

（1）粉煤灰的主要成分为 SiO_2 和 Al_2O_3，当用于水泥浆中时，部分活性 SiO_2 和 Al_2O_3 成分可参与水泥的水化反应，从而可促进浆液结石后期强度的提高，因此，将粉煤灰配置成注浆浆液，主要是利用它的活性行为和胶凝作用。

（2）粉煤灰在 0.08 ~ 0.25mm 方孔筛的累计筛余量（符合巷道壁后注浆充填中细砂粒度要求）为 78.73%，小于 0.08mm 的累计筛余量为 21.25%（符合巷道壁后注浆充填中对水泥的要求）。因此，该粉煤灰大部分可作为细砂的代用品，小部分可替代水泥。

2. 粉煤灰注浆液的作用机理

将粉煤灰制成注浆浆液并实施注浆后，浆液逐渐硬化，在硬化过程中，水泥熟料矿物的水化反应在前、粉煤灰水化反应在后（其反应的主要过程为：粉煤灰微粒表面融化，反应生成物沉淀在颗粒的表面上，反应生成物与微粒之间存在着一个 $0.5 ~ 1.0\mu m$ 厚的水解层，钙离子通过沉淀的水化物层和水解层不断向微粒芯部扩散，而水化物则不断填实水解层，其填实程度随时间的增加而增加）。两类水化反应交替进行，水泥水化产物与粉煤灰反应产物交叉联结，使浆液结石体强度、浆液与岩石的胶结强度不断增加，以达到充填、加固巷道的目的。

3. 粉煤灰注浆液的配比设计方案

以往用于煤矿巷道注浆的材料主要有水泥 - 水玻璃类浆液、水泥 - 黏土类浆液、化学注浆材料等。

由于水泥 - 水玻璃类浆液在煤矿应用较广泛，因此，在试验室进行浆液配比试验时，做出了水泥 - 水玻璃类、水泥 - 粉煤灰类和水泥 - 粉煤灰 - 细砂类等三大类浆液，每一大类浆液中又做了若干种不同配比的浆液分别进行试验，进行这三大类浆液之间、水泥 - 粉煤灰类浆液中各不同配比的浆液之间的经济、技术比较。

（1）水泥 - 水玻璃类、水泥 - 粉煤灰类和水泥 - 粉煤灰 - 细砂类浆液性能比较

试验室进行浆液配比试验时，对水泥 - 水玻璃类、水泥 - 粉煤灰类和水泥 - 粉煤灰 - 细砂类等三大类浆液，各做了十余种不同配比的浆液分别进行试验，并进行技术比较。

经比较可得出如下结论：

1）单液水泥浆结石强度较高，但泌水严重、结石率较低；水泥 - 水玻璃双液浆泌水率较低，但强度显著下降，特别是水灰比较大时，强度很低。

2）水泥 - 粉煤灰浆液泌水率低、流动性好、结石率较高，当粉煤灰掺量控制在（水泥与粉煤灰总量的）45% 左右、水灰比控制在 0.7 ~ 0.8、FDN - I 减水剂的掺量为水泥用量的 0.7% 时，浆液结石强度与水泥 - 水玻璃双液浆结石强度相当。

3）水泥 - 水玻璃 - 细砂浆液泌水率较低、流动性较好、结石率较高、结石强度较水泥 - 粉煤灰浆液有少量提高，但细砂易沉淀，在注浆过程中必须不停地搅拌浆液，以防止细砂沉淀引起堵管。

（2）水泥 - 水玻璃类、水泥 - 粉煤灰类和水泥 - 粉煤灰 - 细砂类浆液经济比较

根据对水泥 - 水玻璃类、水泥 - 粉煤灰类和水泥 - 粉煤灰 - 细砂类浆液性能比较，从中精选出几种较好的配合比进行经济比较，结果见表 7 - 28。

表7－28　水泥－水玻璃类、水泥－粉煤灰类和水泥－粉煤灰－细砂类浆液经济比较

序号	浆液配合比/%						浆液单位质量/kg·m⁻³	浆液主要组成材料及用量/kg·m⁻³					浆液单位成本/元·m⁻³
	水	水泥	水玻璃	粉煤灰	砂子	FDN		水泥	水玻璃	粉煤灰	砂子	FDN	
1	0.8	1.00					1651	917					261.3
2	0.8	1.00	3				1509	743	22.3				222.9
3	0.8	0.55		0.45		0.7	1443	441		360		3.1	143.0
4	0.7	0.60		0.40		0.7	1566	553		369	339	3.9	179.4
5	0.7	0.70		0.30	0.42	0.7	1712	565		242		4.0	195.0
6	0.8	0.60		0.40	0.36	0.7	1616	449		299	269	3.1	154.5

由表7－28可知：在注浆浆液中加入一定量的粉煤灰和细砂后，即使增加使用了减水剂，与单液水泥浆或水泥－水玻璃双液浆相比，材料成本仍显著降低。

（3）粉煤灰注浆液的配比设计方案。水泥－粉煤灰浆液水灰比小于0.7时，在其中再掺加一部分细砂拌匀，虽结石体强度有所提高，但浆液较稠，流动性变差；水灰比大于0.8时，在其中加入细砂后，浆液析水严重，细砂易沉淀，结石体强度明显下降。水灰比和粉煤灰掺量比例相同时，随着细砂掺量的增加，浆液后期强度明显下降，且浆液变稠，流动性变差。因此，在通常情况下，宜采用水泥－粉煤灰浆液充填加固井下巷道；只有在井下增设搅拌机或砂浆泵等设备时，才能采用水泥－粉煤灰－细砂浆液。经综合比较，确定采用如表7－29所示水泥－粉煤灰浆液进行井下巷道的充填加固。

表7－29　水泥－粉煤灰浆液配比表　　　　　　　　（kg/m³）

浆液配比				浆液单位质量	浆液组成材料及用量			
水	水泥	粉煤灰	FDN		水	水泥	粉煤灰	FDN
0.80	0.55	0.45	0.007	1443	641.6	441	361	3.1

表7－29中：水、粉煤灰各栏数据为水泥与粉煤灰总量的质量比；FDN一栏数据为水泥用量的百分比。其中，各种材料单价分别为：水泥：285元/t；水玻璃：498元/t；FDN－Ⅰ减水剂：5600元/t；细砂：34元/t。

（三）粉煤灰注浆项目的现场实施与观测

1. 粉煤灰注浆项目的现场实施

粉煤灰注浆项目的实施现场定在已多次遭受动压影响、巷道围岩极其破碎的北翼轨道大巷的600m巷道段内。该段巷道的修复方案如图7－7所示。首先更换巷道的U29型钢支架（棚距为0.8m），并喷浆加固；然后埋设注浆短管，注入水泥－粉煤灰浆液充填；再采用注浆锚杆（拱部采用端锚注浆锚杆，帮部采用无端锚注浆锚杆）注入水泥－水玻璃双液浆加固。

项目实施过程中，对浆液的配置、注浆管路的设置、注浆管的结构及设置、注浆工艺等进行了调整和改进，使其适合粉煤灰浆液的注浆工艺。

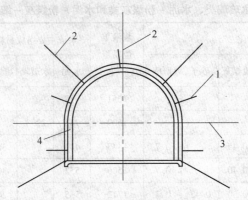

图 7 - 7　巷道锚注联合支护方案示意图

1—注浆短管；2—端锚注浆锚杆；3—无端锚注浆锚杆；4—U29 型钢支架

北翼轨道大巷 600m 段巷道自 1999 年 12 月开始实施粉煤灰浆壁后注浆充填加固，至 2000 年 9 月结束（中间因故于 2000 年 2~6 月暂停 5 个月），实际施工工期为 5 个月。

2. 粉煤灰注浆项目的现场测试

北翼轨道大巷 600m 段巷道实施。粉煤灰壁后注浆充填加固时，在整个试验段巷道内采用测点平均布置法布置了多个测点，对该项目实施后巷道的表面位移、围岩松动圈、围岩内部位移等进行了观测。

现场观测自 2000 年 1 月起，到 2001 年 1 月结束。

（1）巷道表面位移测试。巷道表面位移采用测枪及钢卷尺测量。测试结果如图 7 - 8 所示。

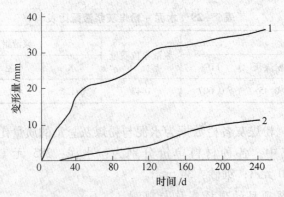

图 7 - 8　巷道表面位移曲线

1—巷道两侧位移；2—巷道底鼓

由图 7-8 可知：大巷围岩变形不大，两帮位移较小，平均为 10mm，最大值为 11mm；底鼓量平均为 25mm，最大值为 36mm。这说明巷道经注浆加固后，提高了支护结构承载能力，静压下围岩变形得到了有效控制。

（2）巷道围岩松动圈测试。巷道围岩松动圈采用 BA - Ⅱ 松动圈测试仪进行测试。测试表明，巷道加固前，围岩松动范围较大，一般为 1.5~2.9m，围岩声波传播速度相对较小，表明围岩整体性较差；加固后，围岩松动范围明显减小，一般在 0.9~1.5m 之间，只有局部存在裂隙，围岩声波传播速度得到了明显提高，说明加固后，有效地提高了围岩整体性。

（3）巷道围岩内部相对位移量测试。巷道围岩内部相对位移量采用三点位移计进行测试。测试结果表明：设在巷道围岩内部的各测点相对于巷道围岩表面各点的变形量非常小，平均为 0.26mm，最大值为 0.62mm。

（4）测试结果及分析。北翼大巷经粉煤灰注浆充填加固后表面位移测试结果表明：大巷围岩变形较小，两帮平均位移 10mm，平均底鼓量为 25mm。说明支护结构的承载能力得到了有效的提高，静压下围岩的变形得到控制。

围岩松动圈测试结果说明：加固前，巷道围岩的松动现象较为明显，松动范围一般均大于 1.5m（1.5~2.9m），围岩内的声波传播速度相对较小，表明围岩的整体性较差；加固后，围岩松动圈明显减小，一般在 0.9~1.5m 之间，只有局部存在裂隙，围岩的平均声波传播速度有较大的提高，说明加固后松动效应得到了改善，有效地提高了围岩的整体性。

围岩深部位移测试表明：围岩内部各点相对于巷道围岩表面各点的变形量非常小，一般在 0.26mm，说明加固后围岩整体性较好，形成了有效的组合拱结构，实现了共同承载和共同变形，达到了加固的目的。

（四）粉煤灰注浆项目的经济效益和社会效益分析

1. 粉煤灰注浆项目的经济效益分析

经测算，北翼轨道大巷采用粉煤灰注浆充填加固的 600m 巷道平均材料成本仅为 511.65 元/m，而原北翼轨道石门锚网带喷预加固段巷道材料成本为 966.83 元/m；料石砌碹预加固段巷道材料成本为 1331.97 元/m，平均成本为 1149.4 元/m。因此，粉煤灰注浆加固段巷道的材料成本比原北翼轨道石门预加固段巷道的平均材料成本降低了 637.75 元/m。降低幅度为 55.5%，600m 巷道共节省材料费 414537.5 元。

鲍店煤矿每年需维修的适合采用粉煤灰注浆充填加固的软岩巷道约有 3500m，按每米巷道节省 637.75 元计算，每年可节省材料费用 223.2 万元，具有良好的经济效益和广泛的推广应用前景。

2. 粉煤灰注浆项目的社会效益分析

粉煤灰本是鲍店煤矿煤泥热电厂的废弃物，它不仅占用土地，还污染环境。实施粉煤灰注浆充填加固软岩巷道项目后，不仅使项目本身技术可行、安全可靠、经济合理，也使粉煤灰变废为宝，有利于环境保护、少占土地，因此，社会效益显著。

（五）结论

"粉煤灰注浆充填加固软岩巷道"项目自 1999 年 12 月起，在鲍店煤矿北翼轨道大巷的 600m 巷道内开始实施，2000 年 9 月结束；2000 年 1 月至 2001 年 1 月间，在项目实施段巷道的多个断面设置了测试点，以测试巷道的表面位移、巷道围岩松动圈、巷道围岩内部相对位移等。测试结果表明：

（1）在 U 形钢棚喷支护的基础上，对破碎软岩巷道实施粉煤灰注浆充填加固，可使巷道的支护结构承载能力明显提高、稳定性增强、使维修巷道的支护安全可靠，维护效果达到水泥 - 水玻璃注浆加固的标准要求，而且，这种加固方式具有工艺简单、劳动强度低、施工速度快、作业安全、材料成本低、经济效益明显等特点。

（2）"粉煤灰注浆充填加固软岩巷道"使粉煤灰变废为宝，得到了充分利用，同时解决了其占用土地、污染环境等问题，社会效益显著。

第六节　粉煤灰的农业利用

一、概述

粉煤灰颗粒是由 60% ~ 80% 微细玻璃体状颗粒和 30% 蜂窝状颗粒组成，机械组成相当于沙质土，同时含有少量对农作物生长有利的 K、Ca、Fe、P 和 B 等元素。这些特性决定了它在农业方面的利用具有很大潜力。

近些年来，国内外关于粉煤灰的农业利用，已经进行了许多很有成效的工作。目前，粉煤灰作为土壤改良剂的功用，已经在大量使用，而以粉煤灰为主生产的肥料，已在各地大量生产，全国粉煤灰的农业利用正逐年增加，见表 7 - 30。

表 7 - 30　全国粉煤灰农用数量　　　　　　　　　　　（万吨）

年度	1985	1986	1987	1988	1991	1993	1994
利用量	18.4	52.6	61.4	100	104.6	105.4	182

由表 7 - 30 看出，1994 年粉煤灰的农业利用量，约为 1985 年的 10 倍。粉煤灰应用与农业主要有两方面：一是直接施用于农田，二是生产粉煤灰肥料。

二、粉煤灰的直接施用

粉煤灰直接施用于农田有两方面的作用，即增产作用和改良土壤作用。

（一）增产作用

（1）粉煤灰对农作物有明显的增产效果。在一定的施灰量范围内增产效果随施灰量的增加而增加，粉煤灰施灰对小麦穗粒结构考察结果见表 7 - 31。

（2）粉煤灰对农作物的增产效果与土壤的性质有关，沙质土增产不明显，黏性土壤，特别是新开垦荒地增产效果最佳。

（3）粉煤灰对蔬菜的增产效果最佳，对粮食作物增产额比较好，对其他经济作物的增产作用不太稳定。表 7 - 32 是粉煤灰施灰对油菜的增产考察结果。

表 7 - 31　粉煤灰施灰对小麦穗粒结构考察结果

处　理	穗长/cm	株高/cm	总排数	结实排数	穗粒数	千粒重/g	实产/kg
亩施 1000kg 灰	8.3	93.4	17.8	14.9	34.8	37	351
亩施 500kg 灰	8.3	92.1	17.6	14.8	34.5	37	342
亩施 2500kg 灰	8.0	92.2	16.9	14.1	33.8	37	326
对照不施灰	7.9	91.3	16.6	13.8	33.5	37	315

表7-32 油菜成熟期产量结构与植株性状考察数据

处 理	株高/cm	茎粗/cm	分枝部位/cm	一次分枝数	二次分枝数	亩株树	株角数	角粒数	千粒数	实产/kg
亩施1000kg灰	169.5	2.5	35.6	11.2	13.4	8333	409.5	16.2	3.5	92.5
亩施500kg灰	165.8	2.3	35.9	10.3	12.6	8333	396.5	15.9	3.5	89.0
亩施2500kg灰	163.5	2.2	36.7	9.5	12.2	8333	383.5	15.8	3.5	86.3
对照不施灰	163.5	2.1	39.8	9.5	11.3	8333	372.5	15.6	3.5	82.5

（二）改良土壤作用

（1）改变土壤机械组成。黏性土壤施加粉煤灰可以使砂砾增加、黏粒减少，土壤改变疏松。对盐碱地还具有抑盐压碱作用。

（2）提高土壤温度。粉煤灰含有炭成分，呈现黑色，吸热性能好，一般可提高温度1~2℃，对早春低温壮苗早发有着明显的促进作用。

（3）保持土壤水分。施用粉煤灰的土壤，由于黏粒减少、砂砾增多促进了它的蓄水保墒作用。据测定亩施1%粉煤灰的0~40cm土层较不施灰的0~40cm土层，田间保水量增加2%。

（4）降低土壤容重。施用粉煤灰后，土壤的孔隙率可增加6%~22%，大大改善土壤的透水、透气性能，对促进土壤中水、热、气的交换和土壤脱盐都有好处。

此外，粉煤灰施入土壤，可以防止小麦锈病、水稻稻瘟病以及果树黄叶病等，起着增加对病虫害的抵抗力。

三、生产粉煤灰肥料

粉煤灰中含有丰富的微量元素，如 Cu、Zn、B、Mo 等，可作一般肥料用，也可加工制成高效肥料使用，如生产粉煤灰磁化肥、粉煤灰钙镁磷肥、硅钾肥或硅钙钾肥等。

（一）粉煤灰磁化肥

粉煤灰磁化肥是一种新型的复合肥料，具有极佳的肥效，能配制出满足地区不同农作物需要的养分。粉煤灰复合磁化肥是以粉煤灰为主要原料，利用其本身含有多种农作物所需要的微量元素，再加入优质 N、P、K 肥，经强磁场的磁化作用，从而形成养分极高的磁化复合肥料。

1. 生产工艺流程

粉煤灰复合磁化肥的生产工艺流程如图7-9所示。粉煤灰复合磁化肥生产主要由混料、造粒及磁化三道工序组成。

配料主要是根据当地土壤特点、粉煤灰物化特性、化肥成分及气候、水质和作物的生长要求确定，最好由当地农科部门经条件试验后确定，也可参照其他地区的经验确定。

造粒主要是为便于肥料的运输和施用，另外粒状肥效长、不易结团和挥发。颗粒粒度一般要求在 2~3mm 之间，也可制成 5~10mm 的大粒。机械强度一般要求达到 $8N/cm^2$。造粒机主要有盘式和挤压式两大类。前者简单一些，但造粒后有时需要干燥；后者设备造价较高，磨损严重，造粒后一般不需干燥。造粒过程要求添加一定的水分，有时需添加少量黏结剂。

　　根据已有试验资料，磁化过程需要一定的磁化条件，如磁化强度、磁化时间、磁化方向等。磁化过程由磁化器完成。磁化器按磁系性质主要由永磁和电磁两大类。前者不需激磁电源，但体积较大，磁场易衰退，且不能退至零磁场，不便于输送和清理。通常磁化器采用电磁式，磁化强度一般控制在 2000～4000Gs；细化时间 2～4s；成品含水分要求在 5% 以下。

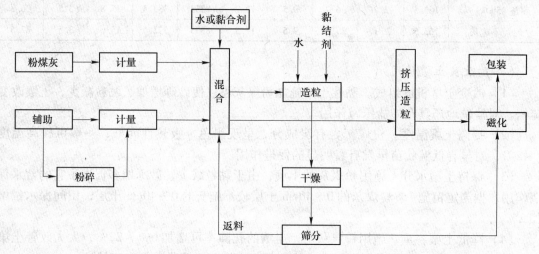

图 7 - 9　粉煤灰复合磁化肥的生产工艺流程

2. 增产机理

　　根据国内外的研究报道，目前对粉煤灰复合磁化肥增产机理的主要解释有以下几种：

　　（1）改善土壤结构。由于铁质颗粒的存在，粉煤灰及其混合物经磁场后将保留几个高斯的剩磁，这些被磁化过的"活性颗粒"施于土壤，具有较高的磁易感性，会对周围土壤结构产生作用，对土壤颗粒进行磁活化，使土壤磁性提高 100 倍左右，可改善土壤的保水、保肥、透气、透水性能和团粒结构，并使作物根系发生化学反应和磁生物效应，有利于营养成分的输送和根系的吸收。

　　（2）改进土壤化学作用。肥料中的铁磁性物质可调节土壤酸度，使土壤 pH 值增到 6.5～7.0，降低水解酸度。

　　（3）提高作物可吸收养分的释放。磁性物质施入土壤水解后，可释放能量，该能量可促进土壤和肥料中微量元素的活化，提高土壤中可给态氮和钾及有效磷的水平，促进水解性氮和代换性钾的积累。

　　（4）促进某些微量元素的可溶性。磁化可使粉煤灰中某些矿物结构发生细微变化，促进肥料中或土壤中某些微量元素的溶出性，便于作充分吸收利用。

　　（5）促进植物的酶系统发生变化。在磁场影响下植物性质的变化是与酶代谢、核内中央调节系统酶的活度、DNA 分子在磁场中定向等有关，从而可使蛋白质的合成以及光合作用的进行等过程得到活化。

　　此外，还有一些新的理论解释：有的认为粉煤灰中的 SiO_2 在土壤中转化成为 SiO，放出 O_2 促进土壤中耗养菌增长，加速了将无效磷转变成可供作物吸收的有效磷，提高磷的利用率。还有的认为粉煤灰中铁磁性物质可促进植物根瘤菌增长，提高植物的固磷能力。

3. 应用效果

对水稻、烤烟、茶叶、柑橘进行了对照试验，每项试验设 3 次重复，随机分组排列，同时对水稻进行了大面积地示范种植。试验和示范结果见表 7 - 33。

表 7 - 33 磁化肥肥效试验和示范结果

作物品种	施用肥料种类	产量/kg·亩⁻¹	增长/%	备 注
水稻（早稻）	CK（对照区不施肥）	473.3	0	试验
	N、K、P 肥区	559.9	18.30	
	磁化肥区	583.3	23.20	
烤烟	CK（农户常用的有机肥）	137.73	0	试验
	N、K、P 肥区	137.72	0	
	磁化肥区	142.12	3.09	
茶叶	CK	29.80	0	试验
	茶叶专用肥区	39.00	32.20	
	磁化肥区	42.40	43.70	
柑橘	水果专用肥区	1140	0	试验
	磁化肥区	1555.55	36.45	
水稻	N、K、P 肥区	402.50	0	大面积示范
	磁化肥区	433.50	7.70	

试验结果表明：

（1）磁化肥比 N、K、P 化肥具有显著的增产效应和经济效益；

（2）使用磁化肥能提高作物抗逆能力及抗病虫害的能力；

（3）作物在各自生长期表现良好、生长均匀、稳定后劲强，尤其在中后期效果明显。

（二）钙镁磷肥

粉煤灰中一般 Ca 含量 3.29% ~ 8.66%，Mg 含量 2.72% ~ 5.04%，只要加适量磷矿粉并利用白云石作助熔剂，以增加 Ca、Mg 的含量，就可以生产钙镁磷肥。

所用的磷矿中的 P_2O_5 适宜含量为 28% ~ 30%，白云石中的 MgO 含量要大于 15%，混合料配好后磨细至 180 目（约 0.088mm），筛余量大于 10% ~ 15%。然后放入高炉熔炼，也可用电厂旋风炉附烧钙镁磷肥。

（三）硅钙肥

尽管粉煤灰中 SiO_2 高达 50% ~ 60%，但可被植物吸收的有效硅含量仅为 1% ~ 2%，要成为硅肥，必须将其可溶性硅含量提高 20 倍，用高钙煤与粉煤灰在旋风炉中经过高温煅烧，可大大提高可溶性硅含量，即可为硅钙肥施用。

四、粉煤灰作为土壤改良剂

（一）粉煤灰对土壤物理性质的影响

粉煤灰中的硅酸盐矿物质和炭粒具有多孔结构，是土壤本身的硅酸盐矿物质所不具备的。将粉煤灰施入土壤，有利于降低土壤容重，增加孔隙，提高地温，缩小土壤膨胀率，改善土壤的孔隙度和溶液在土壤内的扩散情况，有利于植物根部加速对营养物质的吸收和分泌物的排出，促进植物生长。试验表明，随着粉煤灰用量的增加，土壤容重逐渐下降，土壤孔隙度逐渐增大，其相关系数分别为 −0.97 和 0.98。吴家华等的试验表明，施用粉煤灰对 5cm、10cm 土层温度影响较大，前者随粉煤灰施用量的不同，温度增加 0.5 ~ 1.1℃不等；后者提高 0.5℃左右。西北农学院测定表明：施粉煤灰 2.25kg/m²，土壤膨胀率由 7.10% 下降到 4.99%，有利于防止土壤流失。另外，水稻盆栽试验发现：7.5kg/m² 粉煤灰，可使黏土中小于 0.01mm 的物理黏粒含量由 44.65% 下降到 41.97%，且土壤黏粒含量随施用量的增加而增加。粉煤灰还可以改善砂质土壤的持水性，提高其抗旱能力。印度坎普尔地区试验表明，施粉煤灰 2kg/m²，土壤导水率由 0.076mm/h 增加到 0.550mm/h，土壤稳定性指标从 12.15 增至 14.08。

（二）粉煤灰对土壤化学性质的影响

酸性粉煤灰可用于改良碱性壤土，这是因为粉煤灰所含的三氧化物水解时会形成不溶的氢氧化物和可以离解的酸，这些酸有利于改良碱性土壤，降低土壤 pH 值；反之，碱性粉煤灰可用于改良酸性土壤，因为粉煤灰中含有的氧化钙与粉煤灰吸附的水发生反应时即会生成氢氧化钙，这有利于改良酸性土壤，提高土壤的 pH 值。此外，粉煤灰还可以提高土壤中植物可利用的营养元素的含量。吉林市农科所分别在 3 种施粉煤灰土壤上种植水稻，试验证明土壤有效硅含量有所增加。山西省在潮土上施用粉煤灰，试验测得平均有效磷的增加超过 1/3。

（三）效益分析

粉煤灰农业工程技术开发的社会效益和经济效益应用农业工程技术开发粉煤灰的效益是多方面的，具有显著的生态效益和社会效益。在我国环境治理投入有限情况下，很有推广价值。粉煤灰作为土壤改良剂，主要效益包括：

（1）保护土地资源，使宝贵的土地资源再生利用。

（2）节约灰场治理资金。据统计，每贮存 1t 灰需投资 20 ~ 30 元。每治理 1t 投入资金 10 元，同时还需交纳污染费。采用绿色工程治理污染，可以节省上述大量资金。

（3）直接经济效益。减少农业投资，增产，提高经济效益。

（四）注意事项

（1）因土施灰，种植适宜作物。适合施用粉煤灰的土壤主要是过酸过碱或过砂过黏的低产田；在施灰过程中需要注意的是，由于黏质土黏性较重，易与粗粒物质混合，因此掺粉煤灰最好在冬季前进行，经耕翻冻晒再经耕耙，使土质疏松，粉煤灰与黏质土就较易混合匀。

（2）适量用灰，减少环境污染。国外研究证明，以不超过土壤质量的 10% 的比例施灰，不会造成作物的毒害。国内一些试验研究结果表明，一些土壤上，根据不同质地，以 6 ~ 60kg/m² 施用粉煤灰，土壤及粮食作物中有害元素质量分数未达到污染程度。归纳国外试验，粉煤灰施用量以 7.5kg/m² 增产效果比较显著，土壤类型以黏质土壤及各种生荒地最显著。作物类型以油料作物及种植蔬菜类增产显著，可达 80% ~ 100%；其次是粮食作物，增产可达 30% ~ 40%。

（3）适当培肥，提高施用效果。据有关试验测定，虽然施适量的粉煤灰可以改善土壤的质量，但只加粉煤灰而不施肥料，土壤的营养质量也得不到较大改善，产量提高甚微；

而加施一定量的氮、磷、钾肥或直接施用粉煤灰磁化复合肥，作物产量明显提高。但不宜施尿素、氨等碱性肥料，应重施有机肥或采用有机、无机肥配合施用。

第七节　粉煤灰的其他应用

一、粉煤灰的分选

粉煤灰是一种由含炭、铁磁性微珠、玻璃态微珠（漂珠、悬珠和沉珠）及其他物质组成的混合物，对其分离并加以利用，就可以使有害的无机物质转化为高技术综合利用的目标，对粉煤灰进行分选，可以获得铁、漂珠、沉珠、微珠和尾灰等。

铁的存在形式是 Fe_3O_4，具有强磁性，可用于磁性产品的生产上，如磁带，磁性材料的制造；粉煤灰中分选出的炭是高活性的，能和许多有机物进行反应，可制成炭黑、活性炭或吸附剂。

漂珠具有良好的比电阻、良好的抗热性、比重轻、承受能力强，可作为有机材料填料，改善有机材料制作过程中的流动性、均匀性，提高黏结能力和硬度，用作塑料和树脂的套料、造纸、涂料、米粉材料、刹车材料和黏结剂诸多应用领域。微珠和沉珠还可以通过电镀使其成为有金属光泽的小圆球，用于装饰方面。

尾灰具有比原灰高 8~10 倍的表面积，活性高，它与塑料基体的黏结强度比原灰大得多，是很好的填充料。

粉煤灰分选原理有重力选、浮选和磁选。分级等多种分选方法的联合工艺，下面介绍选矿、选炭、选空心微珠的分选工艺。

（一）选铁选炭工艺流程

本工艺流程的主要目的是回收粉煤灰中的铁和炭，由于铁的存在形式是 Fe_3O_4，具有强磁性，可以用磁选法回收。炭的可浮性较好，可用浮选回收。所以试验流程采用一段磨矿，重选预先富集，磁选回收铁，浮选回收炭的流程（图7-10）。

由于在高温燃烧时，粉煤灰中的 SiO_2 呈熔融的玻璃态，冷却后与 Fe_3O_4 呈胶结状态，难以选别，必须经过磨矿使其单体解离，以利分选提高铁的品位。

重选的作用是对原矿施行预先富集，提高入选的品位，试验中发现，如果不经重选而直接磁选，最终

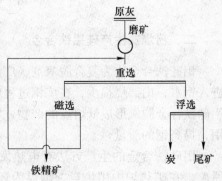

图7-10　选铁、选炭的工艺流程

铁精矿的品位只有38%，经重选后再磁选，最终铁精矿的品位即50%以上。可见重选对保证最终铁精矿的品位起到了重要的作用。试验中采用的重选设备是摇床，摇床的特点是富集比高、选别精度高，但是，它的处理能力小、占地面积大，在实际生产中可考虑采用占地较小的重选设备，如水力旋流器等，以提高处理能力。

由于粉煤灰中所含的铁具有强磁性，因而用磁选法回收。

（二）空心微珠分选工艺流程

当粉煤灰中含有3种珠体，并具有分选价值，炭的含量较少，颗粒较粗，尾灰颗粒较

粗，沉珠粒度微细，可采用先易后难的程序，先选出漂珠，再选出磁珠，其工艺流程如图7-11所示。

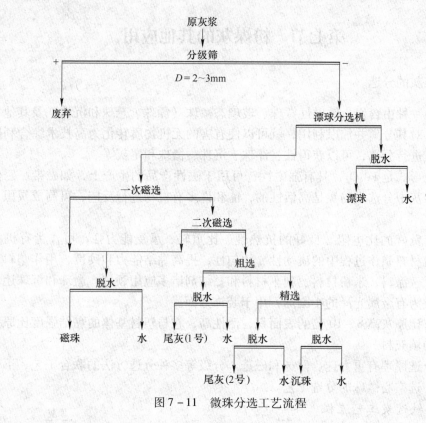

图7-11　微珠分选工艺流程

二、粉煤灰生产硅铝铁合金

铝硅铁合金作为复合脱氧剂，广泛应用于炼钢厂。硅铝铁合金的密度比纯铝大，容易进入钢水，内部烧损少，在炼钢过程中比使用纯铝做脱氧剂铝的使用率提高一倍以上。用铝硅铁合金脱氧形成低熔点的产物，容易浮到钢液表面，减少钢中杂质，有纯净钢液的作用，提高钢的质量。

铝硅铁合金的生产方法有电热发、重熔法和热兑法。电热法是主要利用含硅、铝的原矿，在矿热炉中用焦炭、烟煤为还原剂直接冶炼制得。目前所用主要原料为铝土矿、高岭土、硅石等，其生产受我国矿石资源的分布、储量、矿石特性等的影响。目前，我国铝土矿资源短缺，矿石资源紧缺不仅会增加生产成本，而且直接影响生产进行。重熔法是将纯铝、硅铁等均为高能耗产品，再重新熔炼能耗更大，而且重熔过程中存在铝、硅元素烧损大，因而成本更高。热兑法是在硅铁和硅铝合金出炉时，在铁水包内加铝锭热熔的方法生产，也存在重熔法生产的缺点，由于原料的密度差异，常造成产品成分不均匀。

现有技术中电热法冶炼铝硅铁合金原料主要为铝土矿、硅石、钢屑，分别为硅、铝、铁三者的来源。而电厂废弃物粉煤灰中主要化学成分二氧化硅和氧化铝的含量占到75%以上，某些地区硅铝含量高的粉煤灰，两者含量高达90%，完全可以代替铝土矿、硅石作为冶炼铝硅系合金的原料。

（一）生产原理

高温中，炉料中 Fe_2O_3、Al_2O_3、SiO_2 被碳还原成金属铁、铝和硅，其反应式如下：

$$SiO_2 + 2C \longrightarrow Si + 2CO$$

$$SiO_2 + 3C \longrightarrow SiC + 2CO$$

$$2SiC + SiO_2 \longrightarrow 3Si + 2CO$$

$$Al_2O_3 + 3C \longrightarrow 2Al + 3CO$$

由于 Al_2O_3 还原生成 Al_4O_4C 的温度（1973℃）比生成 Al 的温度（2050℃）低，因此炉内会产生 Al_4O_4C，而由于它的生成，使 Al_2O_3 的还原反应更易进行。

$$2Al_2O_3 + 3C \longrightarrow Al_4O_4C + 2CO$$

$$3SiC + 2Al_4O_4C + 3C \longrightarrow 8Al + 3Si + 8CO$$

Fe_2O_3 在高温下被 CO 还原分三步进行：

$$3Fe_2O_3 + CO \longrightarrow 2Fe_3O_4 + CO_2$$

$$Fe_3O_4 + CO \longrightarrow 3FeO + CO_2$$

$$FeO + CO \longrightarrow Fe + CO_2$$

铁的生成可增加合金比重，促使融化和提高铝回收率的作用，因此适量的铁有利于合金冶炼和应用。

（二）冶炼工艺流程

粉煤灰硅铝铁合金冶炼工艺流程如图 7-12 所示。

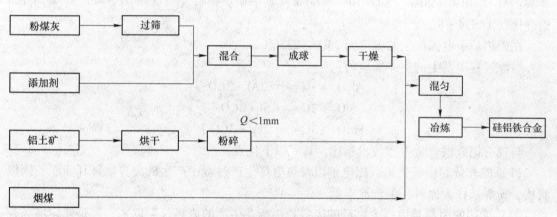

图 7-12 粉煤灰硅铝铁合金冶炼工艺流程

（三）粉煤灰生产铝硅铁合金的应用实例分析

1. 实例一

一种矿热铝直接熔炼铝、硅、铁合金的方法：以拜尔赤泥和粉煤灰为原料，废阴极炭块为还原剂，以黏土矿为黏结剂，添加铝土矿、铁屑、焦炭、木炭、木屑，经过粉碎，经配料计算后，按质量分数拜耳赤泥 30%～50%、粉煤灰 10%～20%、黏土矿 10%～20%、铝土矿 10%～15%、铁屑 10%～20%、焦炭 20%～40%、木炭 5%～10%、木屑 3%～5% 进行配料，再经混合、制球、干燥等常规工艺后进入矿热炉中加热还原制得铝硅铁合金，如图 7-13 所示。

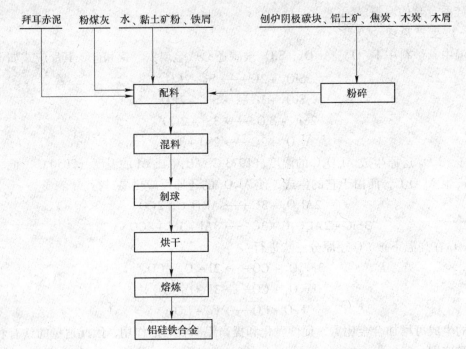

图 7 - 13　以拜耳赤泥和粉煤灰为原料生产铝硅铁合金工艺流程

采用的各种原理的主要成分为：拜耳赤泥：Al_2O_3 15% ~ 30%、SiO_2 10% ~ 20%，粉煤灰：Al_2O_3 10% ~ 20%、SiO_2 10% ~ 60%，黏土矿：铝硅比（A/S）0.5 ~ 1.5，铝土矿：铝硅比（A/S）4 ~ 8。

在矿热炉中电弧产生的温度为 2300 ~ 2350℃。

熔炼过程中发生的主体反应为：

$$Al_2O_3 + 3C \Longrightarrow 2Al + 3CO\uparrow$$
$$SiO_2 + 2C \Longrightarrow Si + 2CO\uparrow$$
$$Fe_2O_3 + 3C \Longrightarrow 2Fe + 3CO\uparrow$$

与现有铝硅铁合金生产技术相比，具有以下优点：

（1）能充分利用氧化铝、铝电解以及热电厂生产过程中产生的废弃物拜耳赤泥、阴极炭块、粉煤灰作为原料，生产成本低。

（2）采用的原料是铝行业生产的废料。铝行业生产的废料长期以来，都是修建堆场存放，占用了大量的土地并造成环境污染。该发明的实施，可以改善环境，提高资源利用率。

2. 实例二

一种利用高铝粉煤灰和磁珠制备铝硅铁合金的方法，其步骤为：

（1）对原料铝矾土和还原烟煤进行破碎，将破碎后的物料和原料高铝粉煤灰、磁珠送入混碾机，其中高铝粉煤灰中 Al_2O_3 的含量不小于 40%，SiO_2 的含量不小于 35%；

（2）将黏结剂黏土和一定量水加入混碾机中，对以上所述物料进行混合碾压；

（3）混碾均匀后的物料进入对辊压球机成球；

（4）从压球机出来的球团进入烘干窑烘干；

（5）干燥后的球团投入矿热炉内高温冶炼；

（6）铁水出炉、浇铸锭模，制成铝硅铁合金。

在上述步骤中，所述铝矾土为高铁煅烧铝矾土，其中 $Fe_2O_3 \geqslant 5\%$，磁珠是粉煤灰经过磁选所得的含铁量较高的玻璃微珠，$Fe_2O_3 \geqslant 50\%$，原来还可以加入少量硅石，原料配比按照各原材料化学成分的含量和铝硅铁产品标号确定，黏结剂黏土的粒度为 200 目以下（小于 0.074mm），可塑性指数大于 15，黏土的加入量为料批总量的 6% ~ 10%，混合碾压时间为 8 ~ 15min，对辊压球机的成球压力为 6 ~ 9MPa，烘干窑的烘干时间为 1 ~ 1.5h，湿度为 150% ~ 180%。工艺流程如图 7 – 14 所示。

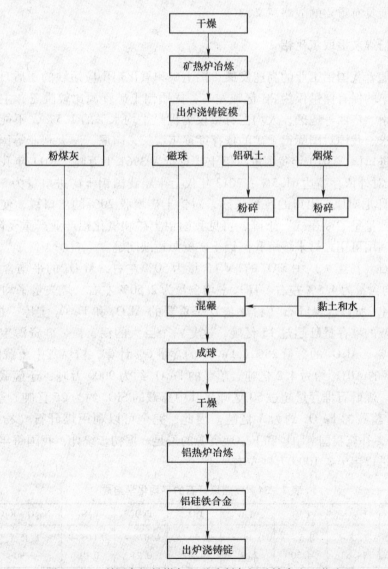

图 7 – 14 利用高铝粉煤灰和磁珠制备铝硅铁合金工艺流程

利用高铝粉煤灰和磁珠制备铝硅铁合金与现有技术相比，优点在于：

（1）磁珠为电厂粉煤灰磁选后的含铁微珠，和其他原料混合后，各成分均匀分布、接触面积大，还原时易生成铁铝化合物，提高了氧化铝的活性，降低了还原温度，有利于铝的还原，并且增加炉渣流动性，降低合金黏度，可以改善炉况，同时可以大大降低生产成本。

（2）由于高铝粉煤灰和磁珠粒度较细，原料中加部分铝矾土，可以在成球时形成颗粒级配，提高成球强度，同时可调整配料。

（3）利用黏土作黏结剂，可塑性好，成球球团的透气性好、抗压强度高，可以保证球团在高温下的后期强度，避免炉内塌料，保持良好炉况。

（4）所用原理高铝粉煤灰、磁珠和铝矾土均为工业固体废物，实现了废物资源化利用，大大降低了生产成本，同时也对缓解我国天然铝土矿资源的短缺、促进循环经济和节能减排产业发展具有重要的战略意义。

三、利用粉煤灰提取氧化铝

近年来，随着我国铝工业的高速发展，铝土矿和氧化铝供应短缺的矛盾日益突出。目前，我国铝土矿的保有储量仅为 20 亿吨左右，优质铝土矿资源比较匮乏，主要分布在山西、贵州、河南、广西等地区，人均占有量仅为世界平均水平的 1.5%，不能满足我国铝工业的发展需求。我国对国际铝土矿的依存度逐年增长，印尼、澳大利亚等国家成为我国铝土矿的主要进口国。2010 年我国进口铝土矿总量为 3961.1 万吨；2011 年我国进口铝土矿 4484 万吨，对外依存高达 61.5%；2013 年仅上半年我国铝土矿进口量为 3270.5 万吨。2012 年 5 月，印尼对原矿出口的政策限制，对铝土矿增收 20% 的出口税，使得我国进口印尼的铝土矿数量呈"断崖式"下降，可见我国铝土矿和氧化铝产业严重受限于出口国，需尽可能充分利用可用之材来缓解我国铝土矿资源短缺问题。

我国煤矸石（粉煤灰）中 SiO_2 的平均含量为 50% 左右，Al_2O_3 的平均含量为 30% 左右、Fe_2O_3 平均含量为 4.5% 左右、TiO_2 平均含量为 2.50% 左右、烧失量平均为 9% 左右，结果见表 7-34。所以，煤矸石（粉煤灰）是重要的 Al_2O_3 和 Fe_2O_3 宝库，据初步统计，我国目前粉煤灰的堆存量已超过 15 亿吨，这是一个巨大的铝、铁、硅资源宝库。按其中 SiO_2 的含量 50%、Al_2O_3 的含量 28%、Fe_2O_3 的含量 6% 计算，粉煤灰中蕴藏的 SiO_2 约为 7.5 亿吨、蕴藏的 Al_2O_3 约为 4.2 亿吨、蕴藏的 Fe_2O_3 约为 9000 万吨，还蕴藏相当数量的微量有用组分。煤矸石堆存量超过 50 亿吨，其中蕴藏的 SiO_2 约为 25 亿吨、蕴藏的 Al_2O_3 约为 14 亿吨、蕴藏的 Fe_2O_3 约为 3 亿吨。因此，完全可以利用煤矸石（粉煤灰）提取 Al_2O_3 和 Fe_2O_3，补充我国 Al_2O_3 和 Fe_2O_3 资源的不足。据初步统计，我国每年进口铁矿石超过 4 亿吨，进口铝土矿 1000 万吨左右。

表 7-34　我国煤矸石的平均化学组成　　　　　　　　　　（%）

SiO_2	Al_2O_3	Fe_2O_3	CaO	MgO	TiO_2	P_2O_3	V_2O_5	$Na_2O + K_2O$	烧失量
45 ~ 65	22 ~ 45	2.28 ~ 14.63	0.5 ~ 4.50	0.44 ~ 2.50	0.90 ~ 4.20	0.078 ~ 0.24	0.008 ~ 0.01	1.45 ~ 3.90	2.0 ~ 17.0

（一）工艺介绍

从粉煤灰中提取氧化铝这一课题很早便引起了学者们的广泛关注，人们做了大量的研究，现在比较常见的有三种工艺。

1. 石灰石烧结法提取 Al_2O_3

该工艺主要包括烧结、熟料自粉化、溶出、脱硅、炭化和煅烧阶段。将粉煤灰与石灰石按比例混合，经粉磨后于高温炉内在 1320～1400℃ 温度下进行烧结，使粉煤灰中的 Al_2O_3 和 SiO_2 分别与石灰石中的 CaO 生成易溶于 Na_2CO_3 的 $5CaO \cdot 3Al_2O_3$ 和不溶性的 $2CaO \cdot SiO_2$，为 Al_2O_3 的溶出创造条件。

将粉化后的熟料加 Na_2CO_3 溶液，在适当温度下溶出。其中的铝酸钙与碱反应生成铝酸钠进入溶液，而生成的碳酸钙和硅酸二钙留在渣中，便达到铝和硅、钙分离的效果。为保证产品 Al_2O_3 的纯度，需要进一步除去溶出粗液中的 SiO_2，得到 $NaAlO_2$ 精液。在精液中通入烧结产生的 CO_2，与铝酸钠反应生成氢氧化铝，并使生成的 Na_2CO_3 返回使用。最后氢氧化铝经煅烧转变成氧化铝。

石灰石烧结法由于石灰石的使用量过大，造成能耗过高，且氧化铝提取后成渣量过大。以蒙西集团为例，每生产 1t 氧化铝大约要产生 9t 渣。更重要的是，粉煤灰玻璃相中的非晶态 SiO_2 等有用组分均没有被合理利用，而是直接进入渣里。

2. 碱沥滤法提取 Al_2O_3

粉煤灰的主要矿物相为莫来石（$3Al_2O_3 \cdot 2SiO_2$）和石英（SiO_2），提取 Al_2O_3 实质就是想办法使莫来石中的 Al 进入溶液，Si 则呈固体析出，达到 Al 和 Si 分离的目的。

碱沥滤法是用浓 NaOH 溶液在温度约 260℃ 的高压釜内直接与粉煤灰反应（浸出），同时加入少量的 CaO，使莫来石溶解，先将铝溶出，再对溶出液进行一定的处理即可得到 Al_2O_3。在具体的工艺中，可先对粉煤灰进行一定的预处理，再用碱液将粉煤灰中的铝和硅溶出，再对溶出液进行炭化，使铝和硅沉淀，此后，往沉淀中加酸使铝和硅分离，再将由此得到的滤液进行浓缩便得到 $AlCl_3 \cdot 6H_2O$ 晶体。欲得 Al_2O_3，对 $AlCl_3 \cdot 6H_2O$ 进行加热分解即可。

3. 酸法提取 Al_2O_3

此法用浓酸（HCl、HF 或 H_2SO_4）为溶出剂，以 NH_4F 作为助溶剂与粉煤灰混合，经搅拌、加热至沸腾，将粉煤灰中的铝溶出，再对溶出液进行处理，使其以铝盐的形式沉淀析出，经干燥煅烧后得到 Al_2O_3。

碱熔法与酸浸法工艺比较见表 7-35。

表 7-35　碱熔法与酸浸法工艺比较

比较内容	碱熔法	酸浸法
需添加的试剂	多而杂	较少
能耗	很高	低
副产物	多，易产生二次污染	少，可再次利用
工艺难易程度	较繁	简单
灰渣	多，不易再利用	少，成分简单，可再利用
成本	较高	较低
选择		√

由表 7-35 可以看出，酸浸法比碱熔法具有更多优点，而这些优点正是解决目前国内

氧化铝产品进口量大、生产成本高等问题，真正实现清洁生产、循环经济所需要的。酸浸法提取氧化铝的工艺可以分为三段：酸溶解工艺；除杂纯化工艺；过滤分离工艺。

（二）利用粉煤灰提取氧化铝研究进展

从粉煤灰中提取氧化铝是将粉煤灰作为一种二次资源的高附加值利用，相比于将粉煤灰应用于建筑、建设及农业领域的研究，从粉煤灰中提取氧化铝等有用资源的研究目前仍然处于理论研究阶段。

国外利用粉煤灰提取氧化铝/氢氧化铝的研究起步较早，早在 20 世纪 50 年代，波兰克拉科夫矿冶学院格日麦克教授以高铝煤矸石或高铝粉煤灰（$Al_2O_3 > 30\%$）为主要原料，采用石灰石煅烧法，从中提取氧化铝并利用其残渣生产硅酸盐水泥，取得了一些研究成果，并于 1960 年在波兰获得两项专利。美国采用 Ames 法（石灰烧结法），年处理粉煤灰 30 万吨，Al_2O_3 提取率为 80%。美国橡树岭国家实验室已完成 DAL 法（酸浸法）从粉煤灰中提取各种金属、残渣作填料的研究。此外美国还将粉煤灰掺入铝中，提高铝的产量，降低成本、增加硬度、改善可加工性及提高耐磨性。波兰 Groszowice 水泥厂，试验成功使用了碱熔法制取氧化铝，其生产流程为：粉煤灰、纯碱和石灰石在高温下熔融冷却，用水浸泡熔块，浸出液经脱硅处理后用烟气中 CO_2 进行碳酸化，析出 $Al(OH)_3$ 沉淀，煅烧后生成氧化铝，熔块浸渣可以作为生产硅酸盐水泥的原料。3.8t 含 Al_2O_3 约 30% 的粉煤灰能生产 1t 氧化铝。该法现在越来越引起国内外各研究机构的关注，并取得了一定的成就。近些年来国外有关这方面的报道较少，较新的研究成果是 Park 等采用明矾中间体法从粉煤灰中提取了氧化铝。

我国从粉煤灰中提取氧化铝的研究同样可以追溯到 20 世纪 50 年代，至 1980 年，安徽冶金科研所和合肥水泥研究所提出用石灰石烧结 - 碳酸钠溶出工艺从粉煤灰中提取氧化铝、其硅钙渣用作水泥原料的工艺路线，于 1982 年 2 月通过专家鉴定。宁夏回族自治区建材研究院在 1990 年前后展开了碱 - 石灰烧结法从粉煤灰中提取氧化铝的研究，其特点之一就是先对粉煤灰进行脱硅处理之后再采用碱 - 石灰烧结法从中提取氧化铝。内蒙古蒙西集团和中国科学院长春应用化学研究所合作，已经进行了将近 10 年的研究，目前已经获得了一套石灰石烧结法提取氧化铝并联产水泥的技术路线，该项目 2006 年初通过批准，现已开始投资兴建年产 40 万吨氧化铝的生产线。此外，东北大学在山西也展开了类似的研究，目前也已取得阶段性成果。

在总结国内外铝资源提铝的基础上，中国矿业大学（北京）清洁能源与环境工程研究所经过研究，开发出了利用煤矸石等含铝矿产通过改进的酸浸取法高效提铝技术（MALEA）。该技术在对含铝矿产进行初选的基础上，主要利用盐酸、硫酸等酸液浸取原料，然后分级提取其中的 Al_2O_3、Fe_2O_3 和 SiO_2 等有益矿产。该工艺技术特点如下：

（1）在 300℃ 以下和常压下操作，工艺过程的能耗大大降低。

（2）在高效提铝过程中可以有效提取 SiO_2、Fe_2O_3 等产品。其中 Al_2O_3 的提取率在 80% 以上，纯度在 98.5% 以上。提取的 Al_2O_3，可以作为冶金级、刚玉级原料。SiO_2 的提取率达到 90% 以上，纯度可以到达 96% 以上。提取的 SiO_2 可以作为白炭黑、碳化硅以及优质玻璃原料。Fe_2O_3 的提取率达到 70% 以上，纯度可以达到 80% 以上，提取的 Fe_2O_3 可以作为优质铁矿石。

（3）提取过程中废渣的产生量大大降低，产生量不足于原灰的 30%。

（4）工艺过程简单、易于操作。

（5）工艺的实用性较广、适用面较宽，可以利用多种品位的矿产提铝。

基于 MALEA 技术，中国矿业大学（北京）清洁能源与环境工程研究所已对我国峰峰、阳泉、窑街、准格尔、霍州、晋城等矿区的煤矸石，开展了高效提取试验。结果表明，Al_2O_3 的提取率达到 80% 以上，粉煤灰和炉渣的提取率在 70% ~80% 之间。

该工艺方法的初步试验结果表明，酸浸取法提铝的成本较低、适应面较宽。通过对该酸浸取法提铝进行初步经济分析表明：

（1）酸浸取法提铝的原料消耗。与碱石灰烧结法相比，酸浸法提铝的原料消耗降低 30% ~40% 以上。

（2）能量消耗。与碱石灰烧结法相比，酸浸法提铝的能量消耗降低约 70% 以上。

（3）产品效益。与碱石灰烧结法相比，酸浸法提铝可以同时提取高纯 Al_2O_3、Fe_2O_3 等国内外短缺的矿产。因而，工艺过程的产品效益大大提高。与碱石灰烧结法提取 Al_2O_3 －灰渣生产水泥相比，酸浸取法提铝的产品综合效益至少提高一倍以上。

（4）综合效益。由此算来，与碱石灰烧结法相比，酸浸取法提取 Al_2O_3 的成本要降低 500 ~600 元。

初步核算表明，建设一个年处理 10 万吨的高效提铝装置，通过初选利用煤矸石提取 Al_2O_3、SiO_2 和 Fe_2O_3，设备投资大约 8000 万元。每年生产 2 ~2.5 万吨 Al_2O_3，同时生产 $3000t Fe_2O_3$、3 ~4 万吨 SiO_2，回收大约 1 万吨中热值煤炭，年产值可达 8000 ~9000 万元。换句话说，建设一个年处理 10 万吨煤矸石高效提铝装置，生产 Al_2O_3、SiO_2、Fe_2O_3，每年可实现产值 9000 万元，利润 2500 万元。

习　题

7 - 1　粉煤灰的主要用途有哪些？

7 - 2　简述粉煤灰的来源和危害。

7 - 3　简述粉煤灰的组分和性质。

7 - 4　粉煤灰有哪些品质指标？

7 - 5　粉煤灰的主要用途有哪些？

7 - 6　粉煤灰如何用于生产建筑材料？用于不同建材时须注意哪些问题？

7 - 7　粉煤灰用于充填或注浆材料时需要注意哪些问题？

7 - 8　若用于土壤改良剂，什么样的粉煤灰能够满足条件？

7 - 9　简述粉煤灰的分选工艺。

7 - 10　如何在粉煤灰中提取氧化铝？

7 - 11　如何利用粉煤灰生产硅铝铁合金？

7 - 12　试设计一套完整的粉煤灰综合利用工艺路径。

第八章　尾矿综合利用技术

矿山的尾矿（渣）及废石的综合利用，首先要遵循"减量化、资源化、无害化"原则，主要要考虑的是就地消化，尽可能地合理利用，化害为利，同时能采取防护措施，减少它们对环境的污染。对待需要资源化处理的矿山固体废物，不仅要考虑回收矿物的效果（损失及贫化）及其经济效益，而且要考虑环境效益和社会效益。不少国家都通过经济杠杆和行政性强制政策来鼓励和支持矿山固体废物综合利用技术的开发和应用，从消极的污染治理转为回收利用，向废物索取资源。

金属矿山尾矿的物质组成虽千差万别，但其中基本的组分及开发利用途径是有规律可循的。矿物成分、化学成分及其工艺性能这三大要素构成了尾矿利用可行性的基础。磨细的尾矿构成了一种复合矿物材料，加上其中微量元素的应用，具有许多工艺特点。研究表明，尾矿在资源特征上与传统的建材、陶瓷、玻璃原料基本相近，实际上是已加工成细粒的不完备混合料，加以调配即可用于生产，因此可以考虑进行整体利用。由于不需对这些原料再做粉碎和其他处理，制造出的产品往往节省能耗，成本较低，一些新型产品往往价值较高，经济效益十分显著。

金属矿山尾矿的排放不仅对环境造成严重污染，而且对其矿物成分、化学成分及工艺性能也造成了浪费。目前我国建筑业处于不断发展中，对建材的需求量有增无减，这无疑为利用尾矿生产建材提供了一个良好契机。

第一节　尾矿综合利用的主要途径

尾矿的综合利用途径主要有：从尾矿中进一步回收有用组分；用尾矿加工生长建材；用尾矿生产农用肥料或土壤改良剂；用尾矿回填采场采空区；在尾矿堆积场覆土造地等。

一、从尾矿中回收有用组分

多数选矿厂受以往技术条件所限，某些有用组分都或多或少残留在废弃尾矿中，有些甚至是一些重要的伴生组分，在初始选矿时，就没有回收，造成资源的极大浪费。如我国河南省是全国产金大省之一，过去由于选金技术较低，尾矿中含金品位达 $0.8 \sim 1.2 g/t$，这样的含金品位在一些发达国家可以当做金矿使用。随着选矿科技发展和进步，以及工业对矿物资源的迫切需求，过去的老尾矿和新产出的尾矿都应尽量做到有用组分的综合回收和利用。

我国矿产资源丰富、种类繁多，仅以有色金属矿为例，我国有些矿产产量，如铅、锌、汞、锡、钨等已居世界前列，但由于过去长期对于尾矿治理的忽视，造成大量尾砂的堆积，其利用率甚低，我国年产尾砂上百万吨的大型有色金属矿山就有十多家，而中小型有色金属矿山更是数以千计，而这些矿山尾矿中都可能含有一定量值得回收的各种金属或非金属，若进一步将其回收利用，则是一个宝贵的资源来源。例如，我国云南锡业公司的尾砂矿，含有值得回收的锡金属量估计约为 $20 \times 10^4 t$。河南的金矿尾砂中，每年残留的黄金量就在 $2.3t$ 以上，相当于一个小型金矿。由此可见，我国金属矿的综合治理大有潜力可挖，亟待合理开发利用，随着我国矿物资源原有储量的不断减少和洗矿技术的不断提高，尾矿的深度开发将大有可为。

目前，从尾矿回收有用组分就是利用现代多种先进的选矿技术手段从废弃尾矿中进一步回收组分，包括金属矿物组分和非金属矿物组分。对金属矿山来说，金属矿物组分可以是作为原分选对象的目的矿物，如铜矿的目的矿物是铜矿物，也可以是与原目的矿物共存的伴生矿物，如与铜伴生的铅和锌、与锡伴生的镍和钼等。

以往目的金属矿物残留与尾矿中主要是由于分选手段不足和技术水平不高造成某些难选矿物残留在尾矿中，如我国过去有些铜选厂只选易选的硫化铜，而把难选的氧化铜和硅酸铜等残留在尾矿中。随着选矿技术的不断发展，难选的氧化铜可以采用水法冶金或细菌浸出的方法加以回收利用。又如我国早期选金技术水平较低，用常规重选法常将难选的连生体和微细粒金丢失在尾矿中。现在可采用再溶—浮选法、再溶重选—混汞法、再溶—浮选—氰化法等联合流程处理含金尾矿，即可以获得良好效果。如我国河南桐柏县银洞坡金矿与澳大利亚玻格林资源公司合作，用选冶联合工艺回收尾矿中的金，使该矿金产量翻了番，产值达 2 亿元以上。

除金属矿物外，尾矿中若残留有伴生的像萤石、重晶石、长石、云母等非金属矿物，当其具有回收价值时，也应进行回收。如我国荡平钨矿从分选白钨矿的尾矿中再选萤石，可获得回收率为 64.93%、氟化钙含量达 95% 以上的萤石精矿。

二、用尾矿加工生产建材

矿山尾矿中除部分可回收利用的金属矿物和非金属矿物外，一般都含有大量可用于加工生产建筑材料的脉石矿物，如石英长石、方解石等，利用这些矿物原料可以加工生产如水泥、玻璃、陶瓷、铸石等建材产品。如果通过深加工还可制造各种功能更优、附加值更高的复合材料、微晶玻璃、建筑和美术陶瓷等。如以石英为主的高硅型尾矿，其矿物成分主要是石英，二氧化硅含量大于 80%，这类尾砂可直接用来作为建筑材料，如作混凝土的掺和料生产硅酸盐水泥和硅酸盐制品等。当二氧化硅含量超过 90% 时还可直接生产玻璃。再有以长石、石英为主的富硅型尾砂，其矿物成分中长石、石英、二氧化硅含量为 60% ~ 80%、$Na_2O + K_2O$ 的量可达 4% ~9%，这类尾砂可作为生产玻璃的配料，也可用于生产其他普通玻璃制品。此外还有以方解石为主的富钙型尾砂，其中以含方解石或石灰石为主，氧化钙含量可达 30% 多，这类尾砂可用做水泥生料生产普通硅酸盐水泥。对其他还含有较多更复杂成分的尾砂，如含有较高的氧化镁、氧化铁、氧化亚铁、二氧化锰、TiO_2 时，除考虑有必要回收这些有价组分外，也可用于生产铸石或陶瓷制品。

用废弃尾矿可生产建筑材料的范围极广，如以铁矿尾砂为主制成的尾矿砖，是一种良好的墙体材料，东北大孤山铁矿与其他单位合作研制成功用该矿铁尾矿研制生产出质轻、保温效果好的加气混凝土，并生产出加气混凝土砌块、楼板、屋面板、墙板、保温块、保温管等，目前这些加气混凝土制品广泛用于工业及民用建筑。

马鞍山钢铁公司姑山铁矿年排放尾矿 60 万吨，耗电 $4 \times 10^6 kW \cdot h$，排放费达 80 万元，占选厂加工费的 12% ~ 14%，该矿将尾矿按粗细粒级分别加以利用，多年来用 6 ~ 12mm 粗粒级淘汰尾矿作为原料代替碎石，修筑民用宿舍 $5 \times 10^4 m^2$、工业建筑 $1 \times 10^4 m^2$、道路 14km、井巷支护 4000 多平方米。0.15 ~ 5mm 粒级尾矿作为建筑用砂制成钢筋混凝土构件、墙体，以及用于混凝土路面垫层等，并售予附近农民做建筑用砂。0.15mm 以下尾矿则可制成蒸养砖、装饰面砖等。该矿三种粒级尾矿综合利用的总效益为每年 154.45 万元，远期总效益可达每年 288.6 万元。同时，由于尾矿量的减少，每年可少征土地 27 亩，其经济效益和环境效益可观。黄梅山铁矿是综合利用微细粒尾矿较为突出的企业。其尾矿中 $-20\mu m$ 粒级占 60% 左右，研究证明该矿可作为一种可塑性好的陶瓷原料，该矿与同济大学合作研制成功用尾矿作原料烧制无釉装饰面砖新型建材产品并已通过部级鉴定。目前已完成年处理尾矿 4000 吨、年产 $1 \times 10^5 m^2$ 的墙面砖的砖厂一期工程。由于生产装饰面砖完全以尾矿为原料，无需添加任何掺和料，其成本低廉、售价便宜，且烧制的成品颜色新颖、销路很好，因此可带来很高的经济效益。

三、用尾矿生产农用肥料或土壤改良剂

尾矿中常含有利于植物生长的微量元素，尾矿经加工处理可直接当做微肥使用，或用作土壤改良剂。如尾矿中的钾、磷、锰、锌、钼等，常是植物的微量营养组分，含有这些元素的尾矿，就可制成"微肥"，施入土壤即可改良土壤，促进农作物生长。

四、用尾矿充填采空区

多数尾矿呈细料状均匀分布，将其用于地下采空场的充填料，具有输送方便、无需加工、易于胶结等优点，在确认某些尾矿回收利用价值不大的情况下，可采取就地回填的措施。对整个矿山企业会带来一定的经济效益，并可避免占用大量农田或土地。

五、在尾矿堆积场覆土造地

尾矿占地面积大，当目前因多种原因暂时不能综合利用时可采取覆土造田的方法，既可保护尾矿资源，又可治荒还田，减少因尾矿占地而带来的损失。

在上述尾矿再生利用的多种途径中，应以前两项为主要措施，即采用先利用、后处置的原则，优先利用尾矿中的有价组分，提高经济效益和社会效益，只有在确认尾矿无法利用时，才选择填埋、堆放等处置措施。必要时要对尾矿进行可行性评价，然后选择最佳的技术方案，进行开发利用，尽量做到既有技术合理，又有一定的经济效益和环境效益，并防止治理后的二次污染。

第二节　有价金属回收技术

我国矿产资源的一个重要特点是单一矿少、共伴生矿多，由于技术、设备及以往管理体制等原因矿山采选回收率低，尾矿中均含有多种有价金属和矿物未得到回收。如在 1999 年全国黄金矿山采矿量 2540 万吨金的总回收率 86.46%，有 18 ~ 20 的金富存于尾矿中。云南锡业公司有 28 个尾矿库、35 座尾矿坝，积存尾矿 1.3 亿吨，平均含锡 0.15% 尾矿中仅金属锡的含量就达 20 万吨以上。大冶有色金属公司 5 个铜矿山，1957 ~ 1989 年排出的

尾矿中，含铜达 6.3 万吨、金 3373kg、银 56175kg、铁 276.8 万吨。陕西双王金矿，选金尾矿中含有纯度很高的钠长石，储量达数亿吨，成为仅次于湖南衡山的第二大钠长石基地，若加工成半成品钠长石粉，其价值就达 200 亿元。因此，矿山尾矿已成为有待开发利用的重要二次资源。

从矿山固体废物中回收有价金属、非金属元素是尾矿利用的主要内容之一，可使其成为二次资源，减少尾矿坝建坝及维护费用，节省破磨、开采、运输等费用，还可节省设备及新工艺研制的更大投资，因此受到越来越多的重视，尾矿再选已在铁矿、铜矿、铅锌矿、锡矿、钨矿、钼矿、金矿、铌钽矿、铀矿等许多金属矿的选矿尾矿再选方面取得了一些进展及效益，虽然其规模及数量有限，但取得的经济、环境及资源保护效益是明显的，前景是良好的。

尾矿再选的难题在于弱磁性铁矿物和共、伴生金属矿物和非金属矿物的回收。而弱磁性铁矿物，其伴生金属矿物的回收，除少数可用重选方法实现外、多数要靠强磁、浮选组成的联合流程，需要解决的关键问题是有效的设备和药剂。采用磁－浮联合流程回收弱磁性铁矿物、磁选的目的主要是进行有用矿物的预富集，以提高入选品位，减少入浮矿量并兼脱除微细矿泥的作用。为了降低基建和生产成本，要求采用磁选设备最好具有处理量大且造价低的特点；用浮选法回收共、伴生金属矿物，由于目的矿物含量低，为获得合格精矿和降低药剂消耗。除采用预富集作业外、也要求药剂本身具有较强的捕收能力和较高的选择性。因此今后的方向是在研究新型高效捕收剂的同时，可在已有的脂肪酸类、磺酸类药剂的配合使用上开展一些研究工作，以便取长补短，兼顾精矿品位和回收率。

一、国内外研究现状

尾矿综合利用是世界性的难题，最大着眼点是提取尾矿中有价金属元素，提高资源的回收率、提高资源综合利用价值。早在 20 世纪 90 年代马鞍山矿山研究院对本钢歪头山铁矿、南芬铁矿、马钢南山铁矿的尾矿提供再选技术，使之从歪头山铁矿尾矿中每年选取 TFe 65.5%～67.0% 的铁精矿 7 千余吨，年创经济效益 1700 余万元。鞍钢弓长岭矿业公司采用大块矿石预先抛废工艺，既增加了矿石生产能力，降低了能耗，又减少了细粒尾矿的产生量，年实现经济效益 5000 万元。近年来，山东、陕西等金矿，回收尾矿中金、银、硫等取得了突破性进展，如山东大柳行金矿 2002 年建成尾矿回收有价金属元素生产线，每年可处理含金品位 0.81g/h 的堆存尾矿 16.5 万吨，回收率 80.94%，年产黄金 166.3kg、白银 509.9kg、硫精矿 4500t，年经济效益 615 万元。

国内研究成果不仅在尾矿回收工艺技术上有所提升，而且尾矿回收设备也有很大进展。如赣州立环磁电设备高技术有限责任公司生产的 SLon 立环脉动高梯度磁选机具有优异的选矿性能，可从尾矿中回收赤铁矿，如用于昆钢上厂铁矿，每年从尾矿中回收优质赤铁矿精矿 7 万吨、用于攀钢总尾矿每年回收优质钛铁矿 3 万吨，延长了矿山服务年限，提高了资源的综合利用效率。

目前对尾矿的回收利用已有许多成功的范例，如甘肃白银公司从尾矿中回收铜、硫、金、银，金川公司从尾矿中进一步回收镍及铜、钴、银、硫、铂等有价金属；山东三山岛金矿从尾矿中回收硫精矿、铅精矿；山东多家金矿从尾矿中回收石英精矿及绢云母；河北邯郸矿务局从铁矿尾矿中再选回收铁及硫、钴；德兴铜矿通过尾矿再选，年回收硫精矿

1000t、铜 9.2t、金 33.4kg 产值达 1300 多万元；武山铜矿尾矿再选回收硫，获得硫精矿品位 36.8%、回收率 89.42%，日处理尾矿量达 350t 每年可创利 283 万元；永平铜矿尾矿加收白钨，采用重选 - 磁选 - 浮选 - 重选的联合工艺流程，获得白钨精矿品位达到 66.83%，年产白钨精矿 399.3t 硫精矿 1584t，年产值达成 664.8 万元，年利润滑 172.8 万元；陕西双王金矿从尾矿中回收硫精矿产值达 3.4 亿元，从尾矿中回收钠长石精矿，产值已超过金的产值。在我国陕西潼关地区，对低品位的金矿进行生物氧化和提浸技术处理，取得的经济效益相当于新建几个中型矿山；溶剂萃取 - 电积法（SX - EW）得到广泛应用，使铜矿石可采品位降至 0.2% ~0.4%；对传统 Hall - Heroult 炼铝工艺进行改造，使成本下降为 0.11 ~0.25 美元/磅；生物氧化和提浸技术使许多低品位金、铜、镍、钴矿床得以开发，使高砷微细粒金矿的回收率提高 40%，可采品位已降至 0.7g/t 最低达到 0.26g/t。这就意味着原为废渣的尾矿能够利用，一方面极大地降低了固体废物的外排量，另一方面也顺应可持续发展的宏观战略要求。

二、铁尾矿中再回收铁

每选出 1t 铁精矿要排出 2.5 ~3t 尾矿，我国铁矿选矿厂尾矿具有数量大、粒度细、类型繁多、性质复杂的特点。目前，我国堆存的铁尾矿量高达十几亿吨，占全部尾矿堆存量的近 1/3。因此，铁尾矿再选已引起钢铁企业的重视，并已采用磁选、浮选、酸浸、絮凝等工艺从铁尾矿中再回收铁，有的还补充回收金、铜等有色金属，经济效益更高。

（一）武钢程潮铁矿选矿厂

武钢程潮铁矿属大冶式热液交矽卡岩型磁铁矿床，选矿厂年处理矿 200 万吨，生产铁精矿 85.11 万吨，排放尾矿的含铁品位一般在 8% ~9%，尾矿排放浓度 20% ~30%。尾矿中的金属矿物主要为磁铁矿、赤铁矿（镜铁矿、针铁矿）；其次为菱铁矿、黄铁矿；少量及微量矿物有黄铜矿、磁黄矿等。脉石矿物主要有绿泥石、金云母、方解石、白云石、石膏、钠长石及绿帘石、透辉石等。由表 8 - 1 可知，磁铁矿多为单体，其解离度大于 85%，极少与黄铁矿、赤褐铁矿及脉石连生；赤褐铁矿多为富连生体，与脉石连生，其次是与磁铁矿连生。在尾矿中还有一定数量的磁性铁矿物，它们大部分以细微和微细料嵌布及连生体状态存在。

表 8 - 1　尾矿多元素分析结果　　　　　　　　　　（%）

成分	Fe	Cu	S	Co	K_2O	Na_2O	CaO	MgO	Al_2O_3	SiO_2	P
质量分数	7.18	0.09	3.12	0.01	2.86	2.17	13.5	11.5	9.00	37.7	0.12

程潮铁矿选矿厂选用一台 JHC120 - 40 - 12 型矩环式永磁磁选机作为尾矿再选设备进行尾矿中铁的回收。选矿厂利用现有的尾矿输送溜槽，在尾矿进入浓缩池前的尾矿溜槽上，将金属溜槽 2 节拆下来，设计为 JHC 永磁磁选机槽体，安装一台 JHC 型矩环式永磁磁选机，将选矿厂的全部尾矿进行再选，再选后的粗精矿用渣浆泵输送到现有的选别系统继续进行选别，经过细筛 - 再磨磁选作业程序，获得合格的铁精矿；再选后的尾矿经原有尾矿溜槽进入浓缩池，浓缩后的尾矿输送到尾矿库。尾矿再选工艺流程如图 8 - 1 所示。

程潮铁矿选矿厂尾矿再选工程于 1997 年 2 月正式投入生产，通过取样考查，结果表

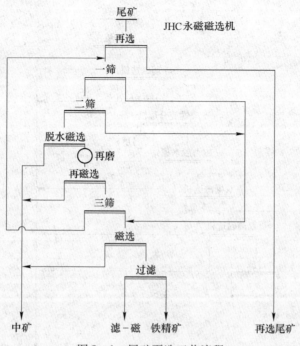

图 8 - 1　尾矿再选工艺流程

明，选厂尾矿再选后可使最终尾矿品位降低 1% 左右，金属理论回收率可达成 20.23%，每月可创经济效益 10.8 万元、年经济效益可达 124.32 万元。尤其所选用的 JHC 型矩环式永磁磁选机具有处理能力大、磁性铁回收率高、无接触磨损的冲洗水卸矿、结构简单、运行可靠、作业率高、成本造价低、使用寿命长等优点。

（二）本钢南芬选矿厂

选矿厂设计年处理原矿石 1000 万吨，尾矿含铁品位一般在 7% ~ 9%，总尾矿排放浓度 12% 左右。尾矿中的铁矿物主要为磁铁矿，其次为黄铁矿、赤铁矿；脉石矿物主要为石英、角闪石、透闪石、绿帘石、云母、方解石等。尾矿铁物相分析结果见表 8 - 2。

表 8 - 2　尾矿铁物相分析结果　　　　　　　　　　　　　　　　（%）

相　态	黄铁矿	磁铁矿	赤铁矿	全　铁
质量分数	0.61	7.41	0.58	8.60
分布率	7.10	86.16	6.74	100.00

由表 8 - 2 可知，南芬选矿厂尾矿中除 SiO_2 外，TFe 为 8.60%，而铁矿物呈磁性状态的含铁力量为 7.41%，占全铁的 86.16%，且铁分布率 - 0.125mm 占 95.16%。

南芬选矿厂尾矿再选工艺于 1993 年 11 月投入生产运行。尾矿再选厂选用 HS 回收磁选机和再磨、再选加细筛自循环弱磁选流程回收尾矿中的铁矿物，工艺流程如图 8 - 2 所示。

生产实践表明，采用该流程可获得品位 64.53%、回收率为 7.56% 的低硫磷的铁精矿。

（三）马钢南山铁矿

马钢南山铁矿凹山铁选厂年产尾矿量 350 万吨，用马鞍山矿山研究院设计的直径为

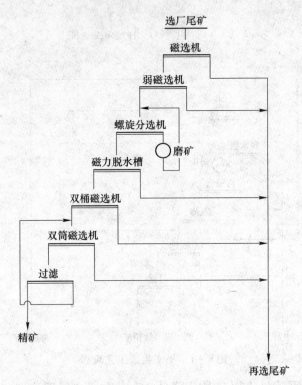

图 8 - 2　南芬选矿厂尾矿再选工艺流程

500mm、长为 4mm 的圆盘磁选机选别，可获得产率 5% ~ 6%、铁品位 29% ~ 31% 的粗精矿，经再磨、再选后可获得产率 2%、铁品位 60% ~ 63% 的合格精矿。该项目现已运转多年，年回收铁精矿近 4 万吨；采用摇床回收硫精矿，其品位可达 30% 以上，年回收硫精矿 5 万余吨。

（四）广西屯秋铁矿

广西屯秋铁矿工业竖炉焙烧试验中，磁选尾矿含铁量还高达 27%，将尾矿再进行一次还原焙烧，然后直接磁选得铁精矿，使尾矿含铁量下降到 10% 左右，再用摇床和离心机等重选设备从中再回收铁，试验得到 13.84% 的铁的回收率的重选精矿。这样与磁选铁精矿合并后，可得含铁 55.06% 及铁的回收率为 91.12% 的综合铁精矿。

从各种类型的矿样（混合矿样、粉矿样、贫矿样及富矿样）试验结果证明，焙烧磁选法对铁矿石的适应性能良好，各矿样在一定的处理条件下都能相应的得到含铁 55% ~ 57% 及铁的回收率平均为 90% 以上的铁精矿。

三、铁尾矿中多种有用矿物的综合利用

（一）铁尾矿中提取钴黄铁矿

铁山河铁矿为白云岩水热交代磁选矿床，可回收利用的矿物除磁铁矿外，还有含钴黄铁矿。由于建厂时伴生的含钴黄铁矿未考虑回收，选厂的磁选尾矿经筛析 -0.074mm 含量为 47.5%，其中含硫 3.6%、含钴 0.065%，钴绝大多数以类质同象形式存在于黄铁矿中，另一部分存在于褐铁矿、赤铁矿、磁赤铁矿中。黄铁矿中的钴约占 60%，铁矿物中的钴约

占 15%，其他脉石中的钴约占 25%。纯黄铁矿单体中，钴含量最高者为 0.79%。一部分黄铁矿氧化为褐铁矿。光片下，在褐铁矿中还有黄铁矿的残余。因此经研究考查后采用重磁重联合选别工艺流程回收磁选尾矿中的含钴黄铁矿，先采用大处理量的 GL600 螺旋选矿机丢尾，再用磁选除去带磁性的磁铁矿和磁赤铁矿，以利于后续的摇床选别，同时减少铁精矿中夹杂的黄铁矿，如图 8-3 所示。按年处理 4.5 万吨磁选尾矿计，一年可产含钴大于 0.5% 的硫钴精矿 2500 吨以上，含钴金属 12.5 吨以上，年利润 100 万元以上。

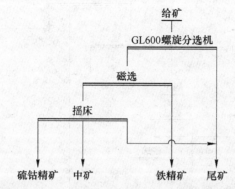

图 8-3　铁尾矿中提取钴黄铁矿选别工艺流程

（二）铁尾矿中提取钛铁矿

广西北部湾海滨钛铁矿矿砂矿床中伴生有锆英石、独居石、含铁金红石等可综合利用的有用矿物。钦州、防城等地的小型选矿厂采用干式磁选生产单一的钛铁矿产品，尾矿中仍含有大量的有用矿物：细粒级的钛铁矿 10%～20%，含铁金红石与锐钛矿 1%～3%，锆英石 7%～22%，独居石 1%～5%；其次尾矿砂中含有大量石英砂、极少量的电气石、白钛石、石榴子石、黑云母等矿物。对尾矿砂进行筛析表明，粒度大都在 -0.2～0.05mm 之间，矿物的单体解离度十分理想，连生体仅偶见。为了达到综合利用的目的，选厂采用重-浮-磁的联合生产工艺流程对选钛尾矿进行分离回收，只在选厂原有的 PC3×600 型干式磁选机基础上，增加 1 台 6-S 型细砂摇床及 1 台 3A 单槽浮选机。选厂生产工艺流程如图 8-4 所示。

尾砂经摇床选别抛掉大部分脉石矿物，使重矿物得到富集，同时，经过摇床选别，包裹在重矿物上的黏土被排除，让矿物暴露出原来的新鲜表面，为后续的浮选作业提供条件。

浮选作业将锆英石、独居石一同混浮，作为下一步磁选给矿，钛铁矿和含铁金红石则基本被留在浮选尾矿中。入浮的粗精矿粒度在 0.2mm 以下，矿浆浓度按入浮品位高低控制在 50% 左右，浮选在常温下即可进行。正常的药剂制度为：pH 调整剂碳酸钠 0.31kg/t、市售肥皂（配制成浓度为 20% 的溶液）0.15～0.03kg/t、捕收剂煤油 0.05～0.01kg/t，浮选时间：搅拌 7min、粗选 12min、扫选 5min。浮选尾矿与摇床中矿合并，进行第二次摇床选别，回收较粗粒的锆英石、独居石。

晒干的混合精矿进入 PC3×600 型干式三盘磁选机进行磁选分离，经一次磁选可获得 $(Zr+Hf)O_2$ 大于 60% 的锆英石合格精矿，而磁性产品经再一次磁选尾矿即为独居石产品（TR51%）。

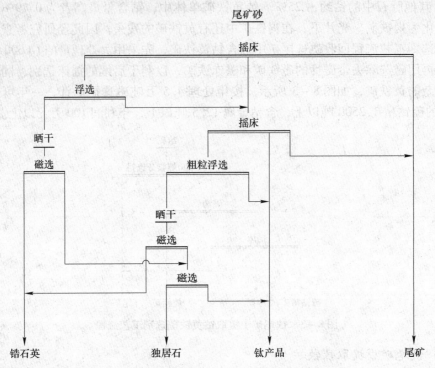

图 8－4　广西北部湾海滨钛铁矿选厂生产工艺流程

利用该工艺选钛后的尾砂中的重矿物，在获得合格锆英石精矿产品同时，产出含钛产品和独居石两种副产品，而且锆英石精矿回收率高、技术指标较好，提高了矿石的综合利用率，明显地提高了选厂的经济效益。

四川攀枝花密地选矿厂每年可处理钒钛磁铁矿 1350 万吨，年产钒钛铁精矿 588.3 万吨，磁选尾矿中还含有有价元素 Fe 13.82%、Ti 8.63%、S 0.609%、Co 0.016%。为了综合回收利用磁选尾矿中的钛铁和硫钴，又采用粗选，包括隔渣筛分、水力分级、重选、浮选、弱磁选、脱水过滤等作业；还有精选，包括干燥分级、粗粒电选、细粒电选、包装等作业处理加工磁选尾矿。每年可获得钛精矿 TiO_2（46% ~48%） 5 万吨，以及副产品硫钴精矿（硫品位 30%、钴品位 0.306%）。

（三）铁尾矿提取金、铜

莱芜矽卡岩型铁矿的磁选尾矿含有金、铜、钴等有价金属，经重浮联合流程再选，获得金和铜的精矿，年处理铁尾矿 22 万吨，获利 137.56 万元。

四、铜尾矿的再选

铜矿石品位日益降低，每产出 1t 矿产铜就会有 400t 废石和尾矿产生，从数量庞大而含铜低的选铜尾矿中回收铜及其他有用矿物，既有重要的经济和环境意义，又有不少困难。根据尾矿成分，从铜尾矿中可以选出铜、金、银、铁、硫、萤石、硅灰石、重晶石等多种有用成分。

（一）江西铜业公司银山铅锌矿

江西铜业公司下属的银山铅锌矿每年可产尾矿 50 万吨左右，尾矿中绢云母含量仅次于石英，它在铅锌尾矿、铜硫尾矿、尾矿库尾矿中的含量分别为33%、34%和29%，绢云母储量达360万吨。选厂采用浮选法从铅锌尾矿和铜硫尾矿中回收绢云母，原则流程如图8-5所示。选别结果为铜硫尾矿的绢云母回收率为63.79%。

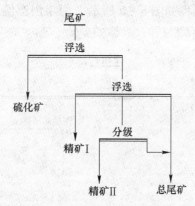

图8-5 回收绢云母原则流程

精矿Ⅰ和精矿Ⅱ的绢云母品位分别为96.7%和64.5%；铅锌尾矿中的绢云母回收率为58.12%，精矿Ⅰ和精矿Ⅱ的绢云母品位分别为96.2%和62.5%。

（二）安庆铜矿

安庆铜矿矿石类型分为闪长岩型铜矿、矽卡岩型铜矿、磁铁矿型铜矿及矽卡岩型铁矿等四类，矿石的组成矿物皆为内生矿物。主要金属矿物为黄铜矿、磁铁矿、磁黄铁矿、黄铁矿，经浮选、磁选回收铜、铁、硫后，仍有少量未单体解离的黄铜矿进入总尾矿。磁黄铁矿含铁和硫，磁性仅次于磁铁矿，在磁粗精矿浮选脱硫时，因其磁性较强，不可避免地夹带一些细粒磁铁矿进入尾矿。选矿厂的总尾矿经分级后，+20μm粒级的送到井下充填储砂仓；-20μm粒级的给入尾矿库。尾砂的化学分析结果见表8-3。

表8-3 尾砂化学分析结果

产 品	Cu	S	Fe
粗尾砂（+20μm）	0.143	2.36	9.76
细尾砂（-20μm）	0.07	1.67	13.45
总尾砂	0.119	2.13	11.00

为了从尾矿中综合回收铜、铁资源，安庆铜矿充分利用闲置设备，因地制宜地建起了尾矿综合回收选铜厂和选铁厂。铜矿物主要富集于粗尾砂中，所以主要回收粗尾砂中的铜。选厂尾砂因携带一定量的残余药剂，造成在储砂仓的顶部自然富集含Cu、S的泡沫。选铜厂是在储砂仓顶部自制一台工业型强力充气浮选机，浮选粗精矿再磨后，经"一粗二精三扫"的精选系统进行精选，最终可获得铜品位16.94%的合格铜精矿。因此，投资30万元在充填搅拌站院内，就近建成25t/d的选铜厂。

表8-3的数据还表明，铁主要集中于细尾砂中，实验室的研究表明，细尾砂中的铁主要是细粒磁铁矿和磁黄铁矿。选铁厂是针对细尾砂中的细粒磁铁矿和磁黄铁矿，利用主系统技改换下来的CTB718型弱磁选机3台，投资10万元，在细尾砂进入浓密机前的位

置，充分利用地形高差，建立了尾矿选铁厂，采用"一粗一精"的磁选流程进行回收铁。为了进一步回收选厂外溢的铁资源，又将矿区内各种含铁污水、污泥，以及尾矿选铜厂的精选尾矿汇集到综合选铁厂，最终可获得铁品位 63.00% 的铁精矿。

选铜厂和选铁厂的生产流程如图 8-6 所示。两年创产值 491.95 万元，估算每年利润 421.45 万元，取得较好的经济效益和社会效益。

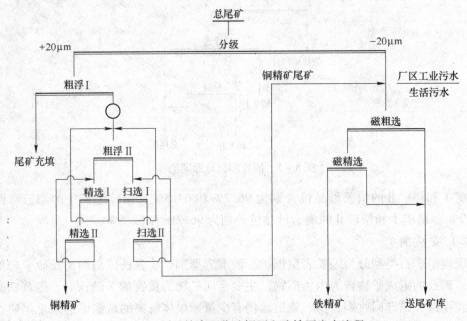

图 8-6 尾矿综合回收选铜厂和选铁厂生产流程

(三) 永平铜矿

永平铜矿属含铜、硫为主，并伴生有钨、银及其他元素的多金属矿床。目前永平铜矿选矿厂日处理量达万吨，尾矿日排出量约 7000t，对尾矿中 WO_3 及 S 含量分析，月平均品位为 0.064% 及 2.28%，其 WO_3 含量波动范围为 0.041% ~ 0.093%，每年约有 2000 多吨氧化钨损失于尾矿。

永平铜矿选铜尾矿中的钨主要呈白钨产出，其次为含钨褐铁矿，钨华甚微。白钨矿相含钨占总量的 82.05%，褐铁矿物含钨在 0.14% ~ 0.18% 之间。白钨矿主要与石榴石、透辉石、褐（赤）铁矿、石英连生，粒径 0.076 ~ 0.25mm，石榴石中有小于 6μm 的白钨，褐铁矿含钨是高度分散相钨。主要脉石矿物是石榴石和石英，矿物量分别占 32% 和 36%，此外还含有重晶石和磷灰石，这两种矿物的可浮性与白钨矿相似，增加了浮选中分离的难度。白钨矿粒度细，单体分离较晚，呈粗细不均匀分布。0.076 ~ 0.04mm 粒级解离率才达 69%，连生体中 80% 以上是贫连生体。尾矿的多元素分析及粒度分析结果分别见表 8-4 和表 8-5。

表 8-4 永平铜矿尾矿多元素分析结果

成分	WO_3/%	Cu/%	Mo/%	Bi/%	Sn/%	TFe/%	Mn/%	Ca/%	Au
质量分数	0.061	0.15	0.003	0.001	0.0082	7.71	0.098	6.99	<1g/t

成分	Ag	S/%	P/%	SiO$_2$/%	Al$_2$O$_3$/%	Mg/%	K$_2$O/%	Na$_2$O/%	烧失量/%
质量分数	8g/t	1.14	0.033	56.88	8.60	0.62	2.0	0.054	3.14

表 8－5 永平铜矿尾矿粒度分析结果

粒度/mm	质量分数/%	品位(WO$_3$)/%	占有率/%	白钨矿单体分离检查				
				白钨矿单体	连生体①	连生体体积（D）分布		
						$D \geqslant 3/4$	$3/4 > D > 1/4$	$D \leqslant 1/4$
+0.076	41.07	0.034	21.67	29.09	70.91	6.91	2.55	61.45
0.076～0.04	20.86	0.065	21.03	69.33	30.67	3.30	2.02	25.34
-0.04	38.07	0.097	57.30					
合计	100.00	0.196	100.00					

①主要与石榴子石、透辉石、褐铁矿、石英连生。

为综合回收尾矿中的白钨，选厂采用重选—磁选—重选—浮选—重选的工艺流程（图 8－7）进行尾矿的再选，即首先采用高效的螺旋溜槽作为粗选段重要抛尾设备，抛弃 91.25% 的尾矿，进一步采用高效磁选设备脱出磁性矿物和石榴子石，使入选摇床尾矿量降至 4%～5%，最大限度节省摇床台数。通过摇床抛尾只剩 1% 左右尾矿进入精选脱硫作业，最终获得 WO$_3$ 含量 66.83%、回收率 18.01% 的钨精矿，含硫 42%、回收率 15% 的硫精矿以及石榴子石、重晶石等产品，按日处理 7000t，年 330 天计，年利润总额可达 170 万元。

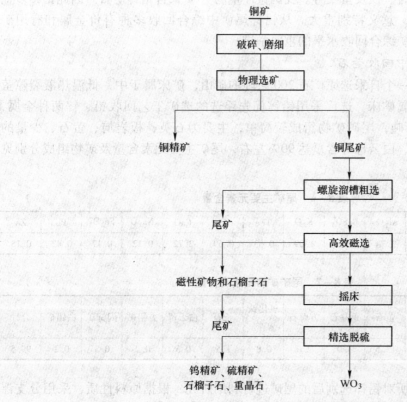

图 8－7 重选—磁选—重选—浮选—重选回收尾矿中白钨工艺流程

（四）国外铜尾矿

国外广泛采用选冶联合流程对铜尾矿进行再选。美国密歇根州将铜尾矿再磨和浮选（或氨浸），处理8200万吨，产出铜33.8万吨；美国还采取一种类似炭浸法提金的工艺，将浸渍有萃取剂的炭粒加到铜尾矿矿浆中回收铜，关键是萃取剂要廉价。俄罗斯阿尔马累克选厂将尾矿磨至$-74\mu m$占50%左右浮选，可以将尾矿中80%的铜再选回收。哈萨克巴尔哈什选厂经浮选、再磨、精选工艺从贫斑铜矿的尾矿中回收了铜和钼。

目前，用浸出法从铜尾矿回收铜获得很大成功，一般认为，用硫酸浸出铜尾矿建厂投资少、时间短、污染小，可利用冶金企业副产的硫酸，成本低，尾矿数量大时更为经济。美国亚利桑那州莫西伦铜厂即用硫酸处理堆存的氧化铜尾矿，铜回收率73.8%，年产5万吨阴极铜，占该厂铜产量的13%。智利丘基卡马采用大浸出槽硫酸浸出—电解，以每年产出5.25万吨铜的速度从堆存多年的大量老尾矿中已累计回收了90万吨铜。俄罗斯、西班牙采用细菌浸出工艺从尾矿中回收铜也有良好效果。

国外也再选铜尾矿回收除铜以外的其他组分。例如，印度从浮选铜的尾矿中先用摇床重选，后用湿法回收铀；南非弗斯克公司从选铜尾矿中用浮选再选获得含P_2O_5 36.6%、回收率65.6%的磷精矿；日本赤金铜矿从选铜尾矿中再选回收铋和钨。

五、铅锌尾矿的再选

我国铅锌多金属矿产资源丰富，矿石常伴生有铜、银、金、铋、锑、硒、碲、钨、钼、锗、镓、铟、铊、硫、铁及萤石等。我国银产量的70%来自铅锌矿石。因此铅锌多金属矿石的综合回收工作，意义特别重大。从铅锌尾矿中综合回收多种有价金属和有用矿物，是提高铅锌多金属矿综合回收水平的重要举措。

（一）从铅锌尾矿中回收萤石

湖南邵东铅锌矿是一个日采选原矿石200余吨的矿山，矿床属于中－低温热液裂隙萤石－石英脉型铅锌多金属矿床。选厂采用铅锌优先浮选的选矿工艺回收铅、锌两种金属，年排尾矿量6.0~6.3万吨，尾矿矿物组成较简单，主要为石英、板岩屑、萤石、少量的方解石、长石、重晶石、白云母等含量达90%左右，尾矿主要元素含量及矿物组成分别见表8-6和表8-7。

表8-6　尾矿主要元素含量　　（%）

成分	SiO_2	CaF_2	Al_2O_3	$BaSO_4$	K_2O	TFe	P	CaO	Na_2O	Fe_2O_3	Pb	Zn
质量分数	73.09	13.92	3.74	2.86	1.09	0.63	0.69	2.72	0.12	0.17	0.43	0.18

表8-7　尾矿矿物组成及含量　　（%）

矿物	石英	板岩屑	萤石	重晶石	方解石	氧化铁矿物	长石	白云母	方铅矿	闪锌矿	白铅矿	合计
质量分数	52.5	25.0	13.5	3.0	2.0	0.8	1.5	0.5	0.2	0.3	0.2	99.5

长沙有色金属研究所对铅锌选别后的尾矿进行利用研究，根据原料性质，采用分支浮选流程回收萤石（图8-8）。试验结果表明，得到的萤石精矿品位为CaF_2 98.78%、

$CaCO_3$ 0.46%、SiO_2 0.64%，达到了化工用萤石要求，按年产尾矿量 6 万吨计，可年回收萤石 4500 余吨，利润 60 余万元。

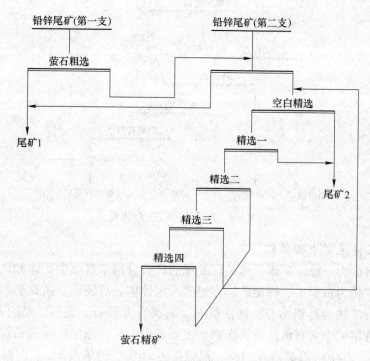

图 8 - 8　分支浮选回收萤石工艺流程

（二）从铅锌尾矿中回收重晶石

高桥铅锌矿是中国有色金属工业总公司扶持的地方小型有色企业，该矿井改扩建，目前日采铅锌原矿石的能力为 200t，属中温热液充填硫化矿床，现以回收铅、锌两种金属为主，年产尾矿 6 万吨左右。经考查尾矿中含重晶石的含量为 7.4%，且已基本单体解离。选厂采用重、浮流程对尾矿再选，回收重晶石，同时，铅锌在重晶石精矿中也有明显富集，故通过二次回收，达到了资源综合利用的目的。

回收重晶石的生产流程如图 8 - 9 所示。通过再选高桥铅锌矿每年可从尾矿砂中获重晶石精矿约 3000t，年利润约 30 万元，回收的重晶石精矿含 $BaSO_4$ 为 97%，符合橡胶填料 Ⅱ 级产品要求。目前重晶石主要用于石油钻井的泥浆加重剂，也可作为橡胶、油漆中的锌钡白原料以及生产金属钡和各种钡盐的原料，产销前景乐观。柴河铅锌矿堆存尾矿数百万吨，该矿先将尾矿用螺旋溜槽重选，再将重砂作浮选处理，获得了合格的铅、锌、硫精矿，并使银得到综合回收。按年处理尾矿 85 万吨计，浮选的重选精矿 15 万吨，每年可综合回收品位为 46% 的铅精矿 1890t、含硫 35% 的硫精矿 10542t、含锌 45% 的硫化锌精矿 5840t、含锌 35% 的氧化铅锌精矿 18991t。另外铅精矿中含银 3212kg。总产值 1227 万元（不含硫精矿价值），利润 330 万元。

国外，俄罗斯别洛乌索夫铅锌选厂的锌浮选尾矿含有锌、铅、铜、铁的硫化物以及重晶石，采用浮选再选，产出含铜、锌、铅的硫化物混合精矿；含铁 39% ~ 40%、回收率 87.8% 的黄铁矿精矿，以及含 $BaSO_4$ 88% ~ 90%、回收率 48.2% ~ 61.6% 的重晶石精矿。

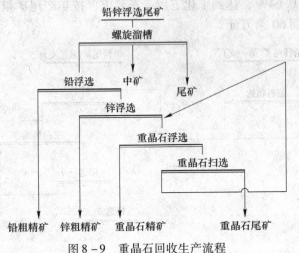

图 8-9 重晶石回收生产流程

（三）从铅锌尾矿中回收钨

宝山铅锌银矿为一综合矿床，选矿厂处理的矿石分别来自原生矿体和风化矿体。矿石中的主要有用矿物为黄铜矿、辉钼矿、方铅矿、闪锌矿、辉铋矿、黄铁矿、白钨矿、黑钨矿等；主要脉石矿物为钙铝榴石、钙铁榴石、石英、方解石、辉石、角闪石、高岭土等。选厂硫化矿浮选尾矿中含有低品位钨矿物，主要是白钨矿。原生矿浮选铅锌后的尾矿中含 0.127% 的 WO_3，其中白钨矿约占 81%、黑钨矿占 16%、钨华占 3%。白钨矿的粒度 80% 集中在 $-0.074 \sim 0.037mm$ 内；黑钨矿的粒度 65% 集中在 $-0.037 \sim 0.019mm$ 内。原生矿浮选尾矿中的主要矿物含量、粒度组成与金属分布分别见表 8-8 和表 8-9。

表 8-8 原生矿浮选尾矿主要矿物含量 （%）

矿物名称	钙铝榴石	钙铁榴石	钙铁辉石	方解石	白云母	石英	褐铁矿	白铁矿	赤铁矿	其他
质量分数	39.2	7.1	13.1	12.5	11.4	8.2	3.2	0.06	0.3	4.98

表 8-9 原生矿浮选尾矿粒度组成与金属分布

粒度/mm	产率/%	品位（WO_3）/%	WO_3 占有率/%
+0.074	31.74	0.12	30.23
-0.074 +0.037	22.61	0.13	23.32
-0.037 +0.019	8.34	0.13	8.60
-0.019 +0.010	12.97	0.12	12.35
-0.010	24.34	0.13	25.50
合　计	100.00	0.126	100.00

风化矿石浮选尾矿的性质与原生矿类似，WO_3 含量为 0.134%，但黑钨矿的含量比原生矿的稍高，约占 25%。白钨矿的粒度较细，大部分集中在 $-0.074 \sim 0.019mm$ 之间。脉石矿物以钙铁辉石为主并有较多的长石和铁矿物。

试验研究表明，选用旋流器、螺旋溜槽及摇床富集浮选尾矿中的钨矿物，可减少白钨浮选药剂消耗和及早回收黑钨矿，即尾矿先用短锥水力旋流器分级后用螺旋溜槽选出粗精矿，粗精矿用摇床选出黑钨矿然后再浮选出白钨矿，如图 8－10 所示。可获得 WO_3 含量为 47.29% ~ 50.56%、回收率为 18.62% ~ 20.18% 的精矿，同时选出产率为 26.95% ~ 34.027% 的需再进行白钨矿浮选的粗精矿，与单一浮选相比，浮选白钨的矿量减少了 73.05% ~ 65.97%，从而可大量节省药剂用量，降低选矿成本。

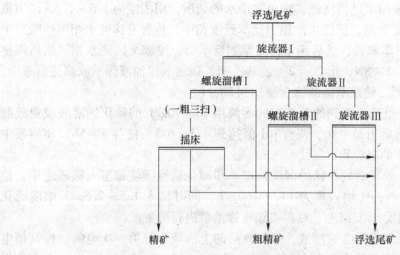

图 8－10　尾矿钨浮选工艺流程

（四）从冶炼铅锌尾矿渣中提取金属镓

1. 镓的资源及性质、用途

镓属于稀散金属，自然界中极少存在单一的具有工业开发价值的矿床。镓在地壳中的含量为 15×10^{-4}%，镓比锑、银、铋等都丰富，但浓度极低、分布分散，多伴生在有色金属、铁及煤等矿中，只有在提取主金属或燃煤等过程中从其副产物中进行综合回收。

镓具有亲硫的性质，所以镓与铝土矿、闪锌矿、硫化铁矿、硫镓硫矿、锗石等伴生。镓的熔点为 29.78℃，沸点为 2403℃，密度为 $5.907 g/cm^3$。镓能溶于硫酸、盐酸，室温下，不溶于硝酸，王水是镓较好的溶剂。镓有毒性，伤肾、坏骨髓。

金属镓具有独特的物理化学性能，自 20 世纪 50 年代末以来，逐渐获得了广泛应用。镓主要是半导体的基础材料，其化合物砷化镓、磷化镓、镓铝砷等应用广泛，砷化镓可做成功率高的激光器、发光二极管、太阳能电池，在大规模集成电路、原子能工业、合金以及光学仪器、催化剂、特殊热电偶等领域广泛应用。高纯镓需求迅速增加，金属镓及其相关化合物正逐渐成为通讯、电子计算机、宇宙开发、能源及医药卫生的高科技新材料的支撑材料。目前年消耗量已达 200t，日本年耗量已超过 120t，全球消费量每年以 20% 的速度增长。

2. 我国目前镓生产现状

当今世界镓产量的 90% 多是来自铝生产，我国除炼铝工业回收镓之外，鲜有其他行业回收镓的报道。据报道，在广东韶关市地域内的凡口铅锌矿和大宝山铁矿的矿藏中都含有镓。凡口矿的产品中镓的品位达 0.0035%，大宝山达 0.0124%。多年来没有回收。这些镓资源，都因技术问题不能回收而白白流失。

3. 工艺背景及原理

为了克服现有技术上的缺点，采用萃取－电解法技术，以冶炼铅锌尾矿渣为原料、在提取金属铟以后的萃余液中进一步提取金属镓。采用的技术方案是：用萃取－电解法进一步提取金属镓的技术，以冶炼铅锌矿尾渣为原料、在提取金属铟之后的萃余液中提取金属镓，包括如下步骤：

（1）将油相的萃余液用水进行洗涤，洗出溶于水的杂质，用浓度为 1.5～2.5N（当量浓度，下同）的 HCl 作反萃剂，把镓从油相中反萃到水相中，将含有镓的水相用磷酸三丁酯和航空煤油作萃取剂来萃取镓，然后用水作反萃剂反萃镓，使镓又回到水相，然后调整含镓水相的酸值，达到 7.5～8N，用 2－[2－乙基乙酯] 磷酸的煤油液作萃取剂进行萃取，用 5%～8% 草酸溶液后萃，使反萃液的镓含量达到 50g/L。

（2）将经步骤（1）处理后得到的含有镓的溶液用 50～70g/L 的硫化钠溶液或亚硫酸钠洗涤，除砷和铁，过滤后用碱中和，调整 pH 值达到 4.5～6.5，搅拌 3～5h，使溶液中的镓完全沉淀，得到含镓的沉淀物。

（3）对经步骤（2）处理后的含镓的沉淀物进一步碱化造液，使镓溶入碱液之中，控制固液比为 1:9～1:12，NaOH 加入量为 140～160g/L，同时加入 1.5～2.5g/L 浓度硫化钠，搅拌 4～6h，保持温度 95℃ 以上，然后将该含镓溶液进行静置。

（4）经步骤（3）处理后的含镓溶液，取静置后的上清液进行第一次电解，控制槽电压为 2.5～4.5V，阴极电流密度为 200～400A/m²，温度 40～50℃，时间 4～6h，此电压低于金属镓的氧化电极电位，使其他杂质沉淀析出，进一步净化电解液；过滤之后进行第二次电解，第二次电解控制槽电压为 3～4.5V，电流密度为 450～900A/m²，温度 60～80℃，时间 16～24h，金属镓析出，电解液中 Ga<20mg/L，所得到的金属镓用 1～3N 化学纯盐酸进行酸洗，搅拌 6～8h，以去除痕量的金属锌，酸洗后用蒸馏水洗至 pH=7，用虹吸出最终产品金属镓。

4. 应用成果

图 8－11 所示为萃取－电解法从冶炼铅锌尾矿渣中提取金属镓工艺流程。具体实例是以广东省韶关地区的铅锌冶炼尾矿为原料的，韶关地区所产出的铅锌矿一般都伴有锗、铟、镓，铅锌冶炼中火法冶炼最后的真空炉渣和湿法冶炼的置换渣，都把原矿中的锗、铟、镓富集其中。一般品位达到：Ge：0.6%～3%、In：0.2%～0.6%、Ga：0.1%～0.4%。这些物料经过破碎、烘干后用浓盐酸浸出，在反应釜中氯化蒸馏，蒸馏后的气体经收集冷凝后为液态四氯化锗，四氯化锗经水解后得到精的二氧化锗，粗二氧化锗再深加工为金属锗；蒸馏经过滤之后，滤饼为含铅的物料，可送炼铅厂炼铅，原物料中的锗、镓等留在蒸馏残液之中，蒸馏残液用铁屑置换，把三价铁变为二价铁，把银、铜、镉等从溶液中置换出来，沉淀下来成为银渣，送到炼银厂提炼金属银，溶液用 TBP－P₂O₄ 两段萃取和反萃取，其反萃液经除杂和调整 pH 值后，用铝板置换，其中的铟置换出成为海绵铟，海绵铟经压饼、熔炼成为精铟饼，粗铟经电解为精铟。

从溶液提取铟以后的萃余液（蒸馏原矿中的镓，大部分转入此萃余液中），可进一步提取金属。此时萃余液是油相，一般含 Ga 为 1～10g/L，将此萃余液用水进行洗涤，洗出溶于水的杂质，用 2N 浓度的 HCl 作反萃剂，把镓从油相中反萃到水相中。油相物经过 15%～20% 的氢氧化钠溶液解毒，使有机相再生，可循环使用，然后将含 Ga 的水相用

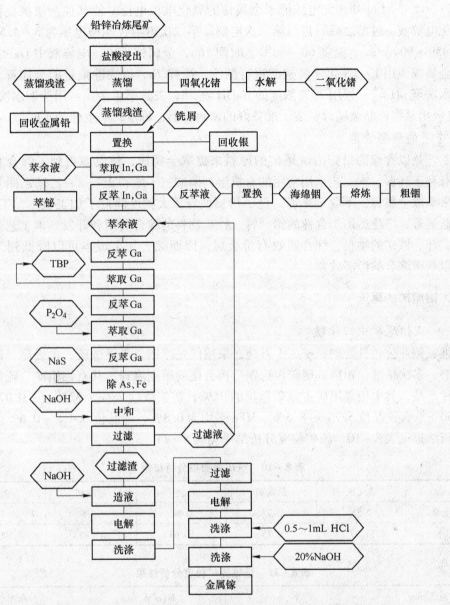

图 8 - 11 萃取 - 电解法从冶炼铅锌尾矿渣中提取金属镓工艺流程

30% TBP + 70% 航空煤油作萃取剂来萃取镓，然后用水作反萃取剂反萃 Ga，使 Ga 又回到水相用 TBP 萃取镓后，进一步去除杂质并富余 Ga，使 Ga 的含量可达到 20% ~ 30%，对含 Ga 的水相调整水相的酸值，达到 7.5 ~ 8N，用 30% P₂O₄ 煤油作萃取剂进行萃取，用 5% ~ 8% 萃酸溶液后萃，反萃液中的 Ga 达到 50% g/L。

将含 Ga 溶液用 50 ~ 70g/L 的硫化钠溶液或亚硫酸钠洗涤除砷和铁，过滤后用碱中和，调整 pH 达到 5 左右，搅拌 4h，使溶液中的镓完全沉淀，过滤后滤液回萃取原液，再对含镓的沉淀物进一步碱化造液，使镓溶入碱液之中，控制固液比为 1:9 ~ 1:12，NaOH 加入量为 140 ~ 160g/L，同时加入 1.5 ~ 2.5g/L 硫化钠，搅拌 3h，保持温度 95℃以上，静置一天取上清液进行第一次电解，控制槽电压为 2.5 ~ 4.5V、阴极电流密度为 200 ~ 400A/m²、温度 40~50℃、时间 4h，此电压低于金属镓的氧化电极电位，使其他杂质沉淀析出，进一步净化电解液。过滤之后，进行第二次电解。第二次电解控制槽电压为 3~4.5V、电流密度为 450~900A/m²、温度 60~80℃、时间 16h，金属镓析出，电解液中 Ga < 20mg/L，所得到金属镓，用 1~3N 化学纯盐酸进行酸洗，搅拌 7h，以去除痕量的金属锌，酸洗后用蒸馏水洗至 pH = 7，再用 20% 浓度的 NaOH 洗 2h，去除痕量杂质，用蒸馏水洗至 pH = 7，用虹吸出最终产品金属镓，装于准备好的密封容器，称重，贴上标签入库。

5. 应用的经济价值

本工艺是以含镓的铅锌冶炼尾矿的原料来提取金属镓，使资源得到了综合利用和开发，又有利于环保。本工艺采用常用的有机溶剂磷酸三丁酯和 2-[2-乙基乙酯]磷酸为萃取剂来萃取金属镓，萃取剂来源广泛、价格便宜，大幅度降低了加工成本，工艺简单，综合效益显著，广泛适用于含镓的铅、锌、铁矿物料的综合利用和开发。本工艺是针对含镓的铅、锌、铁矿的物料，综合回收有价金属，因而综合加工成本可以降低到工业化生产，可以获得综合的经济效益。

六、钼尾矿的再选

(一) 从钼尾矿中回收铁

金堆城钼业公司日处理原矿 2.1 万吨，采用优先浮钼、再浮选硫、再丢尾、钼粗精矿集中再磨、多次精选，钼精选尾矿再选铜后再丢尾的原则流程，共有钼精矿、硫精矿、铜精矿三种产品，其中钼硫尾矿占原矿总量的 95%，矿浆浓度 28%~32%，-0.074% 含量 50%~60%。含铁品位 5.7%~8.3%，MFe 平均为 0.8%，硫品位 0.4%~0.6%。铁矿物物相分析结果见表 8-10，源矿粒度分析结果见表 8-11。

表 8-10 铁矿物物相分析结果   (%)

相 态	硫化铁	磁铁矿	赤铁矿	硅酸铁	全 铁
质量分数	2.51	0.77	0.84	3.78	7.9
分布率	31.77	9.75	10.63	47.85	100.00

表 8-11 选铁源矿粒度分析结果

粒级/mm	产率/%	MFe/%	铁分布率/%
>0.28	17.40	0.453	10.97
0.154~0.28	16.50	0.560	12.72
0.098~0.154	8.05	1.013	12.22
0.076~0.098	5.60	1.693	13.05
<0.076	52.45	0.707	51.04
合 计	100.00	4.426	100.00

为综合回收磁铁矿，金堆城钼业公司与鞍钢矿山研究所合作，采用磁选-再磨-细筛选矿工艺，成功地回收了钼硫尾矿中的磁铁矿，生产工艺流程如图 8-12 所示。

采取的技术设施为：(1) 利用生产厂房场地空隙，将一段磁选机配置在选硫浮选机和尾矿溜槽之间，利用高差使钼硫尾矿自流给入磁选机选别，磁选尾矿再自流到尾矿溜槽，而将产率不到2%的磁选粗精矿用砂泵扬送到另一厂房再磨再选，可节省磁选原矿尾矿流量约3000m³/h的扬送费用。（2）借用闲置的φ2.1m×4.5m球磨机及厂房作为磁铁矿的再磨再选厂房，可节省投资70万元，缩短期6个月，工程总投资仅花230万元。（3）为了减少中间产品砂泵扬送，将细筛改为选别的最后一道工序，安装在较高的位置，实现筛上、筛下产品自流，确保最终精矿品位。

（二）从钼尾矿中回收钨及其他非金属矿

河南栾川某钼矿属斑状花岗岩型，浮选钼后的尾矿中还含有白钨矿和其他非金属矿，用磁–重流程再选，获得品位71.25%、回收率98.47%的钨精矿；再选钨后的尾矿中主要含钾长石和石英，它们分别占尾矿量的40%和33%，矿物质地很纯，经脱泥后，在酸性介质中采用优先浮选工艺（图8–13）处理浮选尾矿，选出产率为45%的长石精矿和产率为33%的石英精矿，再分别采用磁选除铁后作玻璃和陶瓷原料。

美国克莱马克斯钼矿选钼后的尾矿含WO₃0.03%，用螺旋选矿机预富集，精矿再浮选脱硫，摇床精选，获得含WO₃40%～50%及72%的两种钨精矿，使之不仅是世界六大钼矿之一，而且也成为美国第二大钨矿。

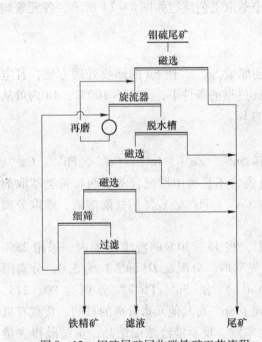

图8–12　钼硫尾矿回收磁铁矿工艺流程

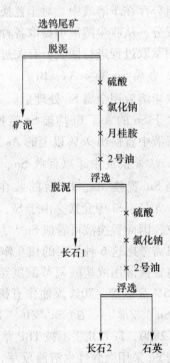

图8–13　长石、石英分选流程

七、锡尾矿的再选

（一）全萃取法从锡尾矿氯化挥发收尘溶液中提取各种有价金属

该工艺以锡置换收尘溶液中的As、Bi，锡尾矿经盐酸分解后先用氯仿萃取As，后以50%TBP–煤油萃取Bi；脱As、Bi后的收尘溶液用25%TBP–煤油萃取Sn，萃取Sn后的萃余液用 10% N235 – 煤油萃取 Zn，进而用 4.6mol/LMIBK – 0.08mol/LN263 – 煤油从萃取 Zn 后的余液中协同萃取 In，从而达到了各种有价金属综合回收的目的。

锡矿在选矿过程中产生大量的尾矿，由于其含锡量较低（约 5%），成分复杂，因而可采用氯化挥发的方法将尾矿中有价金属以金属氯化物的形式气化挥发，并湿式吸收。吸收液（又称收尘溶液）中含有 Sn^{4+}、Sn^{2+}、Zn^{2+}、Cu^{2+}、Pb^{2+}、In^{3+}、As^{3+}、Bi^{3+}、Fe^{2+} 多种元素，对如此复杂的溶液，尚无较好的方法综合回收各种金属。本节在以前研究的基础上，提出了全萃取法综合回收收尘溶液中各种有价金属的工艺流程及各过程的工艺条件。

锡尾矿氯化挥发收尘溶液中含有多种组分，其组成为（g/L）：Sn(总)46 ~ 97，其中 Sn^{4+} 10 ~ 40；Zn 2 ~ 25；Pb 1.1 ~ 2.7；Cu 0.02 ~ 0.3；In 0.1 ~ 0.25；Bi 0.04 ~ 0.65；Al 0.2 ~ 0.4；Ca 0.5 ~ 0.8；Mg 0.1 ~ 1.07；As 0.5 ~ 3.3；Si 0.1 ~ 0.5；Cl^- 120 ~ 140；SO_4^{2-} 0.2 ~ 0.9。溶液中 Sn 以两种价态存在，即 Sn^{4+} 和 Sn^{2+}。为便于 Sn 的回收，应将 Sn^{4+} 还原成 Sn^{2+}，或将 Sn^{2+} 氧化成 Sn^{4+}。较可取的方法是用金属 Sn 将 Sn^{4+} 还原成 Sn^{2+}，同时 Sn 可将电负性比其大的元素从溶液中置换出来，而达到预分离的目的。在收尘溶液中电负性比 Sn 大的元素为 As、Bi，因而经 Sn 置换后所形成的置换渣中主要为 As 与 Bi，其余组分存在于溶液中。对于置换渣及置换液，可采用溶剂萃取法进行处理，以回收各种有价成分。从收尘溶液中提取各种有价组分的全萃取工艺流程如图 8 – 14 所示。各元素均可采用萃取过程进行回收，有关过程分述如下。

1. 金属 Sn 置换 As、Bi

收尘溶液用金属 Sn 处理后，不仅 Sn^{4+} 被还原成 Sn^{2+}，使 Sn 的回收处理方便，且电负性大于 Sn 的 As、Bi 均被 Sn 置换出来。在 Sn 过量的条件下，于 95 ~ 100℃，4h 内可从收尘溶液中置换出 98% 以上的 As 和 95% 以上的 Bi。

2. 从置换液中萃取回收 Sn、Zn、In、Cu

经 Sn 置换 As、Bi 后的收尘溶液中含有 Sn^{2+}、Zn^{2+}、In^{3+}、Cu^{2+}、Pb^{2+}、Ca^{2+}、Mg^{2+}、Al^{3+}、Si 等元素。由于 Si、Al、Ca、Mg 通常不易被中性配合萃取剂和胺类萃取剂所萃取，因而置换液可看成 Sn^{2+}、Zn^{2+}、In^{3+}、Cu^{2+}、Pb^{2+}、Fe^{2+} 的盐酸溶液，萃取分离时，只需考虑这 6 种元素的相互作用即可。

将置换液用浓盐酸调节酸度至 3mol/L 左右，在 15 ~ 30℃ 的温度范围内，采用 25% TBP – 5% 高碳醇 – 70% 煤油作有机相，Sn^{2+} 优先萃取，分配比 $D(Sn^{2+})$ 为 5.0，分离因素 $\beta(Sn^{2+}/Zn^{2+})$、$\beta(Sn^{2+}/In^{3+})$、$\beta(Sn^{2+}/Cu^{2+})$、$\beta(Sn^{2+}/Pb^{2+})$ 分别为 90、218、2090、2880，Fe^{2+} 几乎不被 TBP 萃取，从而达到了 Sn^{2+} 与其他元素分离的目的。负载有机相中的 Sn 采用微酸性水溶液反萃，反萃温度为室温，反萃液经浓缩结晶、重结晶得含量大于 98% 的 $Sn_2Cl \cdot 2H_2O$ 晶体。

萃取脱锡后的萃余液可采用 10% N235 萃取锌，操作条件为初始水相酸度为 2mol/L、温度为室温。此条件下，锌的分配比为 $D(Zn^{2+})$ 为 2.5，Zn^{2+} 与 In^{3+}、Cu^{2+} 的分离因素均大于 25。负载有机相中的 Zn^{2+} 采用含 HNO_3 的微酸性水溶液反萃，反萃液经蒸发浓缩可得含量大于 98% 的 $ZnCl_2$。

脱除 Sn、Zn 的置换液中含有 In^{3+}、Cu^{2+}、Fe^{3+}、Pb^{2+} 等元素。有关 In^{3+} 的回收，过

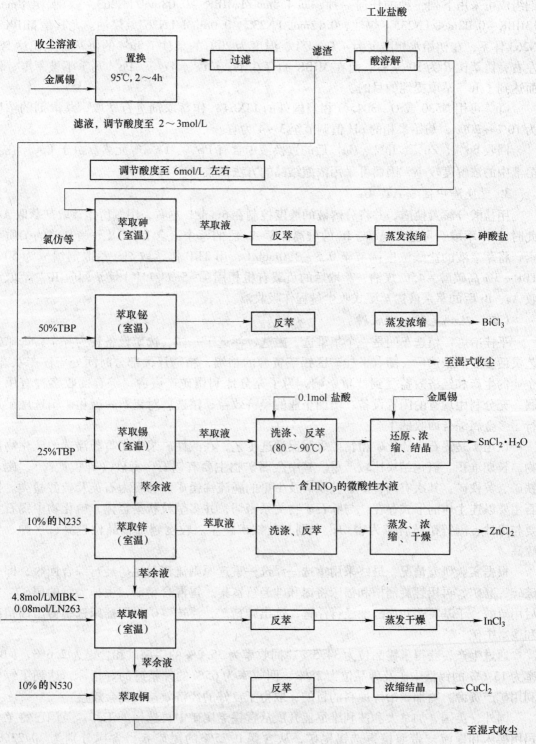

图 8-14　全萃取法综合回收有价金属工艺流程

去工业生产上通常采用 P_{204} 作萃取剂进行萃取，本研究发现 MIBK、N235、N263 三种萃取剂任意组合对 In^{3+} 均有协同作用，因而 In^{3+} 的萃取回收可采用协同萃取的方式进行。萃取剂组成可采用下列三种的任何一种，即 4.8mol/LMIBK – 0.08mol/LN263 – 煤油、4.8mol/LMIBK – 0.08mol/LN235 – 煤油、0.12mol/LN235 – 0.08mol/LN263 – 煤油。尤其是 MIBK – N263 体系，在初始水相酸度为 4.9mol/L、温度为 20℃ 的条件下 In^{3+} 的协萃分配比达 580 左右，协萃比 R 为 30 左右。而在 MIBK 的存在下，Cu^{2+}、Fe^{2+}、Pb^{2+} 几乎不被萃取，因而达到了 In^{3+} 萃取提纯的目的。

Cu^{2+} 可用 N530 或 O – 3045（相当国外的 LIX64）作萃取剂进行萃取，萃取剂的浓度为 10% ~ 20%，初始水相的 pH 值调节至 3 ~ 4 为宜。

回收 Sn^{2+}、Zn^{2+}、In^{2+}、Cu^{2+} 后的置换液中含有 Pb^{2+}、Fe^{2+} 等元素。由于 $PbCl_2$ 在水溶液中的浓解度较小，因而可采用浓缩结晶的方法回收 Pb^{2+}。

3. 置换渣中回收 As、Bi

用盐酸分解置换渣，并将分解液的酸度控制在 6mol/L 左右，用氯仿作萃取剂萃取 As，此时 Bi 不萃取，可达到 As 与 Bi 的分离。萃 As 后的萃余液含有 Bi 及一些其他的杂质元素，将萃余液的盐酸浓度调节至 0.5 ~ 1.0mol/L，用 TBP 作萃取剂，萃取剂组成为 50% TBP – 5% 高碳醇 – 45% 煤油，萃取后的负载有机相用 4 ~ 5mol/LHCl 反萃回收 Bi。萃取回收 As、Bi 后的萃余液送至湿式收尘过程作吸收液。

（二）从锡尾矿中回收砷

平桂冶炼厂精选车间是一个集重选、磁选、浮选于一体，选矿设备较为齐全，选矿工艺灵活多变的精选厂。随着平桂矿区锡矿资源的枯竭，精选厂大部分时间处于停产状态，企业的生产和经济效益受到严重影响。为了充分地利用矿产资源，综合回收多种有用金属，充分利用现有的闲置设备，增加企业的经济效益，精选厂对锡石 – 硫化矿精选尾矿进行了多金属综合回收的生产。

该尾矿是锡石 – 硫化矿粗精矿采用反浮选工艺，在酸性矿浆中用黄药浮选的硫化物产物，长期堆积、氧化结块比较严重。其中金属矿物主要有锡石、毒砂（砷黄铁矿）、磁黄铁矿、黄铁矿，其次有闪锌矿、黄铜矿及少量的脆硫锑铅矿，脉石为石英及硫酸盐类。锡石主要以连生体的形式存在，与脉石矿物关系密切，并多呈粒状集合体，硫化物中锡石主要与毒砂、闪锌矿结合较为密切，个别与黄铁矿连生。粒度越细锡品位越高，含砷、含硫高。

根据实验研究情况，最终采用重选—浮选—重选原则流程对尾矿经行综合回收，即先破碎、磨矿，再用螺旋溜槽和摇床将锡和砷经行富集，得混合精矿，丢掉大量的尾矿，然后用硫酸、丁基黄药和松醇油经行浮选，选出砷精矿，浮选尾矿再用摇床选别得出锡精矿和锡富中矿。

通过生产，获得了锡品位为 34.5%、回收率为 35.2% 的锡精矿和含锡为 2.6%、回收率为 15.6% 的锡富中矿及砷品位为 28%、回收率为 65% 的砷精矿的好指标，达到了综合利用矿产资源，增加锡冶炼原料的目的，取得了良好的经济效益和社会效益。

国外、英国、加拿大和波利维尼亚开展从含锡老尾矿中再选锡的工作。英国巴特莱公司用摇床和横流皮带溜槽再选锡尾矿，从含锡 0.75% 的尾矿获得含锡分别为 30.22%、5.53% 和 4.49% 的精矿、中矿和尾矿。英国罗斯克罗干选厂选别含锡 0.3% ~ 0.4% 的老尾矿获得含锡 30% 的锡精矿。加拿大苏里望选厂从浮选锡的尾矿，用重 – 磁联合流程选出含锡 60%、回收率 38% ~ 43% 的锡精矿。玻利维亚一个选厂再选含锡 0.3% 的老尾矿和新尾矿，产出含锡20%、回收率50%~55%的锡精矿。

八、钨尾矿的再选

钨经过与许多金属矿和非金属矿共生，因此选钨尾矿再选，可以回收某些金属或非金属矿。我国作为主要的产钨国，已有8个钨选厂从选钨尾矿中回收钼。如漂塘钨重选尾矿含0.0992% MoO_3，磨矿后浮选获得含47.83% MoO_3 的钼精矿，回收率83%，回收钼的产值占选厂总产值的18%；再选铋的回收率达34.46%。湘东钨矿选钨尾矿含 Cu 0.18%，再磨后浮选铜获得含 Cu 14%~15% 的精矿。荡平钨矿白钨矿选矿尾矿含 CaF_2 17.5%，经浮选产出含 CaF_2 95.67%、回收率64.93%的萤石精矿。九龙脑黑钨矿重选尾矿含BeO 0.05%，占原矿含铍量的92.96%，采用碱法粗选、酸法精选，浮选产品含BeO 8.23%、回收率63.34%的绿柱石精矿。

我国石英脉黑钨矿中伴生银品位低，一般为 1~2g/t，高者也只有10g/t多，虽品位很低，但大部分银随硫化矿物进入混合硫化矿精矿中，分离时有近50%的银丢于硫化矿浮选尾矿中。铁山钨矿对这部分硫化矿进行浮选回收银试验，可获得含银品位 808g/t、回收率为76.05%的含铋银精矿，采用三氯化铁盐酸溶液浸出，最终获得海绵铋和富银渣。

棉土窝钨矿是以钨为主的含钨铜铋钼的多金属矿床，在棉土窝钨矿每年选钨后所产生的磁选尾矿（选厂摇床得到的钨毛砂，经枧浮脱硫、磁选选钨后的尾矿）中，含 Bi 20%、WO_3 10%~20%／Mo 1.45%、SiO_2 30%~40%，铋矿物以自然铋、氧化铋、辉铋矿及少量的硫铋铜矿、杂硫铋铜矿存在，其中氧化铋占70%；而钨矿物主要是黑钨矿和白钨矿；其他还有黄铜矿、黄铁矿、辉钼矿、褐铁矿以及石英、黄玉等。镜下鉴定表明，钨铋矿物互为连生较多，钨矿物还与黄铜矿、褐铁矿及脉石连生，也见有辉铋矿被包裹在黑钨矿粒中，极难实现单体解离。

选厂采用重选—浮选—水冶联合流程（图8-15）处理磁选尾矿，综合回收钨、铋、钼。考虑到磁选尾矿中含硅高达30%~40%，远远超过了铋精矿的含硅标准（小于8%），故在选铋作业前先用摇床重选脱硅，重选精矿经过磨矿分级后，进入浮选作业，先浮易浮的钼和硫化铋，后浮难浮的氧化铋。为进一步回收浮选尾矿中的微粒铋矿物及铋的连生物，在常温下对得到的浮选尾矿（钨粗精矿）进行浸出，再通过置换而得到合格的产品和剩下的钨粗精矿产品。

九、贵金属矿的再选

由于金的特殊作用，从选金尾矿中再选金受到较多重视。实践证明，由于过去的采金及选冶技术落后，致使相当一部分金、银等有价元素丢失在尾矿中了。据有关资料报道，我国每生产1t黄金，大约要消耗2t的金储量，回收率只有50%左右。国外的实践表明，金尾矿中50%左右的金都是可以再回收的。

（一）用炭浆法从金尾矿中回收金银

银洞坡金矿采用全泥氰化炭浆提金工艺回收老尾矿中的金、银。生产工艺流程为：尾矿的开采利用一艘250t/d生产能力的简易链斗式采砂船，尾矿在船上调浆后由砂泵输送到250t/d炭浆厂，给入由 φ1500mm×3000mm 球磨机和螺旋分级机组成的一段闭路磨矿。溢流给入 φ250mm 旋流器，该旋流器与 2 号（φ1500mm×3000mm）球磨机形成二段闭路

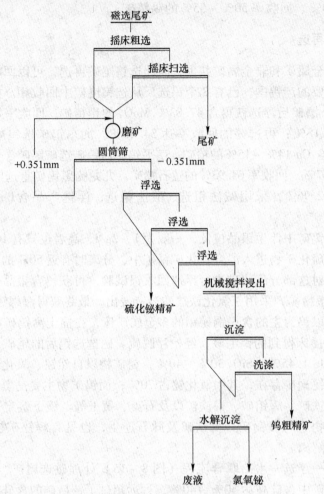

图 8 - 15　铋钨综合回收流程

磨矿，其分级溢流给入 φ18m 浓缩池，经浓缩后浸出吸附，在浸出吸附过程中，为了扩大处理能力，更进一步提高指标，用负氧机代替真空泵供氧，采用边浸边吸工艺，产出的载金炭，送解吸电解后，产成品金。其选冶工艺原则流程图如图 8 - 16 所示。

经过工业生产实践，主要指标达到了比较满意的结果。生产能力为 250t/d 以上，尾矿浓度为 20% 左右，细度为 - 0.074mm 占 55%，双螺旋分级机溢流为 - 0.074mm 占 75%，旋流器分级溢流 - 0.074mm 占 93%，浸出浓度为 38% ~ 40%，浸出时间为 32h 以上，氧化钙用量 3000g/t，氰化钠用量 1000g/t，五段吸附平均浓度为 10g/L。各主要指标如下：浸原品位：金 2.83g/t、银 39g/t，金浸出率 86.5%，银浸出率为 48%，金选冶总回收率为 80.4%，银选冶总回收率为 38.2%

据老尾矿库尾矿资源的初步勘查，含金品位大于 2.5g/t 的尾矿约 38 万吨，可供炭浆厂生产 4 ~ 5 年，按工业生产实践推，则可从尾矿中回收金 760kg、银 5t，创产值 7000 多万元。同时指出，由于处理尾矿的直接成本较低，因而处理大于 1g/t 的尾砂也稍有盈利，它不仅增加了黄金产量，也可降低企业的生产费用，因此处理 1g/t 以上的尾矿也是有利的。

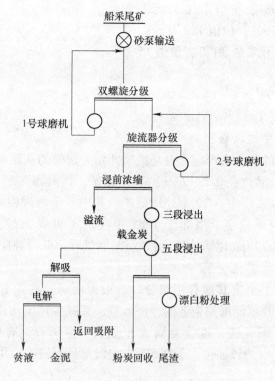

图 8 - 16 尾矿炭浆法提金选冶流程

（二）工程实例

山西大同黄金矿业有限责任公司利用全泥氰化炭浆提金工艺从黄金尾矿回收主要产品金银。该方法基于采用压滤机将含氰尾矿浆压滤进行固液分离，滤饼送至尾矿库堆放，滤液用锌粉置换回收金、银；置换后尾液采用酸化中和法处理，回收重金属离子，含氰废水返回流程利用。生产实践表明，该工艺不但综合回收尾液中的金、银、铜等有价金属，实现了含氰废水闭路循环，而且节约了处理成本，解决了尾渣的堆放难题和环境污染，具有极大的经济效益和社会效益。

1. 工艺操作流程

将含氰尾矿浆用柱塞泵扬至尾矿库坝西北侧的处理车间，进入 9m 高效浓密机浓缩，浓度控制在 40% ~45%，底流用泵打入压滤机压滤，滤液用泵送至澄清槽，最后进入贵液池。压滤机滤饼经皮带运输机送至尾矿库堆放。贵液池经净化、脱氧后进行锌粉置换，回收金、银。置换后贫液进入酸化除杂工艺，回收 CN^- 与重金属离子，重金属离子沉淀后回收销售。酸化澄清液经中和槽，用碱中和至 pH 为 10.5，保证 CN^- 返回利用，由此实现了全泥氰化 - 炭浆法提金工艺尾矿干式堆放与含氰废水零排放工艺。

2. 应用效果

（1）滤饼含水 20% ~25%；

（2）年回收银 431.027kg，价值 51.72 万元；

（3）年回收金 7.282kg，价值 62 万元；

（4）年回收铜 9900kg，价值 4.95 万元；

（5）年节约液氰 3981，价值 87.0 万元；

（6）年节约液氯 15001，价值 180 万元；

（7）年减少地下水开采量 30 万，价值 15 万元；

（8）硫酸用量 4kg/t；

（9）锌粉用量 30g/m³；

（10）石灰用量 4kg/t。

（三）国外从尾矿中回收金

南非是世界上最大的黄金生产国，也是最早开始大规模的从尾矿中回收金的国家。在南非估计有 34 亿吨含金品位在 0.2～2g/t 的金矿尾矿，同时每年还产出约 8000 万吨的尾矿，目前南非的 19 个浮选厂中有 12 个处理尾矿，其中 6 个处理回收老尾矿、6 个处理生产过程中的尾矿，从中回收金。南非于 1985 年建成了世界上最大的尾矿再处理工程（Anglo – American 公司的 Ergo 尾矿处理厂），每月能处理 200 万吨尾矿。

（四）从尾矿中回收其他金属

在金矿石中往往伴生少量其他有用组分，金银提取后这些组分在一定程度上得到富集。将这些有用组分回收也能增加企业的经济效益，并减少环境污染。我国许多矿山的矿石中，伴生有铅、锌、铜、铁、硫等金属或非金属。据调查，有些尾矿的铅品位大于 1.0%、铜品位 0.2%，有的锌品位大于 0.5%，它们都具有回收利用的价值。

1. 从尾矿中回收铁

陕南的安康金矿通过实践采用磁选 – 重选联合流程对尾矿进行再选，先用两端干式磁选工艺从尾矿中分选出磁铁、赤铁矿（合称铁精矿）及钛铁矿，再用摇床分选尾矿中的金。利用该工艺，安康金矿每年可获得铁精矿 1700t，重选金 2.187kg，创产值 44.12 万元。而毗邻的汉阴金矿则采用湿式磁选机从尾矿中分选出铁精矿，然后尾矿再用焙烧 – 磁选工艺分选出钛铁矿。初步估算，每年可产铁精矿 1700t、钛精矿 360t、选铁时未选净的磁铁矿 216t，并可回收黄金 1.218t，共创产值 170 万元。

2. 从尾矿中回收铜

黑龙江省老柞山金矿采用改进浮选法回收金属铜。该矿于 20 世纪 90 年代后期自主研究，添加某种物质的氧化物进行试验，该物质对金是助浸剂，对铜是抑制剂，但其添加量是普通数量的十倍之后，便发生了质的变化，氰化钠消耗量降到正常水平，而金的浸出率提高了 93% 以上，而氰化尾渣中的铜受到有效抑制。所以该工艺在采用浮选法之前，首先用某种普通的化学试剂进行搅拌，去掉其氧化膜，使铜表面新鲜而得到回收。铜回收率不低于 80%，每年可为企业增加数百万元的经济效益。

甘肃省天水金矿金精矿氰化尾渣中含铅 5.96%、铜 1.93%、金 2.00g/t 和银 100.90g/t。采用先铅后铜的优选浮选工艺可综合回收尾渣中的铅、铜、金和银（金和银富集在铅精矿和铜精矿中），铅、铜、金和银的回收率分别为 77.59%、71.04%、31.25% 和 81.04%，铅精矿含铅 42.15%，铜精矿含铜 17.82%。

3. 实验与工程实例

金宝山铂钯浮选尾矿采用磁选 – 磨矿 – 浮选工艺能有效地回收铂钯。在铂钯浮选中用丁黄药和丁胺黑药作联合捕收剂，用 L101 作微细脉石抑制剂，效果理想。在给矿品位为

Pt 0.216g/t 和 Pd 0.603g/t 时，获得精矿品位为 Pt 16.540g/t 和 Pd 19.530g/t，回收率为 Pt 41.64% 和 Pd 23.37%。

金宝山铂钯浮选尾矿作为本次试验的给矿，主要元素分析结果见表 8 - 12。工艺矿物学研究表明，铂钯矿物的嵌布粒度极细，基本上都在 0.5 ~ 16μm 之间，且以连生体形式存在，其中与磁铁矿的连生体最多，与脉石连生体和硫化矿连生体次之，脉石矿物主要以蛇纹石为主。矿物粒度约95% 为 -0.074mm，Pt 和 Pd 主要分布在 0.074 ~ 0.02mm 粒级，必须磨矿使其单体解离。

表 8 - 12　尾矿主要元素分析结果　　　　　　　　　　　　（g/t）

元　素	Pt	Pd	MgO	CaO	Al_2O_3	Fe	SiO_2	Cu	Ni
含　量	0.216	0.603	28.7	4.06	3.62	8.53	39.65	0.019	0.093

根据矿石性质，从尾矿中回收铂钯可先用磁选丢弃大部分非磁性物，使铂钯在磁性物中得到富集，然后将磁性物磨至合适的细度，再进行浮选得到铂钯精矿，即采用磁选 - 磨矿 - 浮选的工艺流程。由于磨矿时会产生微细矿泥，对浮选产生不利影响，故寻找选择性好、抑制力强的脉石矿物抑制剂显得很重要。

（1）磁选试验。磁场强度试验结果见表 8 - 13。由表 8 - 13 可知，当磁场强度达到 0.35T 时，铂、钯的回收率分别为 61.29% 和 52.04%，再提高磁场强度，铂、钯回收率提高不多。因此，磁场强度选 0.35T。

表 8 - 13　磁场强度试验结果

磁场强度/T	产品名称	产率/%	品位/$g \cdot t^{-1}$		回收率/%	
			Pt	Pd	Pt	Pd
0.15	磁性物	11.48	0.640	1.700	24.93	24.76
0.25	磁性物	19.04	0.580	1.320	37.23	33.03
0.35	磁性物	37.75	0.470	1.070	61.29	52.04
0.5	磁性物	40.22	0.470	0.980	62.09	52.87

（2）磨矿试验。经过磁选的磁性产品作为磨矿试验的给矿，磨矿试验结果见表 8 - 14，由表 8 - 14 可知，随着磨矿细度的增大，粗精矿中铂钯的回收率也随着提高，但当磨矿细度为 -0.040mm 占有率达到 90% 后再继续增加时，铂、钯的回收率不再提高。因此，合理的磨矿细度为 90% -0.040mm。

表 8 - 14　磨矿试验结果

磨矿细度 （-0.040mm）/%	产品名称	产率/%	品位/$g \cdot t^{-1}$		回收率/%	
			Pt	Pd	Pt	Pd
80	粗精矿	24.33	1.040	1.910	52.65	43.35
85	粗精矿	28.72	1.080	1.990	63.24	52.65
90	粗精矿	33.47	1.110	2.110	76.74	65.37
95	粗精矿	35.85	0.470	1.960	75.27	64.98

（3）浮选试验。以磨矿产品为浮选给矿，用丁黄药和丁胺黑药作捕收剂，2 号油作起泡剂，进行浮选介质和抑制剂试验，试验结果分别见表 8 - 15 和表 8 - 16。

表 8 - 15　浮选介质试验结果

浮选介质	产品名称	产率/%	品位/g·t⁻¹		回收率/%	
			Pt	Pd	Pt	Pd
中性	粗精矿	32.56	1.140	2.150	76.23	64.91
酸性（亚硫酸 1000g/t）	粗精矿	29.17	1.190	2.380	75.11	65.02
碱性（碳酸钠 1000g/t）	粗精矿	19.88	1.910	3.560	77.59	65.48

从表 8 - 15 可知，在碱性介质中浮选时，铂、钯的回收率和品位都较高，粗精矿产率最小，所以确定浮选介质为碱性。

表 8 - 16　抑制剂试验结果

抑制剂名称及用量 /g·t⁻¹	产品名称	产率/%	品位/g·t⁻¹		回收率/%	
			Pt	Pd	Pt	Pd
纤维素，100	粗精矿	31.17	1.150	2.320	71.39	68.27
糊精，100	粗精矿	27.53	1.220	2.540	69.88	67.35
L101，100	粗精矿	22.98	1.730	3.300	75.95	69.15
单宁，100	粗精矿	20.17	1.740	3.210	68.83	60.54

由表 8 - 16 可知，广州有色金属研究院研制的脉石矿物抑制剂 L101 的选别指标最好，尤其对微细脉石矿物选择性好、抑制力强。因此，选 L101 作铂钯浮选的脉石抑制剂。

（4）全工艺流程试验结果。根据以上试验结果，确定从铂钯浮选尾矿中再回收铂钯的全工艺流程如图 8 - 17 所示。试验结果见表 8 - 17。

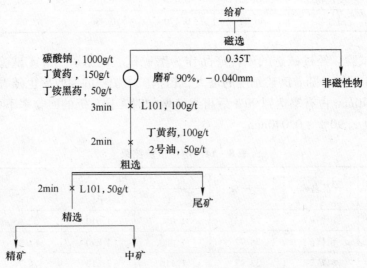

图 8 - 17　从铂钯浮选尾矿中再回收铂钯金属的全工艺流程

表 8 - 17 全工艺流程试验的结果

产品名称	产率/%	品位/g·t⁻¹		回收率/%	
		Pt	Pd	Pt	Pd
非磁性物	62.25	0.155	0.328	24.93	24.76
尾 矿	29.07	0.160	0.430	16.04	20.49
中 矿	7.95	0.330	1.740	9.04	22.68
精 矿	0.73	16.540	19.530	41.64	23.37
给 矿	100.00	0.290	0.610	100.00	100.00

从表 8 - 17 中可以看出,铂钯精矿铂、钯的品位分别为 16.540g/t 和 19.530g/t,回收率分别为 41.64% 和 23.37%。说明通过本研究可从铂钯浮选尾矿中再回收铂、钯分别为 41.64% 和 23.37%,铂钯精矿品位为 Pt 16.540g/t 和 Pd 19.530g/t。

十、废催化剂中综合回收有价金属

废加氢催化剂是一种对环境有害的污染物,国家环保总局已将废催化剂列为危险固体废物名录。但是,这种废加氢催化剂含有相当可观的有价金属钨(钼)、镍(钴)、铝,其中含有 25% 左右的 WO_3(MoO_3)和 2% 左右的 NiO(CoO),剩下的主要为 Al_2O_3,是一种提取上述有价金属的宝贵二次资源。开展废催化剂的综合回收,不仅有利于减少环境污染、实现资源的循环利用,而且有利于催化剂生产企业降低催化剂生产成本,提高技术服务水平和产品市场竞争力。

目前,国外对废加氢催化剂的回收方法应用比较广泛,技术比较成熟的是有机溶剂萃取法。该法的优点是回收率高,一般可以达到 99% 以上。回收产品质量好、纯度高,可以直接应用。缺点是所使用的有机溶剂需要回收综合使用,工艺流程相对复杂。国内对上述废加氢催化剂回收起步较晚,没有统一的回收机制,普遍存在规模小、回收率低、品种单一、环境污染等问题。为了合理利用二次资源,采用氧化焙烧 - 碳酸钠浸渍 - 钠化焙烧 - 常压热水浸出 - 离子交换提取钨 - 硫酸浸出铝、镍 - 铝、镍分离工艺流程回收废加氢催化剂中的有价金属,可以达到"钨、镍、铝分离并综合利用"目的,流程简单、结构合理、实验设备简单、可操作性强。实验研究主要过程最佳工艺条件如下:

(1)氧化焙烧过程焙烧温度 600℃,2h;

(2)钠化焙烧过程碳酸钠用量 1.5 倍,焙烧温度 600℃,焙烧时间 4h;

(3)水浸过程液固比 5:1,浸取温度 80℃,浸取时间 1h;

(4)酸浸过程硫酸用量为 1.3 倍,液固比 8:1,浸取温度 90℃,浸取时间 3h;

(5)钨的回收交换前液 WO_3 浓度为 20g/L,pH 值为 10 ~ 11;

(6)铝的回收 NaOH 用量为 1.5 倍,反应温度 70℃,反应时间 2h;

(7)镍的回收用 1:3 硫酸煮沸浸出,调溶液 pH 值为 4 ~ 5 除铁后回收得合格硫酸镍产品。

在上述最佳条件下进行实验,钨、铝、镍金属回收率在 90% 以上,回收产品纯度高,可市场销售。该方法对含类似钼、钨、镍、钴的废催化剂回收具有普遍适用性,便于实施和生产应用,有较好的市场应用前景与推广价值,是处理类似废催化剂的较佳工艺流程。

习　题

8-1　尾矿的主要用途有哪些?

8-2　如何进行铁尾矿的再选? 简述其处理工艺。

8-3　如何回收贵金属矿中的贵金属元素? 简述其处理工艺。

8-4　请设计一套铜尾矿再选工艺路径。

8-5　如何回收铁尾矿中的其他有用矿物?

8-6　如何进行铅锌尾矿的再选? 简述其处理工艺。

8-7　铅锌尾矿伴生的其他金属有哪些?

8-8　简述小品种冶炼后钼尾矿的再选工艺。

8-9　简述小品种冶炼后钨尾矿的再选工艺。

8-10　废催化剂中有价金属有哪些品种? 如何有效回收这些金属?

8-11　简单设计一套完整的尾矿综合利用工艺路径。

第九章　固体废物的处置工程

第一节　固体废物处置工程概述

固体废物经减量化和资源化处理后，剩下的在当前技术条件下无法继续利用的残渣，往往富集了大量有害物质，由于其自身降解能力很弱，可能长期停留在环境中，对环境造成潜在危害。固体废物的处置就是将这些可能对环境造成危害的固体污染物质放置在某些安全可靠的场所，以最大限度地与生物圈隔离，这实际上是对固体废物进行的后处理。例如，固体废物焚烧后的灰烬和固化块体的后处理就属于处置范畴，解决它们的最终归属问题，以保证废物中的有害物质现在和将来对人类均不会造成危害或影响甚微。因此处置固体废物要满足以下基本要求：（1）处置场所要安全可靠，有良好的屏障系统，对人类的生产生活及附近的生态环境不会造成影响和危害。（2）被处置的固体废物体积要小，有害组分含量尽可能少，以便于处置，减少处置成本。（3）处置场所要设置必需的环境监测设备、污染物控制设施，要便于管理和维护。（4）处理方法要尽量简便、经济，既要符合现有的经济水平和环保要求，也要考虑长远的环境效益。

要使所处置的固体废物（特别是危险废物）与生态环境相隔离，不让生态环境中的水分等物质进入处置场，避免处置场产生的渗滤液和气体中的污染物质迁移到生态环境中，在处置场设计中应采取多重屏障系统，如图9-1所示。

图9-1　废物处置的多重屏障系统

（1）废物屏障系统。根据所处置固体废物（生活垃圾及危险废物）的性质进行无害化、稳定化-固化等处理，以减少废物的毒性或减少渗滤液中有害物质的浓度。

（2）密封屏障系统。采取适当的工程措施将废物封闭，使废物渗滤液尽量少地突破密封屏障，向外溢出，主要是采用各种材料的人工衬里，其密封效果取决于衬里材料的品质、设计水平及施工质量。

（3）地质屏障系统。地质屏障系统又称为天然屏障系统，包括场地的地质基础、外围和区域地质条件。其防护作用大小取决于地质体对污染物质的阻滞性能和污染物质在地质体中的降解性能。良好的地质屏障应达到下述要求：1）土壤和岩层较厚、岩石密度高、均质性好、渗透性低，含有对污染物吸附能力强的矿物成分。2）与地下水和地表水的水力联系较少，可以减少地表水与地下水的入侵量以及渗滤液进入地下水的渗流量。3）能避免或降低污染物质的释出速度。

地质屏障系统决定了废物屏障系统和密封屏障系统的基本结构，如果地质屏障系统性能优良，对废物有足够的防护能力，则可简化废物屏障系统和密封屏障系统的技术措施，所以地质屏障系统制约了固体废物处置场的工程安全和投资强度。

按处置废物场所的不同，固体废物最终处置方法可分为海洋处置和陆地处置两大类。海洋处置是工业发达国家早期采用的途径，又分为海洋倾倒和远洋焚烧。陆地处置是基于土地对固体废物进行处置的一种方法，根据所处置废物的种类和处置的地层层位，陆地处置可分为土地耕作、工程库或贮流池贮存、土地填埋、浅地层埋藏以及深井灌注处置等几种。其中应用最多的是土地填埋技术。

第二节　固体废物的陆地处置

一、土地填埋处置

固体废物的土地填埋技术在大多数国家已成为固体废物最终处置的一种主要方法。它是从传统的堆放和填地处置发展起来的一项最终处置技术，已不单纯是堆、填、埋，而是一种按照工程理论和土工标准，对固体废物进行有控管理的综合性科学工程方法，是一个涉及多种学科领域的处置技术。从填埋操作处置方式上，它已从堆、填、覆盖向包容、屏蔽隔离的工程贮存方向上发展。对于土地填埋处置技术，首先要进行科学的选址，在设计规划的基础上对场地进行防护（如防渗）处理，然后按严格的操作程序进行填埋操作和封场，要制定全面的管理制度，定期对场地进行维护和监测。

土地填埋处置的种类很多。按填埋场地形特征可分为山间填埋、峡谷填埋、平地填埋、废矿坑填埋；按填埋场的状态可分为厌氧性填埋、好氧性填埋、准好氧性填埋和保管型填埋；按填埋场地水文气象条件可分为干式填埋、湿式填埋和干－湿混合填埋；按固体废物污染防治法规，可分为一般固体废物填埋和工业固体废物填埋。为了便于管理，一般根据所处置的废物种类以及有害物质释放所需控制水平分为以下四类：

（1）惰性废物填埋。惰性废物填埋是一种最简单的土地填埋处置方法。它实际上把建筑废石等惰性废物直接埋入地下。填埋方法分为浅埋和深埋两种。

（2）卫生土地填埋。卫生土地填埋是处置一般固体废物，而不会对公众健康及环境安全造成危害的一种方法，主要用来处置城市生活垃圾，要求填埋场防渗层的渗透系数小于 $10^{-7}\mathrm{cm/s}$。

（3）工业废物土地填埋。工业废物土地填埋适于处置工业无害废物，因此，场地的设计操作原则不如安全土地填埋严格，下部土壤的渗透系数仅要求为 $10^{-5}\mathrm{cm/s}$。

（4）安全土地填埋。安全土地填埋是一种改良的卫生土地填埋方法，主要用来处置危险废物。因此，对填埋场选择、工程设计、建造施工、营运管理和封场后的管理都有特殊的要求。如衬里的渗透系数要小于 $10^{-8}\mathrm{cm/s}$，渗滤液要加以收集和处理，地表径流要加以控制等。

土地填埋处置具有工艺简单，成本较低，适于处置多种类型的固体废物，因此，土地填埋处置已成为固体废物最终处置的主要方法。土地填埋处置的主要问题是渗滤液的收集控制问题。实践证明，以往的某些衬里系统是不适宜的，衬里一旦破坏很难维修。另一个问题是由于各项法律的颁布和污染控制标准的制定，对土地填埋要求更加严格，致使处置费用不断增加。因此，对土地填埋处置方法还需进一步改进和完善。

（一）卫生土地填埋

卫生土地填埋方法历史悠久，它主要是处置城市生活垃圾。以往的垃圾填埋称为自然衰减型填埋，它是通过自然方式依靠填埋场下层土地来净化渗滤液中的污染物，这难免会对地下水或周围环境造成污染。为此，卫生填埋现在已发展成为底部密封或底部和四周密封的半封闭型填埋，要求严格限制渗滤液渗入地下水，将垃圾填埋场对地下水的污染减小到最低程度，设置一到两层防渗衬里、安装渗滤液收集系统、雨水和地下水排水系统，这种填埋场目前是设计的主流。在我国，生活垃圾填埋污染控制标准也明确规定了必须设计防渗工程和渗滤液收集系统，从而有效地防止了环境污染。

卫生填埋分为厌氧、好氧和准好氧三种类型。厌氧填埋是国内外目前采用最广泛的一种形式，它具有填埋结构简单、操作方便、施工费用低，同时还可以回收甲烷气体等优点。好氧填埋类似于高温堆肥，但由于工程结构复杂，且配有供氧设备，增加了成本和施工难度，因此比较难以推广。准好氧填埋介于好氧和厌氧之间，也同样存在好氧填埋的类似问题，只不过成本较好氧填埋低，因此也不宜推广。

卫生土地填埋通常是每天把运到填埋场的废物在限定的区域内铺散成 $40 \sim 75 cm$ 的薄层，然后压实以减少废物的体积，并在每天操作之后用一层 $15 \sim 30 cm$ 的土壤覆盖、压实。废物层和土壤覆盖层共同构成一个单元，即填筑单元。具有同样高度的一系列相互衔接的填筑单元构成一个升层。完成的卫生土地填埋场是由一个或多个升层组成的。当土地填埋场到达最终的设计高度之后，再在该填埋层之上覆盖一层 $90 \sim 120 cm$ 的土壤，压实后就得到一个完整的卫生土地填埋场。卫生土地填埋场剖面图如图 9-2 所示。

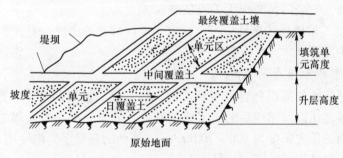

图 9-2　卫生土地填埋场剖面图

1. 场地选择

卫生土地填埋场址选择原则是以合理的技术、经济方案，尽量减少投资，达到最理想的经济效益，实现保护环境的目的。在选择填埋场时，首先对适宜处置的填埋场场址进行现场踏勘调查，并根据收集到的当地地理、地质、水文地质和气象资料等，初步筛选出若干个可供垃圾填埋的地区。再根据选址基本准则，对这些可供选择的场地进行比较和评价。最后选定理想的填埋场地。在评价填埋场的适宜性时，必须考虑以下主要因素：

（1）有效运输距离。运输距离是选择填埋场的重要因素，它直接影响处置费用。一般经济运输距离为 20km，即由垃圾中转站到垃圾填埋场的距离不宜超过 20km。但因为选址通常由环境和政治因素决定，因此长距离运输现在已成为常见。同时公路交通应能在各种气候条件下进行运输。

（2）有效的填埋容量。填埋场要有充足的填埋容量和使用面积，至少要满足 5 年以上的填埋量，否则会增加处置成本。尽管没有填埋场大小的法律规定，但也要有足够的使用面积，以利于满足垃圾综合处理长远发展规划，应有利于二期工程或其他后续工程的兴建使用以及适当大小的缓冲带。

（3）地形地质条件。地形条件制约着填埋场的填埋容量和建设工程量。原则上地形的自然坡度不应大于 5%，有足够量的覆土材料，以减少从外地运土的费用。填埋场应避开地质断裂带、坍塌地带、地下溶洞；应尽量选择有较厚的低渗透率土层；应尽量避开软土基和可能产生地基沉降的地区，以免造成环境污染。

（4）气候条件。气候条件会影响交通道路和填埋效果。一般应选择蒸发量大于降水量的环境，以减少渗滤液；避开高寒山区以及 100 年洪泛区平原地带；填埋场应位于当地夏季主导风向的下风向，在人畜居栖点 500m 以外，以免填埋作业时产生的粉尘、噪声、气味等对居民生活产生影响。

（5）水文地质条件。选择适宜的水文地质条件，可减少或避免填埋场对附近地下水的污染。一般要求地下水水位尽量低，距填埋场底层至少 1.5m，填埋场距可航行的湖泊、流域 300m 以外，距可航行河流 100m 以外，距其他河流 30m 以外；避开湿地地区以及地下水补给区（供水井上游）；距水源取水点（水井）在 400m 以外；且要建立完善的地表水和地下水监测系统，充分保护地下水和地表水。

（6）环境条件。填埋场操作过程中会产生噪声、气味及扬尘等，都会对环境造成一定的污染，同时会有鸟类居栖在填埋场。因此填埋场应尽量避开居住区，要适当远离城市；同时要距高速公路或国家干道公路 300m 以外，距飞机场 3000m 以外；还须在填埋场四周设防护网或防护墙、安全门，防止无关人员进入。

（7）法规要求。填埋场的选址应符合国家和地区的有关法规，避开水源保护区、自然保护区、文物保护区等。

2. 填埋场地面积和容量的确定

卫生土地填埋场地的面积和容量与城市的人口数量、垃圾的产率、废物填埋的高度、垃圾与覆盖材料量之比以及填埋后的压实密度有关。通常，覆土与垃圾之比在 1:3 ~ 1:6 之间，填埋后废物的压实密度为 500 ~ 700kg/m^3，场地的容量至少供使用 5 ~ 20 年。

每年填埋的废物体积可按下式计算：

$$V = 365 \times \frac{WP}{\rho} + C$$

式中，V 为年填埋的垃圾体积，m^3；W 为垃圾的产率，kg/（人·d）；P 为城市的人口数，人；ρ 为填埋后废物的压实密度，kg/m^3；C 为覆土体积，m^3。

若已知填埋总高度为 H，则所需总面积为：

$$A = \frac{V}{H}$$

例如：一个 5 万人口的城市，平均每人每天产生垃圾 1.2kg，如果采用卫生土地填埋法处理，覆土与垃圾之比为 1:5，填埋后废物压实密度为 650kg/m^3，填埋高度 7.5m，填埋场设计运营 20 年。试计算填埋场的面积和容积。

解：一年填埋的体积为：

$$V = 365 \times \frac{WP}{\rho} + C$$

$$= \frac{365 \times 1.2 \times 50000}{650} + \frac{365 \times 1.2 \times 50000}{650 \times 5}$$

$$= 33692 + 6738 = 40430 \ (m^3)$$

填埋的高度为 7.5m，则每年占面积为：

$$A = \frac{V}{H} = \frac{40430}{7.5} = 5390.7(m^2)$$

如果场地运营 20 年，则填埋场的面积为：

$$A_{20} = 5390.7 \times 20 = 107813(m^2)$$

运营 20 年场地的总容量为：

$$V_{20} = 40430 \times 20 = 808600(m^3)$$

人均垃圾产率可按 0.6～1.2kg/（人·d）计算。一些地方填埋之前已从垃圾中回收了某些物质，那么垃圾的压缩性会明显地改变，另外垃圾的压实密度随城市经济发展和居民生活水平、生活习惯等不同而变化，因此压实密度要根据情况而定。填埋场的实际占地面积确定之后，还要考虑场地周围土地的使用，要注意保留适当的缓冲区。填埋场地的容量也要根据当地的发展规划，留有充分的余地。

3. 渗滤液的产生与控制

垃圾卫生填埋场对环境的影响，主要是填埋场产生的渗滤液含有大量污染物所造成的。我国《生活垃圾填埋污染控制标准》（GB 16889—1997）规定：生活垃圾填埋场设计应包含防渗工程，垃圾渗滤液输导、收集和处理系统。因此，渗滤液的污染控制是填埋场设计、运行和封场的关键问题。

（1）渗滤液的产生与成分。填埋场渗滤液主要来源于降水、地表径流、废物中水分、有机物分解生成水、地下水渗入等几方面。降水是渗滤液产生的主要来源。地表径流是指来自场地表面上坡方向的径流水，对渗滤液的产生量有较大的影响，主要取决于填埋场地周围地势、植被情况及排水设施的完善程度等；地下水渗入主要取决于地下水与垃圾的接触时间和流动方向，一般在设计中采取防渗措施，可减少或避免；垃圾本身所含水分和有机物含量的多少也会影响渗滤液的数量和性质，而填埋场蒸发散失水分会使渗滤液减少，但它受土壤的种类、温度、风速、大气压等因素影响。

填埋场渗滤液产生量一般采用经验公式计算。比较简便的计算公式为：

$$Q = \frac{1}{1000}CIA$$

式中，Q 为日平均浸出液量，m^3/d；C 为流出系数，%；I 为日平均降雨量，mm/d；A 为填埋场集水面积，m^2。

流出系数与填埋场表面特性、植被、坡度等因素有关，一般取 0.2～0.8。渗滤液的性质与垃圾的种类、性质及填埋方式等因素有关，是一种高浓度有机物废液。一般来讲，在填埋初期，渗滤液中有机酸浓度较高，随时间的推移，挥发性有机酸的比例会增加，有机物质浓度总体降低。厌氧填埋浸出液的主要污染参数特征是：色度为 2000～4000，有强烈的腐臭味；pH 值由弱酸变弱碱（6～8）；BOD_5 呈逐渐增高趋势，一般填埋 6～30 个月后，

BOD$_5$ 达到峰值，随后又下降；COD 一般呈缓慢下降趋势；TOC 一般为 265～2800mg/L；溶解性盐的浓度在填埋初期可达 10000mg/L，同时具有相当高的钠、钙、铁、氯化物和硫酸盐，填埋 6～24 个月后达到峰值；SS 一般在 300mg/L 以下，氨氮浓度较高，以氨为主，一般为 0.4mg/L，有时高达 1mg/L，有机氮占总氮量的 10%；此外还含有锌、铅、磷等组分。由此可以看出，渗滤液不加以控制必然会对地下水造成严重污染。

（2）渗滤液的控制。防止渗滤液污染地下水的方法很多，除合理选址、降低填埋垃圾的含水率（质量分数小于 30%）外，还可以从设计施工方案以及填埋方法上采取措施。常用的方法有以下几种：

1）设置防渗衬里。防渗衬里是指在填埋垃圾与土体之间设置的不透水层。衬里分为人造和天然两大类。人造衬里有沥青、橡胶和塑料等，目前常用的是高密度聚乙烯（HDPE）。天然衬里主要采用黏土。用黏土衬里时，要求渗透系数小于 10^{-7}cm/s，厚度大于 1m。我国大部分填埋场采用黏土作为衬里，如上海浦东填埋场表层为黏土，厚度一般为 1～3m，经夯实固结稳定处理后，各项指标均达到设计要求。设置防渗衬里后，填埋场内积聚的渗滤液也要及时排出进行处理。衬里系统有各种结构。图 9-3 所示为常见的填埋场衬里结构示意图。

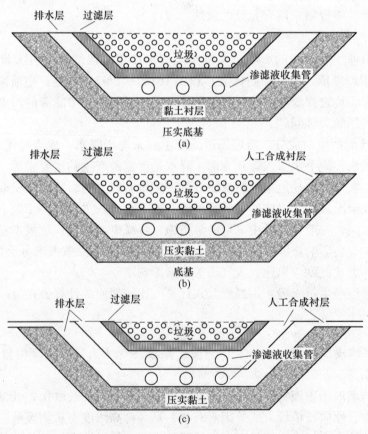

图 9-3　常见的填埋场衬里结构示意图

（a）单衬层（黏土衬层）；（b）复合衬层；（c）双人工合成衬层

2）设置导流渠或导流坝。在填埋场上坡方向开挖导流渠或设置导流坝，以防止地表径流进入填埋场，减少渗滤液产生量。

3）选用合适的覆盖材料。覆盖材料选得好可以减少降水进入填埋场。国内采用在表面覆 30cm 厚的自然土，其上再覆 15 ~ 20cm 厚的黏土，并分层压实的方法。国外有的地方采用先在垃圾上铺塑料布再覆盖黏土并压实的方法，从而更有效地起到了防渗作用。

4. 填埋场气体的产生与控制

（1）气体的产生。垃圾填埋后，有机物被微生物降解会产生气体，如同渗滤液的变化一样，主要随填埋的废物种类和时间而变化。在填埋初期，有机物进行好氧分解，产生的气体为二氧化碳、水和氨，时间持续数天。随后进入厌氧分解阶段，产生的气体为二氧化碳、甲烷、氨和水，也可能会产生少量的二氧化硫和硫化氢气体。在分解旺盛时期，主要是二氧化碳和甲烷的混合气体，约占产气量的 90% 以上，其中甲烷可占 30% ~ 70%、二氧化碳占 15% ~ 30%。

卫生土地填埋场气体的产生量与处置的垃圾种类有关，可以在现场实际测量或采用经验公式推算得出。气体的产生量与垃圾中的有机物种类有关，特别是与有机物中可分解的有机碳成比例。因此，通常采用下式推算气体产生量：

$$G = 1.866 \times \frac{C_g}{C}$$

式中，G 为气体产生量，L；C_g 为可分解的有机碳量，g；C 为有机物中的碳量，g。

垃圾填埋所产生的气体主要是二氧化碳和甲烷。由于二氧化碳的密度大于空气，因此二氧化碳在填埋场内向下运动聚集，导致渗滤液 pH 值降低，甲烷气体在填埋场内向上运动，并在填埋场覆盖层下部聚集，若不及时排气，将会使覆盖层下部气压增大，从而导致隔水层的破裂，使地表径流水进入填埋场，增大渗滤液的产生量，同时气体逸出会对周围环境造成危害，当甲烷浓度达到 5% ~ 15% 时，就可能发生爆炸。因此，必须对填埋场的气体加以收集控制、排出燃烧或作为能源加以利用。

（2）气体的控制方式。在卫生土地填埋场选址时，除了从场地的位置、土壤的渗透性能方面对产生的气体进行控制外，主要是在工程设计上采取适当的措施对气体控制。常用的方法有渗透性排气系统和密封性排气系统。

渗透性排气系统是控制填埋场气体水平方向运动的一种有效方法。典型的方法是单元式排气法，如图 9 - 4（a）所示。该法是在填埋场内利用比周围土壤容易透气的砾石等材料制成排气道加以控制。各排气道的间距与填筑单元的宽度有关，通常在 20 ~ 70m，砾石层厚度为 30 ~ 45cm，这样即使在发生沉降时，仍能保持其与下层的连续性，维持排气畅通。此外还有边界式排气法和井式排气法，如图 9 - 4（b）、（c）所示。

密封性排气系统可采用渗透性比土壤差的材料做成阻挡层，在不透气的顶部覆盖层中设置排气管，如图 9 - 5 所示。排气管与设置在浅层砾石排气通道或设置在填埋废物顶部的多孔集气支管相连接，还可用竖管燃烧甲烷气体。如果填埋场地与建筑物相距太近，竖管要高出建筑物。这里所说的阻挡层排气是对密封型结构而言，这种密封阻挡层对回收填埋场的气体效益更高。

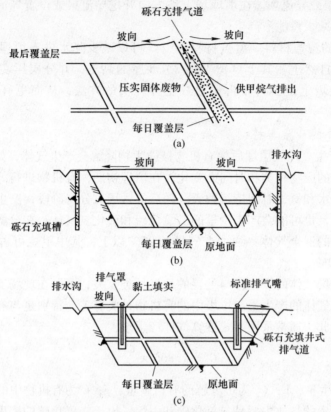

图9-4　卫生填埋中渗透性排气系统
（a）单元式；（b）边界式；（c）井式

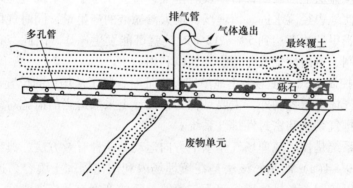

图9-5　卫生填埋中密封性排气系

5. 填埋方法

卫生土地填埋依据不同的地形条件，其填埋方法主要有地面法、沟槽法和斜坡法三种：

（1）地面法。地面法又称面积法，主要在不适合开挖沟槽的处置场采用，如峡谷、山沟、盆地、采石场、天然洼地等地区。该法是把废物直接铺撒在天然的土地表面上，压实后用薄层土壤覆盖，然后再压实。填埋操作一般是通过事先修筑一条土堤开始的，依着土堤把废物铺成薄层，然后加以压实。废物铺撒的长度视现场地形情况和操作规模有所不同。压实废物的宽度根据地段条件取 $2.5\sim6m$，与覆盖材料一起构成基础单元。图 9-6 所示为地面法填埋废物示意图。

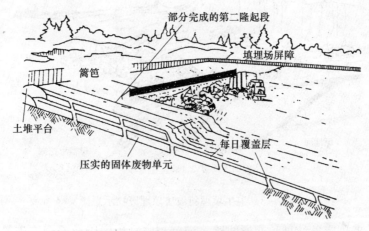

图 9-6 卫生填埋地面法填埋废物示意图

（2）沟槽法。沟槽法又称沟堑法，适于有充分厚度的覆盖材料可供取用、地下水位较低的填埋场地。该法是把废物铺撒在预先挖掘的沟槽内，然后压实，把挖掘的土作为覆盖材料铺撒在废物之上并压实，即构成基础的填筑单元结构。通常沟长 $30\sim120m$、深 $1\sim2m$、宽 $4.5\sim7.5m$。图 9-7 所示为典型的沟槽法填埋废物示意图。沟槽法的优点是采用了挖掘填埋方法，覆盖黏土材料可就地取用，多余土作为最终覆盖材料。

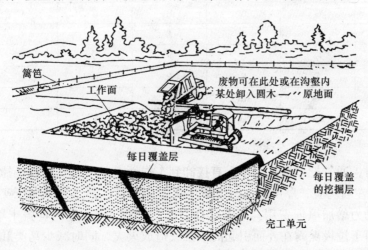

图 9-7 卫生填埋沟槽法填埋废物示意图

（3）斜坡法。该法主要是利用山坡地形，其特点是占地少、填埋量大、覆盖土可不需外运。填埋时把废物直接铺撒在斜坡上，压实后用工作面前直接得到的土壤加以覆盖，然后再压实。斜坡法实际是沟槽法与地面法的结合，故也称混合法。图 9-8 所示为斜坡法填埋废物示意图。

6. 填埋操作

对于一个具体的填埋场而言，无论采用何种填埋方法，为保证填埋操作的顺利进行，必须事先制定一份详细的操作计划，包括工作人员、设备、管理系统、操作规程、填埋操

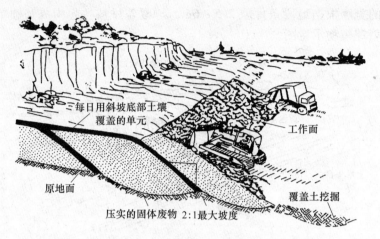

图9-8　卫生填埋斜坡法填埋废物示意图

作进度表、意外事故应急计划、交通线路、记录和监测程序以及安全措施等。填埋操作设备关系到填埋质量和填埋费用，表9-1列出了填埋场常用设备及工作性能。

表9-1　填埋场常用设备及工作性能

设　备	固体废物		覆盖材料			
	铺撒	压实	挖掘	铺撒	压实	运输
履带式推土机	E	G	E	E	G	NA
履带式装卸机	G	G	E	G	G	NA
轮胎推土机	E	G	E	G	G	NA
轮胎装卸机	G	G	F	G	G	NA
填筑压实机	E	E	P	G	E	NA
铲运机	NA	NA	G	E	NA	E
拉铲挖土机	NA	NA	E	F	NA	NA

注：E—优；G—良；F—中；P—差；NA—不适合。

填埋操作时，通常把垃圾从卡车上直接卸到工作面上，沿自然坡面铺撒压实。每层填埋的厚度以2m左右为宜，厚度过大时会给压实带来困难，甚至会减弱压实效果，厚度过小时，会浪费动力增加填埋费用。每天操作后至少铺撒15cm厚的覆盖土壤，并且压实。这样可以防止由于垃圾裸露在外而引起的风蚀或造成火灾，同时减少鸟类和啮齿动物的栖息。在平坦地区，土地填埋操作方式可由下向上进行垂直填埋，也可以从一端向另一端进行水平填埋。图9-9所示为两种填埋作业方式的断面图。对于地处斜坡或峡谷地区的土地填埋可以从上到下或从下往上进行。一般采用从上到下的顺序填埋方法，因为这样既不会积蓄地表水，又可减少渗滤液。图9-10所示为丘陵、峡谷地区填埋作业方式断面图。

7. 填埋场的开发利用

（1）填埋场渗滤液的开发利用。填埋场中的渗滤液如不进行处理和开发利用，会对地表水、地下水和土壤产生污染，造成一系列环境问题。因此，填埋场建成后，在运营期间，必须对渗滤液进行收集处理与开发利用。

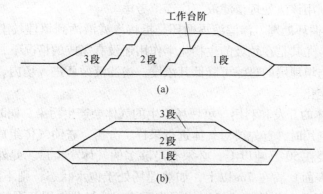

图9-9 平坦地区的填埋作业方式断面图
(a) 水平填埋；(b) 垂直填埋

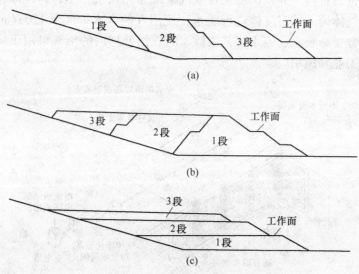

图9-10 丘陵、峡谷地区填埋作业方式断面图
(a) 顺流填埋；(b) 逆流填埋；(c) 垂直填埋

渗滤液的收集一般都在填埋场的设计、衬里铺设过程中完成。在场地衬里铺设时，一般先在场地最下面按一定的坡度铺一层夯实的黏土，在上面铺一层块石或粗大砾石，之上再铺设一层砂。然后，再在上面填埋垃圾，垃圾中的渗滤液沿着块石或粗大砾石的空隙向低处渗流，通过埋设在低处的管道流出场地，排入场外的渗滤液集水池。渗滤液收集后，要进行处理，使之达标排放。常用的处理方法有以下几种。

1）现场处理。对于大型垃圾填埋场，建立填埋场污水处理设施是很有必要的，早期的渗滤液可用生物处理方法处理，后期可用物理化学方法处理。

2）利用城市污水处理厂进行处理。当城市污水管道或污水处理厂靠近垃圾填埋场时，将渗滤液送入污水处理厂，与城市污水一起进行处理。

3）土地灌溉。将渗滤液喷洒在土地上，靠蒸发作用可以大量减少渗滤液的体积。渗滤液渗入土壤后，在土壤微生物的降解作用、离子交换和吸附、植物的吸收等作用下，污染物被迅速降解。采用该方法，必须进行水文地质考察，以防止二次污染。当填埋场中混有工业固体废物时，用该法处理渗滤液，应谨慎考虑。

4）填埋场内再循环处理。渗滤液再循环是指将渗滤液洒到填埋场上部或通过其他措施进入填埋场内部。尤其是在垃圾的生物化学作用还没有完成的情况下，蒸发可减少其体积，微生物的分解与填埋层的过滤可降低其浓度。渗滤液循环进入场内，可增加垃圾的湿度，加速垃圾的稳定化。

（2）填埋场气体的开发和利用。填埋场产生的气体会产生污染，同时又是一种潜在的能源。在对其开发利用时，首先要对气体进行采样、分析，查明气体组成，确定其合适的用途。垃圾填埋量要在 50 万吨以上，必须有足够多的气体产生量。此外，填埋场地下水位的埋深（距场地表面）要在 5m 以上，如填埋场处于饱水状态，则不利于气体的收集。图 9－11 所示为采用垂直井的填埋场气体回收系统。抽气井作用范围的半径通常在 30～50m 之内，抽气井的直径为 0.3～0.5m，所安装的收集套筒井管的直径约为 0.1m，上部填上黏土或其他密封材料，并依次被连在吸气泵（常用风机）上，再经净化处理后进行利用。一般多采用气体调节器对气体进行脱水，使沼气的含水量低于 $110g/m^3$，达到中等热值水平，然后用分子筛吸收柱流水工艺去除 CO_2。经处理后的沼气可用于烧水、发电、加热或压缩液化供工业和民用。

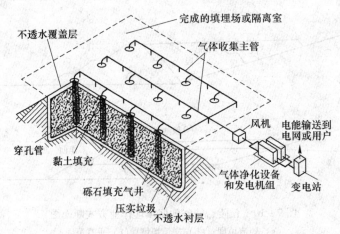

图 9－11　采用垂直井的填埋场气体回收系统

（3）填埋场的封闭与复原。当废物填埋作业完成后，要在其顶部铺设覆盖层，即对填埋场进行封闭（简称封场），以减少降水渗入填埋场，控制填埋场气体的释放，抑制病原菌的繁殖，避免地表径流水的污染，避免危险废物的扩散及与人和动物的直接接触，提供一个可以进行景观美化的表面并便于填埋场土地的再利用。封场时，应使用一层较适合的防渗透材料，并且应平整上层表面以防积水和最小限度地减少腐蚀。可让自然植被在上层生长以便防风和减少表面损失，植被可以是牧草和杂草，深根植被不宜在填埋场上种植和生长。

图 9－12 所示为典型的土地填埋场顶部覆盖系统。该覆盖系统由五部分组成。填埋的废物之上为由黏土和高密度聚乙烯构成的顶部防渗覆盖层，黏土层厚 60cm，高密度聚乙烯膜（HDPE 膜）厚 5mm；防渗覆盖层之上为由砂和砾石构成的排水层，厚度为 30cm；排水层之上为无纺布过滤层；过滤层之上为 60cm 厚的顶部土壤；最上部为植被。

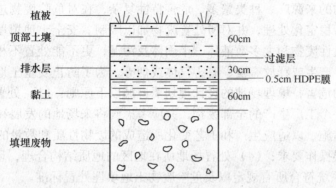

图9-12 典型的土地填埋场顶部覆盖系统

填埋场封闭后,管理者要维护好最终覆盖层的完整性和有效性,进行必要的维修以消除沉降、变形和断陷等因素的影响;维护和监测检漏系统;继续进行渗滤液的收集和处理,直到渗滤液检不出为止;维护和监测地下水监测系统;保护和维护任何测量基准等方面工作。

对于卫生填埋场污染物监测可查阅《生活垃圾填埋污染控制标准》(GB 16889—1997),或参阅安全土地填埋。

(二)安全土地填埋

安全土地填埋是改进的卫生土地填埋,填埋场的结构与安全措施比卫生土地填埋场更严格,主要用于处置危险废物。其选址要远离城市和居民较稠密的安全地带,填埋场必须有严格的人造和天然衬里,下层土壤或土壤同衬里的结合部渗透率应小于10^{-8}cm/s;填埋场最低层应位于地下水位之上;要采取适当的措施控制和引出地表水;要配置严格的渗滤液收集、处理及监测系统;设置完善的气体排放和监测系统;要记录所处置废物的来源、性质及数量,把不相容的废物分开处置。若危险废物在处置前进行稳定化处理,填埋后会更安全。图9-13所示为典型的安全土地填埋场结构示意图。

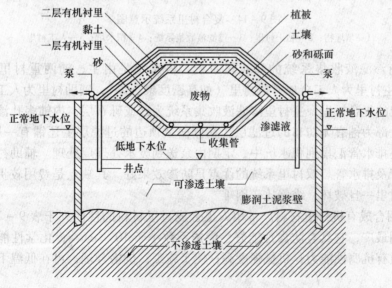

图9-13 典型的安全土地填埋场结构示意图

由于危险废物的来源广、种类繁多、危害特性复杂，在对危险废物进行处置时要特别谨慎，应首先进行稳定化处理，并对所处置废物加以限制。安全土地填埋场不宜处置易燃性、反应性、挥发性废物和大多数液体、半固体及污泥；更不能处置不相容的废物，以免混合后发生爆炸，产生或释放有毒、有害气体或烟雾。为了防止安全土地填埋释放出的有害污染物对环境的危害，填埋场地的设计规划要遵循以下原则：（1）处置场的容量应足够大，至少能容纳一个工厂生产的全部废物，并应考虑到将来场地的发展和利用；（2）要有容量波动和平衡措施，以适应生产和工艺变化所造成的废物性质和数量的变化；（3）处置系统能满足全天候操作要求；（4）处置场地所在地区的地质结构合理，环境适宜，可长期使用；（5）处置系统符合所有规定以及危险废物土地填埋处置标准。

安全土地填埋场是接收、处理和处置危险废物的场所，其场地选择、场地面积确定、填埋操作、气体的污染控制与卫生土地填埋基本相同。

1. 衬里系统结构

安全土地填埋常使用人工合成衬里与黏土结合作为填埋场防渗衬里。常用的结构主要有具有渗滤液收集系统的复合衬里系统和具有渗滤液收集系统的双衬里系统两种。

（1）具有渗滤液收集系统的复合衬里系统。该系统是由上、下两部分组成，如图9－14所示。下部为低渗透性的黏土衬里和人造有机合成衬里构成的衬里系统；上部为具有渗滤液收集系统的由30cm可渗透性砾石或黏质土壤构成的沥滤系统。衬里系统底部具有适当坡度倾向的积水坑，渗滤液可以沿衬里坡度汇集到积水坑，以便监测和抽出。

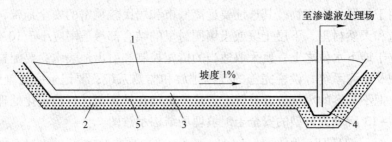

图9－14　复合衬里系统示意图
1—填埋物；2—黏土衬里；3—渗滤液收集系统；4—积水坑；5—人工衬里

（2）具有渗滤液收集系统的双衬里系统。该系统是由主、辅两重衬里构成，如图9－15所示。主衬里为人工合成有机衬里（如高密度聚乙烯），辅助衬里为人工合成有机薄膜和黏土构成的复合衬里。主衬里渗滤液收集系统为砂或砾石层，内铺多孔渗滤液收集管及排水管；上部为铺有无纺布的过滤层，在侧面及顶边的过滤层上还铺有一层保护土壤。渗滤液通过集排水管汇集到积水坑中，定期由泵送到废水处理厂处理。辅助衬里上部也有渗滤液收集管及排水管。双衬里系统的优点是防渗效果好。其缺点是费用较贵，系统的工艺较复杂，衬里一旦破坏，维修比较困难。

（3）常用合成有机衬里材料。常用人工合成衬里材料的性能列于表9－2。其中高密度聚乙烯应用最广，它具有防渗性能好，渗透系数小于 10^{-12} cm/s；化学性能稳定，对大多数化学物质有抗腐蚀能力；机械强度高；便于施工；价格合理；可在低温下良好工作的优点。

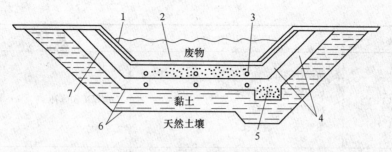

图 9 - 15　双衬里系统示意图

1—土壤保护层；2—过滤层；3—排水管；4—渗滤液收集系统；5—积水坑；6—辅助衬里；7—主衬里

表 9 - 2　常用人工合成有机衬里材料的性能

材料名称	适 用 性	缺 点	价格
高密度聚乙烯（HDPE）	良好的防渗性能； 对大部分化学品有抗腐蚀能力； 具有良好的机械和焊接特性； 可在低温下良好工作； 可制成各种厚度，一般为 0.5～3mm； 不易老化	抗不均匀沉降能力较差； 抗穿刺能力较差	中等
聚氯乙烯（PVC）	抗无机腐蚀； 良好的可塑性； 高强度； 易操作和焊接	易被许多有机物腐蚀； 抗紫外线辐射差； 气候适应性不强； 易受微生物侵蚀	低
氯化聚乙烯（CPE）	良好的强度； 易焊接； 对紫外线和气候适应性强； 可在低温下良好工作； 抗渗透性好	抗有机腐蚀能力差； 焊接质量不强； 易老化	中等
异丁烯橡胶（EDPM）	耐高温低温； 抗紫外线辐射好； 氧化性和极性溶剂略有影响； 胀缩性好	对碳氢化合物抵抗能力差； 接缝难； 强度不高	中等
氯磺化聚乙烯（CSPE）	防渗性能好； 抗化学腐蚀能力强； 耐紫外线辐射及气候适应性强； 抗细菌能力强； 易焊接	易受油污染； 强度较低	中等
乙烯 - 丙烯橡胶（EPDM）	防渗性能好； 耐紫外线辐射； 气候适应性强	强度较低； 抗油和卤代溶剂腐蚀能力差； 焊接质量不高	中等

续表 9 – 2

材料名称	适 用 性	缺 点	价格
氯丁橡胶（CPR）	防渗性能好； 抗油腐蚀、耐老化； 抗紫外线辐射强； 耐磨损、不易穿孔	难焊接和修补	较高
热塑性合成橡胶	防渗性能好； 拉伸强度高； 耐油腐蚀； 抗紫外线辐射； 抗老化	焊接质量仍需提高	中等
氯醇橡胶	抗拉强度较高； 热稳定性好； 抗老化； 不受烃类溶剂、燃料影响； 抗油类腐蚀能力强	难以现场焊接和修补	中等

2. 地表径流的控制措施

地表径流水的控制是把可能进入场地的水引走，防止场地排水进入填埋区以及接收来自填埋区的排水，通常采用导流渠、地表稳态化、地下排水和导流坝四种方法。

（1）导流渠。导流渠一般是环绕整个场地挖掘。这样使地表径流水汇集到导流渠中，并从土地填埋场地下坡方向的天然水道排走。导流渠的尺寸、构造形式及结构材料要根据场地的特点来确定。

（2）地表稳态化。地表稳态化是指土地填埋操作达到预定的升层高度之后在填埋的废物上覆盖一层较细的土壤，并用机械压实，其作用是减少天然降水渗入，控制地表径流速度，进而减少土地填埋场地表面覆盖层的侵蚀冲刷。地表稳态化土壤的选择和施工要结合封场统一考虑。

（3）地下排水。地下排水是在填埋物之上覆盖层之下铺设一层排水层或一系列多孔管，使已经渗透到表面覆盖层的雨水通过排水层进入收集系统排走。

（4）导流坝。导流坝是在场地四周修建堤坝，以拦截地表径流，并把其从场地引出流入排水口。导流坝一般用土壤修筑，用机械压实。

3. 填埋场的结构

根据场地的地形、水文、地质等条件的差异，安全土地填埋的结构类型也有所不同，主要分以下三种。

（1）人造托盘式。人造托盘式填埋场地建造于表层土壤较厚的平原地区，具有天然黏土衬里，人造有机合成衬里垂直地镶嵌在天然的不透水地层下，形成托盘状壳体结构。图9–16是典型的人造托盘式土地填埋示意图。

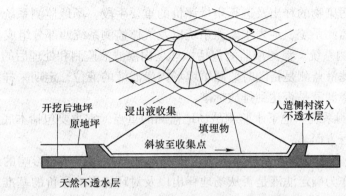

图9-16　人造托盘式土地填埋

（2）天然洼地式。天然洼地式填埋场是利用天然的地形条件，如天然峡谷、采石场坑、露天矿坑、山谷、凹地等构成盆地状容器的三边，在其中处置固体废物。由于该法充分利用天然地形，因而挖掘工程量小，且储存容量大，但填埋场地的准备工作较复杂，地表水和地下水的控制也很困难，主要的预防措施是使地表水绕过填埋场地和把地下水引走。图9-17是天然洼地式土地填埋示意图。

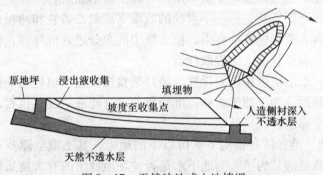

图9-17　天然洼地式土地填埋

（3）斜坡式。这种类型基本与卫生土地填埋法的斜坡法类似。其特点是处置场以天然山坡为衬里系统的一边，从而减少施工量，方便废物的倾倒。丘陵地区常用这种结构方式。图9-18是典型的斜坡式安全土地填埋示意图。

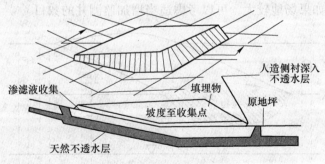

图9-18　斜坡式土地填埋

4. 场地监测

场地监测是土地填场设计操作管理规划的一个重要组成部分，是确保填埋场正常运行、迅速发现有害污染物的释出及进行质量评价的重要手段。场地监测系统主要由渗滤液监测系统、地下水监测系统、地表水监测系统以及气体监测系统四部分组成。

（1）渗滤液监测系统。渗滤液监测包括填埋场内渗滤液监测和处理后的渗滤液监测两方面。填埋场内渗滤液监测是指随时监测填埋场内渗滤液的液位，定期采样分析。处理后的渗滤液监测是看渗滤液是否达到排放标准。

（2）地下水监测系统。地下水监测是场地监测的重点，它主要包括本底监测、充气区监测和饱和区监测三方面。

1）本底监测。本底监测主要是为了测定未受土地填埋运营操作影响的地下水质，并以此为参照依据，作为确定滤液是否从场地释出以及对环境影响评价的基准。本底监测井设置在土地填埋区的水力上坡区，一般与场地距离不超过3km，深度可根据场地的水文地质条件来确定，由于地下水位随时变化，一般应建在地下水饱和区，深度至地下水之下3m，这样可以在一年内随时取样。如果有多层地下水，可对多层地下水监测，一般检测两层。

2）充气区监测。充气区是指土地表面和地下水之间的土壤层。该区土壤空隙被部分空气和水所充满，浸出液一旦释出，必须通过它进入地下水。充气区监测是为了尽早发现渗滤液是否泄漏释出。充气区监测主要采用压力真空渗水器进行采样。常用的渗水器是由一个能维持真空的多环陶瓷杯、一个小直径的收集室或聚乙烯管和两根从地表引出的取样管组成。使用时，首先把陶瓷杯抽真空，使土壤中的水分进入取样器，积聚一定时间后通气加压，使水样通过取样管进入地表取样器。

充气区监测井一般沿填埋场四周设置，最好是直接设置在填埋场的衬里之下，但不可破坏衬里系统的完整性。为了便于取样，准确反映出渗滤液的迁移位置，可在同一监测井的垂直方向设置几个渗水器。

3）饱和区监测。饱和区是指地下水位以下的地带，其土壤空隙基本为水充填，且具有流动方向性。监测目的是为了监测地下水是否被场地滤出的有害物质所污染。饱和区监测井的深度和位置要根据场地的水文地质条件来确定。原则是应能从渗滤液最可能出现的蓄水层收集取样。最简单的地下水监测系统由四口井组成，如图9-19所示。1号井位于场地水力上坡区，用于提供本底数据。其余三口井位于场地的水力下坡区，2号井和3号井用于提供直接受场地影响的地下水水质数据，4号井提供远离土地填埋场的受渗滤液影响的地下水数据。如果场地较大，可以考虑适当增加监测井的数目。

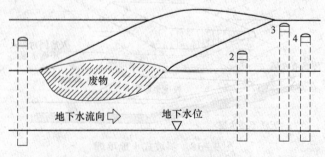

图9-19 地下水监测系统

（3）地表水监测系统。地表水监测是指对场地附近地表水如河流、湖泊等进行监测，目的是为了监测地表水是否受到渗滤液的污染。

（4）气体监测系统。气体监测包括对填埋场排出气体的监测和填埋附近的大气监测，目的是了解填埋废物释放气体的特点和填埋场附近的大气质量。一般每 10～20 天进行一次，若连续数天无风，应适当增加监测次数，填埋场气体监测的指标主要选 CO_2、CH_4、SO_2、NO_x 等。

安全土地填埋的封场参阅卫生土地填埋。不同的是安全土地填埋的顶部覆盖系统中，在黏土层上面增设人工合成有机衬里，缓冲隔离层设置排水系统，从而减少地表水和降水的渗入。

二、深井灌注处置

深井灌注处置是将固体废物液体化，用强制性措施将其注入到地下与饮用水和矿脉层隔开的可渗透性的岩层中。该处置系统首先要求有适宜的地质条件，其次要求所处置废物与建筑材料、岩层间的液体以及岩层本身具有相容性。适宜的地层主要有石灰岩层、白云岩层和砂岩层。在石灰岩和白云岩层处置废物时，容纳废液的主要条件是岩层具有空穴型孔隙、断裂带和裂缝；在砂岩层处置废物时，容纳废液的主要条件是砂岩层内部有相连的间隙。

深井灌注处置的适用范围较广，不论是一般废物还是危险废物都可采用此法处置。适于该法处置的废物可分为有机和无机两大类：有机物包括酸类、醇类、溶剂类、聚合物和其他化合物；无机物包括酸类、碱类、盐类等。这些废物可以是液体、气体或固体，在进行深井灌注时，将这些气体和固体都溶解在液体里，形成真溶液、乳浊液或液固混合体。深井灌注主要是用来处置那些实践证明难以破坏、难于转化、不能采用其他方法处理处置，或者采用其他方法费用昂贵的废物。

深井灌注处置方法已有 40 多年的发展历史。从美国工业废物的深井灌注处置情况表明：深井灌注的最大使用者是化学、石油化工和制药工业，它们所拥有的井数占现有井数的 50%，其次是炼油厂、天然气厂，金属工业居第三。此外食品加工、造纸业也占有一定的比例。可见，深井灌注方法具有广泛的适应性。但也有人持不同的意见，认为该方法缺乏远见，担心深井一旦泄漏，将导致蓄水层的污染。

深井灌注处置系统的规划、设计、建造与操作可分为废物的预处理、场地选择、井的钻探与施工、环境监测等几个阶段。

（一）场地选择

选择适宜的废物处置地层是深井灌注处置的关键，适于这种方法的地层必须满足下述条件：（1）处置区必须位于地下饮用水源之下；（2）有不透水岩层把注入废物的地层隔开，使废物不致流到有用的地下水源和矿藏中去；（3）有足够的容量，面积较大，厚度适宜，空隙率高，饱和度适宜；（4）有足够的渗透性，且压力低，能以理想的速率和压力接受废液；（5）地层结构及其原来含有的流体与注入的废物相容，或者花少量的费用就可以把废物处理到相容的程度。适于深井灌注处置的地层一般是石灰岩或砂岩，不透水的底层可以是黏土、页岩、泥灰岩、结晶石灰岩、粉砂岩和不透水的砂岩以及石膏层等。

在地质资料比较充分的条件下，可根据附近的钻井记录估计可能有的适宜地层位置。为了确定不透水层的位置、地下水水位以及可供注入废物地层的深度，一般需要钻勘探井，对注水层和封存水取样分析；同时进行注入试验，以选择确定理想的注入压力和注入速率，并根据井底的温度和压力进行废物与地层岩石本身的相容性试验。

（二）钻探与施工

深井灌注处置井的钻探与施工类似于石油、天然气井的钻探和建井技术。但深井灌注处置井的结构要比石油井复杂而严密，深井灌注处置井的套管要多一层，外套管的下端必须处于饮用水基面之下，并且在紧靠外套管表面足够深的地段内灌上水泥。深入到处置区内的保护套管，在靠表面处也要灌上水泥，以防止淡水层受到污染。图9-20是位于石灰岩或白云岩层处置区的深井剖面图。在钻探过程中还要采集岩芯样品，经过分析进一步确定处置区对废物的容纳能力。

凡与废物接触的器材，如管线、阀门、水泵、贮液罐、填料、套管等，都应根据其与废物的相容性来选择。井内灌注管道与套管之间的环形空间需采用杀菌剂和缓冲剂进行保护处理。

（三）操作与监测

深井灌注处置操作可分为预处理和灌注两步。预处理是为了防止灌注后堵塞岩层孔隙，减少处置容量或损坏设备。在某些条件下，废物中的一些组分，会与岩层中的流体发生化学反应生成沉淀，最后可能会堵塞岩层。例如，难溶的碱土金属碳酸盐、硫酸盐及氢氧化物沉淀，难溶的重金属碳酸盐、氢氧化物沉淀以及氧化还原反应产生的沉淀等。一般采用化学处理或固液分离的预处理方法，使上述组分中和或去除。防止沉淀的另一种方法是先向井中注入缓冲剂，如一定浓度的盐水等，把废液和岩层液体隔离开来。

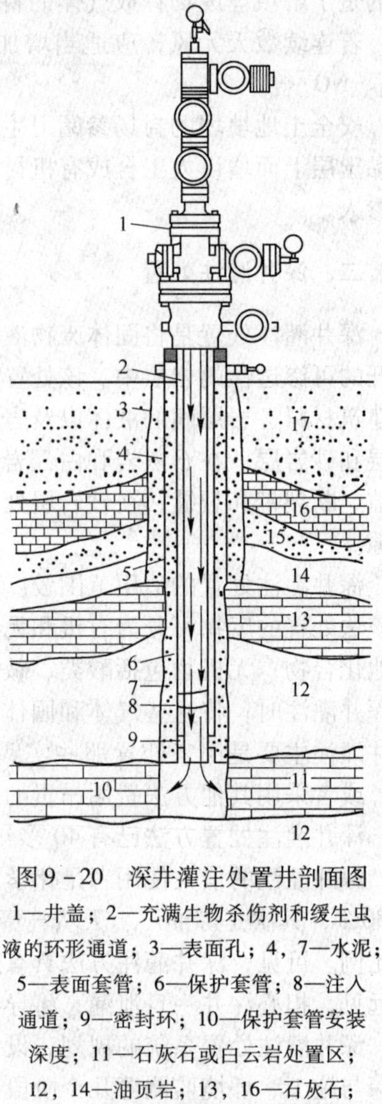

图9-20　深井灌注处置井剖面图
1—井盖；2—充满生物杀伤剂和缓生虫液的环形通道；3—表面孔；4，7—水泥；5—表面套管；6—保护套管；8—注入通道；9—密封环；10—保护套管安装深度；11—石灰岩或白云岩处置区；12，14—油页岩；13，16—石灰石；15—可饮用水砂；17—砾石饮用水

深井灌注操作是在控制的压力下以恒速向处置区灌注，灌注速率一般为300~4000L/min。深井灌注系统需配置连续记录监测装置，以记录灌注压力和速率。在深井灌注管道和保护套管处设置有压力监测器，以检验管道和套管是否发生泄漏，如出现故障，应立即停止操作。

三、土地耕作处置

土地耕作是利用土地表层土壤处置固体废物的一种方法。它是把废物当做肥料或土壤改良剂直接施用在土地上或混入土壤表层，通过生物降解、植物吸收及风化作用等过程使废物降解。

土地耕作主要用来处置含有较丰富易生物降解的有机质和含盐较低且不含有毒有害物

质的固体废物，主要有经过加工和处理后的城市垃圾、污水处理厂污泥、石油废物、有机化工和制药业废物。

土地耕作处理有机固体废物具有工艺简单、操作方便、投资少、对环境影响小等优点，而且确实能够起到改善某些土壤结构和提高肥效的作用，值得注意的是，一些有害物质（如重金属等）在处置同时将永久性贮存在耕作土壤中，其潜在性的危害相当大，因此不能盲目采用此法。总的来看，土地耕作仍是一种良好的有机固体废物处置方法。

（一）土地耕作的基本原理

土地耕作处置是基于土壤的离子交换、吸附、微生物生物降解、降解产物的挥发等综合作用的过程。当土壤中加入可生物降解的有机废物后，通过微生物的分解、浸出、沥滤、挥发等复杂的生物化学过程，一部分便结合到土壤底质中，一些碳会转化为二氧化碳，挥发到大气中。当土壤中含有适当的氮和磷酸盐时，碳可被微生物细胞群吸收，最终使有机废物像天然有机物一样被"固定"在土壤中，这样既改善了土壤的结构，又增加了土壤的肥效。未被生物降解的组分，则永远地存在于土地耕作区这个永久性的"仓库"里。可以说，土地耕作是一种对有机物分解处理、对无机物永久贮存的综合性处理处置方法。

（二）影响土地耕作的因素

1. 废物成分

适于土地耕作的废物必须含有大量的有机物，而且应限制盐和重金属等有害有毒物质的含量。虽然土壤具有配合或螯合阳离子的能力，但这种作用是十分有限的，如果有毒有害物质含量超过限度，就会杀灭微生物，影响有机物的生物降解。用土地耕作法处置污泥时，每千克干污泥中的重金属最高含量限定为：Cd 10mg、Hg 10mg、Cu 100mg、Ni 200mg、Pb 1000mg、Zn 2000mg。此外，废物中不含有能引起空气、土壤或地下水污染的危险成分。

2. 土地耕作深度

有机废物的降解主要是依靠微生物来进行的。土壤的类型、深度不同，所含的微生物种群的种类和数量也大不相同。因此，微生物的数量越多，废物降解的速度越快、越彻底。表9-3列出了不同深度土层中微生物的种群和数量的分布情况。从表中可以看出，上层土壤中含有的微生物数量最多。因此，耕作深度应限制在15~20cm比较适宜。

表9-3　土壤微生物的分布　　　　　　　　　　　　（数/克土壤）

深度/cm	好氧菌	厌氧菌	放线菌	霉菌	藻类
3~8	7.8×10^6	1.95×10^6	2.08×10^6	1.19×10^5	2.5×10^4
20~25	1.8×10^6	3.79×10^5	2.45×10^5	5×10^4	5×10^3
35~40	4.72×10^5	9.8×10^4	4.9×10^4	1.4×10^4	5×10^2
57~75	1×10^4	1×10^3	5×10^3	6×10^3	1×10^2
135~145	1×10^3	4×10^2	—	3×10^3	—

3. 废物的粒度

废物的粒径越小，比表面积越大，废物与微生物的接触越充分，其降解速度就快、越彻底。因此在耕作处置前固体废物应进行粉碎处理。

4. 气温条件

温度是影响微生物生命活动的主要因素，微生物生存繁殖的最佳温度为 20~30℃。当温度降低时，微生物生命活动明显减弱，甚至停止活动。因此，土地耕作要避开寒冷的冬季，春季、夏季最适宜。

5. 有效无机营养的存在

有机废物被微生物降解的速率与氮、磷等无机营养组分的含量有关。只有在土壤中含有适量的氮和磷等无机营养物质时，才能获得最大的生物降解率。若土壤中无机营养物质含量不足，在土地耕作过程中应施用适量的农业肥料。

6. 土壤含水量

土壤含水量过高时，土壤的通气性能降低，微生物降解速率会降低；当土壤含水量过低时，会影响微生物繁殖，使降解速率降低。通常土地耕作区土壤最佳含水量为 6%~22%。

除以上影响因素外，土壤的 pH 值、孔隙率等都会影响微生物的降解速度。

（三）场地选择

场地的选择要符合经济、合理、安全的原则。被处置的废物对土地耕作处置的土地、地下水、空气等无污染，运输距离近，便于铺撒，同时具有提高肥效、改良土壤结构的作用。土地耕作场地应避开断层、塌陷区，避免与通航水道直接相通，距地下水位至少1.5m，距饮用水源至少150m。耕作处置场地土层应为大部分土壤颗粒粒径小于73μm 的细粒土壤。适宜的土壤类型有中高塑性有机黏土；高塑性无机黏土、肥沃黏土；无机泥砂、硅藻土质细砂或粉质土壤；低于中等塑性无机黏土、沙砾状黏土、沙状黏土、贫瘠黏土；有机土壤和低塑性有机粉砂土壤。

为了确保处置场地的适宜性，还应取 2.5~3.6m 代表性土芯样品，分上、中、下三层进行分析并做土壤特性试验。分析的项目有重金属、氯、硝酸盐、钠盐、pH 值、一般土壤类型、土壤阳离子交换容量等。同时对废物除应按上述土壤分析要求检测所有成分外，还要检测土壤的类型和废物的生物稳定性。

（四）操作程序

1. 场地准备

土地耕作场地应远离居民区，场地四周应设置篱笆予以隔离，耕作区域之内或距场地30m 以内的井、穴和其他与地直接相连的通道必须堵塞，耕作区的土地平整，坡度应小于5%，以防止地表径流侵蚀、表层土壤过量流失，耕作区内土壤的 pH 值应在 7~9 之间，场地四周应建造完整的地表径流导流措施。在废物施用之前，应用圆盘耙、犁或旋转碎土器对土壤进行耕作。

2. 废物的铺撒与耕作

废物在铺撒和耕作时，应注意要保证混合区为好氧条件，不要对饱和土壤施用废物，不要在地温低于 0℃时施用废物，土壤－废物混合物的 pH 值不应小于 6.5。废物在铺撒时一定要均匀。对于流动性废物，可采用带分配臂和分配支管的槽车。对于固态和半固态的废物，可用卡车和拖拉机撒播。为保证微生物生命活动的正常进行，应根据废物中营养成分含量、废物的降解速率等因素来确定辅助氮和磷的添加量。对于容易降解的废物，C/N比大约为 25:1。对于不易生物降解的有机物，氮和磷酸盐的需要量较小，是易降解废物的 1% ~10%。在添加氮和磷时不应过量，倘若施用过量，土壤中的氮、磷酸盐和硝酸盐将达到不需要的程度，而且可能会引起地下水的氮污染。废物铺撒均匀后，通常使用圆盘耙或旋转碎土器把废物混合到犁过的土壤中，为了有效混合，一般需耕作 6 次。

3. 废物施用后的管理

为了促进生物降解作用，要定期翻耕，耕作次数要根据土壤性质和废物成分来确定。对于石油废物，每 4 ~8 周耕作一次，冬季除外。同时，对耕作区定期采样分析，以掌握废物降解速度和决定下次施用废物的时间。对下层土壤也需定期分析，以监测废物渗滤液是否污染地下水。通常每 40000m² 取一个背景值分析样品。耕作处置后，每年采样分析 2 次，每 20000m² 采 5 个样品。如果分析结果超过背景值，应立即采取安全补救措施。

四、浅地层埋藏处置

浅地层埋藏处置是指在浅地表或地下具有防护覆盖层的、有（或无）工程屏障的浅埋处置，埋藏深度一般在地面下 50m 以内。它由壕沟之类的处置单元及周围缓冲区构成。通常将废物容器置于处置单元之中，容器间的空隙用砂子或其他适宜的土壤回填，压实后再覆盖多层土壤，形成完整的填埋结构。这种处置方法借助上部土壤覆盖层，既可屏蔽来自填埋废物的射线，又可防止天然降水渗入。如果有放射性核素泄漏释出，可通过缓冲区的土壤吸附加以截留。

（一）处置废物的种类及要求

浅地层埋藏处置主要用于处置容器盛装的中低放射性固体废物。根据处置技术规定，适于浅地层处置的废物所含核素及其物理性质、化学性质和包装必须满足以下条件：（1）被处置废物中的放射性核素的半衰期大于 5 年、小于或等于 30 年，其比活度应小于或等于 3.7×10^{10} Bq/kg。（2）核素的半衰期小于或等于 5 年，其比活度可不限。（3）在 300 ~ 500 年内，放射性物质的比活度能降到非放射性固体废物水平的其他废物。（4）废物应是固体形态（或固化体），其中游离态部分不得超过废物体积的 1%。（5）废物应具有足够的化学、生物、热和辐射稳定性。（6）废物的比表面积小、弥散性低，且放射性核素的浸出率低。（7）废物不得产生有毒、有害气体。（8）废物不得含有易燃、易爆、易生物降解及病菌等物质。

为使处置的废物满足上述条件，必须根据废物的性质在处置前进行去污、包装、切割、压缩、焚烧、稳定化 - 固化等处理。包装体要有足够的机械强度、密封性能好，以满足运输和处置操作的要求。

（二）浅地层埋藏处置场的设计原则

浅地层埋藏处置是为了将中低放射性固体废物限制在处置场范围之内，在其危险时间内防止对人类造成危害。为此，处置设计要遵循以下基本原则：（1）必须保证在正常操作和事故情况下，对填埋场工作人员和公众的辐射防护符合有关劳动保护的规定和要求。（2）要避免填埋处置场关闭后返修补救，如地震、地质构造活动等造成的场地泄漏。（3）尽可能减少地表水的渗入，对地表径流采用导流工程控制。（4）尽量减少填埋废物容器之间的空隙，处置单元要合理布置。（5）废物之上至少要覆盖 2m 厚的土壤层。

处置场的规模主要根据待处置废物的数量来确定，而处置单元则按全场的总体规划来进行安排。总体布置时，要把填埋区、预处理区、行政管理区合理分布。行人通道和车辆要尽量分开。场地布置要留有扩充发展的余地。

处置场常根据辐射防护要求分为限制进入区和非限制进入区。限制进入区又分为运行区（即预处理、暂存等）和处置区。非限制进入区主要指行政管理区。限制区和行政区之间必须用围墙隔开。为了安全起见，在处置区的周边常建立缓冲带，一般由灌木或乔木带作为缓冲带。整个处理场的周围应建围墙，以防止人和牲畜误入处置场。

浅地层埋藏处置有沟槽式和混凝土结构式两种方式，一般根据场地的特性和对不同废物的处置要求来选择。同安全土地填埋一样，防水和排水是处置单元应考虑的重点。

（三）沟槽式浅地层埋藏处置

沟槽式浅地层埋藏处置与卫生土地填埋的沟槽法相似。按所用规模大小的不同，沟槽常分为细长沟槽和一般沟槽两种。细长沟槽的一般规格是长75～150m、宽1m、深6m，适合于处置比活度较高的废物。一般沟槽的规模是长300m、宽30m，深6m，适合于处理比活度低的废物。

沟槽应在黏土层中挖掘，否则必须在底部和侧面铺设黏土衬里。沟的底部应沿长轴方向设计适当的坡度，并铺设一层60～90cm的细沙，在沟底低的一侧设盲沟，其内用砾石或碎砖块充填，以做集水之用。沟槽内应设置集水井，其数量主要根据沟的长度及浸出液可能的数量多少来确定。集水井内浸出液通过设置的主管抽出地表。

图9-21所示为美国巴恩维尔处置场采用一般沟槽法处置低放射性废物的示意图。废物从壕沟高的一端开始埋藏，为使空隙最小，最好使废物尺寸标准化。壕沟周边设有路肩，以防作业中有水流入。一个处置单元的废物填埋完后，即用沙回填至盖住废物为止，然后用土覆盖封场。覆盖土一般分为三层：下层厚90cm，经压实后，铺上第二层，厚60cm，再经压实垫上一层15～45cm厚的土壤，并进行植被。完成填埋作业的壕沟，在其四角埋设花岗石碑，碑上永久性记载着所处理废物的种类、数量、放射能量和埋藏日期等。

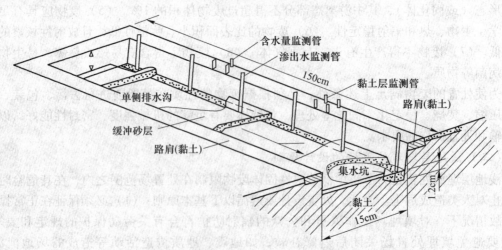

图9-21　美国巴恩维尔处置场采用沟槽法处置低放射性废物示意图

沟槽式浅地层埋藏法处置量大、投资少、容易实施，适用于大型处置场。

（四）混凝土结构式浅地层埋藏

混凝土结构法实际上是一种改进的沟槽式浅地层埋藏法，分沟槽式、坑式、井式、古坟式等多种形式。具体形式的选择主要根据场地条件、废物的特点以及防护要求等因素来确定。根据选用的形式首先在地上挖一个拟定规格的坑，坑底用素混凝土浇筑抹平，混凝土厚度根据所处置废物的承压能力来确定。在坑底边要设置排水沟，壁面为金属框架固定的混凝土板。废物一层层排列堆放，每一层废物之上均浇筑混凝土，使每件废物块完全浇筑在混凝土巨块之中。废物填埋完毕，待表面混凝土硬化后即可覆土封场，其方法步骤与沟槽式类同。图 9 - 22 所示为法国芒什处置场古坟式布设的示意图。该场占地 $1.2 \times 10^5 m^2$，处置能力 $4 \times 10^5 m^3$，建设投资 1.5 亿法郎，年运行费用为 6 千万法郎。

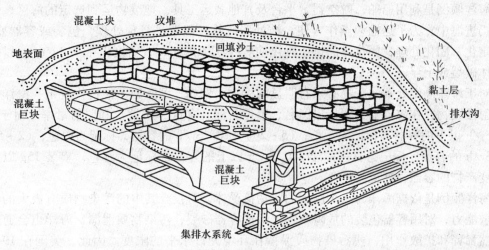

图 9 - 22 法国芒什处置场古坟式布设示意图

混凝土结构式浅地层埋藏主要适用于处置中放射性固体废物，它具有安全可靠、不易泄漏、屏蔽效果好等优点。但是，这种方法操作复杂，投资也相对较大。

我国的核电事业发展很快，目前迫切需要解决低放射性废物的处置问题。我国疆土辽阔，处置场地选择的余地很大，因此浅地层埋藏方法将会成为我国处置低放射性固体废物的主要方法。

第三节 固体废物的海洋处置

海洋处置是利用海洋巨大的环境容量和自净能力处置固体废物的一种方法。根据处置方式，海洋处置分为海洋倾倒和远洋焚烧两类。

海洋倾倒操作很简单，可以直接倾倒，也可以先将废物进行预处理后再沉入海底。海洋倾倒要求选择合适的深海海域，且运输距离不太远。美国、日本及欧洲经济共同体成员国都曾用海洋倾倒法处置大量的固体废物。在 20 世纪 60 年代海洋倾倒是美国高放射性废物的主要处置方法。

远洋焚烧是用焚烧船在远海对废物进行焚烧破坏，主要用来处置卤化废物，冷凝液及焚烧渣直接排入海中。如"火神"号焚烧船，曾成功地对含氯烃化合物进行焚烧。

进行海洋处置是否造成海洋污染，是否破坏海洋生态系统，在短时期内难以得出结论。但海洋是人类生存长期依赖的环境，因此对于海洋处置主要应考虑以下几方面的问题：（1）处置前，通过小型试验来研究可能对海洋生态环境的影响；（2）参照有关国际公约和国内的有关海洋处置的法律规定，确定海洋处置的可能性和可行性；（3）同其他处置方法比较经济上是否可行。

为了加强对固体废物海洋处置的管理，各国都相应制定了有关法律法规，还签订了国际协议。我国对海洋处置基本上持否定态度，为了严格控制向海洋倾倒废物，我国制定了一系列有关海洋倾倒管理条例，对保护海洋环境起到了积极作用。

一、海洋倾倒处置

海洋倾倒是利用船舶、航空器、平台及其他载运工具，把废物运到选定的海区，然后将其扔进海中。为了运输和操作方便，被处置废物一般要进行预处理，包装或容器盛装，或稳定化-固化处理，固化体的抗压强度应大于 $15MPa/cm^3$，密度大于 $1.2g/m^3$，以防止固化体破裂或上浮。

对于海洋倾倒处置的废物必须有明显的标志。例如，国际原子能机构规定，海洋倾倒的放射性废物，在容器上必须标出国名、单位名称、自重（质量）和照射量率。对于 $5 \times 10^{-4}Sv/h$ 以下的容器，标记为无色；$(5 \sim 20) \times 10^{-4}Sv/h$ 的容器，标记为白色；$(2 \sim 5) \times 10^{-3}Sv/h$ 的容器，标记为黄色；$5 \times 10^{-2}Sv/h$ 以上的容器，标记为红色；盛装 $15g$ 以上混合裂变产物的容器，标记为紫色。

海洋倾倒是依据海洋为一个巨大的废物接受体，对投弃其中的污染物质有极大的稀释和扩散能力，对用容器包装的危险废物，即使容器破裂，污染物质泄漏，海洋也会通过它的自然稀释和扩散作用，使污染物质保持在环境允许水平的限度。因此，美国在 1946 ~ 1970 年向太平洋和大西洋的 4 个主要倾废区，大约处置了 9 万桶最初活度为 $3.5 \times 10^{15}Bq$ 的低放废物。

为了防止海洋污染，需对海洋倾倒进行科学管理。根据废物的性质、有害物质的含量和对海洋环境的影响，废物可分为三类：第一类为被禁止倾倒的废物，包括含有机卤素、汞、镉及其化合物的废物；高放废物；原油、石油炼制品、残油及其废弃物；严重妨碍航行、捕鱼及其他活动或危害海洋生物的、能在海面上漂浮的物质。第二类为需经过特别批准才能倾倒的废物，主要包括含砷、铅、铜、锌、铬、镍、钒等物质及其化合物的废物；含氰化物、氟化物及有机硅化合物的废物；低放废物；容易沉入海底，可能严重妨碍捕鱼和航行的笨重废弃物。第三类为需获普通许可证即可倾倒的废物，是指除上述两种废物之外的低毒或无毒的废物。

海洋倾倒操作程序主要分三个步骤：第一是倾倒海域的选择。一般根据距离陆地的远近、海水的深度、洋流的流向以及对渔场的影响等因素来确定，场址要符合有关海洋法规及标准，不破坏海洋生态平衡。第二是根据处置区的海洋学特性、海洋保护水质标准、废物的种类及倾倒方式进行技术可行性研究和经济分析。第三是按照设计的倾倒方案进行投弃。

根据海洋倾倒管理条例，海洋倾倒由国家海洋局及其派出机构主管；海洋倾倒区由主管部门会同有关机构，按科学合理、安全和经济的原则划定；公海倾倒则以国际公约为标准。需要向海洋倾倒废物的单位，应事先向主管部门申请，在获得倾倒许可证之后方可根据废物的种类、性质及数量在指定区域进行倾倒。

二、远洋焚烧处置

远洋焚烧是利用焚烧船将固体废物运至远海进行船上焚烧作业的一种处置方法。其法律定义是指以高温破坏为目的而在海洋焚烧设施上有意地焚烧废物或其他物质的行为。远洋焚烧适于处置具有可燃性废物，主要是各种含氯有机废物。远洋焚烧设施一般包括船舶、平台和其他人工构筑物。

远洋焚烧处置含氯有机废物的产物主要有氯化氢气体和少量焚烧残渣，对氯化氢气体经冷凝后可直接排入海中，焚烧残渣无需处理也可直接排入海中。通过实验证明，含氯有机物完全燃烧产生的水、二氧化碳、氯化氢和氧化物，由于海水本身氯化物含量高，并不会因为大量吸收氯化氢冷凝液而影响海洋中氯的平衡。此外，由于海水中碳酸盐的缓冲作用，也不会因吸收氯化氢而使海水的酸度发生变化。同时，远洋焚烧的处置费用比陆地处置便宜，因为它对空气净化的要求低、工艺相对简单，但比海洋倾倒费用要昂贵，据资料报道，每吨废物焚烧处置的费用为 50～80 美元。

远洋焚烧的管理程序同海洋倾倒。首先，进行远洋焚烧的单位，要向海洋主管部门提出申请、在其海洋焚烧设施通过检查并获得焚烧许可证之后，才能在指定的海域按照设计的焚烧方案处置废物。

在远洋焚烧时，为防止环境污染，保护焚烧工作的安全，其处置操作必须满足以下要求：应采用双层结构的船舱贮运废物，以防止发生意外而造成海洋污染；采用同心管燃烧嘴供给空气和液体的液、气雾化型焚烧器；控制焚烧系统的温度不低于 1250℃；焚烧效率至少为（99.95±0.05）%；焚烧炉台不应有黑烟或火焰延露；焚烧过程随时对无线电呼叫做出反应。

工业发达国家都曾用远洋焚烧处理处置危险废物。1967 年，德国 D. Sobinger 将一艘油船改装成焚烧船，在海上进行焚烧含氯工业废物的研究。1972 年，海洋焚烧服务公司用"火神"号处置含氯废物，年处理量为 4200t。1975 年，美国壳牌化学公司获得了焚烧各种含氯有机废物的特别许可证，有效期为 2.5 年，总处理量不超过 5000t。1977 年，马赛厄斯Ⅲ号焚烧船在欧洲北海也进行了类似的焚烧鉴定试验。1986 年 5 月下旬，美国环保局否定了化学废物管理处关于在海上进行一次化学废物研究性焚烧的申请，并规定在包括远洋焚烧在内的管理条例颁布之前，不准在海上进行任何类型的焚烧。海洋与人类的生存息息相关，保护海洋是每个国家的职责，远洋焚烧对海洋生态系统的影响还有待进一步研究。

第四节　危险废物的处理与处置

危险废物往往具有毒害性、腐蚀性、传染性、化学反应性等一种或几种以上的危害特性，且以其特有的性质对环境产生污染。另外危险废物的危害具有长期性和潜伏性，可以延续很长时间。因此国内外废物管理都将危险废物作为重点，采取一切措施保证危险废物得到妥善安全的收集、贮存、运输和处理处置。

一、危险废物的特性及鉴别

危险废物的危害特性通常包括毒害性（含急性毒性、浸出毒性、生物蓄积性、刺激或过敏性等）、易燃性、易爆性、腐蚀性、化学反应性和疾病传染性等。根据这些性质，各国均制定了各自的鉴别标准和危险废物名录。

美国对危险废物危害特性的定义及其鉴别标准见表9－4。

表9－4　美国对危险废物危害特性的定义及其鉴别标准

序号	项　目	危险废物的特性及其定义	鉴别值
1	易燃性	闪点低于定值；或经过摩擦、吸湿、自发的化学变化有着火的趋势；或在加工、制造过程中发热，在点燃时燃烧剧烈而持续，以致管理期间会引起危险	美国ASTM法，闪点低于60℃
2	腐蚀性	对接触部位作用时，使细胞组织、皮肤有可见性破坏或不可治愈的变化；使接触物质发生质变，使容器泄漏	pH＞12.5或pH＜2的液体；在55.7℃以下时，对钢制品的腐蚀速率大于0.64cm/a
3	反应性	通常情况下不稳定，极易发生剧烈的化学反应，与水猛烈反应，形成爆炸性混合物或产生有毒的气体、臭气；含有氰化物或硫化物；在常温、常压下即可发生爆炸反应，在加热或有引发源时可爆炸；对热或机械冲击有不稳定性	
4	放射性	由于核衰变而能放出α、β、γ射线的废物中，放射性同位素量超过最大允许浓度	^{226}Ra浓度等于或大于$10\mu Ci/g$废物
5	浸出毒性	在规定的浸出或萃取方法的浸出液中，任何一种污染物的浓度超过标准值。污染物指镉、汞、砷、铅、铬、银、六氯化苯、甲基氯化物、毒杀芬、2，4－D和2，4，5－T等	美国EPA/EP法试验，超过饮用水100倍
6	急性毒性	一次投给试验动物的毒性物质，半数致死量（LD_{50}）小于规定值的毒性	美国NIOSH试验方法，口服毒性$LD_{50} \leqslant 50mg/kg$体重；吸入毒性$LD_{50} \leqslant 2mg/L$；皮肤吸收毒性$LD_{50} \leqslant 200mg/kg$体重
7	水生生物毒性	鱼类试验，常用96h半数（TL_{m96}）受试鱼死亡的浓度值小于定值	$TL_m < 1000 \times 10^{-6}$（96h）
8	植物毒性		半抑制浓度$LD_{50} < 1000mg/L$
9	生物蓄积性	生物体内富集某种元素或化合物达到环境水平以上，试验时呈阳性结果	阳性
10	遗传变异性	由毒物引起的有丝分裂或减数分裂细胞的脱氧核糖核酸或核糖核酸的分子变化产生致癌、致变、致畸的严重影响	阳性
11	刺激性	使皮肤发炎	使皮肤发炎不小于8级

参考《巴塞尔公约》对危险废物的分类方法，我国根据特定来源、生产工艺和组分的不同，于1998年颁布实施了《国家危险废物名录》，将危险废物分成医院临床废物、医药废物、农药废物、有机溶剂废物、热处理含氰废物、废矿物油、废染料涂料、含镉废物等，共47类。同时制定颁布了浸出毒性、急性毒性和腐蚀性三类危险特性的鉴别标准，见表9-5。

表9-5 我国危险废物鉴别标准

危险特性	项 目	危险废物鉴别值
腐蚀性	浸出液 pH 值	≥12.5 或 ≤2.0
急性毒性初筛	小白鼠（或大白鼠）经口灌胃半致死量	1:1 配制浸出液，灌胃量小白鼠不超过 0.4mL/20g 体重，大白鼠不超过 1.0mL/100g 体重
浸出毒性	浸出液危害成分浓度 /mg·L⁻¹ 有机汞	不得检出
	汞及其化合物（以总汞计）	0.05
	铅（以总铅计）	3
	镉（以总镉计）	0.3
	总铬	10
	六价铬	1.5
	铜及其化合物（以总铜计）	50
	锌及其化合物（以总锌计）	50
	铍及其化合物（以总铍计）	0.1
	钡及其化合物（以总钡计）	100
	镍及其化合物（以总镍计）	10
	砷及其化合物（以总砷计）	1.5
	无机氟化物（不包括氟化钙）	50
	氰化物（以 CN⁻ 计）	1.0

二、危险废物的处理

目前危险废物的处理方法主要有稳定化-固化和焚烧处理两种。

（一）危险废物的稳定化-固化处理

危险废物稳定化-固化处理是利用物理、化学方法将危险废物固定或包封在密实的惰性固体基材中，使危险废物中的所有污染组分呈现化学惰性或被包容起来，以便于运输、利用或处置。该技术最早用来处理放射性污泥和蒸发浓缩液，最近十多年来得到迅速发展，已被广泛用于处理电镀污泥、铬渣、砷渣和汞渣等危险废物。已研究和应用多种稳定化-固化方法处理不同种类的危险废物，但迄今为止尚无一种适于处理任何类型危险废物的最佳固化方法。目前采用的各种固化方法往往只适于处理一种或几种类型的废物。根据固化剂及固化过程的不同，目前常用的固化技术主要包括水泥固化、沥青固化、塑料固化、玻璃固化、石灰固化等（见第6章固体废物的化学处理）。

（二）危险废物的焚烧处理

危险废物焚烧处理的主要工艺过程与城市生活垃圾和一般工业废物的焚烧相近，但危险废物焚烧的要求比城市生活垃圾和一般工业废物要高得多，从设计、建造、试烧到正常运行管理都有一套十分严格的程序。另外，焚烧系统操作管理也远较一般城市生活垃圾或工业废物的焚烧复杂。除必须拟订完善的操作管理计划、提供充足的人员训练、按照操作手册规定的标准步骤进行焚烧操作外，危险废物在焚烧之前，还必须经过接收、特性鉴定及暂时贮存等步骤。焚烧处理的基本原理、工艺及设备见第4章固体废物的热化学处理。

危险废物焚烧处理需在相关法规许可的范围内进行。尽管每个危险废物焚烧炉都有自己的设计规格和处理对象，但一般而言，高压气瓶或液体容器盛装的物质、放射性废物或含有放射性物质的废物、爆炸性或振动敏感物质、含汞废物、含多氯联苯或二噁英类等特定剧毒物质的废物、含病毒或病原体的医疗废物、除尘设备收集的飞灰、重金属浸出浓度超过表9-6所列数值的废物等，不宜采用焚烧方法进行处理。

表9-6　废物中重金属浸出浓度限值　　　　　　　　　　　　　　　　　（mg/L）

重金属	浸出浓度限值		重金属	浸出浓度限值	
	液态废物	固态废物		液态废物	固态废物
砷（As）	250	50	铅（Pb）	250	50
钡（Ba）	100	200	汞（Hg）	2	0.4
镉（Cd）	50	10	硒（Se）	250	50
铬（Cr）	250	50	银（Ag）	50	10

另外，在接收危险废物进行处理之前，应仔细审阅废物产生者提供的危险废物的背景及特性鉴定资料，包括废物的质量及运输方式；一般的物理/化学特性（如物态、密度、水分、总热值、灰分、气味、颜色、pH值等）；化学成分及有害物质含量；接触或传送须采取的保护措施等。

危险废物运抵焚烧厂之后，应对废物的有害特性及直接影响焚烧操作的特性，如反应性、水分、总热值、相容性等进行复核测试，并根据废物的形态、物性、相容性及热值将其进行分类，以避免无法相容或混合后会产生化学反应的废物贮存在一起或同时处理。表9-7列出了部分不可相容或相混合的废物，如果表中A类和B类对应废物相混合，则可能会发生化学反应，并导致严重的后果。

表9-7　部分不可相容或相混合的废物

A类	B类
（1）混合后会发生激烈反应并产生热量的废物	
乙炔污泥、碱性污泥	酸性污泥
碱性洗涤液、碱性腐蚀液	酸洗金属液
强腐蚀性的碱性电解液	酸性电解液
石灰污泥及其他具有腐蚀性的碱性溶液	废酸或混合酸液
（2）混合后可能会剧烈燃烧或爆炸，并产生易燃氢气的废物	
铝、铍、钙、钾、锂、镁、钠、锌粉及其他反应性金属氢化物	1A或1B类废物

A 类	B 类
（3）混合后可能会剧烈燃烧或爆炸，释放热量并产生易燃性或毒性气体的废物	
醇类	高浓度 1A 或 1B 类废物
（4）混合后可能会剧烈燃烧或爆炸或发生激烈反应的废物	
醇 醛，有机氯化物，硝基化合物，不饱和烃及其他反应性有机物	高浓度 1A 或 1B 类废物 2A 类废物
（5）混合后可能会产生有毒氰化氢气体或硫化氢气体	
废氰酸盐或硫化物	1B 类废物
（6）混合后可能会剧烈燃烧或爆炸或发生激烈反应的废物	
氯酸盐 氯 亚氯酸盐 铬酸 过氯酸盐、硝酸盐、浓硝酸、高锰酸盐、过氧化物及其他强氧化物	醋酸或其他有机酸 高浓度无机酸 2A 类废物 4A 类废物 其他易燃及可燃性废物

　　运抵焚烧厂的危险废物有时不能够及时得到处理，因此应有临时贮存措施。危险废物的形态大致可分为液态、浆状态和固态三类，对它们应分别采取不同的贮存方式。液态和浆状态废物通常分类贮存于特殊设计的密封式贮槽中。固态废物则可采取密封式贮槽、水泥坑及堆积三种方式贮存。大多数情况下，可将废物连同盛装废物容器直接存放于场地内的指定场所。贮存区应有水泥基底，以免污染土壤，同时应具有遮风挡雨的顶棚及特殊排水设施，通风良好，并配备可燃气体监测及警示设备。所有容器应定期检查。

　　危险废物焚烧系统与城市生活垃圾和一般工业废物的焚烧系统没有本质上的差别，都是由进料系统、焚烧炉、废热回收系统、发电系统、测试系统、废水处理系统、废气处理系统和灰渣收集及处理系统等组成，不同之处在于某些系统的选择和设计上。用于城市生活垃圾和一般工业废物焚烧处理的各种焚烧炉，如多段炉、旋转窑焚烧炉、流动床焚烧炉等，都可以用来焚烧处理危险废物。其中，旋转窑焚烧炉是最常用的炉型，除重金属、水和无机物含量高的不可燃废物之外，各种不同形态（固态、液态和浆状态）的可燃性危险废物皆可送入旋转窑中焚烧，一些剧毒物质如含多氯联苯的废物也可使用旋转窑处理。图9 -23 所示为旋转窑处理工业危险废物流程。

三、危险废物的处置

　　危险废物主要采用填埋处置。有关填埋场的前期准备、设计、运行和封场等方面的原则均与城市生活垃圾的填埋类同。但危险废物处置需要有更严格的控制和管理措施，在危险废物填埋处置的各个阶段均应进行认真落实。

　　（一）处置技术

　　现代危险废物填埋场多为全封闭型填埋场，可选择的处置技术包括共处置、单组分处

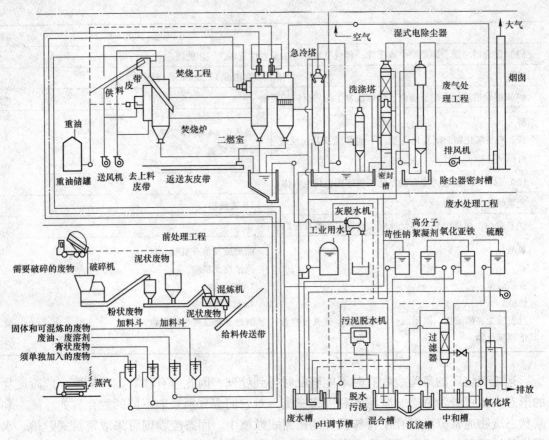

图 9-23　工业危险废物旋转窑焚烧处理流程

置、多组分处置和前处理再处置。

（1）共处置。共处置就是将难处置废物有意识地与生活垃圾或类同废物一起处置。主要目标是利用生活垃圾的特性来衰减难处置废物中一些具有污染性和潜在危害性的组分，使其达到环境可接受的程度。现在许多国家已禁止危险废物在城市垃圾填埋场共同处置。我国城市垃圾卫生填埋标准也规定危险废物不能进入填埋场。

（2）单组分处置。单组分处置是指采用填埋场处置物理、化学形态相同的废物。废物经处置后无须保持其原来的物理形态。例如，生产无机化学品的工厂，经常在单组分填埋场大量处置本厂的废物（如磷酸生产产生的废石膏等）。

（3）多组分处置。多组分处置是将两种或两种以上危险废物填埋在同一填埋场中的处置方法。在处置混合废物时，必须确保它们之间不会因发生反应而产生更毒的组分或导致更严重的污染，如产生高浓度有毒气体或蒸气。多组分处置有下述三种类型。1）将被处置的各种混合废物转化成较为单一的无毒废物，一般用于化学性质相异而物理状态相似的废物处置，如各种污泥等。2）将难处置废物混在惰性工业固体废物中处置，这种共处置不发生反应。3）将一系列废物在填埋场中各自独立的区域内进行填埋处置。这种多组分处置实际上与单组分处置无差别，只是规模大小不同而已。这种操作应视为单组分处置。

（4）预处理后再处置。对于某些物理、化学性质不适合直接进行填埋处置的废物，在填埋处置前必须经过预处理，达到入场要求后方能进行填埋处置。

（二）填埋场的作业要求

1. 单一废物处置

单组分废物填埋场一般占地面积大，且在相当长时间内不能以之作其他用途。但如果采用逐步复田的准则进行作业，即整个填埋区域以填埋单元方式进行废物处置，每个填埋单元复田之后土地即可安排他用。这样即使在填埋场作业期间，也能改善景观，减少对环境的影响。

2. 共处置

废物共处置的方法取决于废物本身的性质和达到良好负荷量的要求。基本原则如下：

（1）液态废物共处置。液态废物进行共处置之前，必须通过水平计算来评价填埋场的接受能力。填埋密度为 $0.6 \sim 0.7 t / m^3$ 的生活垃圾之类的废物填埋区，可以用作液态废物的处置，以利于它们被吸收。经压实的废物对液体废物的吸收性能比较低。液体废物在打包废物中处置极不可取，因为高密度打包限制了它对液体的吸收量，而且会造成缝隙液流。最好的方法是把液态废物置于至少已堆存了 $6 \sim 12$ 个月的熟化垃圾中。液态废物填埋处置可采用四种方法：沟渠或蓄液塘、地下灌注、喷洒和地面灌溉。但目前液态废物必须经过固化处理后方能进入危险废物填埋场。

（2）污泥的共处置。污泥和泥浆类废物可以像液态废物那样进行沟渠内处置，但易发生堵塞孔隙现象。在已处置的废物堆上开挖污泥处置沟渠要比在工作面上开挖沟渠好，污泥处置后立即加以覆盖。考虑水量平衡的前提下，污泥也可并入固体废物进行处置。污泥应堆置在工作面或开挖沟渠的基底部位，然后立即用固体废物覆盖。在这种情况下，应注意避免正在工作的运输工具陷入污泥。

（3）固体废物的共处置。填埋难处置的固体废物时，最好在专门处置区域内采用薄层技术将这些废物沿工作面分散并立即覆盖。不渗透性废物不适于大面积地层状处置，因为它可能会导致地下水水位上升和使渗滤液产生沟流，使土地填埋的衰减过程受到阻碍。

3. 难处置废物的处置

（1）尘状废物。对于细而轻的尘状废物，填埋操作应非常小心，否则会在填埋场内或边界之外产生严重的尘埃问题。处置这些废物时，应加以包装或者使其充分湿润，然后填在沟渠内并立即回填。沟渠周围地域应保持潮湿以防尘状物质干燥。现场作业人员应配备适宜的呼吸用保护器具。含有毒性物质而存在严重危害的尘状废物不能直接进行填埋，应预先进行处理，消除其危害性后再填埋。

（2）废石棉。所有纤维状与尘状石棉废物只有在用坚固塑料袋或类似包装进行袋装后才能填埋。包装袋必须坚固，在装包、运输和卸料过程中不会破损。目前处置办法主要是堆置在工作面底部或放置到已开挖好的沟渠内。

（3）恶臭性废物。处置动物集中养殖业和附属副产品加工业、某些化工制造业等产生的恶臭性工业废物的填埋场，必须有防止恶臭散发措施。最基本办法是：配备适宜的废物接收和处置作业设备，运送这些废物必须预先通知，选择在适宜的气候条件时接收和处置这类废物，用抑制恶臭的材料直接进行覆盖。

4. 现场作业要求

（1）接纳废物分析。接收难处置废物的填埋场，对接纳废物的检查和分析是十分必要的。它可以验证废物产生者对于废物的说明是否属实，以保证执行废物处置许可证的要求，保障废物作业人员的健康和安全，证实所选用的处置方法的适用性。

（2）渗滤液监测。除了分析接纳的废物之外，还要分析填埋场的渗滤液。共处置土地填埋场的渗滤液应该定期监测，以保证衰减进程不超负荷和衰减作用如期进行。对于渗滤液进行场内处理或排入污水管的土地填埋场，监测的要求是保证排放水质保持在设施的设计参数之内，并且符合排放许可条件。

（3）急救设备。为防止操作人员被刺激性或腐蚀性废物溅伤及造成人体大面积沾污，应配备如洗眼瓶之类的器具，操作区附近应有供急救用的淋浴或冲洗用水。大型的危险废物填埋场必须设有良好的通讯设施，使用无线电话提供快速现场通讯则更好。

第五节　放射性固体废物的处理与处置

一、放射性的基本概念

自从 1942 年人类实现了第一次自持链式反应以来，核工业得到迅速发展，随着核工业的发展，放射性废物也越来越多。因此，放射性固体废物的控制和处理成为环境保护的重要课题。

所谓放射性是一种不稳定原子核（放射性物质）自发地发生衰变，与此同时放出带电粒子（α 射线或 β 射线）和电磁波（γ 射线）的现象。这种发生放射性衰变的物质称为放射性核素，有天然和人工之分。天然存在的放射性核素（同位素）具有自发放出射线的特性，而人工放射性核素（同位素）虽同样具有衰变性质，但核素本身必须由人工通过核反应才能产生。

α 射线是带两个正电荷的氦离子流，具有很强的电离作用，能使所经过的物质电离，产生离子对，而 α 粒子本身由于动能的消耗，在穿过物质中越走越慢，最后被物质吸收。β^- 射线是带负电荷的电子流，β^+ 射线是带正电荷的电子流，β 粒子穿过物质时电离作用弱，不像 α 粒子那样容易被物质吸收，因此，穿透能力比 α 粒子大。γ 射线是不带电的、波长很短的电磁波，电离作用最弱，但射线能量极大，因此穿透能力很强。γ 射线穿过物质时把全部能量或部分能量传给原子中的电子，而自身变成能量较低的电磁波。

特定核素的每个原子发生自发衰变的概率，通常以半衰期 $\tau_{1/2}$（即核素原子减少一半所需时间）表征，其在衰变期间所放出的射线种类和能量大小均由该核素的原子核结构所决定。人们常以放射性活度来量度放射性的强弱，它的国际制单位为贝可勒尔，符号为 Bq，其物理量为 1 核衰变/秒（即 $1Bq = 1s^{-1}$），曾使用的强度单位为居里（Ci），与前者的关系为：$1Ci = 3.7 \times 10^{10}Bq$ 或 $1Bq = 2.7 \times 10^{-4}Ci$。单位质量放射性物质的活度称作比活度（$A_m$），用 Bq/kg 表示；单位体积物质的活度称作放射性浓度（A_v），用 Bq/m^3 或 Bq/L 表示。

核工业主要包括燃料的制备、热核材料的加工与生产、各类反应堆的建造和辐射后的燃料处理以及核武器的研制等工业过程。具有放射性的同位素有几百种，目前作为核燃料的裂变物质为铀^{235}、铀^{233}和钚^{239}。铀是天然存在的，但铀中含铀^{235}只占 0.7% 左右。铀^{233}和钚^{239}只能人工生产，用中子分别轰击钍^{232}和铀^{238}来制取。铀^{235}和钚^{239}既可用作核武器的装料，也可作反应堆的燃料。热核材料有氘、氚、锂^{6}及其化合物。氘可用重水制备，氚主要用锂^{6}在反应堆中经过中子照射生成，这些热核材料是氢弹的主要装料。

核工业产生的放射性废物涉及100多种元素、900多种放射性同位素。放射性同位素衰变辐射不受外界环境的影响，每一种同位素的衰变都有其自身特有的速率，即半衰期，与其存在的状态、温度、压力、外加化学试剂无关。尽管放射性废物可以是气体、液体和固体，无论怎样处理，它都按其自身特有的速率衰变下去，因此，放射性同位素的自然衰变是消除其放射性的唯一实际方法。但是，各种放射性同位素衰变到安全水平需要的时间不一，有些衰变很快，而有些则需要几百年，甚至更长的时间，因此对放射性废物的处理与其他工业污染物的处理有本质的不同。

二、放射性固体废物的来源及分类

（一）放射性固体废物的来源

放射性固体废物的主要来源有以下四方面。

（1）矿石开采加工、核燃料制备等过程中产生的放射性固体废物。铀矿石的种类多、品位低，其开采的废石进行堆浸和洗泥等预处理产生的矿渣和尾砂的数量很大。由于铀矿石品位低，其尾砂的量与原矿石数量几乎相等，化学组分与原矿石相差不大，尾砂中残留铀一般不超过原矿石铀含量的10%，但其铀衰变子体绝大部分残留在尾矿中，其中镭占原矿中镭的95%~99.5%，尾矿中保留了原矿石中总放射性的70%~80%。尾矿中粒度细小的尾泥含铀及镭更高。除此之外，还有加工过程中污染的废弃设备、管道、滤布、包装材料、劳保用具和金属保护套等。该类放射性固体废物数量大，除尾砂和冶炼尾渣外，一般放射性核素浓度低，多在矿山和水冶厂就地堆存或回堆矿井，很少处理。但尾砂与尾渣需要采取稳定的控制措施。

（2）核燃料辐射后产生的裂变产物。反应堆中燃料经辐射以后产生人工核燃料钚^{239}，为了从辐射过的燃料元件中提取钚、回收铀，需要对辐射过的燃料元件进行化学处理。化学处理是主要将铀和钚^{239}分离出来作为核燃料，而裂变产物几乎全部进入废液、废气或固体废物中，它是放射性固体废物量最多的一个环节。此外，还有被放射性污染的设备、材料、废弃的过滤器、废液处理等形成的泥浆及其各种防护用品。该类高放固体废物和超铀固体废物含有几乎全部裂变产物和大量长半衰期的超铀元素，需经过几十万年才能衰减到无害水平，因此必须进行安全处理。

（3）反应堆内废核燃料物质经辐射后产生的活化产物。反应堆固体废物包括离子交换树脂过滤器、过滤器上的泥浆、蒸发残渣、燃料元件碎片、废弃防护用品、混凝土块以及放射性同位素应用过程中污染的各种固体废物。该类污染物含有中等偏低放射性核素，其主要放射性物质有铬^{51}、铁^{55}、铁^{59}、锰^{56}、钴^{60}等，必须进行安全处理。

（4）城市放射性废物。科研中心、学校、医院等放射性同位素应用单位产生的"城市放射性废物"，一般以六种主要形式出现：1）沾有放射性的金属、非金属物料及劳保用品；2）受放射性污染的工具、设备；3）散置的低放射性废液固化物；4）以放射性同位素进行试验的动、植物尸体或植株；5）超过使用期限的废放射源；6）含放射性核素的有机闪烁液。尽管这些废物的比活度不高，但若管理不当，对人口密集的城市安全就是潜在威胁。

（二）放射性固体废物的分类

由于放射性废物来源各不相同，其组成、性质以及放射性水平差别较大，因而对它们的处理及处置措施也有较大的差异，为便于管理，需要科学地加以分类。核废物分类的依据，除形态之外，主要是放射性比活度或放射性浓度、核素的半衰期及毒性。目前还没有世界各国普遍接受的放射性废物分类体系。我国则参照国际上的一般原则，制定了放射性废物分类国家标准（GB 9133—1995）。此外，在防护工作中常常要求限制单位时间内的接受剂量，即剂量率。国际原子能机构按剂量率建议将固体放射性废物分成四类：

（1）第一类。表面剂量率 $D \leqslant 20$ 的低水平放射性废物，运输中不需特殊防护，主要是 β 及 γ 放射体，所含 α 放射体可忽略不计。

（2）第二类。$20 < D \leqslant 200$ 的中水平放射性废物，运输中需加薄层水泥或铅屏蔽，主要是 β 及 γ 放射体，所含 α 放射体可忽略不计。

（3）第三类。$D > 200$ 的高水平放射性废物，运输中要求特殊防护，主要是 β 及 γ 放射体，所含 α 放射体可忽略不计。

（4）第四类。α 放射性 $3.7 \times 10^{10} / m^3$，要求不存在超临界问题，主要为 α 放射体和核武器装料等过程产生的含天然放射性同位素废物、核燃料辐射后产生的裂变产物、反应堆内废核燃料物质、经辐射后产生的污化产物以及从制造和使用放射性产品产生的放射性废物。

三、放射性固体废物的污染特点

在自然环境中，放射性可通过不同途径进入人体造成放射性污染，其污染途径如图9-24所示。

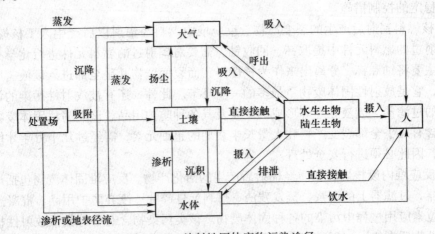

图 9 - 24　放射性固体废物污染途径

放射性污染的特点表现在以下几个方面：

（1）隐蔽性和潜存性。放射性具有电离性质，其污染通过不同射线（α、β、γ等）所夹带的不同穿透能力而不为人们的感觉器官所觉察，只能依靠辐射探测仪器加以探明。

（2）长期性。放射性物质不能用化学的（通过化学药物）、物理的（通过温度、压力等外界条件）或生化的作用加以去除，只能靠其自然衰变而减弱，一般需减至千分之一（0.1%），即减少十个半衰期可达到无害化程度。由于不同核素半衰期长短的差异性，无害化保存期短则几百年，长则数千上万年。

（3）治理难度大。放射性核素的毒性一般远超过化学毒物，由于其污染浓度低，而要求的净化系数高，这就增加了治理上的难度。

（4）复杂性。放射性废物的种类复杂，在形态核素半衰期、射线能量、毒性、比活度等方面均有极大的差异。这样无论是处理或是处置都是严格、复杂而且费用高昂的。

四、放射性固体废物的处理

尽管放射性废物的来源、组成和放射性水平各不相同，但根据保护环境、减少和避免放射性污染的需要，对它们的处理过程基本上应遵循图 9 – 25 所示的过程。所有核废物的最终出路则是将放射性废物固化体运至尽量与生态系统隔绝的处置场或处理库中存放。

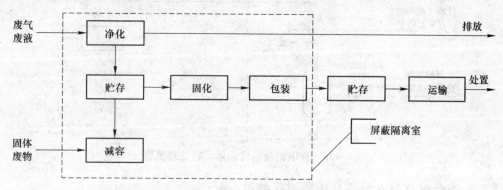

图 9 – 25　放射性废物处理基本过程

（一）中低能级放射性固体废物的处理与处置

放射性固体废物在安全处置之前，根据其性质可采用下列方法进行处理，以尽量减少污染物的体积，降低废物的操作、运输和隔离保存等处置成本。

（1）去污处理用洗涤剂、络合剂或其他溶液擦洗去污，用喷镀或电解方法消除金属部件的某些玷污表面。

（2）包装及固化处理用气密性容器，如钢桶等包封废物；或用水泥、沥青、塑料、玻璃等固化方法固定或包容放射性固体废物。

（3）减容处理。减容方法主要有粉碎、切割、压缩、焚烧、熔融等方法。

1）切割处理。切割处理用于减少大件物体的体积或按不同污染程度拆卸设备部件。切割处理要在专门的房间进行，小物件可在防尘柜中切割，对于玻璃器件则压碎处理。

2）压缩减容。大量放射性染物如纸张、塑料、织物、橡胶以及各种小件制品都是可通过压缩减容。压缩减容需在密闭室进行，同时应在负压下操作，以免在压缩过程中产生灰尘飞散。经压缩后的固体废物体积可减至原来的 1/3 ~ 1/6。

3）焚烧减容。焚烧减容必须考虑固体废物的理化性质、热值及燃烧的稳定性、爆炸成分以及燃烧时产生有毒气体的材料应先剔除。焚烧减容适于处理可燃物如纸、布、木材、塑料及橡胶等，经焚烧后，其体积可减至原来的 1/30 ~ 1/100，而且灰分稳定。但是进入焚烧炉前需将固体废物分类，去除不可燃物质，而且燃烧产生烟尘、气溶胶和挥发性物质，需要净化装置和深度处理，费用高。

中低放射性固体废物主要用浅地层埋藏处理。

（4）核电站固体废物的处理。图 9－26 所示为核电站放射性固体废物处理的流程。

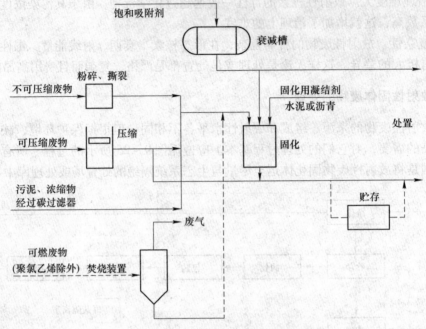

图 9－26　核电站放射性固体废物处理流程

（二）高能级放射性固体废物的回收利用

高能级废物主要是核动力装置和人工燃料的裂变产物，包括 30 多种元素、300 多种同位素，其中大部分裂变产物的半衰期很短或裂变产额很低，只有 10 多种裂变同位素的寿命较长、裂变产额较高，这些同位素大多是自然界不存在的，如能开展综合利用，不仅可以充分利用资源，发展经济，而且可以减少废物排放量，改善和保护环境。

目前已从核反应堆和人工核燃料^{239}Pu、^{238}U 的生产过程的裂变产物中回收有用的同位素。回收利用最多的是^{90}Sr，用其制成长期无需充电的核电池，具有使用寿命长、运行可靠、结构紧凑、长期供电无需照管、不受外界影响等优点，可作宇宙飞船、人造卫星、海上灯塔、海面航标、边远地区无人气象站的能源。

利用核反应产物^{237}Np 经反应堆照射后制成^{238}Pu，将^{238}Pu 制成核电池。美国阿波罗登月舱就是用^{238}Pu 作热源材料，其功率为 56W。由^{238}Pu 作能源的心脏起搏器使用寿命可达 10 年，比一般化学电池作能源的使用时间增长 5 倍。法国在 1970 年已将这种起搏器植入人体。

回收^{137}Cs 作为辐照源，放射性同位素辐照技术已广泛用于工业、农业、医疗和科学研究等部门，主要以^{60}Co 作为 γ 辐照源。用^{137}Cs 作 γ 辐照源，γ 能量较^{60}Co 小，半衰期比^{60}Co长 5 倍，原料来自高能级废液，成本较低，防护要求也较低。已制成^{137}Cs 的辐照机供医疗、消毒、防腐、杀虫、改良品种等应用。

此外，^{85}Kr 可用作自发光标志，夜间可视距离为 153m，^{90}Sr、^{85}Kr 和^{147}Pm 都可作为自发光物质的活化剂。国际上推荐用^{147}Pm 作永久性发光粉，^{99}Tc 作超导体和合金的抗蚀剂。其他许多同位素的综合处理利用还有待进一步研究开发。

习　题

9-1　填埋场选址总的原则是什么，选址时主要考虑哪些因素？

9-2　固体废物处置的多重屏障系统包括哪些内容？

9-3　现代填埋场的建造及运行包括哪些具体步骤？

9-4　简述填埋场的类型与基本构造。

9-5　绘出卫生填埋场的典型工艺流程。

9-6　简述填埋场水平防渗系统的类型及其特点。

9-7　简述填埋场终场防渗系统结构的组成及各层的作用。

9-8　填埋场库容的确定需要考虑哪些因素？

9-9　渗滤液水质特征主要受哪些因素影响？

9-10　控制渗滤液产生的工程措施有哪些，其作用如何？

9-11　处理渗滤液的基本方法有哪些，各自的特点是什么？

9-12　试述现代填埋场的处理功能及其机理。

9-13　试析填埋场渗滤液收集系统的主要功能及其控制因素。

9-14　根据达西公式并结合图示，说明单复合防渗系统与双层防渗系统的异同点。

9-15　试述固体废物管理"三化"原则对固体废物处置技术发展的影响。

9-16　一个 100000 人口的城市，平均每人每天产生垃圾 2.0kg，如果采用卫生土地填埋处置，覆土与垃圾之比为 1:4，填埋后废物压实密度为 $600kg/m^3$，试求 1 年填埋废物的体积。如果填埋高度为 7.5m，一个服务期为 20 年的填埋场占地面积为多少？总容量为多少？

9-17　一个 10 万人口的城市，平均每人每天生产垃圾 0.9kg，若采用卫生填埋法处置，覆土与垃圾之比取 1:5，填埋后垃圾压实密度取 $700kg/m^3$，试求：

（1）填埋体的体积。

（2）埋场总容量（假定填埋场运营 12 年）。

（3）填埋场总容量一定（填埋面积及高度不变），要扩大垃圾的填埋量，可采取哪些措施？

9-18　某填埋场总面积为 $3 \times 10^4 m^2$，分三个区进行填埋。目前已有两个区填埋完毕，其面积为 $A_2 = 2.0 \times 10^4 m^2$，浸出系数 $C_2 = 0.2$。另有一个区正在进行填埋施工，填埋面积为 $A_1 = 1.0 \times 10^4 m^2$，浸出系数 $C_1 = 0.5$。当地的日平均降雨量为 3.3mm，最大月降雨量的日换算值为 6.5mm/d。求污水处理设施的处理能力。

9-19　某卫生填埋场设置有功能完善的排水设施。填埋场总面积为 $3 \times 10^5 m^2$，其中已封顶的填埋区面积为 $2.0 \times 10^5 m^2$，填埋操作区面积为 $5.0 \times 10^4 m^2$。假定填埋场所在地的年平均降雨量为 1200mm，降雨量成为渗滤液的份额在已封顶填埋区和填埋操作区分别占 30% 和 50%，问：

（1）该填埋场渗滤液的产生量有多少？

（2）可能的渗滤液处理方案有哪些？你认为何种方案最佳，为什么？

9-20　对人口为 5 万人的某服务区的垃圾进行可燃垃圾和不可燃垃圾分类收集，可燃垃圾用 60t/d 的焚烧设施焚烧，不可燃垃圾用 20t/d 的破碎设施处理；焚烧残渣（可燃垃圾的 10%）和破碎不可燃垃圾（不可燃垃圾的 40%）填埋；用破碎分选出 30% 的可燃垃圾和 30% 的资源垃圾。已知每人每天的平均垃圾排出量为 800g，其中可燃垃圾 600g，不可燃垃圾 200g；直接运入垃圾量为 4t/d，其中可燃垃圾 3t/d、不可燃垃圾 1t/d。求使用 15 年的垃圾填埋场的容量。

9-21　某填埋场底部黏土衬层厚度为 1.0m，$K_s = 1 \times 10^{-7} cm/s$。计算渗滤液穿透防渗层所需的时间。若采用膨润土改性黏土防渗，设防渗层的有空隙率 $h_e = 6\%$，防渗层上渗滤液积水厚度不超过 1m，

膨润土改性黏土 $K_s = 5 \times 10^{-9}$ cm/s。这时渗滤液穿透防渗层所需的时间是多少？

9-22　一填埋场中污染物的 COD 为 10000mg/L，该污染物的迁移速度为 3×10^{-2} cm/s，降解速度常数为 6.4×10^{-4} s^{-1}。试求当污染物的浓度降到 1000mg/L 时，地质层介质的厚度应为多少？污染物通过该介质层所需的时间为多少？

9-23　什么是危险废物？简述危险废物的处理方法。

9-24　下列废物中哪些属于危险废物：热处理含氰废物、医院临床废物、焚烧处理残渣、厨余垃圾、含锌废物、含醚类废物、日光灯管、废燃料涂料、无机氟化物废物、建筑垃圾、废 Ni/Cd 电池、含钡废物、焚烧炉飞灰、庭院垃圾、废压力计。

9-25　危险废物填埋场管理包括哪些内容？

9-26　谈谈你对危险废物的焚烧管理的认识。

9-27　简述危险废物对地下水污染的控制策略。

9-28　什么是放射性固体废物？简述其分类。

9-29　简述低中水平放射性固体废物的处置方法。

9-30　简述近地层处置场关闭的条件。其关闭之后经历哪几个阶段？

9-31　在哪些情况下应对岩洞处置场进行关闭？其关闭包括哪几步骤？

9-32　论述分析高放废物地质处置的设计原理。

参 考 文 献

[1] 于森，魏忠义，王秋兵，等. 不同粒级煤矸石风化物矿质元素的含量变化及风化程度分析 [J]. 山西农业科学，2008，36（5）：66～69.

[2] 刘会平，严家平，樊雯. 不同覆土厚度的煤矸石充填复垦区土壤生产力评价能源环境保护 [J]. 能源环境保护，2010，24（1）：52～56.

[3] 董继红，赵卫东. 从煤矸石制备氯化铝的循环母液中提取镓 [J]. 黑龙江冶金，1997（3）：24～25.

[4] 刘振学，宋丽，邱利民. 从煤矸石中提取氯化铝的参数优化 [J]. 煤炭加工与综合利用，1996（5）：32～34.

[5] 刘镇书，袁东海. 低热值煤矸石利用探索 [J]. 砖瓦，2009（11）：18.

[6] 杨思忠，杨荣俊. 对我国混凝土行业推进节能减排工作的思考 [J]. 混凝土世界，2010（10）：22～24.

[7] 李庆繁，宋波. 发展煤矸石烧结砖存在的问题及经验教训 [J]. 新型墙材，2009（10）：27～29.

[8] 孙晓华，刘雪梅，李功民. 复合式干法选煤工艺在分选煤矸石中的应用选煤技术 [J]. 选煤技术，2008（3）：49～50.

[9] 王奇. 复合式干法选煤技术的应用与实践 [J]. 甘肃科技，2010，26（6）：60～61.

[10] 韩彩霞. 工业废渣在水泥工业中的应用 [M]. 北京：中国建材工业出版社，2010.

[11] 金海斌. 关于安溪煤矸石发电有限公司发展战略问题的分析 [J]. 广东科技，2009（5）：236～237.

[12] 国家发展改革委、建设部关于印发《热电联产和煤矸石综合利用发电项目建设管理暂行规定》的通知. 发改能源 [2007] 141号.

[13] 蔡峰，刘泽功，林柏泉，等. 淮南矿区煤矸石中微量元素的研究 [J]. 煤炭学报，2008，33（8）：892～897.

[14] 刘保元，李政. 活化煤矸石在废水处理技术中的试验研究 [J]. 黑龙江科技信息，2010（26）：14，254.

[15] 许晨阳，范兴旺，张亮，等. 活化煤矸石作掺和料－混凝土力学性能的研究 [J]. 商品混凝土，2010（8）：14.

[16] 张世诚. 加快推进煤矸石资源化综合利用的步伐 [J]. 煤炭技术，2009，28（1）：91～92.

[17] 李旭华，王心义，杨建，等. 焦作矿区煤矸石山周围土壤和玉米作物重金属污染研究 [J]. 环境保护科学，2009，35（2）：66～69.

[18] 任准，周文军. 开发高性能煤矸石粉煤灰混凝土的可行性 [J]. 山西建筑，2010，36（27）：161～162.

[19] 伍贤益. 利用可燃性废料焙烧砖瓦的工艺技术与操作 [J]. 砖瓦世界，2010（9）：36～39.

[20] 伍贤益. 利用可燃性废料焙烧砖瓦的工艺技术与操作方法 [J]. 砖瓦，2010（9）：18～21.

[21] 顾炳伟. 利用煤矸石合成4A分子筛初探 [J]. 江苏地质，1997，21（2）：90～92.

[22] 刘大锰，葛宝勋. 利用煤矸石制备4A分子筛的研究 [J]. 中国矿业大学学报，1995，24（2）：85～88.

[23] 李文秀. 利用煤矸石制砖的环境影响分析 [J]. 洁净煤技术，2008，14（3）：93～95.

[24] 张香兰，徐德平，杨林松. 利用煤系富硅质资源生产四氯化硅的可行性研究 [J]. 煤炭加工与综合利用，1999（6）：30～33.

[25] 方仁玉，李新福. 利用石灰石废石和煤矸石生产优质道路硅酸盐水泥 [J]. 水泥，2009（10）：27～28.

[26] 陶有俊，刘炯天，高敏. 流膜分选技术研究与应用进展 [J]. 选煤技术，2006（5）：42～45.

[27] 田爱杰. 煤矸石/粉煤灰中镓的提取与分离 [D]. 青岛：山东科技大学，2005.

[28] 王海臣. 煤矸石、页岩烧结砖原料的制备工艺与设备 [J]. 砖瓦世界, 2009 (2): 28~29.

[29] 安乐. 煤矸石、页岩制砖的环境可行性分析 [J]. 辽宁建材, 2010 (7): 51~52.

[30] 裘国华, 徐扬, 施正伦, 等. 煤矸石代替黏土生产水泥可行性分析 [J]. 浙江大学学报 (工学版), 2010, 44 (5): 1003~1008.

[31] 宗云峰, 宗云岭. 煤炭开采塌陷地复垦治理技术研究 [J]. 煤炭经济研究, 2010, 30 (3): 15~17.

[32] 王汉臣. 煤炭洗选、消费中的问题与建议 [J]. 贵州环保科技, 1998 (2): 1003~1008.

[33] 李海波. 浅谈煤矸石在路基回填中的应用 [J]. 科技信息, 2010 (5): 323.

[34] 龙勇. 浅谈南桐煤矿洗煤厂从洗矸中回收硫铁矿 [J]. 煤炭加工与综合利用, 1996 (4): 81~82.

[35] 刘建明, 种德雨, 张杨, 等. 浅析煤矸石的自燃及防治措施 [J]. 山西焦煤科技, 2010 (1): 4~6.

[36] 谢建成. 浅析煤矸石烧结空心砖的原料选择和生产工艺的影响因素 [J]. 砖瓦, 2009 (10): 12~14.

[37] 徐茂行, 赵颖, 李国田. 强夯在煤矸石填土中的应用 [J]. 山西建筑, 2010, 36 (5): 121~122.

[38] 丰曙霞. 热活化煤矸石促进水泥水化研究 [J]. 英才高职论坛, 2008, 4 (3): 49~62.

[39] 孙兆福. 山东淄矿集团煤矸石年创亿元收益 [N]. 中国工业报, 2010-1-14 (A03).

[40] 光喜萍. 山西省煤矸石现状与综合利用 [J]. 山西煤炭管理干部学院学报, 2010 (2): 176~177.

[41] 胡振琪. 山西省煤矿区土地复垦与生态重建的机遇和挑战 [J]. 山西农业科学, 2010, 38 (1): 42~45.

[42] 李晓辉. 山西省应大力发展煤矸石煅烧高岭土精品 [J]. 科技情报开发与经济, 2004, 14 (11): 101~102.

[43] 孙晓刚, 邢军, 万小军, 等. 添加剂对砂岩质煤矸石烧结砖影响的研究 [J]. 矿业研究与开发, 2010, 30 (3): 63~66.

[44] 谢希德. 创造学习的新思路 [N]. 人民日报, 1998-12-25 (10).

[45] 胡志鹏. 我国煤矸石发电正在掀起浪潮 [J]. 华通技术, 2007 (3): 32~35.

[46] 李剑, 刘贤群. 我国煤矸石制砖的现状与发展 [J]. 煤炭加工与综合利用, 2001 (6): 24~25.

[47] 宋玲玲, 丁伟东, 刘昕. 我国煤矸石制砖行业发展现状及未来趋势 [J]. 砖瓦, 2009 (3): 38~39.

[48] 尹小娟. 我国煤矸石治理及利用研究 [J]. 煤炭经济研究, 2010, 30 (5): 19~22.

[49] 李琦, 孙根年, 韩亚芬, 等. 我国煤矸石资源化再生利用途径的分析 [J]. 煤炭转化, 2007, 30 (1): 78~82.

[50] 石书静, 李惠卓. 我国煤矿区土地复垦现状研究 [J]. 安徽农业科学, 2010, 38 (10): 5262~5263, 5293.

[51] 朴金哲, 封增国, 李宏. 斜槽分选机在大陆矿选煤厂的应用 [J]. 选煤技术, 2002 (4): 19~20.

[52] 祁星鑫, 王晓军, 黎艳, 等. 新疆主要煤区煤矸石的特征研究及其利用建议 [J]. 煤炭学报, 2010, 35 (7): 1197~1201.

[53] 齐正义. 旋流器选煤技术现状 [J]. 选煤技术, 2006 (2): 52~53.

[54] 李晓华. 摇床分选法回收煤矸石中的黄铁矿 [J]. 山西煤炭, 2010, 30 (4): 76~77.

[55] 张文艺, 翟建平, 李琴, 等. 以煤矸石为原料的水处理滤料的研制 [J]. 材料科学与工艺, 2008, 16 (5): 659~663.

[56] 陈东旭. 以煤矸石为原料制备液体聚合氯化铝 (LPAC) 混凝剂研究 [D]. 包头: 内蒙古大学, 2005.

[57] 王宇斌, 张小波, 彭祥玉, 等. 从陕西某尾矿中回收硫铅金的研究 [J]. 化工矿物与加工, 2016

(4)：12～17.

[58] 王俊. 淄矿集团：煤矸石变废为宝［N］. 科技日报，2009-5-19（010）.

[59] 郑中南."十二五"山西省煤矸石及粉煤灰综合利用探讨［J］. 山西焦煤科技，2010（8）：46～49.

[60] 何恩广，王晓刚，尚文宇，等. SiC 工业生产中的环境问题及其防治对策［J］. 环境技术，1999（3）：39～45.

[61] 薛茹君，陈晓玲，吴玉程. W/O 型微乳液在煤矸石制取超细氧化铝中的应用［J］. 矿产综合利用，2008（2）：34～37.

[62] 宋鹏涛，薛群虎，田晓利，等. 白云石质煤矸石的烧结及其熟料的抗水化性［J］. 耐火材料，2010（2）：55～57.

[63] 郝启勇，尹儿琴，刘波，等. 不同类型煤矸石中微量元素含量的探讨［J］. 中国煤炭地质，2008，20（8）：23～25.

[64] 杨中正，赵顺波，邢振贤，等. 高铝矾土和煤矸石合成矾土基莫来石料的研究［J］. 材料工程，2010（5）：51～55.

[65] 陈燕芹，匡少平，陈殿波，等. 铬渣-煤矸石砖中 Cr（Ⅵ）解毒机理研究［J］. 安全与环境学报，2005，5（2）：11～13.

[66] 彭炫铭. 硅石用于中热及抗硫酸盐特种水泥的生产［J］. 新疆化工，2010（2）：35～36，43.

[67] 罗海波，刘方，龙健，等. 贵州山区煤矸石堆场重金属迁移对水稻土质量的影响及评价［J］. 水土保持学报，2010，24（3）：71～79.

[68] 赵顺增，郑万廪，刘立. 环境湿度和矿物组成对膨胀剂变形性能的影响［J］. 膨胀剂与膨胀混凝土，2010（3）：5～8.

[69] 潘碌亭，束玉保，王键，等. 聚合氯化铝絮凝剂的制备技术研究现状与进展［J］. 工业用水与废水，2008，39（3）：21～25.

[70] 赵洪振. 辽吉南部煤矸石地球化学特征及综合利用研究［D］. 长春：吉林大学，2009.

[71] 彭凯，薛群虎，邓少侠. 粒度和陈化时间对制砖煤矸石泥料可塑性的影响［J］. 煤炭科学技术，2009，37（4）：121～123.

[72] 姬丽，李运宇，曹冰，等. 煤矸石的分选及综合利用［J］. 中国科技博览，2009（34）：274.

[73] 徐琳. 煤矸石的物理化学性能与煤矸石烧结砖的产品质量［J］. 砖瓦，2010（2）：28～30.

[74] 刘东. 煤矸石的性质及其综合利用浅析［J］. 内蒙古科技与经济，2010（8）：91～92.

[75] 刘瑞芹. 煤矸石的综合利用分析［J］. 现代矿业，2009（7）：140～142.

[76] 梁爱琴，匡少平，丁华. 煤矸石的综合利用探讨［J］. 中国资源综合利用，2004（2）：11～14.

[77] 丰曙霞，王培铭，刘贤萍. 煤矸石对水泥熟料水化促进作用及机理［J］. 硅酸盐学报，2010，38（9）：1682～1687.

[78] 张晓丹. 煤矸石发电项目规划编制的探讨［J］. 煤炭工程，2005（3）：14～16.

[79] 李龙清，马彩莲，郭振兴. 煤矸石发电项目综合效益评价指标体系构建［J］. 现代商贸工业，2010（7）：314～315.

[80] 刘静丽，刘伯荣，赵敏. 煤矸石发电中两个不可忽视的问题［J］. 煤炭加工与综合利用，2007（6）：44～46.

[81] 付正，刘钦甫，刘龙涛，等. 煤矸石高铝矾土制备单晶相莫来石材料的研究［J］. 中国非金属矿工业导刊，2008（2）：21～25.

[82] 李荣定. 煤矸石及煤系高岭岩的利用［J］. 科技情报开发与经济，2007，17（18）：284～286.

[83] 张庆利，渠立权. 煤矸石山生态复垦研究进展［J］. 安徽农业科学，2009，37（3）：1289～1291.

[84] 孙兴平，王文谟，邓建国. 煤矸石烧结空心砖的节能减排分析［J］. 砖瓦，2010（2）：25～27.

[85] 刘圣勇，张全国．煤矸石生产混凝剂的技术研究 [J]．资源节约和综合利用，1997 (2)：38～40.

[86] 邓军．煤矸石特性分析和综合利用研究 [J]．煤炭技术，2009，28 (6)：149～150.

[87] 徐长耀，陈博．煤矸石提铝与溶胶凝胶法合成纳米 $\alpha - Al_2O_3$ 的研究 [J]．吉林大学学报（地球科学版），2004，34 (3)：487～486.

[88] 何素芹，朱诚身，郭建国，等．煤矸石填充聚酰胺复合材料的结构与性能研究 [J]．中国塑料，2006，20 (7)：35～39.

[89] 许超，康鑫．煤矸石危害及其综合利用 [J]．环境科技，2010，23 (1)：102～104.

[90] 张满满，杨先伟，陈龙雨，等．煤矸石现状及其资源化前景 [J]．科技信息，2010 (21)：162，61.

[91] 孙鸿，张稳婵，王红霞，等．煤矸石制备沸石－活性炭复合材料的吸附性能研究 [J]．应用化工，2008，37 (6)：636～638.

[92] 李虎杰，陶军．煤矸石制备高强陶粒的试验研究 [J]．非金属矿，2010，33 (3)：20～22.

[93] 朱石磷，刘阳波，张汝有，等．煤矸石制备活性炭－氧化物复合吸附材料及硅铝水处理剂的研究 [J]．宁夏工程技术，2008，7 (1)：51～55.

[94] 杜玉成，郑水林，康凤华，等．煤矸石制备氢氧化铝及高纯 $\alpha -$ 氧化铝微粉的研究 [J]．河北冶金，1997 (5)：28～31.

[95] 赵星，胡友彪．煤矸石制备絮凝剂生产分析 [J]．淮南师范学院学报，2009，11 (5)：103～104.

[96] 孟凡勇，薛可轶，高庆宇，等．煤矸石制取含铝产品的研究进展 [J]．煤炭加工与综合利用，2003 (6)：36～39.

[97] 李瑜．煤矸石制橡胶填料和回收硫铁矿 [J]．煤炭加工与综合利用，1997 (1)：27～29.

[98] 张迪，刘昕，宋玲玲，等．煤矸石制砖余热发电研究 [J]．环境保护，2009 (10)：86～88.

[99] 刘养毅．煤矸石制砖原料破碎粒度的技术要求 [J]．砖瓦，2010 (7)：76～77.

[100] 惠婷婷，王俭．煤矸石砖在生态建筑中应用的市场潜力 [J]．生态环境，2010：65～67.

[101] 文忠和，卢清兰．煤矸石资源化开发利用途径 [J]．萍乡高等专科学校学报，2002 (4)：78～80.

[102] 崔莉．煤矸石综合利用制备聚合氯化铝絮凝剂的研究 [D]．太原：山西大学，2009.

[103] 冯朝朝，韩志婷，张志义，等．煤矿固体废物——煤矸石的资源化利用 [J]．煤炭技术，2010 (8)：5～7.

[104] 刘光春．煤系高岭土的煅烧活性及其综合利用研究 [D]．长春：吉林大学，2008.

[105] 程卫泉，唐靖炎，江炳林，等．煤系高岭岩无污染无尾矿化高效开发利用 [J]．非金属矿，2005，28：30～32.

[106] 袁峰．黔西南煤矸石开发利用研究 [D]．贵阳：贵州大学，2009.

[107] 周梅，李志国，吴英强，等．石灰－粉煤灰－水泥稳定煤矸石混合料的研究 [J]．建筑材料学报，2010，13 (2)：213～217.

[108] 张开元．陶粒及其制备方法 [P]．CN ZL00910305632.8.

[109] 杨时元，杨芳洁．陶粒原料浅析（二）[J]．砖瓦世界，2010 (8)：42～53.

[110] 黄阳全．选煤厂高硫洗选尾矸的分选利用 [J]．煤炭工程，2010 (5)：27～28.

[111] 张召述．用工业废渣制备 CBC 复合材料基础研究 [D]．昆明：昆明理工大学，2007.

[112] 何恩广，王晓刚，陈寿田．用硅质煤矸石合成 SiC 的研究 [J]．硅酸盐学报，2001，29 (1)：72～79.

[113] 陈潮华．用煤矸石和粉煤灰替代黏土原料生产 32.5R 普通水泥 [J]．科技信息，2008 (22)：86～89，91.

[114] 刘峰．重介质旋流器选煤技术的研究与发展 [J]．选煤技术，2006 (5)：1～13.

[115] 曾丽．重视煤矸石的再生利用 [J]．边疆经济与文化，2010 (5)：38～39.

[116] 赵世进，缪正坤，林丽娟．综合利用煤矸石生产水泥［J］．中国资源综合利用，2001（3）：24~25.

[117] 李福来，胡克，等．我国矿山固体废物现状与对策分析［J］．国土资源科技管理，2005，22（3）：66~70.

[118] 王联军，周英忠，王艳萍．我国矿业与循环经济［J］．中国国土资源经济，2004，17（1）：34~36.

[119] 张策．煤矿固体废物治理与利用［M］．北京：煤炭工业出版社，1998.

[120] 袁先乐，徐克创．我国金属矿山固体废物处理与处置技术进展［J］．金属矿山，2004（6）：46~60.

[121] 李章大，周秋兰．尾矿资源的综合开发与利用［J］．中国有色金属学报，1992（2）：80~83.

[122] 李培良，马耀，等．我国矿山固体废物资源化状况分析［J］．黄金，2004（10）：48~51.

[123] 庞绪成，孙宝晶，等．矿山固体废物的综合利用与环保治理［J］．华南地质与矿产，2002（2）：38~40.

[124] 袁世伦．金属矿山固体废物综合利用与处置的途径和任务［J］．矿业快报，2004（9）：1~4.

[125] 邵广全．粉煤灰综合利用分选工艺研究［J］．有色金属，2000（2）：41~45.

[126] 杨绍兰，陈云裳．尾矿库复垦对人体健康影响的研究［J］．矿冶，1998，7（2）：90~96.

[127] 彭高辉，陈守余．矿区上地复垦与对策［J］．安全与环境工程，2003（3）：22~25.

[128] 陈重洋，邓金城．固体废物的资源化和综合利用分析［J］．科技与创新，2016（10）：110~111.

[129] 魏建新．关于武钢矿山尾矿资源利用的分析与对策［J］．矿产保护与利用，2001（5）：50~53.

[130] 陈桥，胡克．对矿山生态重建必要性及重建方向的讨论［C］//．第六届全国矿产资源综合利用与矿山生态环境重建研讨交流会论文集，2003：31~37.

[131] 陈桥，胡克，冯军，等．对矿山生态环境治理必要性的讨论［J］．地质通报，2004，23（4）：6~11.

[132] 陈桥，胡克，王建国，等．矿山土地污染危害及污染源探讨［J］．国土资源科技管理，2004，21（4）：50~53.

[133] 程胜高，李国斌，陈德兴．矿产资源开发的生态环境影响评价［J］．中国地质大学学报，2001，15（2）：26~29.

[134] 阎敬，杨福海，李富平．冶金矿山土地复垦综述［J］．河北理工学院学报，1999：41~47.

[135] 宋焕斌，张文彬．加强矿山复垦保护土地资源［J］．中国矿业，1998，7（3）：72~75.

[136] 宋书巧，周永章．矿业废弃地及其生态恢复与重建［J］．矿产保护与利用，2001（5）：43~49.

[137] 杨福海，李富平．矿山生态复垦与露天地下联合开采［M］．北京：冶金工业出版社，2002.

[138] 张锦瑞，王伟之，李富平．金属矿山尾矿综合利用与资源化［M］．北京：冶金工业出版社，2002.

[139] 刘进，张宗华，张红英．大厂矿山尾矿选锌试验研究［J］．有色金属（选矿部分），2004（3）：40~43.

[140] 王成惠．煤泥煤矸石资源综合利用发电情况浅析［J］．煤炭工程，2004（4）：59~61.

[141] 胡志鹏，杨燕．煤矸石综合利用前景广阔［J］．中国非金属矿工业导刊，2004（2）：18~21.

[142] 姜振泉，李雷．煤矸石的环境问题及其资源化利用［J］．环境科学研究，1998，11（3）：57~59.

[143] 董保澎．固体废物的处理与利用［M］．北京：冶金工业出版社，1988.

[144] 苗素生．煤炭工业的持续发展与环境［M］．北京：煤炭工业出版社，1994.

[145] 程春民，叶雪均．矿山尾矿——石榴石的回收与综合利用［J］．南方冶金学院院报，2002，23（2）：9~12.

[146] 李章大，周秋兰．矿山尾矿和煤矸石是资源重新开发前景广阔［J］．中国工程科学，2004，6

（9）：20～22.

[147] 李章大，周秋兰. 我国尾矿利用现状及 21 世纪展望 [J]. 地质与勘探，1997（3）：21～28.

[148] 李章大，周秋兰. 尾矿资源利用迫在眉睫 [J]. 科学新闻，2003（3）：22～23.

[149] 刘玉强，郭敏. 我国矿山尾矿固体废料及地质环境现状分析 [J]. 中国矿业，2004（3）：1～5.

[150] 张锦瑞，李富平. 金属矿山尾矿综合利用研究现状与发展趋势 [J]. 河北冶金，2003（1）：3～4.

[151] 王伟之，张锦瑞，邹汾生. 黄金矿山尾矿的综合利用 [J]. 黄金，2004，25（7）：43～45.

[152] 吴德礼，朱中红. 国内外矿山尾矿综合利用现状与思考 [J]. 青岛建筑工程学院学报，2001，22（4）：84～87.

[153] 聂永丰. 三废处理工程技术手册（固体废物卷）[M]. 北京：化学工业出版社，1996.

[154] 孙时元，等. 国外尾矿综合利用与治理 [J]. 金属矿山，2000（增刊）：35～42.

[155] 朱中红. 矿业固体废物——尾矿的资源化 [J]. 环境与开发，1999，14（1）：24～28.

[156] 孙伟. 尾矿综合回收与利用 [J]. 金属矿山，2000（增刊）：290～292.

[157] 蒋冬青. 尾矿在建材中的应用 [J]. 金属矿山，2000（增刊）：310～312.

[158] 刘承军. 首钢矿业公司梯级开发利用矿产资源的做法 [J]. 金属矿山，2000（增刊）：266～268.

[159] 刘广龙. 选矿尾矿在井下充填工艺中的应用 [J]. 金属矿山，2000（增刊）：339～342.

[160] 张锦瑞，等. 利用铁尾矿制造建筑用砖 [J]. 金属矿山，2000（增刊）：308～309.

[161] 邓寅生，邢学玲，徐奉章，等. 煤炭固体废物利用与处置 [M]. 北京：中国环境科学出版社，2008.

[162] 边炳鑫，解强，赵由才，等. 煤系固体废物资源化技术 [M]. 北京：化学工业出版社，2005.

[163] Guo Huancheng, Wu Dengru, Zhu Hongxing. Land Restoration in China [J]. Journal of Ecology, 1989, 26：787～792.

[164] Bradshaw A D. Waste Land Management and Restoration in Europe [J]. Journal of Ecology, 1989, 26：775～786.

[165] Rasha Maal – Bared. Comparing environmental issues in Cuba before and after the Special Period：Balancing sustainable development and survival [J]. Environment International, 2006, 32：349～358.

[166] Samecka – Cymerman A, Kempers A J. Toxic metals in aquatic plants surviving in surface water polluted by copper mining industry [J]. Ecotoxicology and Environmental Safety, 2004, 59：64～69.

[167] Fava J A, Adams W J, Larson R J, et al. Research priorities in environmental risk assessment. Publication of the Society of Environ [J]. Toxicol Chem, 1987, 10：949～960.

[168] Weihong Xing, Charles Hendriks. Decontamination of granular wastes by mining separation techniques [J]. Journal of Cleaner Production, 2006, 14：748～753.

[169] Powell J D. Origin and influence of coal mine drainage on streams of the United States, Environ [J]. Geol. Water Sci, 1998, 14（2）.

[170] Szczepansk J, Twardowska L. Distribution and environmental impact of coal – mining waters in Upper Silesia, Poland [J]. Environmental Geology, 1999, 38（3）.

[171] Sinding K. Environ mental impact assessment and management in the mining industry [J]. Natural Resources Forum, 1999（23）：61.

[172] 宁平. 固体废物处理与处置 [M]. 北京：高等教育出版社. 2006.

[173] 竹涛，舒新前，贾建丽. 矿山固体废物综合利用技术 [M]. 北京：化学工业出版社. 2011.